KB013503

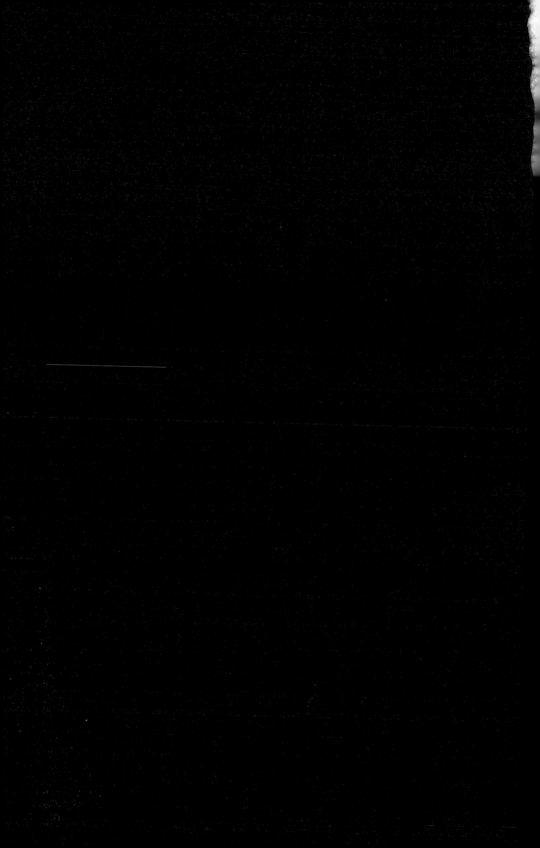

제민요술 역주 Ⅲ

齊民要術譯註 Ⅲ(제6-7권)

가축사육 · 유제품 및 술 제조

저 자_ **가사협**(賈思勰)

후위後魏 530-540년 저술

역주자_ **최덕경**(崔德卿) dkhistory@hanmail.net

문학박사이며, 현재 부산대학교 사학과 교수이다. 주된 연구방향은 중국농업사, 생태환경사 및 농민 생활사이다. 중국사회과학원 역사연구소 객원교수를 역임했으며, 북경대학 사학과 초빙교수로서 중국 고대사와 중국생태 환경사를 강의한 바 있다.

저서로는『중국고대농업사연구』(1994), 『중국고대 산림보호와 생태환경사 연구』(2009), 『동아시아 농업사상의 똥 생태학』(2016)과 『麗·元대의 農政과 農桑輯要』(3인 공저, 2017)가 있다. 역서로는 『중국고대사회성격논의』(2인 공역, 1991), 『중국사(진한사)』(2인 공역, 2004)가 있고, 중국고전에 대한 역주서로는 『농상집요 역주』(2012), 『보농서 역주』(2013), 『진부농서 역주』(2016)와 『사시찬요 역주』(2017) 등이 있다. 그 외에 한국과 중국에서 발간한 공동저서가 적지 않으며, 중국농업사 생태환경사 및 생활문화사 관련 논문이 100여 편이 있다.

제민요술 역주 III 齊民要術譯註 III (제6-7권)

▌가축사육·유제품 및 술 제조 ▌

1판 1쇄 인쇄   2018년 12월   5일
1판 1쇄 발행   2018년 12월 15일

저 자 | 賈思勰
역주자 | 최덕경
발행인 | 이방원
발행처 | 세창출판사
        신고번호 | 제300-1990-63호
        주소 | 서울 서대문구 경기대로 88 (냉천빌딩 4층)
        전화 | (02) 723-8660 팩스 | (02) 720-4579
        http://www.sechangpub.co.kr
        e-mail: edit@sechangpub.co.kr

ISBN 978-89-8411-785-3 94520
        978-89-8411-782-2 (세트)

이 번역도서는 2016년 정부(교육부)의 재원으로 한국연구재단의 지원을 받아 수행된 연구임(NRF-2016S1A5A7021010).

이 도서의 국립중앙도서관 출판시도서목록(CIP)은 서지정보유통지원시스템 홈페이지(http://seoji.nl.go.kr)와 국가자료공동목록시스템(http://www.nl.go.kr/kolisnet)에서 이용하실 수 있습니다.
(CIP제어번호: CIP2018039680)

제민요술 역주 Ⅲ

齊民要術譯註 Ⅲ (제6-7권)

▌가축사육 · 유제품 및 술 제조▐

A Translated Annotation of
the Agricultural Manual "Jeminyousul"

賈 思 勰 저

최 덕 경 역주

세창출판사

역주자 서문

　『제민요술』은 현존하는 중국에서 가장 오래된 백과전서적인 농서로서 530-40년대에 후위後魏의 가사협賈思勰이 찬술하였다. 본서는 완전한 형태를 갖춘 중국 최고의 농서이다. 이 책에 6세기 황하 중·하류지역 농작물의 재배와 목축의 경험, 각종 식품의 가공과 저장 및 야생식물의 이용방식 등을 체계적으로 정리하고, 계절과 기후에 따른 농작물과 토양의 관계를 상세히 소개했다는 점에서 의의가 크다. 본서의 제목이 『제민요술』인 것은 바로 모든 백성[齊民]들이 반드시 읽고 숙지해야 할 내용[要術]이라는 의미이다. 때문에 이 책은 오랜 시간 동안 백성들의 필독서로서 후세에『농상집요』, 『농정전서』등의 농서에 모델이 되었을 뿐 아니라 인근 한국을 비롯한 동아시아 전역의 농서편찬과 농업발전에 깊은 영향을 미쳤다.

　가사협賈思勰은 북위 효문제 때 산동 익도益都(지금 수광壽光 일대) 부근에서 출생했으며, 일찍이 청주靑州 고양高陽태수를 역임했고, 이임 후에는 농사를 짓고 양을 길렀다고 한다. 가사협이 활동했던 시대는 북위 효문제의 한화정책이 본격화되고 균전제의 실시로 인해 황무지가 분급分給되면서 오곡과 과과瓜果, 채소 및 식수조림이 행해졌던 시기로서, 『제민요술』의 등장은 농업생산의 제고에 유리한 조건을 제공했다. 특히 가사협은 산동, 하북, 하남 등지에서 관직을 역임하면서 직·간접적으로 체득한 농목의 경험과 생활경험을 책 속에 그대로 반영하였다. 서문에서 보듯 "국가에 보탬이 되고 백성에게 이익이 되었던," 경수창耿壽昌과 상홍양桑弘羊 같은 경제정책을 추구했으며, 이를 위해 관찰과 경험, 즉 실용적인 지식에 주목했던 것이다.

『제민요술』은 10권 92편으로 구성되어 있다. 초반부에서는 경작방식과 종자 거두기를 제시하고 있는데, 다양한 곡물, 과과瓜果, 채소류, 잠상과 축목 등이 61편에 달하며, 후반부에는 이들을 재료로 한 다양한 가공식품을 소개하고 있다.

가공식품은 비록 25편에 불과하지만, 그 속에는 생활에 필요한 누룩, 술, 장초醬醋, 두시豆豉, 생선, 포[脯腊], 유락乳酪의 제조법과 함께 각종 요리 3백여 종을 구체적으로 소개하고 있다. 흥미로운 것은 권10에 외부에서 중원[中國]으로 유입된 오곡, 채소, 열매[果蓏] 및 야생식물 등이 150여 종 기술되어 있으며, 그 분량은 전체의 1/4을 차지할 정도이며, 외래 작물의 식생植生과 그 인문학적인 정보가 충실하다는 점이다.

본서의 내용 중에는 작물의 파종법, 시비, 관개와 중경세작기술 등의 농경법은 물론이고 다양한 원예기술과 수목의 선종법, 가금家禽의 사육방법, 수의獸醫 처방, 미생물을 이용한 농·부산물의 발효방식, 저장법 등을 세밀하게 소개하고 있다. 그 외에도 본서의 목차에서 볼 수 있듯이 양잠 및 양어, 각종 발효식품과 술(음료), 옷감 염색, 서적편집, 나무번식기술과 지역별 수목의 종류 등이 구체적으로 기술되어 있다. 이들은 6세기를 전후하여 중원을 중심으로 사방의 다양한 소수민족의 식습관과 조리기술이 상호 융합되어 새로운 중국 음식문화가 창출되고 있다는 사실을 보여 준다. 이러한 기술은 지방지, 남방의 이물지異物志, 본초서와 『식경食經』 등 50여 권의 책을 통해 소개되고 있다는 점이 특이하며, 이는 본격적인 남북 간의 경제 및 문화의 교류를 실증하는 것이다. 실제 『제민요술』 속에 남방의 지명이나 음식습관들이 많이 등장하고 있는 것을 보면 6세기 무렵 중원 식생활이 인접지역문화와 적극적으로 교류되고 다원의 문화가 융합되었음을 확인할 수 있다. 이처럼 한전투田 농업기술의 전범典範이 된『제민요술』은 당송시대를 거치면서 수전水田농업의 발전에도 기여하며, 재배와 생산의 경험은 점차 시장과 유통으로 바통을 이전하게 된다.

그런 점에서『제민요술』은 바로 당송唐宋이라는 중국적 질서와 가치가 완성되는 과정의 산물로서 "중국 음식문화의 형성", "동아시아 농업경제"란 토대를 제공한 저술로 볼 수 있을 것이다. 따라서 이 한 권의 책으로 전근대 중국 백성들의 삶에 무엇이 필요했으며, 무엇을 어떻게 생산하고, 어떤 식으로 가공하여 먹고 살았는지, 어디를 지향했는지를 잘 들여다볼 수 있다. 이런 점에서 본서는 농가류農家類로 분류되어 있지만, 단순한 농업기술 서적만은 아니다.『제민요술』속에 담겨 있는 내용을 보면, 농업 이외에 중국 고대 및 중세시대의 일상 생활문화를 동시에 알 수 있다. 뿐만 아니라 이 책을 통해 당시 중원지역과 남·북방민족과 서역 및 동남아시아에 이르는 다양한 문화 및 기술교류를 확인할 수 있다는 점에서 매우 가치 있는 고전이라고 할 수 있다.

특히『제민요술』에서 다양한 곡물과 식재료의 재배방식 및 요리법을 기록으로 남겼다는 것은 당시에 이미 음식飲食을 문화文化로 인식했다는 의미이며, 이를 기록으로 남겨 그 맛을 후대에까지 전수하겠다는 의지가 담겨 있음을 말해 준다. 이것은 곧 문화를 공유하겠다는 통일지향적인 표현으로 볼 수 있다. 실제 수당시기에 이르기까지 동서와 남북 간의 오랜 정치적 갈등이 있었으나, 여러 방면의 교류를 통해 문화가 융합되면서도『제민요술』의 농경방식과 음식문화를 계승하여 기본적인 농경문화체계가 형성되게 된 것이다.

『제민요술』에서 당시 과학적 성취를 다양하게 보여 주고 있다.

우선 화북 한전旱田 농업의 최대 난제인 토양 습기보존을 위해 쟁기, 누거耬車와 호미 등의 농구를 갈이[耕], 써레[耙], 마평[耮], 김매기[鋤], 진압[壓] 등의 기술과 교묘하게 결합한 보상保墒법을 개발하여 가뭄을 이기고 해충을 막아 작물이 건강하게 성장하도록 했으며, 빗물과 눈을 저장하여 생산력을 높이는 방법도 소개하고 있다. 그 외에도 종자의 선종과 육종법을 위해 특수처리법을 개발했으며, 윤작, 간작 및 혼작법 등의 파종법도 소개하고 있다. 그런가 하면 효과적인 농업경영을 위해 제초 및 병충해 예방과 치료법은 물론이고, 동물의 안전한 월동과 살찌우는 동물사육법도 제시하고 있다. 또 관찰을 통해 정립한 식물과 토양환경의 관계, 생물에 대한 감별과 유전변이, 미생물을 이용한 알코올 효소법과 발효법, 그리고 단백질 분해효소를 이용하여 장을 담그고, 유신균이나 전분효소를 이용한 엿당 제조법 등은 지금도 과학적으로 입증되는 내용이다. 이러한『제민요술』의 과학적인 실사구시의 태도는 황하유역 한전旱田 농업기술의 발전에 중대한 공헌을 했으며, 후세 농학의 본보기가 되었고, 그 생산력을 통해 재난을 대비하고 풍부한 문화를 창조할 수 있었던 것이다. 이상에서 보듯『제민요술』에는 백과전서라는 이름에 걸맞게 고대중국의 다양한 분야의 산업과 생활문화가 융합되어 있다.

이런『제민요술』은 사회적 요구가 확대되면서 편찬 횟수가 늘어났으며, 그 결과 판본 역시 적지 않다. 가장 오래된 판본은 북송 천성天聖 연간(1023-1031)의 숭문원각본崇文院刻本으로 현재 겨우 5권과 8권이 남아 있고, 그 외 북송본으로 일본의 금택문고초본金澤文庫抄本이 있다. 남송본으로는 장교본將校本, 명초본明抄本과 황교본黃校本이 있으며, 명각본은 호상본湖湘本, 비책휘함본祕冊彙函本과 진체비서본津逮祕書本이, 청각본으로는 학진토원본學津討原本, 점서촌사본漸西村舍本이 전해지고 있다. 최근에는 스성한의 『제민요술금석齊民要術今釋』(1957-58)이 출판되고, 묘치위의 『제민요술교석齊民要術校釋』(1998)과 일본 니시야마 다케이치[西山武一] 등의 『교정역주 제민요술校訂譯註 齊民要術』(1969)이 출판되었는데, 각 판본 간의 차이는 적지 않다. 본 역주에서 적극적으로 참고한 책은 여러 판본을 참고하여 교감한 후자의 3책冊으로, 이들을 통해 전대前代의 다양한 판본을 간접적으로 참고할 수 있었으며, 각 판본의 차이는 해당 본문의 끝에 【교기】를 만들어 제시하였다.

그리고 본서의 번역은 가능한 직역을 원칙으로 하였다. 간혹 뜻이 잘 통하지 못할 경우에 한해 각주를 덧붙이거나 의역하였다. 필요시 최근 한중일의 관련 주요 연구 성과도 반영하고자 노력했으며, 특히 중국고전 문학자들의 연구 성과인 "제민요술 어휘연구" 등도 역주 작업에 적극 참고하였음을 밝혀 둔다.

각 편의 끝에 배치한 그림[圖版]은 독자들의 이해를 돕기 위해 삽입하였다. 이전의 판본에서는 사진을 거의 제시하지 않았는데, 당시에는 농작물과 생산도구에 대한 이해도가 높아 사진자료가 필요 없었을 것이다. 하지만 오늘날은 농업의 비중과 인구가 급감하면서 농업에 대한 젊은 층의 이해도가 매우 낮다. 아울러 농업이 기계화되어 전통적인 생산수단의 작동법은 쉽게 접하기도 어려운 상황이 되어, 책의 이해도를 높이기 위해 불가피하게 사진을 삽입하였다.

본서와 같은 고전을 번역하면서 느낀 점은 과거의 언어를 현재어로 담아내기가 쉽지 않다는 점이다. 예를 든다면 『제민요술』에는 '쑥'을 지칭하는 한자어가 봉蓬, 애艾, 호蒿, 아莪, 나蘿, 추萩 등이 등장하며, 오늘날에는 그 종류가 몇 배로 다양해졌지만 과거 갈래에 대한 연구가 부족하여 정확한 우리말로 표현하기가 곤란하다. 이를 위해서는 기본적으로 한·중 간의 유입된 식물의 명칭 표기에 대한 연구가 있어야만 가능할 것이다. 비록 각종 사전에는 오늘날의 관점에서 연구한 많은 식물명과 그 학명이 존재할지라도 역사 속의 식물과 연결시키기에는 적지 않은 문제점이 발견된다. 이러한 현상은 여타의 곡물, 과수, 수목과 가축에도 적용되는 현상이다. 본서가 출판되면 이를 근거로 과거의 물질자료와 생활방식에 인문학적 요소를 결합하여 융합학문의 연구가 본격화되기를 기대한다. 그리고 본서를 통해 전통시대 농업과 농촌이 어떻게 자연과 화합하며 삶을 영위했는가를 살펴, 오늘날 생명과 환경문제의 새로운 길을 모색하는 데 일조하기를 기대한다.

본서의 범위가 방대하고, 내용도 풍부하여 번역하는 데에 적지 않은 시간을 소요했으며, 교정하고 점검하는 데에도 번역 못지않은 시간을 보냈다. 특히 본서는 필자의 연구에 가장 많은 영향을 준 책이며, 필자가 현직에 있으면서 마지막으로 출판하는 책이 되어 여정을 같이한다는 측면에서 더욱 감회가 새롭다. 그 과정에서 감사해야 할 분들이 적지 않다. 우선 필자가 농촌과 농민의 생활을 자연스럽게 이해할 수 있도록 만들어 주신 부모님께 감사드린다. 그리고 중국농업사의 길을 인도해 주신 민성기 선생님은 연구자의 엄정함과 지식의 균형감각을 잡아 주셨다. 아울러 오랜 시간 함께했던 부산대학과 사학과 교수님들의 도움 또한 잊을 수 없다. 한길을 갈 수 있도록 직간접으로 많은 격려와 가르침을 받았다. 더불어 학과 사무실을 거쳐간 조교와 조무들도 궂은일에 손발이 되어 주었다. 이분들의 도움이 있었기에 편안하게 연구실을 지킬 수 있었다.

본 번역작업을 시작할 때 함께 토론하고, 준비해 주었던 "농업사연구회" 회원들에게 감사드린다. 열심히 사전을 찾고 토론하는 과정 속에서 본서의 초안이 완성될 수 있었다. 그리고 본서가 나올 때까지 동양사 전공자인 박희진 선생님과 안현철 선생님의 도움을 잊을 수 없다. 수차에 걸친 원고교정과 컴퓨터작업에 이르기까지 도움 받지 않은 곳이 없다. 본서가 이만큼이나마 가능했던 것은 이들의 도움이 컸다. 아울러 김지영 선생님의 정성스런 교정도 잊을 수가 없다. 오랜 기간의 작업에 이분들의 도움이 없었다면 분명 지쳐 마무리가 늦어졌을 것이다.

가족들의 도움도 잊을 수 없다. 매일 밤늦게 들어오는 필자에게 "평생 수능준비 하느냐?"라고 핀잔을 주면서도 집안일을 잘 이끌어 준 아내 이은영은 나의 최고의 조력자이며, 83세의 연세에도 레슨을 하며, 최근 화가자격까지 획득하신 초당 배구자 님, 모습 자체가 저에겐 가르침입니다. 그리고 예쁜 딸 혜원이와 뉴요커가 되어 버린 멋진 진안, 해민이도 자신의 역할을 잘해 줘 집안의 걱정을 덜어 주었다. 너희들 덕분에 아빠는 지금까지 한길을 걸을 수 있었단다.

끝으로 한국연구재단의 명저번역사업의 지원에 감사드리며, 세창출판사 사장님과 김명희 실장님의 세심한 배려에 감사드린다. 항상 편안하게 원고 마무리할 수 있도록 도와주시고, 원하는 것을 미리 알아서 처리하여 출판이 한결 쉬웠다. 모두 복 많이 받으세요.

2018년 6월 23일
우리말 교육에 평생을 바치신 김수업 선생님을 그리며

부산대학교 미리내 언덕 617호실에서 필자 씀

목차

총 목차

❀ 역주자 서문
❀ 일러두기

제민요술역주 Ⅰ
주곡작물 재배

❀ 제민요술 서문[齊民要術序]
❀ 잡설(雜說)

제민요술역주 II
과일 · 채소와 수목 재배

제3권

제민요술역주 III

가축사육・유제품 및 술 제조

제민요술역주 IV
발효식품 · 분식 및 음식조리법

제민요술역주 V
중원의 유입작물

제10권

중원에서 생산되지 않는 오곡・과라・채소[五穀果蓏菜茹非中國物産者]

⊛ 부록:『제민요술』속의 과학기술

일 러 두 기

❶ 본서의 번역 원문은 가장 최근에 출판되어 문제점을 최소화한 묘치위[繆啓愉] [『제민요술교석(齊民要術校釋), 中國農業出版社, 1998: 이후 '묘치위 교석본' 혹은 '묘치위'로 간칭함] 교석본에 의거했다. 그리고 역주작업에는 스성한[石聲漢] [『제민요술금석(齊民要術今釋)上 · 下, 中華書局, 2009: 이후 '스성한 금석본' 혹은 '스성한'으로 간칭함], 묘치위[繆啓愉]와 일본의 니시야마 다케이치[西山武一], 구로시로 유키오[熊代幸雄][『교정역주 제민요술(校訂譯註 齊民要術)』上 · 下, アジア經濟出版社, 1969: 이후 니시야마 역주본으로 간칭함]의 책과 그 외의 연구 논저를 모두 적절하게 참고했음을 밝혀 둔다.

❷ 각주와 【교기(校記)】로 구분하여 주석하였다. 【교기】는 스성한의 금석본의 성과를 기본으로 하여 주로 판본 간의 글자차이를 기술하여 각 장의 끝에 위치하였다. 때문에 일일이 '스성한 금석본'에 의거한다는 근거를 달지 않았으며, 추가 부분에 대해서만 증거를 밝혔음을 밝혀 둔다.

❸ 각주에 표기된 '역주'는 『제민요술』을 최초로 교석한 스성한의 공로를 인정하여 먼저 제시하고, 이후 주석가들이 추가한 내용을 보충하였다. 즉, 스성한과 주석이 비슷한 경우에는 스성한의 것만 취하고, 그 외에 독자적인 견해만 추가하여 보충하였음을 밝힌다. 그 외 더 보충 설명해야 할 부분이나 내용이 통하지 않는 부분은 필자가 보충하였지만, 편의상 [역자주]란 명칭을 표기하지 않았다.

❹ 본문과 각주의 한자는 가능한 음을 한글로 표기했다. 이때 한글과 음이 동일한 한자는 ( )속에, 그렇지 않을 경우나 원문이 필요할 경우 번역문 뒤에 [ ]에 넣어 처리했다. 다만 서술형의 긴 문장은 한글로 음을 표기하지 않았다. 그리고 각주 속의 저자와 서명은 가능한 한 한글 음을 함께 병기했지만, 논문명은 번역하지 않고 원문을 그대로 부기했다.

❺ 그림과 사진은 최소한의 이해를 돕기 위해 본문과 【교기】 사이에 배치하였다. 참고한 그림 중 일부는 Baidu와 같은 인터넷상에서 참고하여 재차 가공을 거쳐 게재했음을 밝혀 둔다.

❻ 목차상의 원제목을 각주나 【교기】에서 표기할 때는 예컨대 '養羊第五十七'의 경우 '第~' 이하의 숫자를 생략했으며, 권10의 중원에서 생산되지 않는 오곡·과라·채소[五穀果蓏菜茹非中國物産者]를 표기할 때도 「비중국물산(非中國物産)」으로 약칭하였음을 밝혀 둔다.

❼ 원문에 등장하는 반절음 표기와 같은 음성학 등은 축소하거나 삭제하였음을 밝힌다. 그리고 일본어와 중국어의 표기는 교육부 편수용어에 따라 표기하였음을 밝혀 둔다.

《제민요술 역주에서 참고한 각종 판본》

시대		간칭	판본·초본·교본	시대	간칭	판본·초본·교본
송 본	북송본	원각본 (院刻本)	숭문원각본(崇文院刻本; 1023-1031년)	청대 각종 교감교본(校勘校本)	오점교본 (吾點校本)	오점교(吾點校)의 고본(稿本)(1896년 이전)
		금택초본 (金澤抄本)	일본 금택문고구초본(金澤文庫舊抄本; 1274년)			
	남송본	황교본 (黃校本)	황교원본(黃校原本; 1820년에 구매)		황록삼교기 (黃麓森校記)	황록삼의 『방북송본제민요술고본(仿北宋本齊民要術稿本)』(1911년)
		명초본 (明抄本)	남송본 명대초본(南宋本 明代抄本)			
		황교유록본 (黃校劉錄本)	유수증전록본(劉壽曾轉錄本)			
		황교육록본 (黃校陸錄本)	육심원전록간본(陸心源轉錄刊本)			
		장교본 (張校本)	장보영전록본(張步瀛轉錄本)			
명청각본	명각본	호상본 (湖湘本)	마직경호상각본(馬直卿湖湘刻本; 1524년)	근년 정리본(整理本)	스성한의 금석본	스성한[石聲漢]의 『제민요술금석(齊民要術今釋)』(1957-1958년)
		진체본 (津逮本)	모진(毛晉)의 『진체비서각본(津逮秘書刻本)』(1630년)		묘치위의 교석본	묘치위[繆啓愉]의 『제민요술교석(齊民要術校釋)』(1998년)
		비책휘함본 (秘冊彙函本)	호진형(胡震亨)의 『비책휘함각본(秘冊彙函刻本)(1603년 이전)		니시야마 역주본	니시야마 다케이치[西山武一]·구로시로 유키오[態代幸雄], 『校訂譯注齊民要術』(1957-1969년)
	청각본	학진본 (學津本)	장해붕(張海鵬)의 『학진토원각본(學津討原刻本)』(1804년)/상무인서관영인본(商務印書館影印本)(1806년)			
		점서본 (漸西本)	원창(袁昶)의 『점서촌사총간각본(漸西村舍叢刊刻本)』(1896년)			
		용계정사본 (龍溪精舍本)	『용계정사간본(龍溪精舍刊本)』(1917년)			

제민요술
제6권

제56장

소·말·나귀·노새 기르기 養牛馬驢騾第五十六

● 養牛馬驢騾第五十六: 相牛馬及諸病方法.¹ 소·말 살피기와 여러 병 치료법.

소를 부리고 말을 탈 때는 그 역량의 정도를 헤아리며,² 날씨가 춥고 덥거나 마시는 물과 사료는 그 본성에 맞게 해 주어야 한다. 이와 같이 하고도 여전히 살이 찌지 않거나, 대량으로 번식하지 않는 것은 들어 본 적이 없다. 김일제³는 투항한 흉노족의 잔여세력[煨燼]⁴이며 복식⁵은 호적에 등기된 일반

服牛乘馬, 量其力能, 寒溫飮飼, 適其天性. 如不肥充繁息者, 未之有也. 金日磾, 降虜之煨燼,

---

1 일본 금택문고구초본(金澤文庫舊抄本; 금택초본(金澤抄本)으로 약칭)과 남송본 명대초본(南宋本明代抄本; 이후 명초본(明抄本)으로 약칭)에서는 이 소주가 단지 권의 첫머리 목록 중에만 있고 다른 곳에는 없다.

2 『주역(周易)』「계사하(繫辭下)」편의 "服牛乘馬, 引重致遠"에서 '복(服)'은 부리고 사역한다는 의미이다. 합리적으로 부리고 또한 가축의 생활습성과 생리의 특징에 따라서 사육관리를 해야 한다. 『무영전취진판(武英殿聚珍版)』계통본 『농상집요』 [이후 전본(殿本)의 『농상집요』로 약칭]에서는 『제민요술』의 이 단의 본문을 인용하고 있으며, 특별히 '양마우총론(養馬牛總論)'이라는 한 절목을 제시하고 있다.

3 '김일제(金日磾)': 흉노 휴도왕(休屠王)의 태자였으나, 한 무제 초년에 한나라 조정에 투항하였다. 무제의 눈에 들어 '마감(馬監)'이 되어 황실을 대신해 말이 살찌도록 잘 관리하였으며, 그의 충성심 덕분에 한 무제의 신임을 받아 마침내 재상의 자리에 올랐다.

백성으로, (두 사람 모두) 양과 말을 살찌게 길렀기 때문에 재상의 지위에 올랐다. (또한) 공손홍[6]과 양백난[7]은 모두 돼지를 길렀지만, (공손홍은) 아주 높은 관직에 올랐으며 개인적인 명예도 아주 좋았다. (양백난의) 명성은 전국에 두루 알려졌으며 오랜 세월이 지난 후에도 이름이 잊히지 않았다. 영척[8]은 소를 치

卜式, 編戶齊民, 以羊馬之肥, 位登宰相. 公孫弘梁伯鸞, 牧豕者, 或位極人臣, 身名俱泰. 或聲高天下,

---

4 '위신(煨燼)': '위'는 연소하지만 불꽃은 일지 않는 것으로, 힘이 약한 불을 말한다. '신'은 뜨거운 재이다. 위신은 연소 후 남은 불을 가리킨다. 흉노[虜]는 본래 매우 강성했으나, 휴도왕시기에는 강국이 될 가능성이 더 이상 없었다. 그래서 휴도왕의 아들인 김일제를 '투항한 흉노의 남은 불'이라고 일컬은 것이다.

5 '복식(卜式)': 한 무제 때의 사람으로 당시 하남(河南)에 거주하던 백성[편호제민(編戶齊民), 즉 보갑(保甲)에 편입된 '호' 중의 일개 평민이었다. 생산관리에 능했기 때문에 양을 기르면서 많은 재산을 축적했다. 가산을 황실에 군량으로 헌납하여 한 무제에게 중용되었다. 훗날 장안에서 황제를 대신하여 양을 관리하며 좋은 성과를 내었다. 또한 양을 기르는 방법을 비유로 들어 황제에게 백성을 다스리는 이치를 설명하였으며 마침내 재상이 되었다.

6 '공손홍(公孫弘: 기원전 200-기원전 121년)': 한 무제 때의 사람으로서 60세 이전에는 돼지 사육을 생업으로 삼았다. 이후에 추천을 받아 관리가 되었으며, 그 후에 재상에 이르렀기 때문에 '위극인신(位極人臣)'이라고 한 것이다. 『사기』, 『한서』에 열전이 있다.

7 '양백난(梁伯鸞)': 양홍(梁鴻)은 자가 백란(伯鸞)으로 후한 초의 사람이다. 초년에 돼지를 치는 것을 생업으로 삼았다. 이후에 그의 처인 맹광(孟光)과 함께 소주(蘇州)로 옮겨 갔으며, 다른 사람을 대신하여 벼농사를 지으면서 세상을 등지고 관직에 나아가지 않았다. 쌀을 지어서 돌아오면 그의 처 맹광은 받들어서 밥을 지어서 '밥상을 눈썹 높이로 들어[擧案齊眉]' 올렸는데, 이것은 바로 그 두 사람의 고사이다. 그 당시와 후세 사람들은 아주 '청렴고결[淸高]'하다고 생각하여서, "(양백난의) 명성은 전국에 두루 알려졌으며 오랜 세월이 지난 후에도 이름이 잊히지 않았다."라고 한다. 훗날 부인인 맹광(孟光)과 오군(吳郡)으로 이주하여, 곡식을 빻아 주는 일을 했다. 줄곧 오군에 거주했는데 명성이 높았다.

8 '영척(甯戚)': 춘추시대 위(衛)나라 사람으로서, 굴원(屈原: 기원전 340?-기원전 278년?)의 「이소(離騷)」에서는 "영척이 노래하자 제 환공이 이것을 듣고 자신을

는 사람으로 (제나라 환공에게) 알려졌으며, 마원[9]은 말을 방목
하여서 벼슬하여 입신출세하였다. 이와 같이 가까운 곳에서 먼
곳에 이르기까지 보잘것없는 신분이었지만 이름을 드러내지 않
음이 없었다. 아, 어린 백성들이여, 어찌 자포자기하는가? 목동
이 이르길,[10] "양 중에서 무리를 어지럽히는 것을 제거하고 말
중에서 무리를 방해하는 것을 제거한다."라고 하였다. 복식이
이르길,[11] "이것은 양에게만 관련된 것이 아니고 백성을 다스릴

萬載不窮. **1** 甯戚以
飯牛見知, 馬援**2**以
牧養發迹. 莫不自近
及遠, 從微至著. 鳴
呼小子, 何可已乎.
故小童曰, 羊去亂羣,
馬去害者. 卜式曰,

보좌하도록 했다."라고 하였다. 춘추시대 첫 번째 패자인 제(齊) 환공(桓公: ?-기
원전 643년)이 밤에 나가서 노래를 불렀고 영척이 이를 듣고 춤을 췄는데 환공은
그를 어진 사람으로 여겨 객경(客卿)으로 삼았다. 묘치위[繆啓愉], 『제민요술교
석(齊民要術校釋)』, 中國農業出版社, 1998(이후 '묘치위 교석본'으로 간칭함)에
의하면, 『회남자』 「도응훈(道應訓)」에 그 내용이 기록되어 있는데, 비교적 상세
하지만 영월(甯越)로 잘못 표기하고 있다.[「주술훈(主術訓)」에서는 '영척(甯戚)'
을 잘못 쓰지 않았다.] 영척이 소를 먹인 것 때문에 후세에 영척의 『상우경(相牛
經)』이라는 위서가 전해지게 되었다고 한다. 그러나 가사협은 『상우경』이 영척
의 저서라고 언급하지 않았으며, 본장 뒷부분에 있는 "영공이 먹이를 주었다.[甯
公所飯也.]"라는 소주를 통해 후한 때에는 『상우경』이 영척이 쓴 것이라고 여겨
지지 않았음을 알 수 있다. 즉 '영척'과 『상우경』이 연관 지어진 것은 후한 이후
의 일이다.

9 '마원(馬援: 기원전 14-기원후 49년)': 후한 초의 공신이다. 마원은 광무제 유수
(劉秀)의 군대에 들어가기 전에 북쪽에서 많은 말을 키우면서 큰 재산을 축적하
였다. 광무제를 보좌하여 공을 세워서 복파장군(伏波將軍)에 부임하였으며, 후
(侯)에 봉해졌다. 일찍이 말을 살피는 전문가에게 전수를 받았는데 『동마상법
(銅馬相法)』의 전설(傳說)은 그가 쓴 것이라고 한다.

10 이 말은 『장자(莊子)』 「서무귀(徐無鬼)」편의 "말을 키우는 소동이 말하기를, '무
릇 천하를 다스리는 것이 어찌 말을 치는 것과 다르겠습니까? 그저 말을 해치는
것을 없애면 될 뿐입니다.'라고 하였다.[牧馬小童曰, 夫爲天下者, 亦奚以異乎牧
馬哉. 亦去害馬者而已矣.]"의 구절인 것으로 보인다. 『제민요술』에는 '羊去亂羣'
구절이 더 있는데 출처를 알 수 없다.

때도 또한 이와 같다. 때에 맞추어서 생활하게 하고 개별적으로 나쁜 것은 번번이 제거하여서 그것이 무리를 방해하게 해서는 안 된다."라고 하였다. 농언에 이르길, "소가 여위고 말의 상태가 좋지 않으면 한식寒食을 넘기지 못한다."[12]라고 한다. 그 의미는 먹을 것이 부족하여 여위고 힘이 없게 된 것은 봄이 되어 (기후의 변화가 심하면) 반드시 죽는다는 것이다. 배불리 먹여서 적당하게 조절하는 데 힘써야 한다.

도주공陶朱公이 이르길,[13] "그대가 빨리 부자가 되려고 하면 마땅히 다섯 종류의 암컷 가축을 길러야 한다."라고 하였다. 소·말·돼지·양·나귀의 다섯 종류의 어미를 말한다. 이와 같이 어미 가축을 기르는 것이[14] 재빨리 부자가 되는 방법이다.

非獨羊也, 治民亦如是. 以時起居, 惡者輒去, 無令敗羣也. 諺曰, 羸牛劣馬寒食下. 言其乏食瘦瘠, 春中必死. 務在充飽調適而已.

陶朱公曰, 子欲速富, 當畜五牸. **3** 牛馬豬羊驢五畜之牸. 然畜牸則速富之術也.

---

11 복식의 말은 『사기』권30 「평준서(平準書)」와 『한서』권58 「복식전(卜式傳)」에 보인다.

12 '하(下)': 모든 사물이 위에서 떨어지는 것을 일러 '하(下)'라고 한다. 여기서는 고꾸라지는 것을 가리키는데, 즉 소, 말이 여위어서 한식절(청명 전 1-2일)을 넘기지 못하고 넘어져 고꾸라져 죽는다는 의미이다. 옛사람들은 가축을 칠 때 겨울을 넘기도록 관리하는 것을 매우 중시했는데, 그 관건은 겨울철 사료를 비축하는 데 있었다.

13 도주공의 말은 『공총자(孔叢子)』권5 「진사의(陳士義)」에 보인다.(「제민요술 서문」의 주석 참조.)

14 '연축자측(然畜牸則)'은 각본에서는 동일한데 오직 원창(袁昶)의 『점서촌사총간각본(漸西村舍叢刊刻本)』(이후 점서본(漸西本)으로 약칭)은 유수증(劉壽曾)이 교감한 '연의언지와(然疑言之訛)'에 따라서 '연(然)'을 고쳐 '언(言)'으로 하고 있다. 묘치위에 의하면, '연(然)'에는 '옳다[是], 이와 같다[如此]'라는 뜻이 있다. 이것은 곧 '어미를 기르면', '만약 이와 같이 어미를 기르면'의 뜻이 된다. 또한 붙어

『예기禮記』「월령月令」에 이르길, "3월[季春]에는 황소[累牛]와 수말[騰馬]을 암놈과 교배하기 위해 발정이 난 암컷을 수컷과 함께 목장에 방목한다."라고 하였다. '누(累)', '등(騰)'은 모두 (수태할 능력이 있는) 숫 짐승[乘匹][15]의 명칭이다. 이달에는 오직 소와 말을 교배시킬 수 있다.

"5월[仲夏]에 교배한 암놈은 무리에서 분리시키고 수말은 묶어 둔다." "암컷이 임신을 하면 더 이상 발정을 하지 않지만,[16] 수컷의 발정 충동은 여전히 남아 있어서[17] 암컷과 태아를 차거나 물어뜯어 상처를 입힐까 두

禮記月令曰, 季春之月, 合累牛騰馬, 遊牝于牧. 累騰, 皆乘匹之名. 是月所以 **4** 合牛馬.

仲夏之月, 遊牝別羣, 則縶騰駒. 孕任 **5** 欲止, 爲其牡氣 **6** 有餘, 恐相

있는 '연즉(然則)' 두자를 분리하여 쓴 것으로, '연(然)'은 글자가 잘못된 것이 아니며 여전히 옛날의 방식을 따라야 한다고 지적하였다.

15 '승필(乘匹)': 씨가축을 교배하는 것을 가리키기 때문에, '누우(累牛)'는 수소[牡牛]를 가리키며, '등마(騰馬)'는 수말[牡馬]을 가리킨다.

16 『예기』「월령」에서 인용한 주석은 모두 정현의 주석이다. 묘치위 교석본에 따르면, '孕任欲止'는 금본의 정현 주석에서는 "孕任之欲止也"라고 쓰고 있다.[『제민요술』에서는 '임(任)'이 '임(妊)'과 통한다.] 본문의 '遊牝別羣'의 문장의 아래에는 '遊牝別群'에 대한 주가 있으며 그 아래 문장의 '爲其牡氣有餘'는 '則縶騰駒'에 대해 주석을 단 것이다. 이와 같이 서로 주석을 나누어 놓은 것은 후인이 뜻을 곡해하는 것을 피하기 위함이라고 한다.

17 '모기(牡氣)': 『예기』「월령」의 정현의 주에는 '모기(牡氣)'로 쓰고 있는데, 『제민요술』의 각본에서는 모두 '빈기(牝氣)'라고 쓰고 있다. 묘치위에 의하면 정현이 두 곳에 주를 나눈 것에 의거하면 '기(其)'는 명확하게 '등구(騰駒)' 즉 수말을 가리킨다. 즉 임신한 어미 말이 수말에 의해서 상해를 입지 않도록 반드시 수말은 다른 곳에 묶어 두는 것을 가리키며, 글자는 마땅히 '모기(牡氣)'로 써야 한다고 한다. 명팡핑[孟方平]이 말하길, "수말의 발정은 암말의 발정을 받아서 발생되며 암말이 임신한 뒤에는 수말은 발정하지 않기 때문에 마땅히 암말로 써야 한다."라고 하였다. 목축 전문가인 남경농업대학의 세청셰[謝成俠] 교수는 "암말이 임

럽다."

"11월[仲冬]에 소와 말, 가축[18]과 기르는 짐승을 만약 (가두지 않고) 멋대로 방치하면, 누가 잡아가더라도 나무랄[詰][19] 수가 없다." 왕거명당례(王居明堂禮)에서는,[20] "10월[孟冬]에 농가에게 이미 수확한 것을 전부 쌓아 두도록 하고 소와 말은 전부 묶어 두게 하였다."라고 하였다.

무릇 갓 태어난 나귀와 말의 망아지는 재 냄새를 꺼려서, 화로에서 갓 꺼낸 재를 가까이 하면 갑자기 죽게 된다.[21] 비를 맞은 재는 싫어하지 않

蹄齧也.

仲冬之月, 馬牛畜獸, 有放逸者, 取之不詰. 王居明堂曰, 孟冬命農畢積聚, 繼收牛馬.**7**

凡驢馬駒初生, 忌灰氣, 遇新出爐者, 輒死.

신한 이후에도 수말은 여전히 발정을 한다."라고 하였고, 다른 전문가들도 이에 동의하였으므로 정현의 주에서 '모기(牡氣)'라고 쓴 것은 잘못이 아니라고 한다.

18 '마우축수(馬牛畜獸)': 스성한[石聲漢], 『제민요술금석(齊民要術今釋)』上, 中華書局, 2009(이후 '스성한 금석본'으로 간칭함)을 보면, 주진(周秦)과 한초(漢初)의 문장의 예로 들면, '축(畜)'은 길들인 이후에 이미 번식하기 시작한 '가축(家畜)'이고, '수(獸)'는 포획한 후 길들이는 중인 '들짐승[野獸]'이다. 따라서 소와 말 두 종류의 가축을 삭제해야 한다고 한다. 그래서 손희단(孫希旦)의 『예기집해(禮記集解)』에서 이 구절의 '축수'는 "양과 돼지의 종류이다.[羊豕之屬也.]"라고 했다. 규명해 보면, '양', '돼지' 두 종류의 가축 이외에 순록(고라니), 사슴 등의 '반순양(半馴養) 가축' 등이 있을 것이다.

19 '힐(詰)'은 조사하여 죄를 묻는다는 의미로, 명초본에서는 '고(誥)'자로 잘못 쓰고 있는데 다른 본에서는 잘못되지 않았다.

20 '왕거명당례왈(王居明堂禮曰)': 이 단락은 『예기』 「월령」 중의 정현(鄭玄)의 주(注)이다.

21 고대에는 길에 재를 버리는 것을 금지하였는데, 이와 같은 이야기는 매우 오래되었다. 은대에는 이를 범하는 사람에 대해서 손을 잘랐으며, 상앙(商鞅)이 진나라를 다스릴 때는 범법자에 대해서 경형(黥刑)에 처하였다는 것이 『한비자』 「내저설상(內儲說上)·칠술(七術)」과 『사기』 권87 「이사전(李斯傳)」에 보인다. 소식

는다.

말[22] 머리는 왕王에 해당되니 생김새는 반듯해야 한다. 말의 눈은 승상에 해당하니 광채가 있어야 하며, 말의 척추[23]는 장군에 해당되니 아주 강인해야 하고, 말의 배와 가슴은 성곽에 해당되니 불거져 나와야 한다. 말의 네 넓

經雨者則不忌. 8

馬, 頭爲王, 欲得方. 目爲丞相, 欲得光, 脊爲將軍, 欲得強, 腹脅爲城郭, 欲

(蘇軾)은 상앙이 위세를 세우기 위함이었다고 하였으며, 오늘날에는 농가에 퇴비를 모으기 위해서라고 한다. 묘치위 교석본을 참고하면, 청대에 이르기까지 여전히 재를 버리는 것을 기피했다고 하는데, 이는 일반적인 재는 아니고 오직 쪽재[藍灰]를 가리킨다고 한다. 청대 산동지역 정의증(丁宜曾)의 『농포편람(農圃便覽)』 「칠월(七月)·예람타전(刈藍打靛)에 이르기를, "쪽의 대를 불에 태워서 길에 버리면 말은 놀라고 망아지는 즉사하기 때문에 진나라에서는 이를 금지했다." 라고 하였다.

22 '말' 조항과 다음의 상마법(相馬法) '삼리오노(三羸五駑)'는 『초학기』 권29와 『태평어람』 권896에서 『상마경(相馬經)』을 인용한 내용과 기본적으로 같다. 『태평어람』에서 인용한 것에도 또한 아래의 '마생타지무모(馬生墮地無毛)'의 조항이 있다. 『제민요술』에서 '말의 눈, 귀, 코, 입' 등을 살피는 것은 또한 위의 두 책에서 보이는 『백락상마경(伯樂相馬經)』을 인용한 것과는 서로 뒤섞여 있다. 묘치위에 의하면, 『제민요술』에 기재되어 있는 말을 살피는[相馬] 내용은 자못 번거롭고 혼란스러우며 중복이 많고 사이사이 오차가 있어서 다른 편과 더불어 크게 다르지 않다. '말'의 조항 아래는 대개 총론적인 의미에서 말을 살피는 방법으로 '수화욕득분(水火欲得分)' 이하는 각 부위에 대하여 나누어 살핀 것이다. 그러나 나누어서 살피는 방법[分相法]은 또 다음문장의 '상마종두시(相馬從頭始)' 이하의 분상법(分相法)에서 거듭 등장하고, 이후의 것이 특히 상세하여 각각 계열을 이루고 있는데 그 근원은 같지 않다고 한다. 『상마경』은 처음에는 1, 2권에 지나지 않았지만 수나라 때 제갈영(諸葛穎) 등의 『상마경』은 대폭 늘어나서 60여 권에 달하였다. 본편 또한 이처럼 번잡하고 일관성이 없는 것을 미처 생각하지 못한 것은 아마도 가사협이 이렇게 하지는 않았을 것이라고 한다.

23 '척(脊)'은 등과 요추부위를 가리키며 강건하고 힘이 있어야 한다.

적다리[四下]는 지방의 수령에 해당하니[24] 길어
야 한다.

　　말의 아래와 겉모양을 살피는 법[相馬法]: 먼저
말의 '약한 세 가지와 다섯 가지 발달되지 않은
것[三羸五駑]'[25]을 제외하고 나서 나머지 상相을 살
핀다.[26] 머리가 크고 목이 가는 것이 '첫 번째 약

得張. 四下爲令,
欲得長.
　　凡相馬之法.
先除　三羸五駑,
乃相其餘. 大頭
小頸, 一羸, 弱

24　'사하위령(四下爲令)': 이 단락은 전체적인 측면에서 중요한 부위를 검토하여 그
　　　주된 것과 부수적인 것이 서로 관계 있음을 보여 준다. '왕'은 '승상'과 함께 머리
　　　와 눈이 말을 주관하는 곳에 위치해 있음을 뜻한다. '사하(四下)'는 곧 사지(四肢)
　　　이며 마땅히 길고 힘이 있어야 사람을 태워서 멀리까지 잘 갈 수 있다. '영(令)'은
　　　'지방관(地方官)'이다. 이와 같은 중요한 부위는 반드시 서로 어우러져야 비로소
　　　좋은 외형의 기초를 깃추게 된다.
25　'이(羸)': '이'는 약함이다.(원래 말라서 약한 양을 가리키는 말에서 훗날 모든 생
　　　물을 가리키는 말로 뜻이 확장되었다.) '노(駑)'와 비교해 보면 '이(羸)'는 무거운
　　　것을 짊어질 수 없는 것이며, '노(駑)'는 빨리 움직일 수 없는 것이다.
26　위의 조항이 좋은 말의 형태적 조건에 대해 언급하였다면, 본 조항은 '삼리오노
　　　(三羸五駑)'를 통해 열등한 말을 감별하는 방법을 소개하고 있다. 묘치위 교석본
　　　에 의하면, '머리가 크고 목이 가는 것[大頭小頸]: 머리가 크면 이미 우량한 형태
　　　가 아니다. 또한 목 부분이 가늘고 작으면 머리를 지탱할 힘이 없어서 중심이 앞
　　　을 향해서 지나치게 기울어져 실격이 된다. '척추가 약하고 배가 큰 것[弱脊大
　　　腹]': 등과 요추부분이 마르고 약하면 타거나 짐을 실을 때 이미 스스로 힘을 못쓰
　　　고 게다가 복부가 팽창하면 스스로 부담이 가중되어 결함이 더욱 커진다. '종아
　　　리가 작고 발굽이 큰 것[小脛大蹄]': 종아리 부분이 작고 가는데 네 발굽이 크면
　　　반드시 사지가 발를 떼는 데 부담을 많이 느껴 속도를 낼 수 없다. '머리가 크고
　　　귀가 처진 것[頭大緩耳]': 말의 귀는 반드시 짧고 작아야 하며 팽팽하고 곧추서고
　　　앞으로 향해야 한다. 이른바 '완(緩)'은 이와 상반되어서 힘이 반드시 이완되므로
　　　아래로 기울어지는데 (이것이) 오늘날의 외형상에 나타나는 '소귀[牛耳]', '돼지귀
　　　[豬耳]'이고 게다가 머리가 크면 민첩하지 못하고 동작이 매우 굼뜨게 된다. '긴
　　　목이 구부러지지 않는 것[長頸不折]': 목은 머리와 몸을 이어 주는 것으로, 전진하
　　　는 방향을 인도하고 동시에 무게중심의 평형을 이루는 작용을 하기 때문에 적당

한 점[一贏]'이고, 척추가 약하고 배가 큰 것이 '두 번째 약한 점[二贏]'이며, 종아리가 작고 가늘며 발굽이 큰 것은 '세 번째 약한 점[三贏]'이다. 머리가 크면서 귀가 처진 것은 '첫 번째 노[一駑]'이며, 긴 목이 구부러지지 않는 것은 '두 번째 노[二駑]'이고, 체구가 짧고 네 다리가 긴 것이 '세 번째 노[三駑]'이며, 허리[骼]가 길면서 가슴[脅]이 짧은 것은 '네 번째 노[四駑]'이고, 골반[髖]이 좁으면서 넓적다리[髀]가 여윈 것이 '다섯 번째 노[五駑]'이다.

털이 붉고 갈기가 검은 유마騮馬, 어깨부위가 검은 여견驪肩, 털이 황갈색을 띤 녹모鹿毛, 동전이 이어진 무늬가 있는 연전마[□馬; 連錢馬], 검푸른 색에 회백색이 섞인 탄마騨馬, 백색의 털에 흑색의 갈기를 지닌 낙마駱馬는 모두 좋은 말이다.[27]

脊大腹, 二贏,
小脛大蹄, 三贏.
大頭緩耳, 一駑,
長頸不折, 二駑,
短上長下, 三駑,
大骼短脅, 四駑,
淺髖薄髀,[9] 五
駑.

騮馬驪肩鹿毛
□[10]馬騨駱馬,
皆善馬也.

한 길이와 경사를 필요로 하는데 만약 가늘고 길고 적당한 곡선을 지니지 않는다면 잘못된 상이다. '다리의 위쪽 체구가 짧고 아래쪽 다리부분이 긴 것[短上長下]': 위는 몸통을 가리키고 아랫부분은 사지를 가리킨다. 몸통이 짧고 사지가 길면 발육이 온전하지 못한 유치형에 속한다. '허리가 길면서 가슴부위 짧은 것[大骼短脅]': '가(骼)'는 『옥편』에서는 허리뼈[腰骨]라고 해석하고 있는데 이것은 요추를 가리킨다. '대가(大骼)'는 곧 긴 허리이다. 좋은 말은 허리가 짧아야 한다. 허리가 짧아야 강인하고 힘이 있는데, 타거나 짐을 끄는 말을 막론하고 모두 이런 조건을 갖추어야 한다. 요추가 길면 허리와 등이 상응하지 못하고, 가슴이 작으면 반드시 가슴 부위가 발달하지 못하는데, 이 같은 체형의 말은 오랫동안 잘 달리기가 어렵다. '천관박비(淺髖薄髀)'에서 '관(髖)'은 골반(『설문해자』에는 '넓적다리 위이다.[髀上也.]'라고 설명하고 있다.)이다. '비(髀)'는 '넓적다리'이다. 즉 골반이 좁으면서 넓적다리가 여위면 쉽게 피로를 느낀다.

27 '유(騮)': '유(駠)'와 동일하며 『시경』「진풍(陳風)・소융(小戎)」에는 '기유시중(騮

망아지가 막 태어났을 때 털이 없으면 하루에 천 리를 달리며, 오줌을 쌀[溺][28] 때 한쪽 다리를 드는 것은 하루에 오백 리를 달린다.

겉에서 말의 오장을 살피는 방법[相馬五藏法]:[29] 말의 간[肝]은 작아야 한다. 귀가 작은 말은 간이 작고, 간이 작으면 사람의 의도를 잘 이해한다.

馬生墮地無毛, 行千里, 溺擧一脚, 行五百里.

相馬五藏法. 肝欲得小. 耳小則肝小, 肝小則識人

驪是中)'이라는 말이 있다. '유마(驪馬)': 붉은 털에 검은 갈기가 있는 말이다. 여(驪):『시경』「노송(魯頌)·경(駉)」에는 "有驪有黃"이라는 말이 있다.『모전』에 의하면 "색이 매우 검은 말을 '여(驪)'라고 한다."라고 한다. '여견(驪肩)': 어깨부위의 털이 검은 말이다. '녹모(鹿毛)': 털 색깔이 황갈색인 말을 가리킨다. '탄(驒)', '낙(駱)'은『시경』「노송·경」의 "有驒有駱"이라는 구절에 보인다. '탄'은 푸른 틀 속에 회백색의 문양이 섞여서 마치 고기처럼 보이는 말이다.『시경』「소아·사모(四牡)」에는 "嘽嘽駱馬"라는 구절이 있는데,『모전』에 이르기를 흰 말에 검은 갈기가 있는 것을 '낙'이라고 한다고 하였다. 묘치위 교석본에 의하면, 중국에서는 말의 색깔과 목 부위가 다름에 따라서 각각 종류를 달리하는 이름을 부여하였는데, 털의 색깔과 체질은 서로 부합한다. 오늘날 사람들은 붉고 검은 털을 가장 좋은 털색으로 생각하는데, 특히 붉은색과 검은색 두 가지가 좋다고 하며 또한 청색털은 수명이 길다.

28 '익(溺)': 이는 배뇨의 의미로,『태평어람(太平御覽)』권896에 따르면 이 구절은『백락상마경(伯樂相馬經)』에도 보인다.

29 '상마오장법(相馬五藏法)': 중국에서는 예로부터, 고등척추동물의 신체 기관에는 심장·간·비장·폐·신장의 '오장(五藏)' 즉 '오장(五臟)'이 있다고 한다. 스성한의 금석본을 보면, 이 단락은 오장(五藏) 외에, 두 문장에 걸쳐 '장[腸: 장은 '육부(六府; 六腑)'에 속한다.]에 대해 설명하고 있다. 게다가 문장의 구조 역시 오장과 다르고 '신욕득소(腎欲得小)'는 이어지는 설명이 없으므로, 이 단락에는 누락된 글자가 많을 것으로 추정된다. 묘치위 교석본에 의하면, '상마오장법(相馬五藏法)'의 조항과 다음 문장의 "望之大, 就之小"의 조항,『사목안기집(司牧安驥集)』및『원형요마집(元亨療馬集)』은 모두『왕량선사천지오장론(王良先師天地五臟論)』의 문장을 인용한 것으로, 개별적으로 중요글자와 무관한 것을 제외하면 문장은 전부 동일하며 후인들이 '왕량선사(王良先師)'에 가탁한 것이라고 한다.

말의 폐肺는 커야 한다. 코[鼻]가 큰 말이 폐도 크
며, 폐가 큰 말이 오랫동안 빨리 달릴 수 있다.
말의 심장[心]은 커야 하는데, 눈[目]이 큰 말이 심
장도 크며, 심장이 큰 말은 갑자기 일어나 달려
도 놀라지 않는다. 안구가 충만하고 안광이 사방
을 주시하면 아침부터 밤까지 달려도 힘이 남아
있다.[30] 말의 신장[腎]은 작아야 한다.[31] 말의 장腸
은 또한 두껍고 길어야 하는데, 장이 두꺼우면
뱃가죽 아랫부분이 넓고 반듯하면서 평평하다.
말의 지라[脾]는 작아야 하는데, 옆구리[縑]가 작은
말[32]은 지라도 작으니, 지라가 작으면 키우기가

意. 肺[11]欲得大,
鼻大則肺大, 肺大
則能奔. 心欲得
大, 目大則心大,
心大則猛利不驚.
目四滿則朝暮健.
腎欲得小. 腸欲得
厚且長, 腸厚則腹
下廣方而平. 脾欲
得小, 縑腹小則脾
小, 脾小則易養.

---

30 "目四滿則朝暮健": '목사만(目四滿)'은 곧 『사목안기집』, 『원형요마집』에 언급된
『상양마보금편(相良馬寶金篇)』('보금편'으로 약칭)에서 말하고 있는 '만상(滿箱)'
이다. '상'은 안구를 가리킨다. 묘치위 교석본에 이르기를, '만상'은 안구가 동자
에 집중된 것으로서 눈빛이 충만함을 가리키는데, 눈이 쑥 들어가 있으면 광채가
없어서 결코 좋은 형태가 아니라고 한다. 스성한의 금석본에 따르면, '건(健)'자
는 명초본에는 '건(健)'으로 되어 있다. 금택초본에는 원래 '건(健)'으로 되어 있으
나 교정자가 '두인변[彳]' 부수의 글자로 바꾸었는데, '건(健)'이 정자(正字)이므로
고쳐서는 안 된다.

31 '심욕득소(腎欲得小)': 본 단락은 내장과 외형이 관련되어 있고 상호 제약한다는 논
리를 갖고 있지만, 이 문장에는 이어지는 내용이 없다. 또한 육부의 하나인 '장(腸)'
이 들어가 있어서 잘못된 점이 있는 것으로 보인다. 묘치위 교석본에서는, 『왕량선
사천지오장론(王良先師天地五臟論)』의 문장 역시 『제민요술』과 마찬가지로 다
소 의심스러운 부분이 있다고 지적하였으며, '신(腎)'은 외신(外腎) 즉 고환으로
해석하였다.

32 '겸복(縑腹)': 양측(兩側)이 연하고 부실한 것을 말한다. 명말 장자열(張自烈)은
『정자통』에서, "무릇 가축은 허리 뒷부분의 우묵한 부분을 '겸와(縑窩)'라고 한
다."라고 하였다.

용이하다.

(멀리서) 바라보면 크게 보이는데 가까이서 접하면 작게 보이는 말을 '근마筋馬'라고 일컬으며, (멀리서) 봤을 때 작게 보이고 가까이서 접하면 크게 보이는 말을 '육마肉馬'라고 일컫는데,[33] 이들은 모두 장거리를 달릴 수 있다.[34] 말이 (재차) 여위게 되면 어떤 특정 부위의 '살[肉]'을 봐야 하며,[35] 이 '살[肉]'은 어깨부위의 '피부와 근육[守肉]'이다.[36]

望之大，就之小，筋馬也，望之小，就之大，肉馬也，皆可秉致．致瘦欲得見其肉，謂前肩守肉．致肥欲得見其

---

33 '근마(筋馬)': 오늘날 말의 체질분류 중에서 가죽과 힘줄이 아주 뚜렷하여 아주 단단하고 가늘면서 치밀한 것이다. '육마(肉馬)': 가죽과 근육의 발달이 거친 말이다. 이 같은 유형의 말은 모두 기마용으로 적당하다. 묘치위 교석본에 의하면, 위에 언급된 원거리와 근거리에서 말을 감별하는 방법은 현대에도 그와 유사한 방법이 사용되고 있다고 한다.

34 '개가병치(皆可秉致)': 스성한의 금석본에서는 '병(秉)'을 '승(乘)'자로 쓰고 있다. 스성한에 의하면 '승치(乘致)'에는 빠진 글자가 있는 듯하다. 혹은 '원승(遠乘)'에서 '원(遠)'을 누락한 후에 다음 문장의 첫 글자가 '치(致)'이므로 착오로 '치(致)'를 더 넣었거나, '치원(致遠)'에서 '원(遠)'자를 빠트리고 '승(乘)'자를 '치' 앞에 둔 것일 수도 있다고 한다. 물론 글자 자체만을 보고 의미를 짐작하는 식의 해석일 따름이지만 가능한 해석이다. '치(致)'를 '취(就: 가까운 곳에서)'로 보아서 '탈 수도 있고 가까운 곳을 취하다'로 해석할 수 있으나 문장의 뜻이 요구하는 바에 썩 부합하지는 않는 듯하다. 묘치위 교석본에 의하면, 본 조항에는 '치(致)'자가 세 군데 있는데 각본이 모두 동일하다. '승치(乘致)'는 "타고 멀리 가다.[乘傳致遠.]"의 줄인 말로서 『원형요마집』에서 『왕량선사천지오장론(王良先師天地五臟論)』을 인용한 것에는 '치(致)'자가 없다. '치'자가 없어도 뜻이 통한다. '치수(致瘦)'와 '치비(致肥)'의 '치'는 '지(至)'로 통하며 『왕량선사천지오장론』에서는 '지(至)'자로 쓰고 있다고 한다.

35 "致瘦欲得見其肉": 만약 말이 여위어도 어깨부위의 살갗이 여전히 두꺼우면 사지의 윗부분은 근육이 양호한 것으로 볼 수 있다.

36 '전견수육(前肩守肉)': '수(守)'는 '부(府)'와 뜻이 동일하며 앞부분에 언급된 '사하

살이 찌면[37] 어떤 특정 부위의 '뼈대[骨]'를 봐야 한다.[38] 이 '뼈대'는 '머리뼈[頭顱]'를 가리킨다.

骨. 骨謂頭顱.

말은 용의 머리에 눈이 튀어나오고, 척추와 등이 평평하며 배가 크고, 윗부분의 넓적다리뼈가 튼튼하고 근육이 발달해야 한다.[39] 이 세 가지 특징을 갖추고 있는 것이 곧 '천리마千里馬'이다.

馬, 龍顱突目, 平脊大腹, 胜重有肉. 此三事備者, 亦千里馬也.

'수화水火'는 분명해야 한다.[40] '수화'는 말의 두 콧

水火欲得分. 🄬

위령(四下爲令)'에 대해 말한 것으로, 이곳에서는 어깨부위의 피부와 근육을 가리킨다. 묘치위 교석본에 따르면, 각 본에서는 모두 동일한데『왕량선사천지오장론』에서는 '수(守)'를 '부(府)'로 쓰고 있다고 한다.

37 '치수(致瘦)', '치비(致肥)': 두 '치(致)'자는 모두 '지극함에 이르다'로 해석해야 한다. (권2「박 재배[種瓠]」참조.)

38 "致肥欲得見其骨": 말이 설령 살이 쪘다고 할지라도 목 부분의 뼈가 확연하게 드러나게 되면 그 옆구리 살이 강건해진 것이지 뚱뚱해진 것은 아니다.

39 '용로(龍顱)': 이마 부위가 크고 튀어나오며 동시에 뼈가 확실히 돌출된 것을 형용하는 말이다. '돌목(突目)': 눈은 약간 튀어나오고 반드시 안구가 눈에 충만하지만 지나치게 튀어나올 경우 놀랄 만한 흉상(凶相)이 된다.『보금편(寶金篇)』에서 요구하는 "눈이 돌출된 것은 놀랄 만한 것은 아니다."라는 것은 바로 이러한 것을 의미한다. 평척대복(平脊大腹): 배가 크고 척추가 평평한 것으로, 등과 요추부가 강하여 힘이 있는 것을 표현하며 배는 충만하여 아래로 처져서는 안 된다. '폐(胜)'는 곧 '비(肶)'자로『사목안기집』과『원형요마집』에서『상양마론(相良馬論)』을 인용한 것에는 '비(肶)'로 쓰고 있다. 주석에서 이르길, "넓적다리[股]이다."라고 하는데 음과 뜻은 '비(髀)'와 동일하다. 여기서는 넓적다리 부분의 가죽과 살갗을 가리킨다. '폐중유육(胜重有肉)': 둔부 부분의 가죽과 살갗이 발달한 것을 뜻하며, 이는 곧 신체의 뒷부분이 추진하는 힘이 있음을 표현한 것이다. 묘치위 교석본에 의하면, 머리와 신체 중간부분과 신체 뒷부분의 구성은 말 신체의 주요한 3가지 부분으로, 여기서는 3가지가 합쳐진 한 마리 말의 좋은 형태를 갖추고 있기 때문에 준마의 형태에 부합하는 것이라고 한다.

40 이 문장부터 "蹄欲厚三寸, 硬如石"에 이르기까지, 이른바 '마원(馬援)의『동마상

구멍 사이이다. 윗입술은 팽팽하고[41] 반듯해야 하며 입속은 붉고 광채가 있어야 한다. 이러한 말이 천리마이다. 말 윗니의 앞니가 굽었으면[鉤] 장수할 수 있다. 아랫니의 앞니가 예리하면[鋸] 기세가 세차다.[42]

아래턱은 깊어야 하며[43] 아랫입술은 느슨해

水火, 在鼻兩孔間也. 上脣欲急而方, 口中欲得紅而有光. 此馬千里. 馬, 上齒欲鉤, 鉤則壽. 下齒欲鋸,

법(銅馬相法)』'이『제민요술』의 각 조항에 뒤섞여 나타난다.『후한서』권24「마원전(馬援傳)」당대(唐代) 이현(李賢)의 주에는『동마상법』을 인용하여 그 문장을 기록하고 있다.『태평어람』권896에서 마원의『동마상법(銅馬相法)』을 인용한 것과 이현(李賢)이 인용한 것을 비교해 보면 또한 상당히 늘어난 부분이 있다. 『후한서』권24「마원전(馬援傳)」에는 한 무제 때 이미 말을 잘 돌보는 자가 있었는데 동문경(東門京: 한대의 경학가)이 '동마법(銅馬法)'을 주조하여 조정에 헌납했다는 기록이 있다. 그 후에 말을 잘 살피는 자로서 자여(子與), 의장유(義長孺), 정군도(丁君都), 양자아(揚子阿) 등이 있었는데, 가르침이 후대에 전해졌으며 마원은 양자아를 사사하여 '상마골법(相馬骨法)'을 전수받았다. 마원은 일찍이 베트남[交趾]의 낙월인(駱越人: 월족의 일족)에게 동고(銅鼓)를 얻어서 용해하여 동마(銅馬)를 만들었으며, 각 가(家)에서 말의 부위를 살피는 기술의 장점을 취하여서 "여러 가의 골상을 갖추어서 법으로 만들었다.[備此數家骨相以爲法.]"라고 하였는데, 이것이 곧『동마상법(銅馬相法)』의 유래라고 한다.

41 '급(急)': '팽팽하다[緊]'라는 의미이다. 말은 음식물을 취할 때 주로 윗입술의 움직임에 의거하기에 "윗입술은 팽팽하고 반듯해야 한다.[上脣欲急而方.]"라는 것은 윗입술이 긴밀하고 힘이 있으며 움직임이 커야 함을 말하며 이렇게 하면 음식물을 취할 때 유리하다.

42 '구(鉤)': 이빨로 자를 때 활모양의 이빨을 다문 각도로, 약간 안쪽으로 기울어져서 밖을 향하여 경사지지 않은 것을 가리킨다. 나이가 듦에 따라 활모양의 이빨이 점차 밖으로 향하기에 이를 늙었다는 것을 나타낸 것이다. '거(鋸)'는 예리하다는 의미이다. 이는 특히 법랑질[琺瑯質]이 매우 견고하다는 것이다. 이빨은 골격계통의 한 부분으로서, 골격발육이 건전한지 아닌지의 징표가 될 수 있으며, 또한 소화기관을 위해 씹고 소화하고 양분을 제공하는 것과도 관련이 있다. 그리고 '노(怒)'는 신경이 곤추서고 힘이 왕성하고 맹렬한 것을 뜻한다.

야⁴⁴ 한다. 어금니[牙]와 앞니[齒] 사이가 한 치가 되어야⁴⁵ 하루에 사백 리를 간다.

송곳니가 칼과 같이 뾰족해야 하루에 천 리를 달릴 수 있다. '사골_{嗣骨}'은 베 짜는 북과 같이 모서리지고⁴⁶ 넓으며 또 길어야 한다. ('사골'은) 양 뺨 아래 측면의 작은 뼈이다.⁴⁷

鋸則怒.

頜下欲深, 下脣欲緩. 牙欲去齒一寸, 則四百里. 牙劍鋒, 則千里. 嗣骨欲廉如織杼而

---

43 '함하욕심(頜下欲深)': 아래턱이 오목해서 깊이 향함을 가리킨다. 현대 외형학에서도 아래턱이 오목하며 깊고 넓은 것이 좋다고 한다.

44 '완(緩)': 아랫입술이 늘어지고 느슨하면 항상 주름이 생기는데, 주름이 있으면 수축성이 아주 풍부하다.

45 '아(牙)', '치(齒)': 이 두 글자는 같이 쓰일 때도 있고 구분해서 쓰일 때도 있다. 스성한의 금석본에 따르면, 구분할 때는 '아'는 특히 구강 앞부분의 '앞니', '송곳니'를 가리키고 '치'는 뒷부분의 '뒤어금니, 앞어금니'를 가리킨다고 한다. 묘치위 교석본에 의하면, 앞니와 어금니 사이는 떨어져야 한다는 이야기는 어금니[牙]는 도구통니[臼齒, 단옥재의 『설문해자주(說文解字注)』참조]를 가리킨다. 또한 이 것은 바로 『본초강목』에서 말하는 "양 가의 이빨을 어금니[牙]라고 하며, 중앙의 가운데 있는 이빨을 앞니[齒]라고 한다."이다. 『여씨춘추』「음사편(淫辭編)」에는 말 이빨에 대해 기록하여 이르기를 "앞니는 12개이고, 어금니는 30개이다."라고 한다.['삼십(三十)'은 '사십(四十)'의 잘못인 듯한데, 이는 곧 앞니[切齒]가 12개이고, 송곳니[犬齒]가 4개이고, 도구통니[臼齒]가 24개인 것이다.] 앞니[齒]와 어금니[牙]는 분리되어 있어서, '치(齒)'가 곧 '절치(切齒)'이고, '아(牙)'는 '송곳니'와 '도구통니'를 가리킨다. 여기서 "牙欲去齒一寸"은 송곳니[犬齒]와 앞니 사이의 떨어진 거리가 '한 치[一寸]'의 폭임을 의미한다고 한다.

46 '염(廉)': 명사로 쓰일 때 '염'은 물체의 '모서리[棱]'를 가리킨다. 여기서는 형용사로 쓰여 "모서리가 있다.[有廉, 有棱.]"의 뜻이다.

47 '측소골(側小骨)'은 양송본에서는 이 문장과 같으나 마직경호상각본[馬直卿湖湘刻本; 이후 호상본(湖湘本)으로 약칭]에는 '측팔골(側八骨)'이라고 되어 있다. '측팔골'은 '보거골[輔車骨: 광대뼈와 턱뼈]'을 가리킨다.

눈은 옹골지고 윤기가 있어야 하며 눈자위는 작아야 하고 눈자위의 윗부분은 활대와 같이 굽어야 하며 아랫부분은 곧아야 한다.[48]

‘소素’[49]의 가운데는 비교적 좁고 아랫부위는 넓게 펼쳐져야 한다. ‘소’는 콧구멍 위쪽이다.

‘음중陰中’은 평평해야 한다.[50] 넓적다리 아랫부분이다.

‘음경[主人]’은 작아야 한다. 넓적다리부분 위쪽을 향해 앞쪽(고환) 가까이에 있다. ‘고환[陽裏]’[51]이 높아야 기세가 충만하다.[52] 넓적다리 중간 윗부분의 ‘음경[主人]’

闊, 又欲長. 煩下側小骨是

目欲滿而澤, 眶欲小, 上欲弓曲, 下欲直.

素中欲廉而張. 素, 鼻孔上.

陰中欲得平. 股下.

主人欲小. 股裏上近前也. 陽裏欲高, 則怒. 股中

---

48 안구는 충만하고 약간 튀어나와야 하며 눈망울은 광채가 있고 명철해야 한다. 소위 ‘목욕만이택(目欲滿而澤)’은 좋은 말에 요구되는 필수조건이다. ‘궁곡(弓曲)’과 ‘직(直)’은 상대되는 말인데, 묘치위 교석본에 의하면, 눈자위 윗부분의 활처럼 구부러진 각도가 아랫부분보다 큰 것이지, 아랫부분이 직선을 이뤄야 하는 것은 아니라고 한다.

49 ‘소(素)’는 콧마루[鼻梁]를 의미한다. 곽박이 『이아』 「석축(釋畜)」에 주석하여 “白達素, 縣”, “素, 鼻莖也.”라고 하였다.

50 본 문장의 앞뒤 문장은 모두 말의 두부(頭部)를 살피는 것과 관련되어 있다. 그러나 여기서는 갑자기 양 넓적다리 사이를 살피는데, 아마도 뒤의 문장이 끼어들어간 듯하다.

51 니시야마 다케이치[西山武一], 구로시로 유키오[熊代幸雄], 『교정역주 제민요술(校訂譯註 齊民要術)』上, アジア經濟出版社, 1969(이후 니시야마 역주본으로 간칭함), 273쪽에 의하면 ‘주인(主人)’은 ‘음경(陰莖)’을 가리키고, ‘양리(陽裏)’는 ‘고환(睾丸)’을 가리킨다고 한다.

52 살이 오르고 활기차며 기운이 활달한 말을 ‘노마(怒馬)’라고 한다. 아랫니가 날카

가까운 곳에 있다.

이마는 반듯하고 평평해야 한다.

'팔육八肉'은 크고 분명해야 한다.[53] ('팔육'은) 귀 아래쪽에 있다. '현중玄中'은 깊어야 한다. ('현중'은) 귀 아래쪽의 어금니 가까운 곳에 위치한다. 귓바퀴는 작고 뾰족하게 깎은 대통과 같이 예리해야 하며, 두 개의 귀 사이는 가까워야 한다.[54]

말의 갈기는 ['중골中骨'의 위에] 올라가 있어야 하며 중골의 높이는 3치 정도 되어야 한다.[55] ('중골'은) 갈기 속의 뼈(두 번째 경추골)이다.

'역골易骨'은 곧아야 한다. 눈밑에서 쭉 뻗어 간 뼈이다.

뺨은 뒤로 향해 벌어지고 한 자 길이 정도여야 한다.[56]

上近主人.

額欲方而平.

八肉欲大而明. 耳下. 玄中欲深. 耳下近牙. 耳欲小而銳, 如削筒, 相去欲促.

鬉匆欲戴, 中骨高三寸. 鬉中⑬骨也.

易骨欲直. 眼下直下骨也.

頰欲開, 尺⑭長.

롭고[鋸], '양리(陽裏)'가 높으며, '비부(飛鳧)'가 드러나고, 두 어깨뼈가 깊은 것 모두 '노마'의 조건이다.

53 '팔육(八肉)'은 귀 뒤쪽의 목덜미의 살가죽 부분을 가리킨다. 이 부분이 크고 아주 선명하며 피부와 근육이 발달된 증거가 된다.

54 말의 귀는 짧고 작아야 하며, 위에는 깎은 것처럼 뾰족하고, 아래는 둥글고 양 귀는 쫑긋 서야 하며, 좌우로 늘어져서는 안 된다. 귀의 형태는 '삭통(削筒)'과 같아야 한다고 했는데, 이것은 비스듬히 깎은 대나무 통과 같은 형태로 아주 잘 형상화한 것이다.

55 '총(鬉)'은 곧 '정수리의 갈기[鬣]'이다. '정수리의 갈기털[鬣毛]'은 머리를 덮어 보호하며, '욕대(欲戴)'는 머리를 덮은 것이 마치 쓴 것처럼 보이는 것을 형용한 말이다. '중골(中骨)'은 두 번째 경추골을 가리킨다. 일반적인 말은 이 뼈가 2치 반 정도의 높이이다.

56 "頰欲開, 尺長": 각 본은 이 문장과 동일하다. 『상양마론(相羊馬論)』과 『태평어

제56장 소·말·나귀·노새 기르기[養牛馬驢騾第五十六] 41

가슴의 아랫부분[膺下]은 넓어야 하며 한 자 이상인 것을 '협척挾尺'이라고 일컫는데 오랫동안 달릴 수 있다.[57] '앙鞅'은 반듯하고 발라야 하며 양쪽 뺨의 앞부분을 뜻한다. 목구멍은 굽고 깊어야 한다. 흉부는 곧고 불룩해야 한다. '양쪽 넓적다리' 사이에 앞을 향해 돌출된 부분을 뜻한다.[58] '부간髀間'은 벌어져야 하며 멀리서 보면 마치 한 쌍의 물오리 같아야 한다.[59]

목뼈는 커야 하며, 살이 있되 지나치게 많아서는 안 된다.[60] 정수리의 갈기[鬃]는 촘촘하며 두

膺下欲廣一尺
以上, 名曰挾一
作扶尺, 能久走.
鞅欲方, 頰前.**15**
喉欲曲而深. 胸
欲直而出. 髀間前
向. 髀間欲開, 望
視之如雙鳧.

頸骨欲大, 肉
次之. 鬐欲桯而

람』권896에서 『동마상법』을 인용한 것은 모두 '척장(尺長)' 두 글자가 없다. 묘치위에 의하면 이것은 뺨은 뒤로 향해 넓고 벌어지며 길어야 함을 요구하는 것이며, 오늘날에도 이와 같은 형상을 요구한다고 한다.

57 '응하(膺下)': 앞가슴의 아랫부분은 넓어야 한다는 것을 가리키는 것이다. 이같이 가슴이 넓은 말(한 자[尺] 이상의 말)은 빠른 속도로 달리기가 어렵지만 비교적 지구력이 있다.

58 '비(髀)': 이것은 넓적다리 사이의 앞쪽부분인 앞가슴을 가리킨다. 묘치위 교석본에 의하면, 가슴이 곧고 튀어나와야 한다는 것은 평평하면서 다소 돌출된 것을 요구하며 가슴 앞의 가죽과 근육이 발달되었음을 의미하지만, 앞가슴이 앞으로 향해서 툭 불거져 나온 불량한 '닭가슴[鷄胸]' 모양은 아니라고 한다.

59 '부간(髀間)': 가슴 양쪽의 큰 근육 두 덩어리를 '쌍부(雙鳧)'라고 하며, 부간은 쌍부의 사이를 말한다. 묘치위 교석본을 보면, '영(寧)'을 설명한 주에서 말하는 "가슴 양쪽이 물오리 같은 근육을 띠고 있는 것이다.[胸兩邊肉如鳧.]"라는 것은 가슴 앞 양쪽 상단의 가죽과 살갗이 풍부하여서 튀어나온 것이 한 쌍의 오리와 같음을 가리킨다. 이 부분은 목의 정맥과 동맥의 경로가 되며 역대 중국 수의학에서 진맥하는 부위라고 한다.

60 경추골(頸椎骨)은 발달돼야 하며 머리가 무거워야 함을 뜻하지만, 피부와 근육이 지나치게 두껍고 쪄서 체중이 너무 많이 나가는 것은 아니라고 한다.

텁고 굽어야 한다. '계모季毛'는 길어야 하며 덮인 부분이 많아야만 간과 폐에 병이 없다.⁶¹ ('계모'는) 정수리 뒷면의 털이다.

등은 짧고 반듯해야 하며, 척추는 크고 높이 솟아야 한다.⁶² 등심 근육[腜筋]⁶³은 커야 한다. 척추 양쪽의 근육이다. '비부飛鳬'가 분명한 것이 말의 기세가 강성하다. ('비부'는) 요추골⁶⁴과 천추골 양측의 근육이다.

'삼부三府'는 가지런해야 한다.⁶⁵ ('삼부'는) 허리

厚且折. 季毛欲長多覆, 肝肺無病. 髯後毛是也.

背欲短而方, 脊欲大而抗. 腜筋欲大. 夾脊筋也. 飛鳬見者怒. 臀後筋也.

三府欲齊. 兩

---

61 '계(髻)': 정수리의 털을 가리킨다. '질(桎)': 속박한다는 의미이며, 확대하면 '막히다' 즉 속이 '가득 차다'는 의미이다. '계모(季毛)'는 갈기 앞부분의 털을 가리킨다. 이들은 모두 아주 촘촘하고 가늘어야 한다. 비단처럼 얇아서 굽어지면 아름답게 보일 뿐 아니라 덮임으로 인해서 추위와 질병을 방어하는 작용을 한다.

62 척추와 요추부위는 흔히 '배척(背脊)'이라고 일컫는데, 짧고 평평하여 척추가 크면 스스로 강해져 저항의 힘이 생긴다. 말을 타고 끄는 일 외에도 필요한 조건이다.

63 '매근(腜筋)': 척추와 요추부[背脊] 양측의 등은 긴 등가죽[背長肌] 등의 가죽이 발달되어 저항력이 강한데, 힘이 있는 척추와 결합되면 등과 허리부분이 강하고 두꺼워져서 힘이 생기게 된다.

64 '여(臀)': '여(呂)'와 같다. 『설문해자』의 '여(呂)'자에 대해 단옥재가 심동(沈彤)의 설을 인용해서 주석하여 말하기를, "목덜미의 큰 척추 아래에는 21개의 등뼈가 있는데 이를 통칭하여 척추뼈라고 한다. … 간혹 7번째 이상을 등골[背骨]이라 하며, 8번째 이하를 여골(臀骨)이라 한다."라고 하였다. 묘치위 교석본에 의하면, 여기의 '비부(飛鳬)'는 '여골(臀骨)'의 뒤에 있는 근육이다. 그런즉 요추와 천추 양 측면의 살갗과 근육을 가리킨다. 또한 튀어나온 곳이 오리와 같이 발달되어야 하고 매근(腜筋)과 척추의 발달과 서로 부합되어서 배를 풍만하게 하며 기세가 세차고 사납다고 한다.

65 '삼부(三府)': 뒷 문장에서 말하는 '삼봉(三封)'이며 또한 말을 살피는 글에서 일컫는 '삼산골(三山骨)'을 말한다. '중골(中骨)'은 천추부를 가리킨다. 양 관골과 천

뼈[髂][66] 양측과 중간의 꽁무니뼈 부분의 척추를 가리킨다. | 髂及中骨也.

'둔부[尻]'는 약간 기울어지고 근육은 넓고 두꺼워야 한다.[67] 꼬리는 점차 작아져야 하며 꼬리 밑동은 굵고 커야 한다.[68] | 尻[16]欲頹而方.
尾欲減, 本欲大.

옆구리 부분 늑골[脅肋][69]의 사이는 크고 움푹해야[窪][70] 한다. 이 같은 것을 '상거[上渠]'라고 일컬으며 오랫동안 달릴 수 있다. | 脅肋欲大而窪. 名曰上渠, 能久走.

'용시[龍翅]'는 넓고 길어야 한다.[71] 승육[升肉]은 | 龍翅欲廣而

추부를 합하여 '삼부(三府)'라고 일컫는데, 이는 곧 '고상삼골(尻上三骨)'이다. '제(齊)'는 좌우의 두 관골이 넓고 높아야 하며 중골과 대략 비슷해야 한다. 묘치위 교석본에 의하면, 이것은 둔한 말의 모습에서 보이는 '관골이 좁고 넓적다리뼈[髀骨]가 얇은 것'과는 서로 반대되어 이후 신체발달의 징표가 된다고 한다.

66 '가(髂)': 허리뼈[腰骨]이다. 요추골은 비교적 크고 굵지만, 겉이 가죽과 살로 둘러싸인 요추는 추골 양쪽의 횡돌(橫突)과 척추 극돌(棘突)이 가지런히 있는 모습을 보기가 어렵다. 그러므로 이 '가(髂)'자는 '관(髖: 허리뼈)'과 혼용되어 잘못 쓰인 것 같다.

67 '고(尻)'는 둔부를 말한다. '퇴(頹)'는 약간 경사진 것을 뜻한다. '방(方)'은 뒤에 등장하는 "둔부에는 살이 많아야 한다."라는 것과 결합되어 넓고 두꺼워서 가죽과 살이 발달한 것을 뜻한다. 묘치위 교석본을 보면, 둔부가 약간 경사진다고 하여서 좋지 않은 것은 아니며, 오늘날 말을 기르는 데 경험이 많은 자는 항상 둔부가 경사진 것을 이상으로 삼는다고 한다.

68 꼬리는 길고 클 필요가 없지만 꼬리의 밑동은 반드시 커야 하는데, 크면 힘이 세다.

69 '협륵(脅肋)': 옆구리 옆의 늑골, 즉 '진륵(眞肋)'을 가리킨다. 다음 문장의 '계륵(季肋)'[즉 '부륵(浮肋)' 혹은 '가륵(假肋)']과 상대되는 개념이다.

70 '와(窪)': 가슴 속[胸腔]을 말하는 것으로서 가슴이 넓어야만 폐활량이 원활한데, 이것을 이른바 '상거(上渠)'라고 한다. 가슴이 넓으면 빠른 속도는 낼 수 없지만 지구력이 좋아서, 앞의 문장에서 "가슴의 아랫부분은 넓어야 하며 한 자 이상인 것을 '협척(挾尺)'이라고 일컫는데, 오랫동안 달릴 수 있다."라고 한 것과 부합된다.

71 '용시(龍翅)'는 정확히 어떤 부위인지 알 수가 없다.

크고 잘 드러나야 한다. ('승육'은) 넓적다리 밖의 근육이다.

'보육輔肉'은 크고 아주 분명해야 한다. ('보육'은) 앞다리 아래쪽의 살이다.

복부는 풍만해야 하며, 허구리[腔]는 작아야 한다.[72] 허구리는 곧 말의 옆구리이다. '계륵季肋'은 펼쳐져야 한다.[73] ('계륵'은) 갈비뼈이다.

'현박懸薄'은 두껍고 느슨해야 한다. ('현박'은) 뒤쪽 넓적다리이다. '호구虎口'는 벌어져야 한다. ('호구'는) 넓적다리 사이의 살이다.[74]

배 아랫부분이 팽팽하면서 원만해야 잘 달릴 수 있다. 이과 같은 모습을 '하거下渠'[75]라고 일

長. 升肉欲大而明. 髀外肉也. 輔肉欲大而明. 前脚下肉.

腹欲充, 腔欲小. 腔, 膁. 季肋欲張. 短肋.

懸薄欲厚而緩. 脚脛. 虎口欲開. 股內.

腹下欲平滿, 善走. 名曰下渠,

---

72 복부는 쪼그라들어서는 안 되고 크고 아래로 처져서도 안 되는데, 말에게 부담이 되더라도 충분하게 채울 수 있어야 한다. '강(腔)'은 주석 문장에 따르면 배의 옆구리를 뜻한다. 옆구리가 작으면 허리가 짧고 허리가 짧으면 힘이 세다.

73 '계륵(季肋)', '단륵(短肋)': 갈비뼈로서 흉골과 직접적으로 연결되지 않는 '부륵(浮肋)'을 가리킨다. '계륵(季肋)'은 또한 '계협(季脅)'이라고도 일컫는다. 명나라 장경악(張景岳: 1562-1639년)의 『유경도익(類經圖翼)』에서, "계협은 겨드랑이 아래의 작은 근육이다."라고 하였으며, 이에 대한 주석에서는 '짧은 근육', 곧 가조(假助: 부륵을 포함)라고 말하고 있다. 이 부위가 펼쳐지면 가슴벽노 그에 상응하여 넓어진다.

74 '고내(股內)'는 금택초본과 명초본에서는 이 문장과 같은데 다른 본과 『상양마론』에서는 '고육(股肉)'이라고 쓰고 있다. 묘치위의 견해로는 '호구(虎口)'는 벌어져야 하는데, 현대 외형학상에서 이야기하는 넓적다리 사이는 마땅히 공간이 있어야 된다는 것과 서로 부합되어서, '고내'로 쓰는 것이 합당하다고 한다. 앞 문장의 '각경(脚脛)'은 『동마상법』에서는 '고야(股也)'라고 쓰고 있으며, '현박(懸薄)'은 또한 넓적다리부분을 가리키기에 마땅히 '고야(股也)'라고 써야 할 것으로 보았다.

컬으며 하루에 삼백 리를 달릴 수 있다.

'양육陽肉'은 위로 향하여 높게 솟아올라야 한다. 넓적다리 외부의 앞쪽에 가까운 살을 뜻한다. 뒤쪽 넓적다리 근육은 넓고 두꺼워야 한다.

'한구汗溝'는 깊고 분명해야 한다. '직육直肉'이 잘 발달해야 오래 달릴 수 있다. ('직육'은) 넓적다리 뒤쪽의 살이다. '수輸'한(翰)'으로도 쓴다. 서鼠'는 반듯해야 한다. (수서'는) 직육(直肉)의 아래쪽에 있는 근육이다. '눌육胊肉'은 팽팽해야 한다. (늘육'은) 뒤쪽넓적다리 안쪽 근육이다.

'간근間筋'은 빨리 줄어들어야 수축력이 있어서 잔걸음으로 뛰는 것을 잘한다.[76] ('간근'은) 수서 아래쪽의 근육이다.

'기골機骨'은 들어올려져 눈자위가 위쪽으로 향해 활처럼 굽어진 상태가 되어야 한다.[77]

日三百里.

陽肉欲上而高起. 髀外近前. 髀欲廣厚.

汗溝欲深明. 直肉欲方, 能久走. 髀後肉也. 輸一作翰鼠[17]欲方. 直肉下也. 胊肉欲急. 髀裏也.

間筋欲急短而減, 善細走. 輸鼠下筋.

機骨欲擧, 上曲如懸匡.

---

75 '하거(下渠)'는 복강(腹腔)을 가리키는데 충만하여 아래로 처져서는 안 된다. 이 구절은 위의 문장의 '복욕충(腹欲允)'과 서로 부합된다.

76 묘치위 교석본에 따르면, 본 문단의 속에 '양육(陽肉)'·'한구(汗溝)'·'직육(直肉)'·'수서(輸鼠)'·'눌육(胊肉)'·'간근(間筋)' 등의 부위는 모두 넓적다리와 둔부의 안팎의 각 부위의 근육으로, '비(髀)'자가 있는 것은 모두 뒷부분의 넓적다리를 가리키며 '광후(廣厚)'·'방(方)'·'심(深)'·'급(急)'을 지칭하는 것은 모두 신축성이 발달하고 풍부해야 한다고 한다. '한구(汗溝)'는 넓적다리와 정강이의 뒷부분과 둔부의 끝부분에 위치하며 주로 반막양기(半膜樣肌)와 넓적다리 이두박근[股二頭肌]의 발달로 인해서 두 근육 사이에 얕은 홈이 형성된 것이다.

77 '기골(機骨)'은 눈자위뼈를 가리킨다. '광(匡)'은 곧 '광(眶)'자이다. 『설문해자』에는 '광(眶)'자가 없으며 곧 이 '광(匡)'자를 써서 '광'자를 표시하였다. 『사기』 권

'말머리[馬頭]'[78]는 높아야 한다. '거골距骨'은 앞을 향해 튀어나와야 하고, 간골間骨 역시 앞을 향해서 비스듬하게 나오며, 후부[後]는 오목한 형태를 띠어야 한다. 외부(外臀)는 말발굽 가까이 있는 뼈이다. 부선附蟬은 커야 하며,[79] (부선은 곧) '전후목前後目'이다. 이것이 곧 야안(夜眼)이다.[80]

馬頭欲高. 距骨欲出前, 間骨欲出前, 後目. 外臀, 臨蹄骨也. 附蟬欲大, 前後目. 夜眼.

---

118 「회남왕안열전(淮南王安列傳)」에서는, "눈물이 눈자위에 가득 차서 옆으로 흘러내렸다.[涕滿匡而橫流.]"라고 하는데 이는 곧 눈자위를 가리킨다. 그리고 '광(匡)'은 광주리의 본래 글자이며 광주리는 곧 '상(箱)'인데, 뒷날 말을 살피는 방법[相馬法]에서도 이 때문에 눈자위[眼眶]를 일컬어 '안상(眼箱)'이라고 하였다. 묘치위 교석본을 보면, 여기에서 말하는 '상곡여현광(上曲如懸匡)'의 의미는 눈자위 윗부분이 만곡형(彎曲形)을 띠는 것을 의미하며 앞문장의 "눈자위는 작아야 하고 눈자위의 윗부분은 활대와 같이 굽어야 하며"라는 것과 서로 부합된다.

78 '마두(馬頭)': 뒷부분의 "踠欲促而大"조의 '오두욕고(烏頭欲高)' 구절과 비교해 볼 때 '마(馬)'자는 '오(烏)'로 고쳐야 할 듯하다.

79 '부선욕대(附蟬欲大)': 부선이 크다는 것은 골격이 크다는 징표이다. 오늘날 개량 품종은 부선이 퇴화하여 매우 작다.

80 '전후목야안(前後目夜眼)': '야안(夜眼)'은 국립국어원의 『표준국어대사전』에 의하면, 말의 앞다리 무릎 안쪽에 두둑하게 붙은 군살을 가리킨다고 한다. 관이다[管義達], 『제민요술금석(齊民要術今釋)』, 山東濟南, 2000(관이다 금석본으로 약칭)에서는 본 단락의 원문은 오탈자가 있음이 의심되며, 각 판본 모두 이와 같다고 한다. 묘치위에 의하면, '부선(附蟬)'의 이름은 현대 외형학상 여전히 연용되고 있으며, 일반적으로 일컫는 '밤눈[夜眼]'이다. '부선' 전후의 사지는 모두 있기 때문에 '전후목'이라는 이름이 붙었으며, 따라서 '전후목'은 마땅히 '부선'의 문장에 주를 달아야 한다. 여기서 본문을 큰 글자로 한 것은 잘못이다. 또한 '거골 욕출전(距骨欲出前)'에서 '야안(夜眼)'까지는 『상양마론(相良馬論)』에 기록되어 있는 것과 같으며, 『제민요술』과 비교해서 다소 빠지고 뒤섞인 부분이 있어서 『왕양선사천지오장론』은 『제민요술』을 계승했을 것이라고 지적하였다. 금택초본에는 '전후목(前後目)'이라고 쓰어 있으며, 다른 본에서는 '전후왈(前後曰)'이라고 쓰고 있다.

정강이는 가늘고 넓어야 잘 달릴 수 있다.
뒷넓적다리 앞부분의 뼈이다.[81]

앞다리[臂]는 길어야 하며, 무릎뼈[膝本]는 튀어나와야 한다.[82] 이렇게 하면 힘이 세차다. 앞발 무릎 위에 튀어나온 것을 일컫는다. 발앞꿈치[肘]와 겨드랑이[腋] 사이가 넓어야[83] 빨리 달릴 수 있다. 무릎뼈는 반듯하고 튀어나오지 않아야 한다.[84] 넓적다리뼈도 짧아야 한다. 어깨뼈[肩骨] 주변은 깊어야 하는데[85] 이런 것을 '전거前渠'라고 하며 기세가 세차다.

발굽은 3치 정도로 두꺼워서 돌과 같이 단

股欲薄而博,
善能走. 後髀前骨.
臂欲長, 而膝
本欲起. 有力. 前
脚膝上向前. 肘腋
欲開, 能走. 膝
欲方而庳. 髀骨
欲短. 兩肩骨欲
深, 名曰前渠,
怒.

蹄欲厚三寸,

---

81 '후비전골(後髀前骨)'은 '고욕박이박(股欲薄而博)'의 소주이지만, 상호 조화가 되지 않는다. 『상양마론』에서는 단지 '고욕박이박'의 본문을 인용했으나 이 주석문은 인용하지 않았다.

82 '비(臂)'는 앞다리를 가리킨다. '슬본(膝本)'은 무릎뼈[膝蓋骨]를 가리킨다. 앞발은 길고 피부와 근육은 발달해야 하며 무릎관절과 오금은 앞을 향해서 약간 돌출돼야 한다. 앞다리가 길면 보폭이 크고, 근육과 피부가 발달하면 힘이 있다. 무릎부위의 앞이 튀어나오고 뒤가 들어가면 굽히고 펴는 운동이 원활하고 민첩해진다.

83 '주액욕개(肘腋欲開)': 앞꿈치 안쪽은 가슴부위와 밀착되어서는 안 되고 약간 떨어져 있어야 하는데 이것은 곧 겨드랑이가 열려야 함을 의미한다. 이렇게 되면 앞발의 운동이 편리하여 가슴에 압박을 주지 않게 된다.

84 뒷 문장에서 "무릎 뼈는 둥글고 불룩해야 한다."라고 하였으나 여기서는 "반듯하면서 튀어나오지 않아야 한다."라고 했는데, 이것은 불룩하지만 지나치게 튀어나오지 않아서 모서리가 드러나지 않게 되는 것을 가리킨다.

85 어깨뼈가 깊으면 어깨와 가슴이 닿는 부위가 잘 부착되어 어깨관절의 발육도 좋고 동시에 각 뼈에 붙어 있는 피부와 근육 또한 발달하게 된다. 그렇지 않으면 살과 근육이 느슨해진다.

단해야 하고, 발굽 아래는 깊고 드러나야 하며, 뒷부분은 매의 날개처럼 펼쳐져야 오랫동안 달릴 수 있다.[86]

말의 외상을 살필 때 말머리부터 살펴본다.[87]

말머리는 높고 칼로 깎은 듯한 모양을 띠어야 한다. 머리는 무거워야 하며, 살은 적어서 마치 껍질을 벗긴 토끼머리와 같아야 한다.[88] '수골壽骨'[89]은 커야 하며 마치 솜으로 단단한 돌을 감싼 것과 같아야 한다.[90] '수골'은 머리털이 자라는 곳이

硬如石, 下欲深
而明, 其後開如
鷂翼, 能久走.

相馬從頭始.

頭欲得高峻,
如削成. 頭欲重,
宜少肉, 如剝兔
頭. 壽骨欲得大,
如綿絮苞圭石.

---

86 묘치위 교석본에 따르면, "발굽은 두껍고 단단해야 하며 깊고 분명해야 한다."라는 것은 발굽 아랫부분이 적당하게 패여서 열악한 형태의 '평발[平蹄]'을 띠지 않아야 하며 또한 발굽 사이도 아주 분명해야 함을 뜻한다. 발꿈치 부분이 매의 날개처럼(매의 날개가 쫙 퍼지지 않을 때는 옆에서 보면 꼬리와 각이 형성된다.) 펼쳐지는 것은 이 부분이 탄력성이 풍부하다는 것을 말해 주는데, 이렇게 하면 자연히 달리기에 편리하다. 이처럼 표준적인 발굽에 부합되게 되면 지구력이 갖추어지게 된다고 한다.

87 "相馬從頭始"에서 그 이후 끝부분의 "主乘棄市, 不可畜."에 이르기까지는 상마법(相馬法)의 또 다른 방법으로서, 이것은 앞의 문장 "水火欲得分"의 절과 비교하면 매우 상세하지만 중복되는 부분이 많다. 또한 앞의 문장과의 사이사이에 첨가되고 빠진 것이 있으며, 또한 '일왈(一曰)', '우운(又云)'과 같은 말이 섞여 있다. 가사협이 어째서 서로 다른 두 가지의 상마법을 상세하게 기록했는지 의문이다.

88 좋은 말의 경우 머리는 깎아지른 듯이 높아져 머리를 들면 위엄이 있고, 동시에 살은 적어야 한다. 또한 예리하게 깎은 듯하며 뼈가 아주 잘 드러나서 둔한 모습은 보이지 않는다. 묘치위 교석본에서는 서양에서 말머리가 대개 토끼머리의 껍질을 벗긴 것 같다는 것은 좋은 마차를 끄는 말의 형상을 뜻한다고 한다.

89 '수골(壽骨)': 이마의 뼈와 그 위쪽의 장방형의 머리가 있는 곳을 가리키는데, 다소 둥글고 단단해야 하며 또 커야 한다. 그렇게 되면 뇌 부분이 발달하는데 이는 좋은 말에 반드시 필요한 조건이다.

다. 말머리 위에 이마에서 입까지 한 가닥의 선이 있는 것을 '유응俞膺'[91]이라 하며, 일명 '적로的顱'라고도 일컫는다.[92] (이 같은 말은) 노예가 타면 밖에서 객사하고, 주인이 타면 저자에서 목을 매달리게 되니[棄市][93] 아주 좋지 않은 '흉한 말[凶馬]'이다.

말의 눈은 높이 달려 있어야 하며, 눈자위는 단정해야 하고, 눈의 뼈는 삼각형을 띠어야 하

壽骨者, 髮所生處也. 白從額上入口, 名俞膺, 一名的顱. 奴乘客死, 主乘棄市, 大凶馬也.

馬眼欲得高, 眶欲得端正, 骨欲得

---

90 '규석(圭石)': '규(圭)'를 만들 수 있는 백색의 돌이다. 일반적으로 '수화규산[水合矽酸]'의 결정이다. 솜으로 '규식'을 싼 것 같다고 하는 것은 머리두피가 부드럽고 이마 뼈가 돌처럼 약간 둥글고 단단함을 형용한 것이다. 규석과 같다고 하는 것은 규석처럼 단단한 것을 말함으로, 규석처럼 위가 예리하고 아래가 네모진 그런 의미는 아니며, 이와 상반되게 얼굴은 약간 둥글어야 한다고 한다.

91 '유응(俞膺)': 남조시대 양나라의 유준[劉峻, 자는 효표(孝標): 462-521년]이다. 『세설신어』 「덕행(德行)」편의 "유공이 탄 말에 적로가 있다[庾公(亮)乘馬有的盧.]"에서 『백락상마경(伯樂相馬經)』을 인용하면서 그를 '유안(俞雁)'으로 주석하였는데, 『태평어람』 권896에서는 『백락상마경』을 인용하면서 '유사(榆寫)'라고 적고 있다. 유준은 문장을 인용하면서 "말이 이마에서 입의 이빨에 이르기까지 한 가닥의 흰 선이 있는 것을 칭하여 '유안(俞雁)'이라 했으며, 일명 '유노(榆盧)'이다."라고 하였다.

92 적로(的顱): '유성(流星)'이 이마에서 입으로 흐르는 것 같은 것을 일컫는다. 묘치위 교석본에 의하면, 옛사람들은 이 말을 타면 사고가 난다고 생각했지만, 서양에서는 이와 같이 생긴 좋은 품종이 매우 보편화되었다. 옛사람들은 백장(白章: 정수리의 흰 털이 난 모양)으로 길흉을 점쳤고 다음 문장에서도 적지 않게 보이는데, 모두 과학적인 근거가 없다고 한다.

93 '기시(棄市)': 스성한의 금석본에서는 '기(弃)'자로 표기하였다. 기(弃)는 '기(棄)'의 고자이다. 고대에 사형에 처해진 죄인은 '시(市)'에서 백성들 앞에서 처결되었는데, 이를 '기시(弃市)'라고 한다.

며, 눈알은 마치 방울을 단 것 같아야 하고, 자주 색을 띠면서 선명하게 빛나야 한다. 안구의 사면이 웅골지지 않고 아랫입술이 팽팽한 것은 사람과 쉽게 친해지지 않는다. 또 입술이 얇고 작으면 잘 먹지 않는다.[94] 눈알 속에 한 가닥의 흰 실선이 동공을 관통하면 하루에 오백 리를 가며, 위에서 아래까지 실선이 관통을 하면 하루에 천 리를 간다. 속눈썹이 어지러운 말은 사람을 상하게 한다. 눈이 작으면서 눈의 흰자가 많은 것은 잘 놀라고 두려워한다. 동공의 전후에 살이 꽉 차지 않으면 모두 흉악하다.

만약 눈자위 위에 '가마[旋毛]'가 있으면 40년을 살 수 있다. 눈자위 뼈의 정중앙에 (가마가) 있으면 30년을 살며, 눈자위 중간아래에 (가마가)

成三角, 睛欲得如懸鈴, 紫豔光. 目不四滿, 下脣急, 不愛人. 又淺, 不健食. 目中縷貫瞳子者, 五百里, 下上徹者, 千里. 睫亂者傷人. 目小而多白, 畏驚. 瞳子前後肉不滿, 皆凶惡. 若旋毛眼眶上, 壽四十年. 值眶骨中, 三十年, 值中眶下, 十八

---

94 "下脣急, 不愛人, 又淺, 不健食": 스성한의 금석본에는 이 구절은 글자 자체의 의미로 본다면 가까스로 해석은 가능하나 상당히 억지스럽다고 한다. 『원형요마집(元亨療馬集)』에서는 『상마경(相馬經)』을 인용하여 "上瞼急, 下瞼淺, 不健食"으로 적고 있다. '검(瞼)'은 눈의 위아래 꺼풀을 말하며, 위아래 문장에서 주로 언급하던 눈의 상황과 이어져 본서의 문장보다 더 자연스럽고 상식에 맞지만, 안타깝게도 증명할 다른 자료가 없다. '하순급(下脣急)': 아랫입술과 더불어서 '느슨해야[緩]' 하고, '주름져야 한다[多理(紋理)].'와 상반되어 수축성에 문제가 생긴다. 또 입술이 얇다는 것은 입가와 주둥이가 작은 것으로, 모두 음식 섭취에 유리하지 않다. 이 문장은 『상양마론(相良馬論)』에는 "눈이 사방으로 웅골지지 않고, 위 눈꺼풀이 팽팽하고 아래 눈꺼풀이 얇은 것은 먹는 양이 많지 않다.[目不四滿, 上瞼急, 下瞼淺, 不健食.]"라고 쓰여 있다. 관이다의 금석본에 따르면, 원문에는 '우천(又淺)'으로 되어 있는데 해석하기 곤란하며, '우천(又踐)'의 잘못으로 의심된다고 한다.

있으면 18년을 산다. 눈 아래에 (가마가) 있으면 오래 살지 못한다[不借].[95]

　눈동자를 뒤로 굴려 보았을 때 뒷면의 흰자가 보이지 않는 말은[96] 한 자리에서 맴돌기만 하고 앞으로 나아가지 않는다. 눈동자는 노랗고[97] 눈은 크며 광채가 있어야 하고 눈꺼풀은 두꺼워야 한다. 눈 위의 흰자위 속에 횡근橫筋'이 있으면 하루에 오백 리를 가며 횡근이 위아래로 관통하면 하루에 천 리를 간다. 눈동자 속에 흰 실 가닥이 있는 것은 늙은 말이 낳은 것이다. 눈에 붉은 빛이 돌고 속눈썹이 어지러우면 사람을 물어뜯는다. 속눈썹이 뒤집힌 것은 세밑대로 달려서 사람을 해친다. 눈 아래에 '횡모橫毛'가 있으면 사람에게는 좋지 않다. 눈 속에 '화火'자와 같은 무늬가 있으면 40년을 산다. 눈꺼풀의 반쪽[偏] 길이가 한 치면[98] 하루에 삼백 리를 간다. 눈은 길고

年. 在目下者, 不借. 睛却轉後白不見者, 喜旋而不前. 目睛欲得黃, 目欲大而光, 目皮欲得厚. 目上白中有橫筋, 五百里, 上下徹者千里. 目中白縷者, 老馬子. 目赤, 睫亂, 齧人. 反睫者, 善奔, 傷人. 目下有橫毛, 不利人. 目中有火字者, 壽四十年. 目偏長一寸, 三百里. 目欲

95　'불차(不借)': 스성한의 금석본을 참고하면, 아래의 "旋毛在目下, 名曰承泣, 不利人"으로 볼 때, '차(借)'자는 '이(利)'일 수도 있고, 또한 '짚신(草履)'의 이름인 '불차(不借)'나 '불석(不惜)'과 마찬가지로 '하찮음'에 대한 표현일 수도 있다.(권3「잡설」주석 참조.)

96　'睛却轉後白不見者': 눈동자[瞳人]는 안구에서 큰 비중을 차지한다. 그래서 안구가 뒤로 이동할 때 뒤로 '흰자위[眼白]'가 보이지 않는다.

97　'目睛欲得黃': 이 아래부터는 위의 내용과 중복되는 곳이 많은데, 스성한의 금석본에서는 다른 출처에서 인용하여 기록한 것으로 의심하면서, 다른 단락으로 분리해야 한다고 보았다.

98　반쪽을 일러 '편(偏)'이라고 하며, '편장(偏長)'이란 위 눈의 눈꺼풀 반쪽의 길이를

커야 한다.[99] 눈 아래에 가마가 있는 것을 '승읍承泣'이라 부르며 사람에게는 좋지 않다. 눈동자 속에 오색이 영롱하면 하루 오백 리를 가며 90년을 살 수 있다.

　　좋은 말은 눈이 붉고 '혈기血氣'가 왕성하다. 둔한 말의 눈은 대부분 청색을 띠며 '간기肝氣'가 왕성하다. 빠른 말은 대부분 눈이 노랗고 '장기腸氣'가 왕성하다. 재주가 있고 총명한 말은 눈이 대부분 흰색을 띠며 '골기骨氣'가 왕성하다. 건장한 말은 눈이 대부분 검고[100] '신기腎氣'가 왕성하다.[101] 둔한 말은 반드시 채찍을 사용하여 부려야 한다.[102] 털이 희고 눈이 검은 말[103]은 사람에게

長大. 旋毛在目下, 名曰承泣, 不利人. 目中五采盡具, 五百里, 壽九十年. 良, 多赤, 血氣也. 駑, 多青, 肝氣也. 走, 多黃, 腸氣也. 材知, 多白, 骨氣也. 材□, 多黑, 腎氣也. 駑, 用策乃使也. 白馬黑目, 不利人. 目

　　가리킨다. '목편장일촌(目偏長一寸)'은 자라나는 모습 중의 하나이다.

99　'목욕장대(目欲長大)': 스성한의 금석본에서는 이 네 글자를 바로 앞의 "目偏長一寸, 三百里" 구절에 단 주해인 것으로 보았다.

100　'재(材)' 다음에 남송본에는 한 칸이 비어 있고, 금택초본에서는 하나의 조그만 칸을 넣어서 빠진 글자를 표시하고 있다. 이 빠진 글자는 앞 문장의 '재지(材知)'의 '지(知)'자[지(智)와 통한다.]인 듯하다. 그러나 윗부분을 바꾸고 여기에 또 '재(材)'자가 잘못 들어갔다. 스성한의 금석본에서는 '재지다백(材知多白)'은 응당 '지다백[知多白; '지(知)'는 응당 '지(智)'자로 사용된 것이다.]이 되어야 하며, 아래의 '재(材)'자 다음의 빈칸은 없애거나, 또는 글자 순서를 바꾸어 "材多白, … 知多黑"이 되어야 한다고 보았다. 반면 묘치위 교석본에서는 "材, 多白.", "知, 多黑."이 적합하다고 보았다.

101　이 단락은 해석하기 어려우며, 빠진 부분이 있는 듯하다.

102　"駑, 用策乃使也": 여러 판본을 보면 위의 문장과 이어져 있으나,['사(使)'자는 '사(駛)'자의 오기인 듯하다.] 따라서 스성한은 위의 문장과 의미가 연결되지 않으므로 만약 잘못 쓴 것이 아니라면 새 단락으로 시작해야 한다고 한다.

이롭지 않다. 눈에 흰자가 많고 뒤를 돌아보는 습관이 있는 말은 사물을 두려워하고 잘 놀란다.[104]

多白, 卻視有態, 畏物喜驚.

---

103 '백마흑목(白馬黑目)': 스성한은 이 구절을 잘못 베껴 쓴 것으로 의심하고 있다. 아래의 '白馬黑氅不利人'의 '모(氅)'와 '목(目)'의 독음이 다소 유사해서 이렇게 한 구절을 붙여 쓴 듯하다. 일반적으로 말의 눈동자, 소위 '마안주자(馬眼珠子)'는 대개 검은색이다. 흰말 역시 색이 다소 옅을 뿐, '검정'의 범위를 벗어나지 않는다. 만약 '白馬黑目不利人'이라면 모든 흰말들은 사람에게 이익이 되지 않을 것이다. 묘치위 교석본에 의하면, 일반적인 말은 눈동자의 색소가 짙으면 대체적으로 흑색을 띠며, 어떤 우량종의 말은 대부분 산뜻하고 옅은 자색을 띤다. '백마(白馬)'라는 것은 모든 유기체 내의 색소가 적어서 생기는데 이 때문에 눈동자는 기본적으로 모두 황색이거나 자색이며, 흑색인 것은 적다. 가령 백마가 검은 눈동자를 가지면 다소 정상적인 것이 아니며, 옛사람들은 이런 말은 사람에게 불리하다고 인식하였다.

104 묘치위 교석본을 보면, 이 단락은 눈을 관찰하는 것에 관한 내용인데 눈의 크기[大小], 광채(光彩), 눈동자[瞳孔], 또는 홍채(虹彩), 각막(角膜), 공막(鞏膜: 안구의 바깥벽을 둘러싼 희고 튼튼한 섬유성의 막), 눈의 움푹 들어간 형상[眼窩의 形狀]과 속눈썹[睫毛], 가마[旋毛]와 '실선[縷]'의 각 방면에 걸쳐서 매우 상세하게 묘사하고 있다. 높고 멀리 볼 수 있는 말은 눈 부위가 높아야 하고, 두 눈자위의 거리는 넓으며 대칭되면서 반듯해야 한다. 눈동자는 방울을 단 것처럼 또렷해야 한다. 이것은 안구가 옹골지고 눈동자가 산뜻한 자색의 형태를 띠고 광채가 있음을 말함이다. 눈동자가 작고 공막이 지나치게 발달하게 되면 눈의 흰자가 많아져서 돌아보게 되니, 이것은 말의 담력이 작음을 표현하는 것이다. 눈동자를 돌려서 흰자가 보이지 않으면, 각막이 지나치게 발달하여 대부분 검은색을 띠게 되고 눈동자가 광채가 없게 되어서 시선이 정확하지 않다. 눈의 동자가 황색이란 것은 홍채의 색소를 뜻하는 것으로, 옛사람들은 노란 눈동자가 있으면 좋은 말이라고 인식하였다. 눈꺼풀은 두꺼워야 하고 특별히 아래 눈꺼풀은 얇아서는 안 된다. 눈꺼풀이 뒤집혀 눈이 손상되면, 눈동자가 통증을 느끼게 되어서 시선이 맑지 않게 되고 이리저리 날뛰어서 사람을 상하게 한다. 가마[旋毛: '회모(迴毛)'를 뜻한다.]에 대해서는 『사목안기집』「선모도(旋毛圖)」가 있는데 옛사람들은 매번 수명의 길이[壽夭]와 길흉의 징조로 여겼다. 그러나 『사목안기집』「선모론(旋毛論)」에

말의 귀는 서로 가깝고 앞으로 향해 쫑긋하며, 작으면서 두꺼워야 한다. (말의 귀 뒤쪽의 튀어나온 뼈가) 한 치[寸][105]이면 하루에 삼백 리를 가고, 3치이면 천 리를 간다. 귀는 작으면서 앞으로 향해 쫑긋해야[106] 한다. 귀는 짧아야 하고 비스듬히 깎아 놓은[107] 것처럼 되어야 좋은 말이며, 귀가 엉성하게 심어진 나무와 같으면 둔한 말이고, 귀가 작고 긴 것 또한 둔한 말이다.[108] 귀는 작고 서로 간의 거리는 아주 가까워야 하며, 형상은 마치 대나무 통을 잘라 놓은 것 같아야 한다. 귀가 반듯한 것은 하루에 천 리를 가고, (귀

馬耳欲得相近而前豎,[18] 小而厚. □一寸, 三百里, 三寸, 千里. 耳欲得小而前竦[19] 耳欲得短, 殺者良, 植者駑, 小而長者亦駑. 耳欲得小而促, 狀如斬竹筒. 耳方者千里,

---

서 말에 대한 관상은 마땅히 형상과 골상을 우선으로 해야 되며, 허물을 가마에 돌리는 것은 옳지 않고 합리적이지도 않다고 하였다.

105 각 본에서는 '후(厚)' 아래의 '일촌(一寸)'을 바로 붙였는데, 금택초본에서만 한 칸을 띄워서 글자가 빠진 것을 알리고 있다. 묘치위에 의하면, "一寸三百里, 三寸千里."라고 하는 것은 귓바퀴의 두께 혹은 귓바퀴의 직경을 막론하고 모두 뜻이 통하지 않는다. 만약 귀의 길이를 가리킨다면 더욱 "귀는 짧아야 한다.[耳欲得短.]"라는 말과 모순된다고 한다. 『상양마론』에 이르기를, "귀가 3치이면 하루에 삼백 리를 가고, 한 치이면 천 리를 간다.[耳三寸者三百里, 一寸者千里.]"라고 하였다. 여기서 비로소 귀의 길이를 가리켜서 짧은 것이 좋다고 한 것이다.

106 '송(竦)'은 쫑긋하게 선다는 의미이다.

107 '살(殺)'은 '살(糦)'과 같으며 깎아 낸다는 뜻으로, 이는 곧 비스듬히 깎아서 '깎은 것이 대나무 통을 자른 것[斬竹筒]'과 같은 모양이며, 민첩하고 예리하다는 의미를 가지고 있다.

108 말의 귀는 뾰족하고 양쪽은 폭이 넓지 않아야 하며, 가늘고 길거나 길고 커서 나무가 엉성하게 심겨져 있는 것과 같이 되어서는 안 된다. 또한 앞으로 향해서 곧추서야 하며, 느슨하게 늘어지거나 꺾어져서는 안 된다.

가) 마치 대나무 통을 깎아 놓은 것 같은 것은 하루에 칠백 리를 가며, (귀가) 닭의 며느리발톱과 같은 것은 하루에 오백 리를 간다.

　　말의 콧구멍은 커야 한다. 코끝의 문양은 마치 '왕王'자나 '화火'자와 같고 뚜렷해야 한다. 코 위의 문양이 마치 '왕王'자나 '공公'자와 같으면 50년간 살 수 있으며, '화'자와 같은 문양은 40년을 살 수 있다. '천天'자와 같은 무늬가 있으면 30년을 살며, '소小'자와 같으면 20년을 살 수 있다. 무늬가 '금今'[109]자와 같은 것은 18년을 살 수 있으며 '사四'자와 같은 것은 8년을 살고, '택宅'[110]자와 같은 무늬가 있으면 7년을 살 수 있다. 코 위의 문양이 마치 '수水'자와 같은 것은 20년을 살 수 있다. 코는 넓고 반듯해야 한다.[111]

如斬筒, 七百里, 如雞距者, 五百里.

　鼻孔欲得大. 鼻頭文如王火字, 欲得明. 鼻上文如王公, 五十歲, 如火, 四十歲. 如天, 三十歲, 如小, 二[20]十歲. 如今, 十八歲, 如四, 八歲, 如宅, 七歲. 鼻如水文二十歲. 鼻欲得廣而方.

---

109 '여금(如今)': 고려본 『집성마의방(集成馬醫方)』에는 '금(今)'이 '개(介)'로 되어 있다. 스성한의 금석본에 의하면, '개'자의 자형은 대칭되므로 '금'보다 더 적합한 듯하다. 그러나 『집성마의방』에서는 모든 '개(个)'자가 거의 다 '개(介)'로 새겨져 있는데 '개(个)'자가 '금(今)'자와 더 유사하기 때문인 듯하다. 『원형요마집(元亨療馬集)』에서는 '개(个)'자를 인용했다.

110 '택(宅)': 스성한의 금석본에서는 '택'자의 자형이 대칭되지 않으므로, '혈(穴)'자로 보았다.

111 말의 코는 크고 넓어야 하는데, 앞의 문장에서 이른바 "코가 큰 말이 폐도 크다.[鼻大則肺大.]"라는 것과 서로 대응된다. 묘치위 교석본을 참고하면, 앞 문장에서 코의 무늬로써 말의 나이를 정한다고 했는데, 이것은 과학적인 근거가 없는 것이라고 한다.

입술이 이빨을 덮지 않으면 적게 먹는다.[112] 윗입술은 팽팽해야 하고 아랫입술은 느슨해야 한다. 윗입술은 반듯해야 하며 아랫입술은 두껍고 주름[113]이 많아야 한다. 그 때문에 이르길 "입술이 '나무판자나 가죽[板鞮]'과 같이 얇으면[114] 말을 부리는 사람이 울게 된다."라고 하였다. 누런 말이 주둥이가 희면[115] 사람에게 이롭지 않다.

입안의 색깔이 불빛처럼 붉고 희어야만 재질이 좋은 말인데, 기세가 왕성하고 온순하며 또 장수한다. (그러나) 입안의 색이 검고[116] 선명하지 않거나 위턱의 주름이 얽혀서 분명하지 않으면[117] 소질이 좋지 않은 말로서, 기세도 왕성하지 않고 오래 살지 못한다. 일설에 이르기를, 말의 기세를 보고자 할 때, 입을 열어서 입속이 홍백

脣不覆齒, 少食. 上脣欲得急, 下脣欲得緩. 上脣欲得方, 下脣欲得厚而多理. 故曰, 脣如板鞮, 御者啼. 黃馬白喙髮, 不利人.

口中色欲得紅白如火光, 爲善材, 多氣, 良且壽. 卽黑不鮮明, 上盤不通明, 爲惡材, 少氣, 不壽. 一曰, 相馬氣, 發口中, 欲

---

112 입술이 이빨을 덮을 수 없으면 기형으로 발육이 좋지 않고 기능이 정상적이지 않아 반드시 음식 섭취에 장애를 가지게 된다.

113 '이(理)': 피부에 주름으로 드러난 '결[紋理]'이다.

114 '판(板)'은 나무조각[木片]이며, '제(鞮)'는 소가죽으로 만든 신발이다. "입술이 나무판자나 가죽[板鞮]과 같다."라는 것은 입술이 얇다는 뜻이다.

115 황마백연발(黃馬白喙髮): 스성한의 금석본에서는 '발(髮)'자를 생략하고 쓰지 않았다.

116 '즉흑(卽黑)': '즉'은 '근접하다' 또는 '기울어지다'라는 뜻으로, '즉흑'은 검정에 가까운 것이다.

117 '상반불통명(上盤不通明)': '반'은 굽은 것으로, 굽게 되면 '꾸불꾸불 구부러져 교차'되어 '통하지 않게' 된다.

색을 띠어 마치 동굴에서 불빛을 보는 것과 같으면, 이것은 곧 늙을 때까지 장수할 수 있는 말이다. 또 일설에 이르기를, 입의 점막이 진홍색을 띠어야 하는데 위턱의 주름은 곧고 가지런하며[118] 색이 어지럽거나 끊겨서는 안 된다. 입속이 청색을 띤 것은 30년을 살 수 있으며, 마치 배 아래의 색이 어두운 자색을 띤 것은[119] 모두 수명을 다하지 못하고 어려서 죽는다.[120] 주둥이는 길어야 한다. 입안의 색깔은 선명해야 한다.[121] 입꼬리 뒤쪽에 가마[122]가 있는 것은 '함화銜禍'라 일컬으며 사람에게는 이롭지 않다. '자추刺芻'는 뼈의

見紅白色, 如穴中
看火, 此皆老壽.
一曰, 口欲正赤,
上理文欲使通直,
勿令斷錯. 口中青
者, 三十歲, 如虹
腹下, 皆不盡壽,
駒齒死矣. 口吻欲
得長. 口中色欲得
鮮好. 旋毛[21]在吻
後爲銜禍, 不利

---

118 '上理文欲使通直': '구부러져 통하지 않는다', '재주와 힘이 좋지 않다'라는 뜻이다.

119 '여홍복하(如虹腹下)': 배의 옆 부분 아래쪽 색깔이 마치 자색을 띤 어두운 회색과 같다.

120 '개불진수(皆不盡壽)': 모두 최대 수명에 도달할 수 없으며, '구치[駒齒: 아직 '성치(成齒)가 나지 않음]' 때에 죽어 버린다는 것을 뜻한다.

121 구강(口腔)에 대한 관찰은 점막(粘膜)의 색과 광택, 입천장[硬腭]의 형태 등에 이르기까지 비교적 자세하다. 묘치위 교석본에 의하면, 이른바 '홍백색(紅白色)'을 띠는 것은 현대 외형학상에서 말하는 입의 점막이 분홍색을 띠며 단내를 띠는 구취와 같다. '즉(即)'은 '약(若)'자처럼 사용되는데 만약 검어서 선명하지 못하면 아주 나쁜 것이다. '상반(上盤)'은 입천장[硬腭(口蓋)]을 가리키는데 잇몸의 주름이 선명하고 가지런해야 한다. 주둥이가 길면 먹이를 취하는 데 유리하다고 한다.

122 '선모(旋毛)'는 '가마'의 의미로 말의 몸의 어떤 부분에 소용돌이 형태의 털이 있는 것이다. 그 털이 둘러져 있어서 또한 '회모(迴毛)'라고 일컫는다. 금택초본과 호상본에서는 이 문장과 같으며, 명초본에서는 '족모(族毛)'라고 쓰고 있으나 이는 형태로 인한 잘못이다.

하단까지[骨端] 모두 도달해야 한다.[123] '자추'는 이빨 사이의 근육이다.

이빨의 좌우가 어긋나서 (상하가) 서로 합치되지 않으면[124] 부리기가 어렵다. 이빨의 교합이 아주 촘촘하지 않으면 장시간을 빨리 달리지 못한다.[125] 이빨의 근육이 옹골지지 않고 두텁지 못하면 오랫동안 빨리 달릴 수가 없다.[126]

말이 1세가 되면 윗잇몸과 아랫잇몸에서 각각 2개의 젖니가 난다.[127] 2세가 되면 위아래

人. 刺芻欲竟骨端. 刺芻者, 齒間肉.

齒, 左右蹉不相當, 難御. 齒不周密, 不久疾. 不滿不厚, 不能久走.

一歲, 上下生乳齒各二. 二歲,

---

123 '자추(刺芻)'는 잇몸을 가리키며 '골(骨)'은 이빨이다. 여기서 치조골[齒槽]은 깊어야 하며 보이는 치관(齒冠)은 낮아야 하는데, 이는 잇몸이 충실하고 드러난 이빨이 견고함을 말한다.

124 '차불상당(蹉不相當)': 이 문장에서 '차'는 여기에서 '착오[差錯]'로, '발을 헛디더 넘어짐[蹉它]'을 의미하며, 즉 '딱 맞아 떨어지지 않다'로 해석해야 한다. 스성한의 금석본에 따르면, '상당'은 '당두[當頭: 현재 많은 지역의 방언에 여전히 '당두'라는 단어가 남아 있지만 일반적으로 '당두(檔頭)'라고 쓴다.]'이며, 서로 맞아 떨어지는 것이다.

125 '불구질(不久疾)': '질(疾)'은 빨리 걷는 것이며, '불구질'은 속도는 빠르지만 오랫동안 빠른 속도를 유지하지 못하는 것이다.

126 이빨은 전후좌우가 어떻게 펼쳐져 있는가를 불문하고 최종적으로 반드시 윗 이빨과 아래 이빨이 긴밀하게 합쳐지지 않으면 부정교합이 형성되어서 말의 '재갈[轡]'에 영향을 끼쳐 부리기가 어려워진다. 이빨은 골격계통의 한 부분으로, 이빨의 발육이 좋지 않은 것은 간혹 골격의 발육도 또한 온전하지 않다는 징표가 된다. 동시에 잘 씹지 못하여 소화에 영향을 줘서 영양에서도 차이가 생기며 결국에는 말의 속도와 지구력에 영향을 끼치게 된다.

127 이 문장 이하는 말이 1세에서 32세에 이르기까지 이가 새로 나고 이가 갈리는 현상['구(區)', '구(臼)' 혹은 '평(平)']과 이빨의 성질이 황색에서 백색으로 변하는 등의 특질로 말의 나이를 추정했으며, 현대의 외과학과 더불어 유사한 부분이 있지

의 잇몸에서 각각 4개의 젖니가 나며, 3세가 되면 위아래의 잇몸에서 각각 6개의 젖니가 생긴다.

4세가 되면 위아래의 잇몸에서 모두 2개의 '간니[成齒]'가 자란다. '간니'는 모두 만3세에서 4세로 접어들면[128] 비로소 생겨난다. 5세가 되면 위아래의 잇몸에서 모두 4개의 간니가 자라며, 6세가 되면 위아래의 잇몸에서 모두 6개의 간니가 생기게 된다. 이때 양쪽 가의 이빨은 누런색을 띠기 시작하며, (또한 '치아머리[齒冠]'에는) 삼씨 한 톨이 들어갈 수 있는 홈[129]이 생긴다.

7세가 되면 위아래 잇몸 양쪽 가의 이빨이 누런색을 띠며, 홈이 다소 마모되어 평평해져 좁쌀 한 톨이 들어갈 정도가 된다.[130] 8세가 되면 위아래 잇몸의 이빨에 모두 홈이 생기며 밀 한 톨이 들어갈 수 있을 정도가 된다.

9세가 되면 아래 중앙에 있는 두 개의 이빨이 오목하게 패여서 한 톨의 쌀알이 들어갈 정도가 된다. 10세가 되면 아래 중앙에 있는 4개의 이빨이 오목하게 패이며, 11세가 되면 아래 이빨

上下生齒各四, 三歲, 上下生齒各六.

四歲, 上下生成齒二. 成齒, 皆背三入四方生也. 五歲, 上下著成齒四, 六歲, 上下著成齒六. 兩廂黃, 生區, 受麻子也.

七歲, 上下齒兩邊黃, 各缺區, 平受米. 八歲, 上下盡區如一, 受麥.

九歲, 下中央兩齒臼, 受米. 十歲, 下中央四齒臼, 十一歲,

만 서술이 간략하여 현대의학의 정확도에는 미치지 못한다.

128 '배삼입사(背三入四)': "세 살을 채우고 네 살이 된다."라는 뜻이다.

129 '구(區)'자는 사면이 높고 가운데가 오목하게 들어간 모습이다.

130 "區, 平受米": 틈이 생긴 자리는 바닥이 평평하고 쌀[米] 한 톨이 들어갈 크기다. 이때의 '미(米)'자는 남방의 '쌀[大米]'이 아니라 북방의 '미(조, 기장, 수수와 같은 좁쌀)'이다.

6개 모두가 오목하게 패이게 된다.

　12세가 되면 아랫잇몸의 가운데 2개 이빨의 치아머리가 마모되어 평평해지며, 13세가 되면 아랫잇몸의 가운데 4개 이빨의 '치아머리'가 평평해지고, 14세가 되면 아랫잇몸의 가운데 6개 이빨이 모두 마모되어 평평하게 된다.

　15세가 되면 윗잇몸의 가운데 2개의 이빨이 움푹 파이며, 16세가 되면 윗잇몸의 가운데 4개의 이빨이 움푹 파인다. 윗니를 살피려고 하면 아랫니의 순서에 따라 살핀다.

　17세가 되면 윗잇몸의 가운데 6개의 이빨이 모두 움푹 파인다.

　18세가 되면 윗잇몸 가운데의 2개 이빨의 '치아머리'가 마모되어 평평하게 되고, 19세가 되면 윗잇몸 가운데의 4개 이빨이 평평해지며, 20세가 되면 위아래[131] 잇몸 가운데의 6개 이빨이

下六齒盡臼.
　十二歲, 下中央兩齒平, 十三歲, 下中央四齒平, 十四歲, 下中央六齒平.
　十五歲, 上中央兩齒臼, 十六歲, 上中央四齒臼. 若看上齒, 依下齒次第看. 十七歲, 上中央六齒皆臼.
　十八歲, 上中央兩齒平, 十九歲, 上中央四齒平, 二十歲, 上

---

131 '상하(上下)': 양송본(兩宋本)에서는 이 문장과 같은데 호상본(湖湘本)에서는 '하(下)'자 아래에 한 칸이 비어 있으며 모진(毛晉)의 『진체비서각본(津逮秘書刻本)』[이후 진체본(津逮本)으로 약칭]과 상무인서관영인본[商務印書館影印本; 1806년에 각인(刻印)]의 학진토원본(學津土原本)과 장해붕(張海鵬)의 『학진토원각본[學津討原刻本; 1804년 간인(刊印)]』[이후 이 두 책을 합쳐 학진본(學津本)으로 약칭함]에는 비어 있지 않고 다만 '상(上)'자 한 자만 있다. 묘치위의 생각에는 이것은 20세가 되면 위아래의 잇몸 여섯 개의 이빨의 홈이 모두 마모되어 평평해지는데, 26세와 32세의 예에서 보는 것처럼 진체본 등에서는 '하(下)'자가 생략된 것을 알 수 있다고 한다.

모두 마모되어 평평해진다.

21세가 되면 아랫잇몸 가운데 이빨 2개의 잇몸머리가 전부 황색으로 바뀌며, 22세가 되면 아랫잇몸 가운데의 4개 이빨이 황색으로 바뀌고, 23세가 되면 아랫잇몸 가운데의 6개 이빨이 모두 황색으로 변한다.

24세가 되면 윗잇몸의 가운데 2개 이빨이 황색으로 변하고, 25세가 되면 윗잇몸의 가운데 4개 이빨이 황색으로 변하며, 26세가 되면 윗잇몸 가운데의 이빨이 모두 황색으로 변한다.

27세가 되면 아랫잇몸 가운데의 이빨 2개가 흰색을 띠고, 28세가 되면 아랫잇몸 가운데의 이빨 4개가 흰색을 띠며, 29세가 되면 아랫잇몸 가운데 이빨 전부가 흰색을 띤다.

30세가 되면 윗잇몸 가운데 이빨 2개가 흰색을 띠며, 31세가 되면 윗잇몸 가운데 이빨 4개가 흰색을 띠고, 32세가 되면 윗잇몸 가운데 이빨 모두가 흰색을 띠게 된다.

말의 목은 둥글고 길어야 하며 목은 육중해야 한다.[132] 아래턱은 움푹 들어가며,[133] 가슴부분은 약간 돌출되어야 하고, 앞가슴 넓어야 하며,[134] 목은 두껍고 강해야 한다. 목 위에 가마[迴

下中央六齒平.

二十一歲, 下中央兩齒黃, 二十二歲, 下中央四齒黃, 二十三歲, 下中央六齒盡黃.[22]

二十四歲, 上中央二齒黃, 二十五歲, 上中央四齒黃, 二十六歲, 上中齒盡黃.

二十七歲, 下中二齒白, 二十八歲, 下中四齒白, 二十九歲, 下中盡白.

三十歲, 上中央二齒白, 三十一歲, 上中央四齒白, 三十二歲, 上中盡白.

頸欲得𦛗而長, 頸欲得重. 頷欲折, 胸欲出, 臆欲廣, 頸項欲厚

毛[135]가 있으면 사람에게 이롭지 않다. 흰말에 검은 갈기[髦]가 있는 것도 사람에게 이롭지 않다.[136]

어깨의 근육은 젖혀져야[137] 한다. '영(寧)'은 뒤쪽으로 향한다[却는 의미이다.[138] '쌍부雙鳧'는 커야 하며

而強. 迴毛在頸, 不利人. 白馬黑髦,❷ 不利人.

肩肉欲寧. 寧者, 却也. 雙鳧欲

---

132 '경욕득중(頸欲得重)': '경'자는 '두(頭)'자를 잘못 쓴 듯하다. 본장 중에 '두욕중(頭欲重)'이라는 말이 있는데 머리는 당연히 무거우며, 목이 무거운 것은 의미가 없다. 머리가 무거워야 턱[頷]이 구부러진다. 묘치위 교석본에 의하면, 목은 두껍고 무거우면서 길어야 한다는 것은 옛날의 말이 비교적 덩치가 크고 목뼈와 근육이 잘 발달했음을 의미하며 "머리가 무거워야 한다."라는 것과 상칭된다. 이 같은 것은 매우 덩치가 큰 승마용 말의 표준이면서 역축용 말에도 부합된다고 한다.

133 '절(折)'은 움푹 들어가면서 굽은 것으로, 이는 곧 깊게 들어갔음을 의미한다.

134 '억(臆)': 『설문해자』의 해석에 따르면 '흉골(胸骨)'이며, 사실상 '쇄골[鎖骨: 입말에서는 '비파골(琵琶骨)'이라고 한다.]'이다. 스성한의 금석본에서는 원래 '억(肊)'자가 되어야 한다고 지적하였다. 묘치위 교석본에 의하면, '억(臆)'은 가슴 앞부분의 위쪽을 가리키는데, 넓어야 하고, "가슴 아래는 넓어야 한다.[膺下欲廣.]"와 상응한다고 한다.

135 '회모(迴毛)': 등사(螣蛇)라고도 하는데, 이것은 고서에 나오는 하늘을 나는 뱀이다. 육신(六神)의 하나로, 구진과 함께 중앙(中央)을 맡아 지킨다. 12천장(天將)의 두 번째의 신으로 정사(丁巳)의 화신(火神)이다. 불을 보는 재앙, 화재, 근심, 심성부정을 관장하는 흉신의 하나이다.([출처]: 노영준, 『역학사전』, 백산출판사, 2006.)

136 '모(髦)': 말의 목 윗부분에 있는 털로서, 곧 말의 갈기[馬鬃]를 가리킨다. 이 문장에서는 검은 갈기가 있는 흰말이 정상적인 말은 아니며 사람에게 이롭지 않다고 인식하였다. 『시경(詩經)』「소아(小雅)」편과 『예기(禮記)』「명당위(明堂位)」에는 모두 "흰말에 검은 갈기"라는 '낙마(駱馬)'가 언급되어 있지만, 정상이 아니거나 사람에게 이롭지 않다는 말은 없다.

137 '영(寧)': '영내(寧耐)'로 써서 풀이한다. 이는 곧 무거운 짐을 견딜 수 있다는 것으로 근육이 단단하다는 징조이다.

138 여기서의 '각(却)'은 대항하는[拒却] 것이지 '퇴각'의 뜻이 아니다.

위로 향해 우뚝 솟아야 한다. '쌍부'는 가슴 양쪽이 물오리 같은 근육을 띠고 있는 것이다.

등마루는 넓고 평평해야 하며, 이렇게 해야만 무거운 것을 질 수 있다. 등은 평평하고 반듯해야 한다. 말안장 아래에 가마[迴毛]가 있는 것을 '부시負尸'라고 하는데 사람에게 이롭지 않다.

뒤쪽에서부터 늑골을 세어서 그 수가 10개이면 좋은 말이다.[139] 무릇 말은 늑골이 11개가 있는 것은 하루에 이백 리를 가고, 12개가 있는 것은 천 리를 간다.

13개 이상이 있는 것이 천마天馬로서, 만 필匹의 말 중에 단지 한 필 있을 뿐이다. 또 일설에는 늑골 13개가 있으면 하루에 오백 리를 가고, 15개가 있으면 하루에 천 리를 간다고 한다.

겨드랑이 아래에 가마[迴毛]가 있는 것을 협시挾尸라고 하며, 사람에게 이롭지 않다.

大而上. 雙鳧, 胸兩邊肉如鳧.

脊背欲得平而廣, 能負重. 背欲得平而方. 鞍下有迴毛, 名負尸, 不利人.

從後數其脅肋, 得十者良. 凡馬, 十一者, 二百里, 十二者, 千里. 過十三者, 天馬, 萬乃有一耳. 一云, 十三肋五百里, 十五肋千里也.

腋下有迴毛, 名曰挾尸, 不利

---

139 '양(良)': 『사시찬요』「삼월」편에는 『마경(馬經)』을 인용하여, "그 늑골의 수를 헤아리니 10개였는데 평범한 말이었다. 늑골이 11개이면 하루에 오백 리를 가고 13개이면 천 리를 간다. 13개가 넘는 것은 천마이다."라고 하였다. 『다능비사(多能鄙事)』에 기록된 것은 『사시찬요』와 동일하다. 기록에 의하면 늑골이 많은 것이 좋다고 하는데, 늑골이 10개인 것은 '평범한 말[凡馬]'로서, '양마(良馬)'는 아니다. 『제민요술』의 '양(良)'자는 이백 리(二百里)라고 하였는데 마땅히 '오백 리(五百里)'로 써야 하며 본 단락에서 마땅히 "늑골이 10개인 것은 보통의 말이고 11개인 것은 하루에 오백 리(五百里)를 간다."로 써야 한다.

좌측 겨드랑이에 흰 털이 아래로 쭉 나 있는 것[140]을 '대도帶刀'라고 하며, 사람에게 이롭지 않다.

배의 아랫부분은 평평해야 하며 '팔八'자형을 띠어야 한다. 뱃가죽 아래의 털은 앞으로 향해 나야 한다. 배는 빵빵하고 아래로 처져야 하며, 복부 피하층의 정맥은 많아야 한다. '대도근大道筋'[141]은 크고 곧아야 한다. 대도근은 겨드랑이 아래에서[142] 넓적다리에 이르는 근육이다. 수말의 배 아래의 생식기 앞쪽의 양쪽에 '역모逆毛'가 배까지 쭉 난 말은 하루에 천 리를 가며, 그 길이가 한 자이면 오백 리를 간다.

말의 '삼봉三封'은 기본적으로 가지런해야 한다.[143] '삼봉(封)'이라는 것은 골반 위쪽의 세 개의 뼈이다. 꼬

人. 左脅有白毛直上, 名曰帶刀, 不利人.

腹下欲平, 有八字. 腹下毛, 欲前向. 腹欲大而垂結, 脈欲多. 大道筋欲大而直. 大道筋, 從腋下抵股者是. 腹下陰前, 兩邊生逆毛入腹帶者, 行千里, 一尺者, 五百里.

三封欲得齊如一. 三封者, 卽尻上

---

140 『사시찬요』「삼월」편에는『마경(馬經)』과『다능비사』권7을 인용하여 모두 '직상(直上)'으로 적고 있다. 묘치위 교석본에서는 단지 금택초본만이 '직상(直上)'으로 표기하였고, 다른 본에는 모두 '직하(直下)'로 쓰여 있어서 잘못된 것으로 보았다.

141 '대도근(大道筋)': 가슴의 넓은 근육[大肌]에서 배 부분의 일자근육[直肌]등의 근육이 발달한 것을 가리키며, 가슴과 복부 아래부분이 충실성 및 탄력성과 매우 관계가 있다.

142 금택초본에서는 '액하(腋下)'라고 쓰고 있으나, 명초본에서는 '복하(腹下)'라고 쓰고 있고 스성한도 이에 동의하고 있으며 다른 본에서는 '장하(腸下)'라고 쓰고 있다. 묘치위 교석본에서는 형태상으로 인한 잘못이며 '대도근(大道筋)'은 흉복부의 근육을 가리키기 때문에 마땅히 액하(腋下)가 옳다고 보았다.

143 '삼봉욕득제(三封欲得齊)': 위에서 말한 '두 허리뼈와 중골[兩膂及中骨]'의 '삼부(三府)'이다.[본장 앞부분 '삼부(三府)'에 대한 주석 참조.]

리뼈는 높이 들리는 것과 동시에 아래로 처져야
한다.

꼬리 밑동 부분은 크고 높아야 한다. 꼬리
아랫부분에는 털이 없어야 한다.[144] 한구汗溝[145]는
깊어야 한다. 골반[146]에는 살이 많아야 하며, 음
경은 굵고 커야 한다.

말발굽은 두껍고 커야 한다. 발목[踠][147]은 가
늘고 탄력성이 있어야 한다.

관골은 크고 길어야 한다.

꼬리의 밑동은 크고 힘이 있어야 한다.

무릎 뼈는 둥글고 길어야[張][148] 하며 크기는

三骨也. 尾骨欲高
而垂. 尾本欲大,
欲高. 尾下欲無
毛. 汗溝欲得深.
尻欲多肉, 莖欲
得麤大.

蹄欲得厚而大.
踠欲得細而促.

髂骨欲得大而
長.

尾本欲大而強.
膝骨欲圓而

---

144 꼬리뼈가 높으면 꼬리 밑동 또한 높아지고 꼬리 밑동뼈가 높아지면 꼬리가 치켜
올라가서 회음부에 붙지 않는다. 꼬리 아래에 만약 털이 있으면 항문과 회음부가
마찰이 되어 쉽게 손상된다.

145 '한구(汗溝)': 말의 흉부·복부와 다리 안쪽을 연결하는 땀이 흐르는 곳이다.([출
처]: 한국전통지식포탈)

146 '고(尻)': 스성한의 금석본에서는 '고'자를 '거(尻)'로 쓰고 있으나, '고(尻)' 또는 '둔
(屍)'으로 표기해야 한다고 보았다.

147 '원(踠)': 이는 발목의 둥근 관절이다.[『후한서』 권40 「반고전(班固列傳)」에서 '마
원여족(馬踠餘足)'의 '원'은 '다리를 구부리다'의 뜻으로 해석해야 하며, 사지 부분
을 가리키는 것이 아니다.] 묘치위 교석본에 이르길, 발목의 둥근 관절 위에는 관
골(管骨)이 달려 있고 아래에는 계부(繫部)와 연결되어 있다. 관골은 가늘고 오
목하면서 탄력이 있어야 하며 계부는 발목이 오목하면서 커야 한다고 한다.

148 '장(張)'은 오직 금택초본에서만 '장(張)'으로 썼고 다른 본에서는 '장(長)'으로 쓰
고 있다. 묘치위에 의하면, "크기는 사발과 같아야 한다."라는 것은 단지 "둥글고
불룩한" 것이다. 『상양마론』에서도 '장(長)'자로 쓰고 있다. 오점교본에서는 '장

잔처럼 커야 한다.

한구[溝]가 위로 향해 꼬리 밑동부분까지 달하는 것은 사람을 밟아[踏][149] 죽일 수 있다.

두 발에 '경정(脛亭)'이 있는 말은 하루에 육백 리를 가는데, (경정은) 가마가 발목과 무릎에 있는 것이 바로 이것이다.[150]

뒷 대퇴부는 둥글고 탄탄하며, 안쪽 근육이 발달해야 한다.[151]

뒷다리는 굽고 곧추서야 한다.[152]

앞다리는 크고 짧아야 한다.[153]

張, 大如杯盂.

溝, 上通尾本者, 踏殺人.

馬有雙脚脛亭, 行六百里, 迴毛起跼膝是也.

脛欲得圓而厚, 裏肉生焉.

後脚欲曲而立.

臂欲大而短.

(長)'을 '장(張)'자로 고쳐 쓰고 있으나 점서본에는 고치지 않았다고 한다.

[149] '답(蹹)'은 '답(蹋)'과 같으며 '척(踢)'과 같이 해석한다.

[150] 스성한의 금석본에서는 "馬有雙脚脛, 亭行六百里"로 끊어 읽고, '정(亭)'을 '직(直)'의 뜻으로 보아서 '정행(亭行)'을 '한숨에 멈추지 않고'로 해석하였다. 반면 묘치위 교석본에서는 "馬有雙脚脛亭, 行六百里"로 끊어 읽는데, 『상양마론(相良馬論)』에서 "雙脚, 脛亭者, 六百里"라고 쓴 것을 근거로 제시하였다. '경정(脛亭)'은 무릎부위의 가마의 명칭이다. 『사목안기집』 「혈명도(穴名圖)」에는 '전완혈(纏跼穴)'이 있는데 이것은 무릎 사이에 있다. '원슬(跼膝)'은 발목둥근관절의 '원(跼)'과 가리키는 바가 다르다.

[151] '이육생언(裏肉生焉)': 금택초본에는 '생(生)'자가 없다. '이(裏)'자는 '수(裛)'로 되어 있다. '이육(裏肉)'은 넓적다리의 바깥 근육을 가리키며 모두 근육이 발달되었음을 뜻한다.

[152] "後脚欲曲而立": 이것은 '비절(飛節)'을 가리키는 말로서 정강이가 비절과 적당한 각도를 구성하고 있음을 뜻한다.

[153] 앞 문장에서는 "앞다리가 길어야 한다."라고 했고, 여기서는 "앞다리는 크고 짧아야 한다."라고 했는데 결코 모순은 아니다. 현대 외형학상에서도 이와 같은 서술을 하고 있다. 앞다리는 일반적으로 길어야 하는데, 길면 보폭이 크며, 짧으면서 굵고 크면 또한 스스로 전진하는 데 힘이 있다.

정강이뼈는 가늘고 길어야 한다.[154]

발목은 탄력 있고 가늘어야 하는데 중간에 겨우 끈이 들어갈 정도이면 된다. '오두烏頭'[155]는 높아야 한다. 오두는 뒷다리가 밖으로 튀어나온 관절이다.

뒷다리의 '보골輔骨'은 커야 한다. '보족골(輔足骨)'은 뒷다리의 정강이 뒤쪽 뼈이다.[156]

좌우다리의 뒤쪽이 흰색이면 사람에게 이롭지 않다. 흰 말의 네 다리가 검은 것은 사람에게 이롭지 않다.

누런 말이면서 주둥이가 흰 것은 사람에게 이롭지 않다.[157] 좌우 다리의 뒤쪽이 흰색이면 부녀자를 죽일 수 있다.

말을 살필 때는 네 발굽을 보아야 하는데,

骸欲小而長.

踠欲促而大,㉔其間纔容靽. 烏頭欲高. 烏頭, 後足外節. 後足輔骨欲大. 輔足骨㉕者, 後足骸之後骨.

後左右足白, 不利人. 白馬四足黑, 不利人.

黃馬白喙, 不利人. 後左右足白, 殺婦.

相馬視其四

---

154 '해(骸)'는 『설문해자』에서는 "정강이뼈[脛骨]이다."라고 한다. 묘치위 교석본에 이르길, 여기서는 관골(管骨)을 가리킨다. "작으면서 길어야 한다."의 의미는 관골(管骨)은 가늘고 길거나 혹은 관(管)을 둘러싼 것이 작은 것은 합당하지 못하며 사지(四肢)의 하반신은 말라 있어서 보기에는 약간 가늘고 길게 보인다는 것이다. 승마용 말은 관부(管部)가 비교적 가늘고 말라야 한다.

155 '오두(烏頭)': 비단(飛端)과 비절(飛節)을 가리키는데, 즉 뒷다리가 뒷부분을 향해 돌출된 관절이다. 그 앞쪽은 안쪽으로 오목하게 되어 '곡지(曲池)'라고 칭하며 요즘 사람들은 '대만(大彎)'이라고 일컫는다. 뒷다리의 보골은 비절 아랫부분을 가리킨다.

156 스성한의 금석본 석문(釋文)에서는 '장딴지뼈[腓骨]'일 것으로 추측하였다.

157 "黃馬白喙, 不利人"의 문장은 이미 앞에서 말의 입술을 관찰하는 조문에 보이며 구절은 전부 동일하다. 여기서는 발을 관찰하는 것으로, 이 말이 섞여 들어가서 설명이 헷갈리게 되는데 아마도 가사협의 원문은 아닌 듯하다.

뒤쪽 두 다리가 흰 것은 늙은 말이 낳은 새끼이며, 앞쪽 두 다리가 흰 것은 어린 말의 새끼이다. (발굽에) 흰 털이 있는 것은 늙은 말이다.

네 발굽은 두껍고 커야 한다. 네 발굽이 '신을 세우는 것'처럼 곧추서 있는 경우,[158] 노예가 타면 객사하게 되고, 주인이 타면 저자에서 목매달려 죽게 되니 (이런 흉마는) 길러서는 안 된다.

오랫동안 걸으면 '근로筋勞'가 생긴다. 근로는 말발굽에 생기는 병[發蹄][159]으로서 통증이 있고 기운이 쇠약해진다. 혹자는 뼈에 종기가 나는 것이라 하고, 또 이르길 '발제'는 종기가 생기는 것이라고 한다.[160]

蹄, 後兩足白, 老馬子, 前兩足白, 駒馬子. 白毛者, 老馬也.

四蹄欲厚且大. 四蹄顚倒若豎履, 奴乘客死, 主乘棄市, 不可畜.

久步卽生筋勞. 筋勞則發蹄, 痛凌氣. 一曰, 生骨則發癰腫, 一曰, 發蹄, 生癰

---

158 '수리(豎履)': 묘치위 교석본에 의하면, 말발굽 아래가 땅에 닿지 않고 발굽아래의 오목한 부분이 밖으로 드러나서 마치 세워놓은 신발과 같은 것이다. 이 같은 말을 타게 되면 사고를 당하게 된다고 한다. 반면 스성한의 금석본에서는 노예가 신던 신발, 특히 가볍고 오래 신을 수 있는 것을 가리키거나, 혹은 세워져[豎立] 있는 신발을 가리킨다고 보았으나, 말발굽과의 연관성은 제시하지 못하였다.

159 '발제(發蹄)'는 각본에서는 모두 동일하다. 『원형요마집』「오로칠상론(五勞七傷論)」에는 "發, 發蹄."라고 쓰여 있으며, 이는 병명이다. 주석에 의하면, "'발제(發蹄)'는 독기가 가슴으로 퍼져 통증을 느끼는 것을 말한다."라고 한다. 『제민요술』에서는 '발(發)'이라는 글자가 한 자 빠져 있다. 본 단에서 일컫는 '생(生)'은 내인(內因) 곧 병의 근원을 가리킨다. '발'은 외상(外象) 즉 증상이다. '오로'는 모두 '생'으로 일컫는데 유독 '골로(骨勞)'만이 '발'이라고 칭하고 있어서, 이 '발'자가 원래는 '발제' 위에 마땅히 "發, 發蹄"라고 써야 하는 것으로 의심된다. 또한 '골로(骨勞)' 앞에 삽입되면서 '발골로(發骨勞)'라고 잘못 쓰이게 되었는데, 원래는 마땅히 '생골로(生骨勞)'의 '생(生)'자로 써야 할 듯하며, 또한 아래의 주석문장에 잘못 삽입되어서 "一曰生骨"이라고 쓰여 있는데 이해하기 어렵다.

지나치게 오래 서 있게 되면 '골로骨勞'가 생긴다. 골로는 종기가 생기는 병이다. 땀이 났는데 오랫동안 마르지 않으면 '피로皮勞'가 생긴다. 피로가 있으면 땅에 뒹군[驟] 후에도 힘을 떨치지 못한다. 땀이 마르지 않은 채 풀을 먹이고 물을 마시게 하면 '기로氣勞'가 생긴다. 기로가 있으면 뒹굴다가 떨쳐 일어날 수 없다.[161] 멈추지 않고 너무 오랫동안 달리면 '혈로血勞'가 생기게 된다. 혈로가 생기면 말이 제 마음대로 걷는다[强行].[162]

也. 久立則發骨勞. 骨勞卽發癰腫. 久汗不乾則生皮勞. 皮勞者, 驟而不振. 汗未善[26]燥而飼飮之, 則生氣勞. 氣勞者, 卽驟而不起. 驟馳[27]無節, 則生血勞. 血勞則發强行.

---

160 '일왈생골(一曰生骨)': 스성한의 금석본에 따르면, 이 소주는 대단히 의심스럽다고 한다. '생골'과 '근골(筋骨)'은 상관관계가 없는 듯하다. 훗날 옮겨 쓰는 과정에서 많은 착오가 생긴 것으로 보고 있다. 묘치위 교석본 역시 이 조문은 사족이거나 빠진 문장이라고 한다. 『제민요술』의 주석문의 "혹자는 이르기를 생골(生骨)이면 종기가 생긴다.[一曰, 生骨則發癰腫.]"라는 것은 본문과는 전혀 상관이 없고 이해되지도 않는다.

161 '즉전이불기(卽驟而不起)': '전(驟)'은 '자전(字典)'의 주에는 "말이 땅에 누워 뒹굴다.[馬轉臥土中.]"라고 풀이되어 있다. 청대 정진(鄭珍)의 『설문일자(說文逸字)』에서는 "말이 흙에 드러누워 구른다."라고 하였으며, 『광운(廣韻)』에서는 "말이 흙에서 목욕을 한다."라고 하였다. 즉 '말이 토욕하는 것[馬土浴]', '땅에 뒹구는 것'이다. 『원형요마집』「오로칠상론」에는 "피로라는 것은 … 비록 땅에 구르고 일어나더라도 부르르 털을 떨치지 못하는 것이다."라고 한다. 묘치위 교석본에 의하면, 아래 문장의 "구르고 일어나서 떨치지 못하는 것은 '피로'이다."라는 사실에 근거하며 여기서의 '전(驟)'은 마땅히 '기(起)'나 혹은 '전기(驟起)'로 써서 '기(起)'자를 중복해서 써야 한다고 한다. 스성한에 따르면, 이 구절과 뒷부분에서 정리한 "振而不噴, 氣勞也"는 "氣勞 … 噴而已"는 모순되므로 응당 '振而不噴'으로 고쳐야 하는데, 아마 '진(振)'자가 '전(驟)'과 비슷해서 잘못 쓴 듯하다고 하였다.

어떻게 '오로五勞'를 관찰하는가? 하루 종일 말을 달리다가 멈추고 살피는데, 구르지 못하는 것은 '근로'가 있는 것이고, 때맞추어 일어나지 못하는 것은 '골로'이다. 구르다가 일어나서 떨치지 못하는 것은 '피로'이고, 몸을 힘껏 떨치더라도 숨을 내쉬지 못하는 것은 '기로'이다. 숨은 내쉬더라도 오줌을 누지 못하는 것은 '혈로'이다.

근로가 있는 말은 사지를 양쪽으로 나누어 묶어서[兩絆] 30[163]보 정도 뒷걸음질치게 하면 곧 좋아진다.[164] 어떤 사람은 말하기를 근로가 있으면 (억지로) 구르게[165] 하고 일으켜서 끌고 천천히 삼십 리를 걷게 하면 바

何以察五勞. 終日驅馳, 舍而視之, 不騕者, 筋勞也. 騕而不時起者, 骨勞也. 起而不振者, 皮勞也, 振而不噴者,[28] 氣勞也. 噴而不溺者, 血勞也.

筋勞者, 兩絆却行三十步而已. 一曰, 筋勞者, 騕起而絆之, 徐行三十里而

---

162 '강행(強行)': 『사목안기집』 「간마오장변동형상칠십이대병(看馬五臟變動形相七十二大病)」에는 폐전황병(肺顚黃病)으로 인해 "다리에 광증이 있어서 아주 급하게 달리는" 증상이라고 한다. 또한 심풍황병(心風黃病)은 "발굽에 이상이 생겨 멈추지 못하고 미친 듯이 달린다."라고 하였으며, 간황병(肝黃病)은 "동서로 이리저리 달리면서 미친 듯이 부딪친다."라고 한다. 이른바 '강행(強行)'이란 이런 유의 광병을 가리킨다.

163 '삼십(三十)': 스성한의 금석본에서는 '삼천(三千)'이 맞는 것으로 보았다.

164 '양반(兩絆)': 사지(四肢)를 양쪽으로 나누어서 묶는 것이다. '각행(却行)'은 억지로 뒤로 가게 하는 것이다. '이(已)'자는 병이 낫는 것으로 해석할 수 있다. 스성한의 금석본에서는, '양(兩)'자는 자형이 유사한 '재(再)'자로 의심되며 또는 '중(重)'자, 즉 (새로이 올가미를 씌우는 것이) 양중(兩重)으로 잘못 이해되어 '양(兩)'으로 쓴 것으로 추측하였다.

165 '전(騕)': 이 '전'자는 반드시 억지로 뒹굴게 한다는 뜻으로 해석해야 한다. 그렇지 않으면 뒷부분의 '불전'과 모순되어 해석이 불가능하다.

로 좋아진다고 한다. 골로가 있는 말은 사람이 끌어
당기면서[166] 회초리로 뒤의 볼기를 쳐서 스스로
일어나게 하면 좋아진다. 피로가 생긴 말은 등을
열이 나도록 마찰하면[167] 좋아진다. 기로가 생긴
말은 구유 위쪽에 느슨하게 묶고 멀리서 풀을 먹
게 하였다가 숨을 내쉬게 하면 바로 좋아진다.
혈로가 있는 말은 높은 곳에 묶은 채, 먹고 마시
는 것을 주지 않고 오줌을 한바탕 누게 하면 곧
좋아진다.

　　물과 사료를 먹이는 데는 일정한 규칙이 있
는데, 사료에는 삼추三芻가 있고, 물을 마시게 하
는 삼시三時가 있다. 이것은 무엇을 말하는 것인
가? (삼추에서) 첫 번째는 거친 꼴[惡芻]이라고 하
며, 두 번째는 보통 꼴[中芻], 세 번째는 '좋은 꼴[善
芻]'이라고 일컫는다. '좋다는 것[善]'은 배가 고플 때 나쁜
꼴을 주고 배부를 때 좋은 꼴을 주어서 언제나 먹는 것으로 유
인하여 늘 배부르게 먹이니 살찌지 않을 수 없게 됨을 이른다.
풀을 너무 거칠게 자르면 설령 콩과 식량을 충분히 준다 하더라
도 살찔 수가 없다. 마디가 없이 아주 잘게 자르고 체질하여 흙
을 털어 내어 먹이면 말이 살찌게 되고 목이 막히지[168] 않아 저

已. 骨勞者, 令人
牽之起, 從後笞
之起而已. 皮勞
者, 俠脊摩之熱
而已. 氣勞者, 緩
繫之櫪上, 遠餧
草, 噴而已. 血勞
者, 高繫, 無飮食
之, 大溺而已.

　飮食之節, 食
有三芻, 飮有三
時. 何謂也. 一曰
惡芻, 二曰中芻,
三曰善芻.**29** 善謂
飢時與惡芻, 飽時與善
芻, 引之令食, 食常飽,
則無不肥. 到草蟲, 雖
足豆穀, 亦不肥充. 細
到無節, 簁去土,**30** 而食
之者, 令馬肥, 不啌, 自

---

166 '기(起)': '불시기(不時起)'에 대한 처리로, 억지로 끌어 세우는 것이다.

167 '협(俠)': '협'은 『농상집요』에는 '협(夾)'으로 되어 있으며 '협(俠)'과 통하는데, '협
(俠)'은 차용이다. 등의 양측을 끼고 마찰하여 열을 내게 하는 것이다.

168 '강(啌)': 『집운(集韻)』에 '기침한다[嗽也]'라고 풀이되어 있다. 또는 '목이 메다[喉
㾷也]' 즉 '목에 걸리다[㾷着]' 또는 '막히다[卡住]'의 모습이다. 말에게 지나치게 건

절로 좋아진다. 무엇을 삼시라고 하는가? 첫 번째는 아침에 마시는 것[朝飮]으로 물을 약간 적게 먹인다. 두 번째는 낮에 물을 마시게 하는 것[晝飮]으로서 양을 참작하여 충분히 먹인다.[169] 세 번째는 저녁에 물을 마시는 것[暮]으로, 충분히 먹인다.[170] 또 다른 견해로는 여름에 땀이 너무 많이 나고 겨울에 추우면 모두 물을 적게 먹어야 한다고 한다. 농언에 이르기를, "아침에 일어나서는 곡물을 싣고 한낮에는 물을 싣는다."라고 하였다. 이것은 바로 아침에는 물을 적게 먹어야 한다는 의미이다. 매번 마시고 먹은 후에 말을 가볍게 달리게 하면[171] 곧 수분

然好矣. 何謂三時. 一曰朝飮, 少之. 二曰晝飮, 則胸饜[31]水. 三曰暮, 極飮之. 一曰, 夏汗冬寒, 皆當節飮. 諺曰, 旦起騎穀, 日中騎水. 斯言旦飮須節水也. 每飮食, 令行驟則消水. 小驟數百步亦佳.

조한 사료를 먹여 목에 걸리게 되면 '컥컥' 소리와 함께 목이 막힌다. 그러므로 이 두 가지 해석은 동일한 증상을 가리킨다.

[169] '흉염수(胸饜水)'는 『원형요마집』「등구목양법(騰駒牧養法)」과 『다능비사』권7의 '양마법'에는 모두 "낮에 물을 먹일 때는 양을 참작하여 충분히 먹인다."라고 쓰여 있다. 묘치위에 의하면, '염수(饜水)'는 '극음(極飮)'과 차이가 없는데, '흉(胸)'은 '작(酌)'의 형태상 잘못인 듯하며, '작염수(酌饜水)'가 적절한 의미라고 하였다.

[170] "三曰暮, 極飮之": 이 문장은 각 본에서는 동일하다. 『원형요마집』「등구목양법」에서는 "세 번째는 저녁에 마시게 하는데, 충분히 마시게 한다.[三曰暮飮, 極之.]"라고 하였다. 묘치위 교석본에 의하면, 아침의 날씨는 서늘하고 시원해서 물의 소모가 비교적 적기에 마땅히 물을 적게 먹어야 하는데, 그렇지 않으면 배가 불룩해져서 부리는 데 좋지 않다. 낮에는 적당한 양을 먹여야 하는데, 저녁에 말에게 충분히 물을 먹이지 않으면 말의 생리적 필요를 만족시키지 못하여 먹는 데 영향을 끼친다. 여름에는 땀이 많고, 겨울에는 한랭하여 적당히 먹여야 한다. 만약 냉수를 너무 많이 먹이게 되면 산통병(疝痛病: 심하게 갑자기 일어나는 간헐적 복통)을 일으키기 때문에, 이 같은 사육 원칙은 매우 합리적이라고 한다. '삼일모(三日暮)': 스성한의 금석본에서는 '모(暮)'자 뒤에 '음(飮)'자가 빠진 것으로 추측하였다.

[171] '영행취(令行驟)': '영(令)'자는 『농상집요』에 '물(勿)'자로 되어 있는데, '물'자가

이 소모된다.[172] 종종걸음으로 수백 보를 걷게 해도 좋다. 10일에 한 번은 방목하여 편안하고 자유롭게 다니게 하면[173] 말이 튼튼해진다. (이렇게 하면) 여름에도 땀을 흘리지 않고 겨울에도 추위를 타지 않으며 땀이 나더라도 빨리 마른다.

수말[父馬][174]을 다투지 않게 기르는 방법:[175] 수말이 많을 경우 별도로 우리를 설치하고,[176] 그 속에 많은 마구간과 구유통을 준비한다. 자른 풀에 곡물과 콩을 각자 별도로 준비한다. (말은) 다

十日一放, 令其陸梁舒展, 令馬硬實也. 夏即不汗, 冬即不寒, 汗而極乾.

飼父馬令不鬪法. 多有父馬者, 則作一坊, 多置槽廐. 剉芻及穀

더 합리적인 듯하다. 스성한의 금석본을 참고하면, 사료를 배불리 먹인 후 격렬한 운동을 시키지 않고 소화기관이 더욱 충분한 순환액을 공급받도록 한다면 소화흡수가 비교적 순조롭게 이루어져 '복부팽창[腹脹]'에 이르지 않는다. 다음의 '小驟數百步亦佳'를 "응당 느슨한 운동이 있어야 한다."라는 것의 보충 설명으로 볼 수 있다. 다만 느슨한 운동이 있어야 한다는 것은 결국 반드시 격렬한 운동을 해야 한다는 것은 아니므로 '영행취(令行驟)'인지 '물행취(勿行驟)'인지 쉽게 단정지을 수 없다.

172 '소수(消水)': 물을 소화한다는 의미이다. 류제[劉潔], 『제민요술사휘연구(齊民要術詞彙硏究)』, 北京大學中文系博士論文, 2004, 12,(류제의 논문으로 약칭) 참조.

173 '육량(陸梁)': 묘치위 교석본에 의하면, 자유롭게 걷게 하면 한가로운 말의 근골이 편안해져 몸체의 활동이 건장해지는 것을 말한다. 『문선(文選)』중 양웅(揚雄)의 「감천부(甘泉賦)」에는 "풀이 바람에 몸을 맡기고 아주 편안하게 달린다.[飛蒙茸而走陸梁.]"라고 한다. 이선(李善)은 진작(晉灼)의 문장을 인용하여 주석하기를 "달릴 때 편안한 상태로 달리는 것이다.[走者陸梁而跳.]"라고 하였다.

174 '부마(父馬)': 종마(種馬)로 쓰이는 수말이다.

175 이 조항에서 다음의 '나(臝)' 조항까지는 표제가 큰 글자로 쓰여 있는 것을 제외하면 나머지는 모두 두 줄의 작은 글자로 쓰여 있는데 지금은 일률적으로 큰 글자로 고쳐 쓰고 있다.

176 '즉작일방(則作一坊)': 스성한의 금석본에서는 '즉(則)'을 '별(別)'자로 쓰고 있다.

만 재갈만 물린 채로 방임하고 고삐줄을 매지 않
는다. 이와 같이 하면 말의 성질에 따라서 먹고
마실 뿐 아니라 자유롭고 편안해진다.

　　말이 똥오줌을 싸는 것도 자연스럽게 한곳
에 모여서 반드시 소제할 필요도 없다. (말은)
마른 곳에서 잠을 잘 수가 있어서 습기가 차거
나 더럽혀지지도 않는다. (그렇게 하면) 백 마리
가 무리를 지어서 산다 하더라도 싸우지 않게
된다.

　　군마[征馬; 遠行馬]¹⁷⁷를 튼튼하게 기르는 방법:
풀을 잘게 자르고 가래를 이용하여 던져 마른 잎
은 날려 보내고¹⁷⁸ 오직 줄기만을 취해서 곡물과
콩을 섞어 먹인다[秣].¹⁷⁹ 구유는 다른 곳[迥地]¹⁸⁰에
설치하며, 눈이 내리거나 춥더라도 마구간에 두

豆, 　各自別安.
唯著羈³²頭, 　浪
放不繫. 非直飲
食遂性, 舒適自
在. 　至於糞溺,
自然一處, 不須
掃除. 乾地眠臥,
不濕不污. 百匹
羣行, 亦不鬪也.

　　飼征馬令硬實
法. 細剉芻, 杴擲
揚去葉, 專取莖³³
和穀豆秣之. 置槽
於迥地, 　雖復雪

---

177 ‘정마(征馬)’: ‘정’은 ‘멀리 가는 것[遠行]’이고, ‘정마’는 ‘멀리 갈 수 있는 말’이다. 『문
　　선』 중 강엄(江淹)의 「별부(別賦)」에는 “정마를 몰아서 돌아보지 않으며, 먼지가
　　때때로 일어나는 것을 바라본다.”라고 하였다. 이때의 ‘정마’는 전마(戰馬)로 해석
　　하고 있는데, 가사협은 군대와 장수를 인솔한 적이 없으므로 어울리지 않는다.

178 ‘험척(杴擲)’: ‘험’은 긴 손잡이가 있는 농기구로 흙과 곡물을 뒤집는 용도로 쓰인
　　다. ‘험척’으로 꺾어 부스러트린 풀과 흙을 험으로 뒤집어서 흩날리면 낙하할 때
　　비중 차이로 땅에 떨어지는 위치가 멀고 가까운 차이가 생긴다. 건초[芻草]의 줄
　　기는 가운데로 모이고 잎은 바깥으로 떨어진다.

179 ‘말(秣)’: 동사로 쓰여서 ‘꼴을 먹이다’의 뜻이다.

180 ‘형지(迥地)’: 스성한의 금석본에서는 형지를 형지(迥地)로 적었으며, 그 뜻은 다른
　　곳이라는 의미로 보았으나, 묘치위 교석본에서는 비교적 먼 곳이라고 해석하였다.
　　멍팡핑[孟方平]은 ‘형(迥)’은 ‘경(坰)’과 통하며, 널따란 평야[曠野]를 가리킨다고 하
　　였지만 ‘형(迥)’과 ‘경(坰)’이 통한다는 것은 문헌에서 증거가 보이지 않는다.

어서는 안 된다.

　매일 한 번씩 달리게 하여 몸에 열이 나도록
해 준다. (이와 같이 하면) 말이 튼튼해지고 추위
에도 잘 견딘다.

　노새[贏; 騾]: 수나귀와 암말이 교배해서 낳은
것을 노새[騾][181]라고 하는데 비교적 일반적인 현
상이다. 통상 암말과 수나귀가 교배하여 낳은 노
새는 신체가 건장하고 커서 말보다 좋다. 그러나
반드시 7-8세 되는 암나귀[草驢][182] 중에서 골반[183]

寒，勿令安廠下.
一日一走，令其肉
熱. 馬則硬實，而
耐寒苦也.

　贏. 驢覆馬，
生贏則準 **34** 常.
以馬覆驢，所生
騾者，形容壯大，
彌復勝馬. 然必

---

181 '나(贏)'는 곧 '나(騾)'사이다. 수나귀를 암말과 교배하여 낳은 새끼를 노새[騾]라
고 하는데, 고금의 해석은 동일하다. 묘치위 교석본에 의하면, 수말과 암나귀가
교배하여 낳은 것은 옛날에는 버새[駃騠]라고 불렀다. 오늘날에는 '여나(驢騾)'라
고 부르는데, 이것은 곧 나귀가 낳은 노새이다. 그러나『제민요술』에서는 전자
를 칭하여 '나(贏)'라고 하고, 후자를 칭하여 '나(騾)'라고 한다. 한 글자를 나누어
서 두 이름을 붙인 것으로서, 일반적인 현상과는 다르며, 두 글자의 음이 구분이
있는지 없는지는 알 수가 없다고 한다.

182 '초려(草驢)': 초는 '암컷[牝]'이다.

183 골목(骨目): 뼈의 중요한 부분으로, 골분(骨盆; 骨盤)을 가리킨다. 황록삼(黃麓
森)의『방북송본제민요술고본(仿北宋本齊民要術稿本)』(이후 황록삼교기로 약
칭)에서는 "일찍이 말 타는 데 노련한 사람이 방문한 적이 있다. 그의 말에 따르
면, '지금은 수나귀와 암말이 교배해서 낳았다는 것과 수말과 암나귀가 교배해서
낳은 것을 막론하고 모두 노새라고 부르는데, 수말과 암나귀가 교배한 것은 매우
적다. 대개 보통의 암나귀는 체격이 작아서 임신을 감당하지 못하니 반드시 체격
이 큰 것을 선택한다는 것은 이미 얻을 수가 없다는 것이다.'"라고 하였다. 묘치
위에 의하면, 버새[駃騠]는 몸집이 어미나귀보다 크고 아비 말과 차이가 없다. 거
친 사료를 잘 먹으며 적응도와 면역성이 강하고 끄는 힘이 크고 오래 견딘다. 노
새와 비교하면 여전히 차이가 있지만 수명은 가장 길다. 나귀와 노새는 오늘날에
는 주로 화북 농업지대에 분포하고 있다고 한다.

이 바르고 큰 것을 골라야 한다. (이와 같이 하여) 암나귀가 충분히 자라면 망아지를 수태할 수 있고, 종마인 수말이 아주 건장하면 새끼도 건장하다. 암노새는 새끼를 낳을 수 없으며 새끼를 낳더라도 (난산하여) 죽지 않는 것이 없다. 따라서 암노새를 기를 때는 항상 방비를 잘하여서 수컷과 한곳에 두지 말아야 한다.

나귀[184]를 기르는 상황은 대체적으로 말과 서로 유사하므로 더 이상 세부적인 조항을 열거하지 않는다.

돼지를 먹인 적이 있는 구유를 사용해서 말에게 먹인다거나, 석회로 말의 구유를 칠한다거나, 말이 땀이 날 때 문가에 매어 둔다거나 하는 이런 세 가지 일들은 모두 암말을 유산[落駒][185]하기 쉽게 한다.

『술術』에 이르기를,[186] "항상 말을 기르는 마구간에 원숭이 한 마리를 묶어 두면 말이 놀라지

選七八歲草驢,
骨目㉟正大者.
母長則受駒, 父
大則子壯. 草騾㊱
不產, 產無不死.
養草騾, 常須防
勿令雜羣也.

驢, 大都類馬,
不復別起條端.

凡以豬槽飼
馬, 以石灰泥馬
槽, 馬汗繫著門,
此三事, 皆令馬
落駒.

術曰, 常繫獼
猴於馬坊, 令馬

---

184 『농상집요』에서도 『제민요술』을 인용하여 '나(騾)'자를 쓰고 있다. 이미 본편의 편명에 '나(騾)'자가 포함되어 있어 '여라(驢騾)'라고 써야 한다.

185 '낙구(落駒)': '유산[小産]'을 가리킨다.

186 이 『술(術)』조는 원래 위 문장의 '낙구(落駒)' 아래에 배열하여 주석하지만 본문과는 무관하다. 묘치위 교석본에 의하면, 유수(劉壽)는 일찍이 교정하여 이르기를 "작은 글자로 해선 안 된다."라고 하였는데 이는 옳다. '술왈(術曰)'은 항상 편의 말이나 어떤 항목의 끝부분에 나열되어 있지만, 이 조항은 별도의 문단으로 나누고 아울러 고쳐 큰 글자로 하였다고 한다.

제56장 소·말·나귀·노새 기르기[養牛馬驢騾第五十六] 77

않게 되어서 사악한 것을 피할 수 있고 온갖 병을 물리친다."라고 한다.

소와 말의 전염병을 치료하는 방법:[187] 수달[獺][188]의 똥을 취해서 끓여 약을 만들어 (목에) 붓는다. 수달의 고기와 간이 더욱 좋으나, 고기나 간을 구할 수 없으면 오직[189] 똥을 사용한다.

말이 후비喉痺[190]로 인해서 죽으려고 하는 것을 치료하는 방법: 칼에 헝겊을 감고 칼끝이 한 치[寸][191] 정도 나오게 하여 목구멍을 찔러서 찢

不畏辟惡消百病
也.

治牛馬病疫氣
方. 取獺屎, 煮以
灌之. 獺肉及肝
彌[37]良, 不能得
肉肝, 乃用屎耳.

治馬患喉痺欲
死方. 纏刀子露
鋒刃一寸, 刺咽

---

187 이 조항부터 말에 관한 내용의 마지막인 '治驢漏蹄方'까지 32개의 항목이 있는데, 원래는 제목이 큰 글자로 쓰여 있는 것을 제외하고 나머지는 두 줄로 된 작은 글자로 쓰여 있었으나, 묘치위 교석본에서는 일률적으로 큰 글자로 쓰고 있다.

188 '달(獺)': 족제비과의 수달(水獺; Lutra lutra)이다. 『명의별록(名醫別錄)』에서는 '수달의 간獺肝'으로 허약한 몸을 치료한다고 하며, 당대(唐代) 맹선(孟詵)의 『식료본초(食療本草)』에서는 수달의 고기가 "계절성과 전염병과 소와 발의 전염병을 치료하며, 모두 즙을 끓여서 식혀 그것을 목에 부어 넣는다."라고 하였다.

189 '내(乃)'자는 금택초본에서는 이 글자와 같으며, 『농상집요』에서도 동일하게 인용하고 있지만 남송본에서는 '지(只)'자로 쓰고 있다.

190 '후비(喉痺)': 스성한의 금석본에서는 '비(痺)'를 '비(痺)'로 쓰고 있다. 『농상집요』에도 같은 처방이 있으나, 그것은 '마후종(馬喉腫)'을 다스리는 법이다. 묘치위 교석본에 의하면, '후비'는 인후부에 종양이 생겨 부은 것을 가리키며 그로 인해 호흡이 곤란해져서 심지어는 질식해 죽게 된다. 이것은 또한 인후부가 마비된 것을 뜻한다. 인후부를 찔러서 치료하는 방법은 원발성의 인후부 농종에 대해서는 효과가 있지만, 전이된 병발성에 대해서는 모름지기 다른 요법을 사용해야 한다고 한다. '비(痺)'자는 각본에서는 모두 '비(痺)'자로 쓰고 있는데, 잘못된 글자에 따른 것이라고 지적하였다.

191 금택초본과 호상본에서는 '촌(寸)'자로 쓰고 있는데, 명초본에서는 '십(十)'자로

으면 즉시 낫는다. 치료하지 않으면 반드시 죽게 된다.

말이 검은 땀을 흘리는 것[192]을 치료하는 방법: 마른 말똥을 기와 조각 위에 얹고 사람의 헝클어진 머리를 그 위에 덮는다. 불로 말똥과 머리카락을 태워서 연기를 내고 말 코 아래에 대어 연기를 쐬게 하면 연기가 말의 코로 들어가게 되어 얼마 후에 낫게 된다.[193]

또 다른 방법: 돼지 척추 부근의 지방[豬脊引脂][194]과 웅황雄黃,[195] 헝클어진 머리카락을 취하여

喉, 令潰破卽愈. 不治, 必死也.

治馬黑汗方. 取燥馬屎置瓦上, 以人頭亂髮覆之. 火燒馬屎及髮, 令煙出, 著馬鼻上熏之, 使煙入馬鼻中, 須臾卽差也.

又方. 取豬脊引脂雄黃亂髮, 凡三

잘못 쓰고 있다.

192 '흑한(黑汗)': 오늘날에는 일사병(日射病)이라고도 하는데, 이는 곧 더위 먹은 것이다. 묘치위 교석본에 따르면, 연기를 쐬게 하는 법은 폐충혈(肺充血: 폐 혈관에 혈액이 증가되는 상태로써 실질성과 허실성 충혈로 분류함)과 폐수종(肺水腫)을 가중하는 좋지 않은 결과가 초래되기에 오늘날에는 이 방법을 쓰지 않는다.

193 모든 '수유(須臾)'의 '유(臾)'자는 명초본에서는 모두 '예(曳)'자로 쓰고 있으며, 금택초본 등에서는 모두 '유(臾)'자로 바로 쓰고 있다. 묘치위 교석본에 의하면, '유(臾)'는 민간에서는 '유(臾)'자로 쓰고 있고, 명초본에서는 하나같이 길게 삐쳐서 삐침이 밖으로 나오게 하여 간혹 '경(更)'자와 같이 되었는데, 이는 글자가 잘못된 것이다. '차'는 병이 낫는다는 것을 가리키며, 이하 동일하다.

194 '저척인지(豬脊引脂)': 스성한의 금석본에서는, '척인(脊引)'이 무엇인지 자세히 제시하지 못하였으며, '척외지(脊外脂)'일 것으로 추측하였다. 반면 묘치위는 교석본에서 '인(引)'은 '인(朋)'자를 가차해서 쓴 것으로 보았다. 『옥편』에서는 "인(朋)은 척추의 살이다."라고 한다. '저척인지(豬脊引脂)'는 돼지 척추 아래에 달린 내벽에 달려 있는 큰 지방 덩어리로, 오늘날 민간에서는 이를 '판유(板油: 돼지의 체강 내벽에 있는 넓적한 모양의 지방)'라고 한다.

195 '웅황(雄黃)': 석웅황(石雄黃)이라고도 한다. 삼류화비소를 주성분으로 하는 광석

말의 코 아래에서 태워 연기가 콧구멍으로 들어가게 하면 잠시 후 낫게 된다.

　　말의 중열中熱[196]을 치료하는 방법: 콩과 밥을 끓여 말에게 먹이는데, 3차례 먹이면 말이 곧 낫는다.

　　말이 땀을 흘리고 한기가 들[汗凌][197] 때 치료하는 방법: 좋은 두시[豉] 한 되와 좋은 술 한 되를 섞는다. 여름에는 햇볕 아래에 놓아두고 겨울에는 따뜻하게 데운다. 두시를 담가서 즙액이 나오도록 하고, 손으로 으깨 짜서 찌꺼기는 버리고 그 즙액을 말의 입속에 들이붓는다. 땀이 나온 후에는 낫게 된다.

　　말의 옴을 치료하는 방법: 웅황雄黃과 머리카락 두 가지를 사용하는데, 12월에는 돼지기름을 섞어 지져서 머리카락을 녹인다.

物,　著馬鼻下燒之,　使煙入馬鼻中, 須臾卽差.

　馬中熱方. 煮大豆及熱飯噉馬, 三度, 愈也.

　治馬汗凌方. 取美豉一升, 好酒一升. 夏著日中, 冬則溫熱. 浸豉使液, 以手搦之, 絞去滓, 以汁灌口. 汗出, 則愈矣.

　治馬疥方. 用雄黃頭髮二物, 以臘月豬脂煎之,

이다. 산의 양지쪽에서 캔 것은 웅황이고, 음지쪽에서 캔 것은 자황(雌黃)이다. 순수하고 잡물질이 섞이지 않았으며, 그 빛이 붉고 투명한 것이 좋은 것이다. 성질이 평범하고 차다. 맛은 달고 쓰며, 독이 있다. 약리실험을 통해 살균작용을 한다는 사실이 알려져 있다.([출처]: 두산백과)

196 '중열(中熱)': 더울 때 활동하다가 열에 상해서 머리가 아프고 열이 나며 갈증이 나고 물을 많이 마시는 증상이다.([출처]: 한국전통지식포탈)

197 '한릉(汗凌)': 땀이 날 때 바로 찬바람을 쐬면 땀이 멈추는데, 이는 곧 중국 수의학에서 일컫는 '혈한풍(歇汗風)'으로, 땀이 비 오듯이 흘러서 멈추지 않는 것은 아니다.

벽돌로 옴을 비벼서 옴이 빨갛게 되면 약이 열기가 있을 때 약을 바르면 곧 낫는다.

또 다른 방법: 따뜻한 물로 옴을 깨끗이 씻어 잘 말린다. 풀을 끓여서 열기가 있을 때 바르면 [塗] 즉시 낫게 된다.

또 다른 방법: 잣나무의 기름[柏脂]을 태운[198] 후에 바르면 매우 좋다.

또 다른 방법: 겨자씨를 갈아서 그 위에 발라 주면 차도가 있다. 각종 가축의 옴을 모두 치료할 수 있다. 그러나 잣나무의 기름[柏瀝]¹[199]과 겨자씨는 모두 조약躁藥이다.

무릇 몸 전체에 옴이 생긴 가축은 군데군데 [歷落斑駁] 나누어서²[200] 조금씩 바르는데, 첫 번째

令髮消.　以磚㊳
揩疥令赤,　及熱
塗之, 卽愈也.

又方.　湯洗疥,
拭令乾.　煮麪糊,
熱塗之, 卽愈也.

又方.　燒柏脂
涂之, 良.

又方.　研芥子
塗之, 差.　六畜
疥,　悉愈.　然柏
瀝芥子,　並是躁
藥.　其遍體患疥
者, 宜歷落斑駁,

---

198 '소백지(燒柏脂)': 아주 신선한 측백나무의 가지를 태우면 기름이 함유된 즙이 흘러나오는데, 이것이 곧 다음 문장에서 가리키는 '측백나무 기름[柏瀝]'이다.

199 '백력(柏瀝)': 측백나무 기름으로서, 위의 '소백지도지(燒柏脂涂之)'에서 약으로 쓴다. 스성한의 금석본에 따르면, 고대 중국에서는 신선한 식물의 줄기와 잎을 불에 태운 후 떨어지는 액체를 자주 약물로 썼는데, 이를 가리켜 '역'이라고 하며, '죽력(竹瀝)', '위력(葦瀝)' 등이 있다. 측백나무의 기름이 연소할 때 '타르[溚: 즉 콜타르] 성분의 물질이 생기는데 여기서 '백력'이 추출된다.

200 '역락(歷落)': 드문드문[疏疏落落]의 의미이다. '박(駁)'은 '군데군데'라는 의미이고, '반박(斑駁)' 또한 드문드문[歷落]이라는 의미이다. 묘치위 교석본에 의하면, 만약 온몸에 옴[疥癬]이 생겼다면, 마땅히 드문드문하게 나누어서 약간씩 발라주고 처음에 발라 준 부분이 나은 후에 다시 다른 부분을 발라서 점차 치료되면 완전하게 낫게 된다. 측백나무 기름과 겨자는 비록 살균 소염작용을 가지고 있을지라도 모두 독성이 강한 약으로, 측백나무 기름은 사포닌[皂甘]을 함유하고 있

바른 부분이 낫고 차도가 있으면 다시 다른 부분에 발라 준다.

하루 한 차례 온몸에 두루[遍]²⁰¹ 발라 주면 죽지 않는 옴이 없다.

말의 중수中水²⁰²를 치료하는 방법: 콧구멍 속에 달걀노른자 크기의 소금을 집어넣고 말의 코를 잡는데 눈물을 흘릴 때 손을 떼면 아주 좋아진다.²⁰³

말의 중곡中穀을 치료하는 방법: 손으로 어깨[甲]²⁰⁴ 위의 긴 갈기[鬣]를 쥐고 위로 당겨 가죽을 늘어뜨린다. 이와 같이 몇 차례 늘어뜨린 이후에 좁고 뾰족한 작은 칼[鈹刀子]로 늘어진 가죽 사이를 찔러서 날이 통과하게 한다.²⁰⁵

以漸塗之, 待差,
更塗餘處. 一日
之中, 頓塗遍體,
則無不死.

治馬中水方.
取鹽著兩鼻中,
各如雞子黃許大,
捉鼻, 令馬眼中
淚出, 乃止, 良矣.

治馬中穀方.
手捉甲上長鬣,
向上提之, 令皮
離肉. 如此數過,
以鈹刀子刺空中

고 겨자는 겨자 글루코시드[芥子甘]를 함유하고 있어서 피부에 모두 자극성을 띠고 게다가 독성도 가지고 있어 체내에 침투하면 온몸이 중독된다.

201 '편(遍)': 스성한의 금석본에서는 '편(徧)'으로 쓰고 있다.

202 '중수(中水)': 수독(水毒)이라고도 한다. 계곡 등의 물가에서 악충의 독에 감염된 데서 온 병증이다. 물속에서 얻게 되는 것으로, 한열(寒熱)하고 답답해 하고 머리와 눈에 통증을 느끼며 중시증(中尸證)과 같아서 졸지에 말을 못하게 되는 병증이다. ([출처]: 한국전통지식포탈)

203 '양(良)'은 또한 '낫다[愈]'의 의미이다. 금택초본에서는 '의(矣)'자로 쓰고 있으며, 다른 본에서는 '야(也)'자로 쓰고 있는데, 묘치위 교석본에서는 '의(矣)'자로 쓰는 것이 비교적 낫다고 보았다.

204 '갑(甲)': 유희(劉熙)의 『석명(釋名)』에 이르길, "갑은 합(闔)이다. 가슴, 갈빗대, 등이 서로 합쳐지는 것이 합이다.[甲, 闔也. 與胷脅背相會闔也.]"라고 하였는데, 즉 견갑(肩胛)의 '갑(甲)'이다.

손을 구멍에 찔러 넣으면 마치 공기가 나와 손에 스쳐 가는 것과 같은데, 이것이 바로 '곡기穀氣'이다.

사람이 뚫은 구멍 위에 오줌을 누고 다시 소금을 바른다. (이렇게 한 후에) 즉시 타고 수십 보를 가게 되면 곧 낫는다.

또 다른 방법: 계란 크기의 엿[餳]²⁰⁶을 구하여 부수고 풀과 섞어서 말에게 먹이면 아주 좋다.

또 다른 방법: 세 되[升]의 질금 가루[糵]²⁰⁷를 구해서 곡물과 섞어서 말에게 먹이면 좋다.

말 발 위에 자란 '부골附骨',²⁰⁸ 즉 낫지 않아 무

皮, 令突過. 以手當刺孔, 則有如風吹人手, 則是穀氣耳. 令人溺上, 又以鹽塗. 使人立乘數十步, 卽愈耳.

又方. 取餳如雞子大, 打碎, 和草飼馬, 甚佳也.

又方. 取麥糵末三升, 和穀飼馬, 亦良.

治馬脚生附骨,

---

205 '수과(數過)': 여러 차례의 의미이다. '피도자(鈹刀子)': '피(鈹)'는 '피(披)'로 읽는다. 피도는 큰 침[大針]으로, 양쪽에 칼날이 있고 좁고 길며 뾰족한 칼이다. 소위 '피침(披針)'이다. 중국 조기의 외과 수술 도구 중의 하나이다. '돌과(突過)': 양 끝을 뚫어서 통하게 하는 것이다.

206 '당(餳)': 굳은 형태의 엿당을 가리킨다. 묘치위 교석본을 참고하면, 옛 이름은 '취당(脆餳)'으로, '당(餳)'을 xing으로 읽었는데, 당대(唐代) 이후 tang으로 발음했다고 한다.

207 '맥얼말(麥糵末)'은 곧 보리 싹을 찧어서 가루로 만든 것이다. 스성한의 금석본에서는 '얼(糵)'을 '얼(蘗)'로 쓰고 있다. '말(末)'은 명초본에서는 '미(未)'로 잘못 쓰고 있지만 다른 본에서는 잘못되지 않았다.

208 '생부골(生附骨)': 묘치위 교석본에 의하면, 부골저(附骨疽)를 가리키며 종기가 뼈에 침투되어서 고름이 생긴 것이다. 기록된 치료법은 만성 골막염에 적용되며 그것으로 뼈 조직의 생성을 정지시킨다고 한다. 반면, 스성한의 금석본에서는

릎관절까지 퍼져 말이 오랫동안 절뚝거리는 것을 치료하는 방법: 겨자를 부드럽게 찧어서 계란 노른자 크기 정도로 만든다.[209] 파두[巴豆][210] 3알을 취해서 껍질을 벗겨 오목한 곳[臍][211]에 넣고, 3알[三枚][212]을 부드럽게 찧어 물과 혼합하여 하나의 덩어리를 만든다.

혼합할 때 칼을 이용해서 섞어야지 그렇지 않으면 손이 갈라져 손상을 입게 된다. 부골이 있는 부위의 털을 뽑아낸다.

(다시) 뼈 바깥에는 녹인 밀랍을 종기가 있는 부분의 상처 주위에 발라 준다. 그렇지 않으면 약 기운이 너무 강해서 상처부위가 더 커지므로, 밀랍을 바른 후에 약을 그 종기 위에 붙인

不治者, 入膝節, 令馬長跛方. 取芥子, 熟擣, 如雞子黃許. 取巴豆三枚, 去皮留臍, 三枚亦熟擣,[39] 以水和, 令相著. 和時用刀[40]子, 不爾破人手. 當附骨上, 拔去毛. 骨外, 融蜜蠟周匝擁之. 不爾, 恐藥躁瘡大, 著蠟罷, 以藥

'부골저'를 골막(骨膜) 결핵병(結核病)일 가능성이 높다고 하였다.

209 '허(許)' 다음에는 마땅히 '대(大)'자가 있어야 하는데, 겨자를 찧어 거른 후에 겨자를 진흙처럼 만들어 마치 계란 노른자 크기와 같이 하나로 동그랗게 만든다.

210 '파두(巴豆)'는 대극과(大戟科: 쌍떡잎식물의 갈래꽃류의 한 과)의 *Croton tiglium* 이다. 묘치위 교석본에 의하면, 파두는 맺힌 것을 풀고 변을 잘 누게 하며, 균을 죽이고 해독하는 작용을 한다. 그러나 독성이 측백나무의 기름이나 겨자씨보다 더욱 강하여, 『제민요술』에서는 파두를 매우 조심스럽게 복용하도록 하며, 겨자와 섞을 때는 칼을 사용하고 손을 사용해서는 안 된다고 하였다.

211 '제(臍)'는 종자의 배 가운데 끝부분의 배아이다. 피(皮)는 단단한 종자의 바깥 껍질로서 종각(種殼)이다. 남송본에서는 '제(臍)'자로 쓰고 있으며, 금택초본, 호상본에서는 '제(齊)'자로 쓰고 있는데 글자는 통한다. 『제민요술』중에는 두 글자를 상호 쓰고 있으나, 묘치위 교석본에서는 '제(臍)'자로 통일하여 쓰고 있다.

212 '삼매(三枚)': 앞에 이미 '파두삼매(巴豆三枚)' 구절이 있으므로, 이 두 글자는 실수로 첨가된 듯하다.

다. 아직 사용하지 않은 깨끗한 생베[生布]를 두 가닥으로 찢어[213] 약 위에 세 번[214] 감아서 단단하게 묶는다. 골저[骨; 骨疽]가 작은 것은 하룻밤이 지나면 모두 치료되고, 크다 하더라도 이틀 밤을 넘기지 않는다. 그러나 반드시 수시로 열어서 보아야 하는데, 뼈가 다 나았지만 본래 완전했던 부위가 (약품으로 인해서) 손상을 입을 수 있기 때문이다.

골저가 이미 완치되면 찬물로 깨끗하게 씻어 준다. 수레 굴대의 기름을 약간 긁어서 덩어리로 만들어 상처 위에 붙이고 또 깨끗한 헝겊을 단단하게 감싸 매어 준다. 3-4일이 지난 후에 풀어 보면 털이 자라고 흉터도 없어진다. 이와 같은 방법은 매우 좋으며 뜸을 뜨는 것보다 훨씬 좋다.[215] 그러나 상처부위가 다 치료되기도

傅骨上. 取生布
割兩頭, 各作三
道急裹之. 骨小
者一宿便盡, 大
者不過再宿. 然
要須數看, 恐骨
盡便傷好處. 看
附骨盡, 取冷水
淨洗瘡上. 刮取
車軸頭脂作餠子,
著瘡上, 還以淨
布急裹之. 三四
日, 解去, 卽生毛
而無瘢. 此法甚
良, 大勝炙者. 然

---

213 '생포(生布)'는 왕웨이후이[汪維輝], 『제민요술: 어휘어법연구(齊民要術: 詞彙語法研究)』, 上海敎育出版社, 2007, 289쪽에 의하면 아직 삶아서 정련하지 않은 베이다. 금택초본과 호상본에서는 이 문장과 같으며, 명초본에서는 '주포(主布)'라고 잘못 쓰고 있다. '할양두(割羊頭)'는 베의 하단을 두 갈래로 잘라서 상반된 방향에 따라 각각 세 번 감아 단단하게 묶는 것을 말한다.

214 '각작삼도(各作三道)'의 '각(各)'은 각 본에는 없고, 단지 금택초본에서만 보인다. 묘치위 교석본에서 '각(各)'자는 마땅히 있어야 한다고 지적하였다.

215 '대승자자(大勝炙者)': 스성한의 금석본에서는 '자(炙)'를 '구(灸)'로 쓰고 있다. 묘치위 교석본에 의하면, 금택초본과 명초본에서는 모두 '자(炙)'자로 쓰고 있고, 다음 문장의 '마자창(馬炙瘡)'은 이 자법(炙法)을 가리키는데, 반드시 '자(炙)'가 '구(灸)'자의 잘못이 아니므로 '자(炙)'자를 그대로 쓴다고 한다.

전에 말을 타서는 안 된다. 만약 상처부위에서 피가 나면 큰 병이 될 수도 있다.

말의 발이 찔린 상처를 치료하는 방법: 겉보리[穬麥][216]와 어린아이가 씹은 밥[小兒哺][217]을 섞어서 그 위에 발라 주면 곧 낫는다.

말의 종기 치료법: 종기가 아직 치유되지 않았으면, 땀을 흘리게 해서는 안 된다. 상처부위에 흰 딱지가 생겼을 때는 바람쐬기를 삼가야 한다. 완전히 나으면 언제든지 말을 탈 수 있다.

瘡未差, 不得輒乘. 若瘡中出血, 便成大病也.

治馬被刺脚方. 用穬麥和小兒哺塗, 卽愈.

馬灸瘡, 未差, 不用令汗. 瘡白痂時, 愼風. 得差後, 從意騎耳.

---

216 '광맥(穬麥)': 묘치위 교석본에 의하면 지금의 원맥(元麥), 즉 나대맥(裸大麥)을 가리킨다. 그러나 구본초서(舊本草書)에는 항상 피대맥[皮大麥; 지금은 통상 대맥(大麥)을 지칭한다.]을 가리킨다고 하였는데 후한 말 오진(吳晉)의 『오씨본초(吳氏本草)』, 남조의 양제시대 도홍경의 『명의별록(名醫別錄)』, 당대 소경(蘇敬)의 『신수본초(新修本草)』, 당대 진장기(陳藏器)의 『본초습유(本草拾遺)』 등에서도 모두 이와 같이 말하고 있다. 진장기는 "대맥은 보리'쌀[米]'이며 광맥은 맥'곡(穀)'이다."라고 판별하였다. 실제는 껍질을 벗긴 대맥('쌀[米]'이 되는 것)이 '대맥[大麥; 실제는 원맥(元麥)이다.]'이고, 껍질이 달린 대맥['곡(穀)'이 되는 것]을 '광맥(穬麥: 실제는 통상적인 대맥이 된다.)'이라고 하는데 두 가지는 흡사 마치 오늘날의 명칭이 서로 반대된 듯하다. 가사협은 도홍경의 말을 인용하여 그의 설이 틀렸음을 제시하지 않았으므로 실제는 도홍경의 설에 동의하고 있는 것이다.(권2 「보리·밀[大小麥]」의 주석 참조.) 스성한의 금석본에서는 이 광맥을 '대맥분(大麥粉)'이라고 해석하는 것이 합리적이라고 하였다. 묘황핑[苗方平]은 원맥면(元麥麵)으로 해석하였는데, 이것은 구체적으로 살피지 않고 현재의 상황으로 옛날 것을 해석한 것에 지나지 않는다.

217 '소아포(小兒哺)': 스성한의 금석본에 따르면, 아이가 잘게 씹은 밥이다. 묘황핑[苗方平]은 어떤 약사가 사람 젖의 또 다른 이름이라고 해석한 바 있으나 고증할 필요가 있다고 하였다.

말발굽의 종기[瘙蹄]²¹⁸를 치료하는 방법: 칼로 발목관절에 빼곡하게 난 털 사이를 찔러서 피가 나게 하면 낫는다.

또 다른 방법: 양 기름을 녹여서 종기 위에 바르고 헝겊으로 감싸 준다.

또 다른 방법: 소금기가 있는 2섬 가량의 흙[鹹土]²¹⁹을 구해서 물을 그 위에 뿌리고 한 섬 5되의 거른 즙을 취해 솥에 넣고 달여서 2-3말이 되도록 한다.

말발굽의 털을 깎아서 쌀뜨물[泔清]²²⁰로 깨끗이 씻어 말린 후에 소금기 있는 즙으로 씻어 준다. 3차례 씻으면 곧 낫는다.

또 다른 방법: 상처를 뜨거운 물로 깨끗하게 씻고 잘 말린다. 삼씨를 씹어서 그 위에 붙이고 헝겊이나 비단으로 감싸 준다. 3차례 하면 낫게 된다. 만약 뿌리가 뽑히지 않으면, 곡물[穀]²²¹을 씹어서 5-6차례 발라 주면 완전히 낫

治馬瘙蹄方. 以刀刺馬跰叢毛中, 使血出, 愈.

又方. 融羊脂塗瘡上, 以布裹之.

又方. 取鹹土兩石許, 以水淋取一石五斗, 釜中煎取三二斗. 剪去毛, 以泔清淨洗, 乾, 以鹹汁洗之. 三度卽愈.

又方. 以湯淨洗, 燥拭之. 嚼麻子塗之, 以布帛裹. 三度愈. 若不斷, 用穀塗,

---

218 '소제(瘙蹄)': 발굽부위에 붉은 종기가 나서 고름이 생긴 것을 가리킨다. 『광아』「석고일(釋詁一)」에서는, "소(瘙)는 창(創)이다."라고 하였으며, 창(創)은 '종기[瘡]'와 통한다.

219 '함토(鹹土)'는 염기성 토양을 뜻한다. 본 항목의 '함(鹹)'의 두 글자는 금택초본에서는 모두 '함(醎)'자로 쓰고 있는데, 다른 본은 이와 다르다. 두 글자는 옛날에는 통용되어서 묘치위 교석본에서는 일률적으로 '함(鹹)'자로 쓰고 있다.

220 '감청(泔清)': 맑은 쌀뜨물이다.

221 '곡(穀)': 스성한의 금석본에 따르면, '곡'은 해석이 안 되며, 아마 '곡장(穀漿)'일

는다.

또 다른 방법: 발굽의 털을 잘라 낸다. 끓인 소금물로 깨끗하게 씻고 딱지를 떼어 낸 후 닦아서 잘 말린다. 먼저 깨진 기와[破瓦]²²²에 사람 오줌을 끓여 열기가 있을 때 상처부위에 발라 주면 곧 낫는다.

또 다른 방법: 톱으로 병든 발굽 전면의 중앙을 비스듬하게 톱질하되 톱질한 부분이 톱날의 모양처럼 위는 좁고 아래는 넓게 한다. 자른 화살 깃[箭括]과 같이 뾰족한 발톱은 잘라 낸다.²²³

안쪽으로 한 치 되는 깊이로²²⁴ 칼을 찔러서

五六度卽愈.

又方. 剪去毛.
以鹽湯**41**淨洗,
去痂, 燥拭. 於破
瓦中煮人尿令沸,
熱塗之, 卽愈.

又方. 以鋸子
割所患蹄頭前正
當中, 斜割之, 令
上狹下闊, 如鋸
齒形. 去之, 如剪

것으로 보았다. 곡식의 흰색 유즙 중에 페놀[酚]물질이 함유되어 있어 피부병을 치료할 수 있다. 멍팡핑[孟方平] 역시 이 설을 지지하면서 '곡(穀)'자 아래에 '즙(汁)'자가 빠졌다고 한다. 반면에 묘치위는 교석본에서 이는 지금의 판단으로써 옛사람의 생각을 재단한 것에 불과하다고 지적하였다. 『증류본초(證類本草)』권 25 '속미(粟米)', '출미(秫米)', '청량미(靑粱米)', '황량미(黃粱米)' 등은 『주후방(肘後方)』, 『본초습유(本草拾遺)』, 『식료본초(食療本草)』, 『외대비요(外臺秘要)』의 책에서 이들 조[粟]와 같은 곡식을 이용해서 종기와 옴의 독을 치료한다고 기록하고 있다. 이에 근거하여 묘치위는 『제민요술』 문장 역시 기장 쌀죽으로써 똑같이 이 병을 치료하였다고 한다. 명초본은 명대의 속자인 '곡(穀)'을 쓰고 있으나, 금택초본과 명청 각본은 모두 '곡(穀)'으로 적고 있다.

222 '와(瓦)': 옛날에는 와기의 총칭으로 쓰였다는 것이 『설문해자』에 보인다. '파와(破瓦)'는 깨어져 오래된 와기이다.

223 '전괄(箭括)'의 '괄'자는 일반적으로 '괄(筈)'로 많이 표기한다. 즉 화살[箭: 깃 부분]의 끝부분이다. 지금 말하는 것은 굽 바깥 각질의 껍질인데, 먼저 톱으로 위가 뾰족하고 아래가 넓은 삼각형으로 자른 다음, 화살 끝을 자르는 것처럼 이 삼각형을 잘라 낸다.

224 '향심일촌허(向深一寸許)': 발톱을 한 치[寸] 전후의 깊이로 잘라 내는 것으로, 즉

피를 짜내면 반드시 검은 피가 나온다. 5되 전후의 피가 나오면 그만두는데 (이렇게 하면) 곧 낫게 된다.

또 다른 방법: 먼저 맑은 신 쌀뜨물[酸泔淸][225]로 종기를 깨끗이 씻은 후에 돼지 족발을 푹 삶은 즙으로 열기가 있을 때 종기를 씻어 주면 낫게 된다.

또 다른 방법: 밥을 짓고 난 후의 솥에 물을 끓이고 (그 끓인 물로) 깨끗이 씻어서 헝겊으로 물을 닦아 말린다.

찰기장쌀 한 되를 끓여서 걸쭉한[稠] 죽을 만들어 폭 3-4치, 길이 7-8치가 되는 헝겊 위에 바른 후 발굽 위의 상처부분을 두껍게 감싸고 삼끈으로 묶어 준다. 3일이 지나서 풀어 보면 분명히 차도가 있다.

또 다른 방법: 경지의 동쪽 또는 서쪽으로 쓰러진 조의 그루터기를 구하는데, 만약 동서로 길게 난 밭이면 남쪽 또는 북쪽으로 쓰러진 것을 취한다. 이랑마다 7포기 정도를 취하

箭括. 向深一寸
許, 刀子摘令血
出, 色必黑. 出五
升許, 解放, 卽差.

又方. 先以酸
泔淸洗淨, 然後
爛煮豬蹄取汁,
及熱洗之, 差.

又方. 取炊底釜
湯淨洗, 以布拭令
水盡. 取黍米一升
作稠粥, 以故布廣
三四寸, 長七八
寸, 以粥糊布上,
厚裹蹄上瘡處, 以
散麻纏之. 三日,
去之, 卽當差也.

又方. 耕地中拾
取禾茇東倒西倒
者, 若東西橫地,
取南倒北倒者. 一

칼로 한 치 깊이로 찔러서 피를 나오게 하는 것이다.

225 '산감청(酸泔淸)': 이미 발효되어 시게 된 쌀뜨물이 가라앉은 후 위에 뜬 맑은 액체이다.

며 세 이랑이면 21포기가 된다. 이를 깨끗이 씻어 솥에 넣고 검은 즙이 나올 때까지 달인다. 말발굽의 털을 잘라 내고 쌀뜨물로 깨끗이 씻어 딱지를 떼어 낸 후 뜨거운 조의 뿌리 즙을 그 위에 발라 준다. 한 차례 바르면 바로 낫는다.

또 다른 방법: 오줌에 양의 똥을 담가서[尿漬] 묽게 만든다.[226] 지붕의 네 모퉁이에서 풀을 취하여 사발 위에서 태우는데, 풀 재가 사발 속으로 떨어지게 하며, 저어서 부드럽게 푼다. 쌀뜨물로 말발굽을 깨끗하게 씻고서 이와 같은 양의 똥[227]을 그 위에 바르는데 2-3 차례 발라 주면 곧 치유된다.

또 다른 방법: 멧대추[酸棗] 뿌리를 달여서 즙을 내어 말발굽을 깨끗이 씻어 준다. 멧대추 뿌리의 즙과 술지게미를 섞고 털로 짠 부대[228]에 넣

壟取七科, 三壟凡取二十一科. 淨洗, 釜中煮取汁, 色黑乃止. 剪卻毛, 泔淨洗, 去痂, 以禾芰汁熱塗之. 一上卽愈.

又方. 尿漬羊糞令液. 取屋四角草, 就上[42]燒, 令灰入鉢中, 研令熟. 用泔洗蹄, 以糞塗之, 再三, 愈.

又方. 煮酸棗根, 取汁淨洗, 訖. 水和酒糟, 毛

---

226 '요지(尿漬)': '지(漬)'는 각 본에서는 원래 '청(清)'으로 썼는데, 확실히 '지(漬)'자의 형태상의 잘못이며, 관상여총서본(觀象廬叢書本)의 『제민요술』에서는 이미 '지(漬)'자로 고치고 있다. 양의 똥을 담그는 그릇은 '주발[鉢]'이라고 하며, '요지(漬)' 앞에는 마땅히 '발중(鉢中)' 두 글자가 있어야 하는데, '취상소(就上燒)' 구절을 통해 알 수 있다. 스성한의 금석본에서는 '지(漬)'를 '청(清)'으로 쓰고 있다.

227 '분(糞)'은 양의 똥이 물에 잠겨서 풀린 후에 풀재를 넣어서 저은 뻑뻑한 똥을 가리킨다.

228 '모대(毛袋)': 검은 양털과 소털로 짠 '갈자(毼子)'이다. 이어서 엮어 포대로 만들

는다. 발굽을 담가서 종기가 전부 잠기게 한다. 이처럼 몇 차례 하면 곧 낫게 된다.

또 다른 방법: 상처부위를 깨끗하게 씻은 후에 살구 씨[229]를 찧고 돼지기름과 잘 섞어서 발라 준다.

4-5차례 발라 주면 분명히 좋아지게 된다.

말이 대소변을 누지 못하여 자다가 일어나서 죽는 시늉을 하는 것은 반드시 빨리 치료해야 한다. 치료하지 않으면 하루 만에 죽는다. 사람 손에 기름을 바르고 항문[穀道][230] 깊숙하게 넣어서 굳은 똥을 걸어 낸다. 소금을 요도 속에 넣으면 얼마 후에 소변이 나온다. 이렇게 하면 분명히 좋아지게 된다.

말이 갑자기 배가 팽창하여 일어났다가 누웠다 하며 불안해 하고 죽을 것 같은 시늉을 하는 것

袋盛. 漬蹄沒瘡處. 數度卽愈也.

又方. 淨洗了, 擣杏人和豬脂塗. 四五上, 卽當愈.

治馬大小便不通, 眠起欲死, 須急治之. 不治, 一日卽死. 以脂塗人手, 探穀道中, 去結屎. 以鹽內溺道中, 須臾得溺. 便當差也.

治馬卒腹脹, 眠臥欲死方. 用

어 막걸리[醪]를 담을 수 있다.(본권 「양 기르기[養羊]」 검은 양[羖羊]의 내용 참조.)

229 '인(人)': 과일 씨를 가리키는 '인(仁)'자에 대해 단옥재의 『설문해자주』에 이르기를 "송대 이전에 본초와 관련된 서적과 시가(詩歌)의 기록에는 '인(人)'자로 쓰지 않음이 없었다. 명(明) 성화(成化) 연간에 중각한 본초에서부터 '인(仁)'자로 바꾸어 썼다."라고 한다.

230 '곡도(穀道)': 스성한의 금석문을 보면, 항문 내와 직장을 합쳐서 '곡도'라고 한다. 중국 수의학에서 '곡도'는 장관(腸管)만을 가리키며, 항문은 '분문(糞門)'이라고도 한다.

을 치료하는 방법: 찬물 5되를 소금 2근[231]과 섞는다. 소금을 갈아서 녹게 하여 말 입속에 들이부으면 반드시 낫는다.

발굽에 틈새가 생긴[漏蹄] 나귀를 치료하는 방법:[232] 두꺼운 벽돌에 나귀의 발굽이 들어갈 정도로 약 2치 깊이의 홈을 판다.

이 벽돌을 발갛게 달군다. 나귀 발굽을 깎아 구멍이 드러나도록 한다. 발굽을 벽돌의 홈 사이에 집어넣고 소금과 술, 식초를 부어 끓이고 담가 둔다. 꽉 잡아서 발을 움직이지 못하도록 한다. 벽돌이 식은 후에 다시 풀어 주면 곧 낫게 된다. 이후에는 물에 들어가거나 먼 길을 달려도 재발하지 않는다.

冷水五升, 鹽二升. 研鹽令消, 以灌口中, 必愈.

治驢漏蹄方. 鑿厚磚石, 令容驢蹄, 深二寸許. 熱燒磚䠖 令熱赤. 削驢蹄, 令出漏孔. 以蹄頓著磚孔中, 傾鹽酒醋, 令沸, 浸之. 牢捉勿令脚動. 待磚冷, 然後放之, 卽愈. 入水遠行, 悉不發.

---

231 각 본에서는 '근(斤)'자로 쓰고 있는데 단지 금택초본에서만 '승(升)'자로 쓰고 있다. 묘치위에 의하면, 『제민요술』 중의 식염을 개량할 때는 모두 되[升]와 말[斗]을 쓰고 있고, 근(斤)과 냥(兩)은 쓰지 않는다. 권8의 작장(作醬), 엄석(腌腊), 팽조(烹調) 및 권9의 염지과채(鹽漬瓜菜)의 각 편에서도 이와 같이 쓰고 있다. 하물며 후위(後魏)의 한 되는 지금의 약 400*ml*에 해당되니 '5승(五升)'은 모두 2,000*ml* 즉 2시승(市升)이 되는 셈이다. 후위의 한 근은 지금의 약 444g이기에 '2근(二斤)'은 모두 888g이 되며, 1.8시근(市斤)에 가깝다. 1.8근의 소금을 2되의 물속에 집어넣으면 분명 포화도가 초과되어서 소금을 갈아서 녹게 할 방법밖에 없다[研鹽令消]고 한다.

232 '누제(漏蹄)': 발굽 아래에 종기가 생긴 것을 가리킨다. 묘치위 교석본을 참고하면, 발굽 아래의 발굽 피부에 염증이 생긴 것[蹄皮炎], 발굽 사이가 썩는 것[蹄叉腐爛], 발굽 사이의 각종 질병[蹄叉癌] 등을 포괄한다고 한다.

소의 목 아래의 가죽이 늘어져서 두 갈래[歧胡]로 나뉜 것은 장수한다. 기호(歧胡)는 이 두 갈래가 양쪽 겨드랑이까지 늘어진 것이며, 세 갈래로 나누어지는 것도 있다.[233]

눈과 뿔 사이가 가까운 것이 날렵하다[駃].[234] 눈은 커야 하고 눈 속에 검은 동자를 가로지르는 흰 심줄이 있는 것이 가장 빨리 걷는다. '이궤二軌'가 가지런한 것이 빨리 걷는다.[235] 이궤는 코에서 대퇴부까지를 전궤(前軌)라고 하고, 어깨뼈[甲][236]에서 고관절까지를 '후궤(後軌)'라고 한다. 경추골이 길고 큰 것이

牛, 歧胡有壽. 歧胡, 牽兩腋, 亦分爲三也.

眼去角近, 行駃. 眼欲得大, 眼中有白脈貫瞳子, 最快. 二軌[44]齊者快. 二軌, 從鼻至髀爲前軌, 從甲

---

233 '기호(歧胡)': '호'는 소의 목 아래 늘어진 가죽을 말한다. '기호'는 갈라진 턱밑 살이다. 스셩한의 금석본에 의하면 원주에서 기호는 이기(二歧)와 삼기(三歧)가 있다고 설명하였다. 묘치위 교석본에 이르길, 하나로 되어 양쪽으로 갈라지지 않은 것을 '동호(洞胡)'라고 부른다. 늘어진 피부는 오직 황소에만 있고 물소는 없는데 이에 근거하면 이러한 소 관상법은 황우관상법[相黃牛]을 가리키는 것이다. '기호'는 식도가 넓다는 것을 보여 주며 턱이 움푹 들어가면 씹는 힘도 강하고 소화 흡수에도 유리하여 건장하다고 한다.

234 "眼去角近, 行駃": '안거각근(眼去角近)'은 겉보기에 이마가 넓고 얼굴은 짧으며 머리가 가벼운 것으로, 짐을 싣는 데 사용되는 소의 좋은 두상이다. '결(駃)'은 빨리 달린다는 뜻으로서, 소가 끄는 큰 수레이며, 말이 끄는 수레는 귀족의 교통수단과 전쟁용으로 사용되었다.

235 '이궤(二軌)'는 소의 몸을 두 부분으로 헤아릴 때 설정하는 선이다. 코부터 앞 대퇴부까지의 한 부분을 '전궤(前軌)'라고 하며 어깨뼈부터 고관절부분까지의 한 부분을 '후궤(後軌)'라고 한다. '제(齊)'는 이 두 부분을 가르는 선의 길이가 서로 같아야 함을 가리킨다. 이는 옛사람들이 소의 몸을 헤아리는 방법으로서 현대와 같이 정밀하지는 않아도 앞부분과 중추부위가 적당하게 조화되는 것을 중시했음을 반영한다.

236 '갑(甲)': 어깨뼈[肩胛]를 가리킨다.

빨리 달린다.

'벽당壁堂'237은 넓어야 한다. 벽당은 다리와 대퇴골[股] 사이이다. 종아리[倚]는 고삐를 맨 말과 같이 모아지고 단정해야 한다.238

음경[莖]은 작아야 한다. '응정膺庭'은 넓어야 한다.239 응정은 앞가슴이다.240 '천관天關'은 잘 접합되어야 한다.241 천관은 척추와 어깨뼈가 서로 접합된 부

至骼45爲後軌. 頸
骨長且大, 快.

壁堂欲得闊. 壁
堂, 脚股46間也. 倚
欲得如絆馬聚而
正也. 莖欲得小.
膺庭欲得廣. 膺庭,
胸也. 天關欲得成.

---

237 '벽당(壁堂)': 앞 다리와 뒤 대퇴부 사이에 있는 흉복부를 가리킨다. 흉복부의 벽은 크고 넓어야 하는데, 이는 곧 몸집의 발육이 건전하며 힘이 세다는 것을 나타낸다. 금택초본에는 '당(堂)'자가 빠져 있다.

238 '의(倚)'자에 대해서 스성한은 '의'에는 '측(側)'이라는 풀이가 있으며, 여기에서는 가슴과 배를 포함한 신체의 양측으로 해석할 수밖에 없다고 하였다. 반면에 묘치위는 '의'가 '기(踦)'와 통하며 다리의 정강이[脚硬]를 가리킨다고 지적하고 있는데, 이 문장의 문맥과 설명부위로 볼 때 이 '의'자는 '흉복부'라고 보는 것이 타당하며, 본편의 뒤에 등장하는 '의각(倚脚)'의 '의'자는 종아리로 해석하는 것이 문맥상 좋을 듯하다. 정강이는 몸 전체를 지탱하는데, 사지(四肢)는 반듯해야 한다. 양다리 사이의 거리가 좁으면 점차 다리의 자세가 좁게 밟게 되어서 좋다. 그렇지 않고 거리가 너무 벌어지면 넓게 밟는 다리의 자세가 되어 좋지 않게 된다.

239 '응정(膺庭)': 앞가슴을 가리킨다. 다소 넓어야 하는데, 말의 관상을 보는 법의 '응하욕광(膺下欲廣)', '억욕광(臆欲廣)'과 대응하며 위의 본문에서 '벽당(壁堂)'이 크고 넓어야 한다는 것과도 부합된다.

240 "膺庭, 胸也": 『태평어람』 권899에서 『상우경(相牛經)』을 인용하여 '야(也)'를 '전(前)'으로 표기하고 있다. '흉전(胸前)'은 일반 입말에서 말하는 '흉구(胸口)'이며, '정(庭)'자의 뜻에 더욱 부합하는 듯하다. 『초학기(初學記)』가 인용하여 '흉전야(胸前也)'라고 쓴 것을 방증으로 삼을 수 있다.

241 '천관욕득성(天關欲得成)': 이 구절에 대해 스성한의 금석본은 다음과 같이 추측하고 있다. '천(天)'자는 몸 전체에서 가장 높은 곳이며, '관(關)'으로부터 이것이 몇 개의 뼈가 연결되는 곳임을 알 수 있다. '성(成)'자는 이 관 사이의 연결의 접

분이다. '준골僑骨'²⁴²은 약간 아래로 처져야 한다. 준골은 척추뼈의 중앙(中央)으로서 아래를 향해 약간 처져야 한다.

'동호洞胡'가 있으면 수명이 짧다. 동호는 머리에서 가슴까지 늘어진 가죽이다. 가마가 '주연珠淵'²⁴³에 있으면 오래 살지 못한다. 주연은 눈동자 바로 아래쪽이다.

'상지上池'에 털이 아무렇게나 난 것은 주인을 성가시게 한다. '상지'는 두 뿔 사이이며 일설에서는 (이 같은 특징을) 대마(戴麻)라고 한다.

종아리 양측이 오그라들어서 단정하지 않은 것²⁴⁴은 과로로 생긴 병이 있는 것이다. 뿔이 차가우면 병이 있는 것이며, 털이 말려들어도 병이

天關, 脊接骨也. 僑骨欲得垂. 僑骨, 脊骨中央,⁴⁷ 欲得下也.

洞胡無壽. 洞胡, 從頸至臆也. 旋毛在珠淵, 無壽. 珠淵, 當眼下也. 上池有亂毛起, 妨主. 上池, 兩角中, 一曰戴麻也.

倚脚不正, 有勞病. 角冷, 有病, 毛拳, 有病.

합 정도로 생각할 수 있다. 『태평어람』의 인용에 따르면 다음 구절의 소주는 '배접골(背接骨)'이다. 즉 '천관욕득성'은 양측의 어깨뼈와 가장 말단의 경추, 첫 번째 배추(背椎) 등 이 4개의 뼈가 교차하는 위치가 잘 조화를 이루고 있는지를 가리키는 것인 듯하며, 잘 조화가 되면 오래 버틸 힘이 있다. 묘치위는 교석본에서, '천관(天關)'은 어깨와 척추 뼈가 접합하는 부분이라고 보았다. 어깨와 척추 뼈는 잘 부합되어야 하는데 이렇게 되면 근육과 살이 두텁게 발달하여 멍에를 씌우는 데 유리하다고 한다.

242 '준골(僑骨)': 척추뼈의 중앙을 가리킨다. 약간 오목하게 들어가야 하지만 심하게 들어가서 좋지 않은 굽은 등뼈가 되어서는 안 된다.

243 '주연(珠淵)'은 말의 "눈 아래의 가마는 '승읍(承泣)'이라고 한다."라는 것과 상응한다.

244 '의각부정(倚脚不正)': '각(脚)'자는 풀이하기 어렵지만 '각(却)' 즉 '물러나다'의 뜻인 듯하다. 정강이가 기울어져서 바르지 않은 것은 골격이 좋지 않게 자라는 징조이다.

있다. 털은 짧고 촘촘해야 한다. 만약 털이 길고 듬성듬성하면 추위를 잘 견디지 못한다. 귓바퀴 위에 긴 털이 많은 것은 추위와 더위를 견디지 못한다.

척추와 요추의 근육이 '단려單膂'[245]인 것은 힘이 세지 않다.[246]

종기가 생겨서 빨리 터지는 것은 과로로 인한 병이 있는 것이다.

오줌을 앞다리를 향해 싸는 것은 빨리 걷고, 바로 아래로 누는 것은 빨리 걷지 못한다.

속눈썹이 어지럽게 난 것은 뿔로 사람을 박는 것을 좋아한다.

毛欲得短密. 若
長疏, 不耐寒氣.
耳多長毛, 不耐
寒熱.

單膂, 無力.

有生癰卽決
者, 有大勞病.

尿射前脚者,
快, 直下者, 不快.

亂睫者觝人.

---

245 '여(膂)': 척추와 요추 양측의 근육을 가리킨다. 이른바 '쌍려(雙膂)'는 곧 이 두 부분의 근육이 발달해서 튀어나온 것을 가리킨다. 묘치위 교석본에 따르면 중간 등뼈부분이 약간 아래로 들어갔으며, 척추와 요추부가 넓어서 한 쌍의 '여(膂)'와 유사하다. 튀어나오지 않고, 약간 들어가지 않은 것이 곧 '단려(單膂)'이다. 아래 문장에서 양염(陽鹽) 중간의 등뼈가 약간 아래로 들어간 것과 아래로 들어가지 않은 것을 구분하는 것도 쌍려와 단려를 구분하는 것과 연관이 있다. 『원형요마집』 「우경」의 '상경전우(相耕田牛)'는 "어깨뼈는 우묵해야 하는데, 만약 우묵하면 곧 '쌍견(雙肩)'으로 굳세고 힘이 세다. 만약 우묵하지 않다면 '단견(單肩)'이며 힘이 약하다."라고 하였다. 그 설명과 유사하다. 오늘날의 사람들도 여전히 '쌍견'과 '단견'의 말을 쓰고 있다고 한다.

246 이상의 문장은 소의 외형을 감정하여 상태를 판단하는 상우법(相牛法)이다. 소와 말은 당시 가장 중요한 가축으로서 국가나 가정의 중요한 동력이며 재산이었다. 때문에 매매, 역축(役畜)과 번식을 위해 상우법이 중시되었다. 왕리화[王利華] 主編, 『중국농업통사[中國農業通史(魏晉南北朝卷)]』, 中國農業出版社, 2009, 59쪽 참조.

뒷다리가 (뒤로 갈 때) 비교적 굽고 앞으로 갈 때 곧은 것이[247] 모두 좋은 상이나, 전진할 때 곧은 것이 더욱 좋다. 앞을 향해 갈 때 제대로 곧지 않고 뒤로 물러날 때 제대로 구부러지지 않는 것은 좋은 가축이 아니다. 길을 걸어갈 때는 양이 걸어가는 것과 같아야 한다.

머리에 살이 너무 많아서는 안 된다. 둔부는 넓고 반듯해야 한다. 꼬리가 땅에 닿아 끌려서는 안 된다. 땅에 끌리면 힘을 충분히 쓸 수 없다.[248] 꼬리 위에 털이 적고 뼈가 많은 것이 힘이 좋다.

무릎 위에 붙은 살은 야무지고 단단해야 한다. 뿔은 가늘어야 하며 가로 또는 세로로 난 것은 무관하나 커서는 안 된다. 몸은 탄력이 있어야 하며, '말린[卷]' 것처럼 되어야 한다. 말린 것은 모두 원통형이다.

목의 갈기 부분[插頸]은 높아야 한다. 일설에서는 몸이 탄력이 있어야 한다고 한다.[249]

後脚曲及直,
並是好相, 直尤
勝. 進不甚直,
退不甚曲, 爲下.
行欲得似羊行.

頭不用多肉.
臀欲方. 尾不用
至地. 至地, 劣
力. 尾上毛少骨
多者, 有力. 膝上
縛[48]肉欲得硬.
角欲得細, 橫竪
無在大. 身欲得
促, 形欲得如卷.
卷者, 其形圓也.[49]

插頸欲得高.
一曰, 體欲得緊.

---

247 '후각곡급직(後脚曲及直)': 이것은 무릎 뒤 관절[飛節]의 굽은 정도를 가리킨다. 앞으로 나아갈 때는 비교적 곧고, 뒤로 나갈 때는 비교적 구부러지는 것이 모두 좋은 형상이다. 그러나 굽은 비절이나 곧은 비절이 모두 좋다는 말은 아니다. 즉 "앞을 향해 갈 때 제대로 곧지 않고 뒤로 물러날 때 제대로 구부러지지 않는 것은 좋은 가축이 아니다."라는 것이다.

248 '열(劣)': 적거나 충분하지 않은 것[不殼]이다.

249 이 문장은 『세설신어』「태치(汰侈)」의 유준(劉峻)의 주석에서는 영척(寧戚)의 『상

허구리[膁][250]가 크고 늑골이 듬성하면 먹이기 어렵다. 머리는 용머리와 같고 눈알이 튀어나온 것은 뛰기를 좋아한다. 또 혹자는 이르기를 빨리 걸을 수 없다고 한다. 코가 마치 동경의 고리 구멍[鏡鼻][251]같이 작으면 이끌기가 어렵다. 입이 넓고 입술이 두툼하면 먹이기 쉽다.

'난주蘭株'는 커야 한다. 난주는 꼬리 밑둥[尾株]이다. '호근豪筋'은 잘 접합되어야 한다. 호근은 발 뒤쪽의 횡근(橫筋)이다.

'풍악豐岳'은 커야 한다. 풍악은 슬개골이다. 발굽은 곧추서야 한다. 양의 다리와 같이 곧추서야

大膁疏肋, 難飼. 龍頭突目[50]好跳. 又云, 不能行也. 鼻如鏡鼻, 難牽. 口方易飼.

蘭株欲得大. 蘭株,[51] 尾株. 豪筋欲得成就. 豪筋, 脚後橫筋. 豐岳欲得大. 豐岳, 膝株骨也. 蹄欲

우경(相牛經)』을 인용하여 "棰頭欲得高, 百體欲得緊"으로 쓰고 있다.(상해고적출판사 영인본.) '삽경(插頸)'과 '추두(棰頭)' 양자는 글자형태가 유사한데, 묘치위 교석본에 따르면, '삽경'은 응당 목 부위와 서로 이어진 갈기 부위로서 이것이 높다는 것은 곧 힘이 센 것을 의미한다. '추(棰)'는 곤봉이지만 '추두'는 매끄럽게 해석되지 않는다. '백(百)'은 두 글자로 나누면 '일왈(一曰)'로 바꿀 수 있는데 누가 한 말인지는 알 수가 없다. 다만 "一曰, 體欲得緊"과 '插頸'은 관계없는 구절로, 마땅히 "形欲得與卷"의 구절 다음에 있어야 할 듯하며 여기에서는 잘못 도치된 듯하다고 한다.

250 '겸(膁)': 허구리 즉 연하고 움푹 들어간 허리로서 민간에서는 또 '연약한 허리[軟肚]'라고도 부른다. 허구리가 크면 배가 크고 허리가 들어가고, 늑골이 벌어지게 되면 가슴은 약하고 등이 연해져서 골격의 발육이 좋지 않으며 짐을 질 힘이 부족해서 사육해도 이롭지 않다.

251 '경비(鏡鼻)': 고대의 거울에는 뒷면에 '끈'을 끼우는 곳이 있는데 이것을 '경비'라고 한다. '경비'는 일반적으로 굽어 있고 통해 있다. 소의 코는 크고 벌어져야 하는데, 만약에 동경의 꼭지에 그처럼 작은 구멍이 낮게 함몰되어 있으면 코뚜레[棬, juan, 코를 막대기 모양이나 동그라미 모양으로 뚫는 것을 뚫는 것에 영향을 주어 자연히 끌거나 부리기가 쉽지 않다.

한다.

'수성垂星'에는 '군살[怒肉]'이 붙어 있어야 한다. '수성'은 발굽의 윗부분이며, 발굽 위를 덮고 있는 근육을 '노육'이라고 한다. '역주力株'252는 커야 하며 잘 접합되어야 한다. 역주는 마차를 메는 부위의 뼈[當車]253이다.

늑골은 촘촘해야 하며 크고 벌어져야 한다.254 벌어지고 넓어야 한다. 골반[髀骨]255은 '준골傷骨' 위로 나와야 한다. 척추뼈 위로 나와야 한다.

이끌기 쉬운 것이 부리기도 쉬우며, 이끌기 어려운 것은 부리기도 어렵다.256 '천근泉根'에는 살이 많아서는 안 되며 또한 털이 많아서도 안 된다. 천근은 음경이 나온 부분이다. '현제懸蹄'257는 가

得豎. 豎如羊脚. 垂星欲得有怒肉. **52**

垂星, 蹄上, 有肉覆蹄, 謂之怒肉. 力柱欲得大而成. 力柱, 當車. 肋欲得密, 肋骨欲得大而張. 張而廣也. 髀骨欲得出傷骨上. 出背脊骨上也.

易牽則易使, 難牽則難使. 泉根不用多肉及多毛. 泉根, 莖所出也.

---

252 '역주(力株)': 즉 견갑부의 멍에를 메는 곳이다. '커야 하며 잘 접합된다는 것[大而成]'은 이 부분이 다소 튀어나왔음을 가리키며, 힘이 있어야 멍에를 메기가 유리하고 미끄러워 잘 빠지지 않는다.

253 '당거(當車)': 어깨부위의 멍에를 씌우는 곳을 가리킨다. 금택초본과 명초본에는 '당거(當車)'로 쓰고 있고, 호상본에는 '상거(常車)'로 쓰여 있으나 형태상으로 인한 잘못이다. 『초학기』와 『태평어람』은 『상우경』을 인용하여 모두 '당거골야(當車骨也)'로 쓰고 있다.

254 늑골이 촘촘하고 벌어진다는 것은 곧 흉곽부가 넓고 흉부가 튼튼하게 발달한다는 의미이다.

255 '비골(髀骨)': 이것은 연결하는 '골반'과 '대퇴골'을 가리키는 것이지 넓적다리뼈가 아니다. 엉덩이뼈가 준골(傷骨) 위로 나와야 한다는 것은 준골이 약간 오목하게 들어가야 한다는 것과 상응하는 말이다.

256 이 문장은 여기에 어울리지 않으며 분명 앞의 "鼻如鏡鼻, 難牽"의 주석문이 잘못 끼어든 것 같다.

로로 펼쳐져야 한다. '팔(八)'자 모양 같아야 한다. '음홍陰虹'이 목 위에 붙어 있으면 하루에 천 리를 간다. 음홍(陰虹)이 있는 소는 두 근육이 꼬리뼈에서 목까지 붙어 있으며,[258] (위나라) 영공[甯戚]이 기른 소이다.[259]

'양염陽鹽'[260]은 넓어야 한다. 양염(陽鹽)은 꼬리 밑동을 끼고 앞으로 향한 양쪽 허구리 부분이다.[261] 양염 중간의 척추뼈는 좁고 움푹 들어가야[窊][262] 한다. 움

懸蹄欲得橫. 如八字也. 陰虹屬頸, 行千里. 陰虹者, 有雙筋自尾骨屬頸, 甯公所飯也. 陽鹽欲得廣. 陽鹽者, 夾尾株前兩膁上也. 當陽

---

257 '현제(懸蹄)': 소, 돼지 등의 발굽이 있는 가축은 4개의 발가락이 있는데, 앞의 두 발가락 사이가 벌어진 상태를 가리키는 듯하다.

258 '쌍근자미(雙筋自尾)': 스성한의 금석본에서는 '자미(自尾)'를 '백모(白毛)'로 쓰고 있다. 묘치위 교석본에 의하면, '자미(自尾)'는 각본에서는 모두 '백미(白尾)'로 쓰고 있지만 해석되지 않는다. 『초학기』 권29는 『상우경』을 인용하여 '자미(自尾)'로 쓰고 있다. 『세설신어(世說新語)』 「태치(汰侈)」편의 주에서는 이를 인용하여 '백미'로 쓰고 있는데 여전히 '미(尾)'자는 있지만 '백(白)'은 '자(自)'자가 훼손되어 잘못된 듯하다. 점서본의 『제민요술』에서는 고쳐서 '자미(自尾)'로 쓰고 있는데 이는 옳다고 한다.

259 '영공소반(甯公所飯)': 영공은 영척(甯戚)을 가리킨다. 스성한의 금석본에서는 '반(飯)'을 '반(餰)'으로 쓰고 있다. '반(餰)'은 '반(飯)'의 다른 표기법이다.

260 '양염(陽鹽)': 양 허구리 앞쪽의 척추와 요추부분의 양측의 근육으로 튀어나오고 넓어야 하고, 양염 사이의 등골뼈는 약간 들어가야 하는데 이는 쌍려(雙膂)와 더불어 대응한다.

261 묘치위 교석본에 의하면, '양겸상(兩膁上)'의 '상(上)'은 각본에는 모두 없는데, 이렇게 되면 부위가 부합되지 않는다. 『초학기』와 『태평어람』은 『상우경』을 인용하여 "꼬리 밑동을 끼고 앞으로 향한 양쪽 허구리 부분이다.[夾尾株前兩膁上.]"라고 쓰고 있으며, 『사시찬요』 「정월」편의 "밭 가는 소를 고르는 법[揀耕牛法]"에서도 또한 "꼬리를 끼고 앞으로 나온 양쪽 골반 부분[夾尾前兩尻上]"이라고 쓰는데, 마땅히 '상(上)'자가 있어야 한다고 하였다.

262 '와(窊)': 스성한의 금석본에서는 '압(窜)'으로 쓰고 있다. '와(窊, wā)'는 각본에서 '압(窜)'으로 쓰고 있다. '압(窜)'은 사전의 풀이로는 "맥을 짚어 혈을 뚫다.[入脈刺

푹 들어간 것은 허리뼈가 '쌍려'이고 들어가지 않은 것은 '단려'이다.

소가 항상 우는 것처럼 보이면 결석의 병[牛黃]이 있는 것이다.[263]

소의 전염병[疫氣]을 치료하는 방법:[264] 인삼 한 냥[兩]을 잘게 썰고 물에 달여 5-6되[升]의 즙을 내어 소의 주둥이 속에 부어 넣으면 효험이 있다.

또 다른 방법: 12월에 토끼머리를 태워 재를 만들고 물 5-6되에 섞어서 입에 부어 넣으면 또한 좋아진다.

鹽中間脊骨欲得窊. 窊則雙膂, 不窊則爲單膂. 常有似鳴者, 有黃.

治牛疫氣方. 取人參一兩, 細切, 水煮, 取汁五六升, 灌口中, 驗.

又方. 臘月兔頭燒作灰, 和水五六升灌之, 亦良.

穴].'로서 별도의 다른 의미는 없으며 말이 통하지 않는다. 『사시찬요』 「정월」편에서는 "當陽鹽中間脊欲得窊"로 쓰고 있고, 『원형요마집』에서 인용한 "밭가는 소의 관상법[相耕田牛]"에서도 또한 '와(窊)'로 쓰고 있는데, 묘치위 교석본에서는 이에 근거하여 '와(窊)'로 쓰고 있다. 와는 아래로 우묵하게 들어간 것을 이르며, 아래로 우묵하게 들어갔는지의 여부로 쌍려와 단려를 구분한다고 한다.

[263] "似鳴者, 有黃": 『당본초(唐本草)』에서는 "소에 우황이 있으면 대부분 울부짖는다."라고 주석하고 있다. 『오씨본초(吳氏本草)』에서 이르기를, "소가 이따금씩 앓는 소리를 낸다."라고 하는데, 이것은 우는 것 같지만 우는 것이 아닌 신음소리를 내는 것으로 담석의 질병으로 고통을 받고 있다는 표시이다. 『당본초』에서는 또 "우황에는 세 종류가 있는데 산황(散黃)은 크기가 녹두[麻豆]만 하고 만황(漫黃)은 계란 노른자만 하며, … 원황(圓黃)은 덩어리가 진 것이 크고 작은 것이 있는데, 모두 간과 쓸개 가운데 있다."라고 주석하고 있다. '황(黃)'은 우황(牛黃)을 가리킨다. 이것은 소가 담즙이 응결되는 병을 앓고 곡식 알갱이나 덩어리가 진 것으로, 간질 등의 병을 치료할 수 있다.

[264] 이 조항부터 '治牛病'까지 모두 10개의 조항이 있으며 원래 제목은 큰 글자로 쓰여 있고 나머지는 모두 2행의 작은 글자로 되어 있었는데, 묘치위 교석본에서는 일괄적으로 고쳐서 큰 글자로 쓰고 있다.

또 다른 방법: 세 개의 손가락으로 집은 주사朱砂를 유지油脂 2홉과 청주淸酒 6홉에 섞고 따뜻하게 데워 입에 부어 넣으면 즉시 차도가 있다.

배가 부풀어 죽으려 하는 소 치료법: 부인의 음모陰毛를 취해서 풀에 싸서 소에게 먹이면 곧 좋아진다. 이것이 '배에 가스 찬 것[氣脹]265'을 치료하는 방법이다.

또 다른 방법: 삼씨[麻子]를 갈아서 즙을 취해 아주 약간 데워 열기가 있을 때 소의 입을 벌려서 부어 넣는다. 5-6되 정도 부어 넣으면 곧 낫게 된다. 이 저방은 날콩을 먹고 배가 부풀어 곧 죽으려고 하는 소를 치료하는 데 아주 좋다.

소의 옴을 치료하는 방법: 검은콩[烏豆]266을 삶

又方. 朱砂三指撮, 油脂二合, 淸酒六合, 暖, 灌, 卽差.

治牛腹脹欲死方. 取婦人陰毛, 草裹與食之, 卽愈. 此治氣脹也.

又方. 硏麻子取汁, 溫令微熱,⑬ 擘口灌之. 五六升許, 煞. 此治食生豆⑭腹脹欲垂死者, 大良.

治牛疥方. 煮

---

265 기창(氣脹): 기가 정체되어서 복부가 더부룩하게 불러 오는 증상이다. 대개 간이나 지라 기능의 장애로 생긴다. 복부창만(腹部脹滿)의 하나인데, 칠정울결(七情鬱結)로 기도가 막혀 올라가면 내려오지 못하고, 내려가면 올라오지 못해 생긴다. 배를 두드리면 속에서 북 소리가 나고, 트림과 방귀가 나오면 속이 편안해진다. 팔다리가 여위고, 입맛이 없다.([출처]: 국립국어원, 한국전통지식포탈)

266 '오두(烏豆)': 오두(烏頭; Aconitum carmichaeli)는 미나리아재비과[毛茛科]로서, 맹독이 있으며 열이 많은 성질을 갖고 있다. '오두(烏豆)'는 금택초본과 명초본에서는 이와 같은데 진체본에서는 '오두(烏頭)'로 쓰고 있다. 오늘날 오두(烏豆)로써 옴을 치료하는 것은 보이지 않는데, 실은 오두(烏豆)가 "종기를 제거한다.[涂癰腫.]"라는 것은 이미 『신농본초경(神農本草經)』에 보이고 이후에 『화타신방(華陀神方)』에서도 명확하게 기록하여 "소의 옴을 치료하는 방법: 검은 콩을 물

아 즙을 내어 물이 뜨거울 때 씻어 주는데, 다섯 차례 정도 씻어 주면 즉시 차도가 있다.

'배가 뒤집히고[肚反]'²⁶⁷ 기침하는 소를 치료하는 방법: 느릅나무 흰 껍질을 물에 아주 푹 삶아 [極熟]²⁶⁸ 끈적끈적하게 하여 2되 정도를 입에 부어 넣으면 즉시 차도가 있다.

더위 먹은[中熱] 소를 치료하는 방법: 토끼의 내장을 똥이 있는 채로 끄집어내어 풀에 싸서²⁶⁹ 삼키게 한다. 두세 차례 하지 않아도 즉시 좋아진다.

烏豆⁵⁵汁, 熱洗五度, 卽差耳.

治牛肚反及嗽方. 取榆白皮, 水煮極熟, 令甚滑, 以二升⁵⁶灌之, 卽差也.

治牛中熱方. 取兔腸肚, 勿去屎⁵⁷以裹草, 呑之. 不過再三, 卽愈.

에 삶아 찌꺼기를 버리고 즙을 취하여 5-6차례 씻어 주면 곧 낫는다."라고 하고 있다. 이 기록은『제민요술』과 완전히 일치한다. 묘치위는 오두(烏豆)의 열성이 측백나무의 찌꺼기와 겨자를 훨씬 초월하므로 약을 쓰는 데 신중하라는 경고가 한 자도 없으니, 이것은 바로 처방에서 사용하는 오두즙(烏豆汁)이 안전하여 경고할 필요가 없기 때문이라고 한다.

267 '두반(肚反)': 민간에서는 '반위(反胃)'라고 일컫는데 먹고 나서 얼마 후에 구토가 나오는 것을 가리킨다.

268 '극숙(極熟)': 아주 푹 삶아 느릅나무 흰 껍질에서 즙을 추출한 것으로, '아주 미끈미끈한 것[令甚滑]'을 가리킨다. 각 본에서는 모두 '극렬(極烈)'이라고 쓰고 있는데 이는 형태상의 잘못이다.『사시찬요』「정월」편과『농상집요』에서 인용한『사시유요』에는 모두 '극숙(極熟)'이라고 쓰고 있는데, 묘치위 교석본에서는 이에 근거하여 고쳐쓰고 있다.

269 '과초(裹草)'는『사시찬요』「정월」편 '우중열방(牛中熱方)'에서는 '풀에 싸서[草裹]'라고 쓰고 있는데, 아직 똥을 버리지 않고 풀을 쌀 수 없으며, 또 싼 풀로 먹도록 유도해야 하기에 마땅히 '초과(草裹)'라고 써야 한다. 위의 '치우복창방(治牛服脹方)'에서도 역시 '초과(草裹)'라고 쓰고 있다.

소의 이[蝨]270를 치료하는 방법: 참기름을 발라 주면 곧 좋아진다. 돼지기름도 좋다. 모든 가축에 이가 생길 때 기름[脂]을 발라 주면 모두 잘 치료된다.

소의 병을 치료하는 방법: 소 쓸개 하나를 소의 입 속에 넣어 삼키게 하면 곧 좋아진다.

『가정법家政法』에 이르기를, "4월에는 소에게 먹일 꼴[菱]을 벤다.271"라고 하였다. 4월의 푸른 풀272은 교두(菱豆)273와 다르지 않을 정도로 효과가 좋다. 제나라 사람들의 습속에는 (이 4월의 풀을) 거두지 않아서 손실이 매우 크다.

『술術』에 이르기를, "주택의 네 모퉁이에 소의 발굽[牛蹄]을 묻어 두면 사람이 크게 부유해진다."라고 하였다.

治牛蝨方. 以胡麻油塗之, 卽愈. 豬脂亦得. 凡六畜蝨, 脂塗悉愈.

治牛病. 用牛膽一箇, 灌牛口中, 差.

家政法曰, 四月伐牛菱. 四月青草, 與菱豆不殊. 齊俗不收, 所失大也.

術曰, 埋牛蹄著宅四角, 令人大富.

---

270 본 조항에는 두 개의 '슬(蝨)'자가 있는데, 각 본에서는 '슬(蟲)' 혹은 '슬(虱)'로 서로 다르게 쓰고 있으나, 묘치위 교석본에서는 일괄적으로 '슬(蝨)'자로 표기하였다.

271 '벌우교(伐牛菱)': 사료를 저장하기 위한 준비이다.

272 '청초(青草)': 스성한의 금석본에서는 '독초(毒草)'로 표기하였으나, 묘치위 교석본에 의하면, 이는 '청(青)'의 형태상의 잘못으로 마땅히 '청(青)'이 맞는 것으로 보았다.

273 '교두(菱豆)': '교(菱)'는 마른 꼴이다. 콩이 아직 익기 전에 수확하여 가축의 월동용 건초로 저장한다. 본권 「양 기르기[養羊]」편에서는 콩을 파종하여서 "베어서 사료용 푸른 꼴[青菱]을 만든다.[刈作青菱.]"라는 구절이 있으며, 권2 「콩[大豆]」편에는 '종교(種菱)'가 있는데 모두 '콩[大豆]'을 가리킨다.

● 그림 1
낙마(駱馬)

● 그림 2
연전마(連錢馬)

● 그림 3
유마(騮馬)

● 그림4
노새[驢騾]

교 기

1 '궁(窮)': 금택초본과 명초본에서는 '궁(窮)'으로 쓰여 있으나, 호상본에서는 '마(磨)'로 쓰여 있다.

2 마원(馬援): '원(援)'자는 명초본에 '직(稷)'으로 잘못 기록되어 있으며, 호진형(胡震亭)의 『비책휘함각본(秘冊彙函刻本)』(이후 '비책휘함본' 혹은 '비책휘함계통의 판본'으로 약칭) 판본도 이와 같다. 금택초본에서는 원래 '수(授)'로 되어 있었으나 '원(援)'으로 수정하였다. 점서본에도 '원(援)'으로 되어 있다. '원(援)'자가 맞는 것이다.

③ '자(牸)': 명초본에는 '자(牸)'로 되어 있으며, 금택초본과 비책휘함 계통
의 판본에는 '자(牸)'로 되어 있다. '자(牸)'는 근거가 없으며, '자(牸)'는
암소와 암말을 가리키는 명칭이다.['자(字)'는 '자(孳)'이며, 생식을 가
리킨다.] '자(牸)'로 쓰는 것이 정확하다.[이 절과 이 '자(牸)'자에 대해서
는 「제민요술 서문」의 각주 참조.]

④ '이(以)': 『제민요술』의 여러 판본에 있으나, 통용판본[通行本]과 송 판
본 『예기(禮記)』에는 없다. '이(以)'자가 있어야 구절이 완전해진다.

⑤ '잉임(孕任)': '임(任)'자는 『제민요술』의 여러 판본에 '임(任)'으로 되어
있으나, 송 판본 『예기(禮記)』에는 '임지(妊之)', 금본(今本)에는 '자지
(字之)'로 되어 있다.[지금의 표기법은 '잉임(孕姙)' 혹은 '잉신(孕娠)'이
다.]

⑥ '모기(牡氣)': 『제민요술』의 각 판본에는 모두 '빈기(牝氣)'로 되어 있
다. 다만 금전본(今傳本) 『예기』에는 '모기(牡氣)'로 되어 있다. 수말의
'빌정' 후 충동을 가리키므로, 응당 '빈(牝)'은 '모(牡)'자가 되어야 할 것
이다.

⑦ '계수우마(繼收牛馬)': 스성한의 금석본에서는 '수(收)'를 '방(放)'으로
쓰고 있다. 스성한에 따르면, 양송본과 금본(今本)의 『예기』에는 '계수
(繫收)'라고 되어 있는데, '계(繼)'자는 '계(繫)'로 빌려 쓸 수 있어서 별
문제가 되지 않는다. '방(放)'과 '수(收)'는 원래 대립되는 것으로, 문장
의 뜻에 따르면 마땅히 '수(收)'로 써야 하는 것이나, 자형이 유사하여
잘못 쓴 것이라고 한다. 「월령」의 정주(鄭注)에서는 곧 '계수(繼收)'라
고 적고 있다.

⑧ 이 절은 '경험방법' 중에서 망아지[駒]의 보호(합리적인지의 여부는 별
개의 문제이다.)에 관한 것이다. 명초본과 비책휘함 계통의 여러 판본
이 여기에서 단락을 나눈 것은 정확하다. 금택초본과 학진본에는 모두
아래의 '마두위왕(馬頭爲王)' 단락과 잘못 붙어 있다. 다음의 몇 절은
모두 '말을 감정하는 법[相馬法]'이며, 여러 각본(刻本)에 단락 나누기
가 잘못된 곳이 많은데 자세히 연구하고 정리할 필요가 있다.

⑨ '비(髀: 넓적다리)': 명초본에는 원래 '체(髊)' 자로 되어 있으며, 비책휘
함 계통의 판본에는 대부분 '과(騧)'로 되어 있다. 군서교보(羣書校補)

가 근거로 한 남송본(南宋本)에는 '골(骦)'로 되어 있다.[『용계정사간본
(龍溪精舍刊本)』[이후 용계정사본(龍谿精舍本)으로 약칭]은 육씨[陸心
源]의 교보에 따라 수정하였다.] 점서본에서는 '비(髀)'로 바꿨으나, 근
거를 설명하지 않았다. 『태평어람』 권896은 『백락상마경(伯樂相馬
經)』을 인용하여 '비(髀)'로 표기했는데 틀린 글자가 분명하나 이 글자
의 오른쪽 부분이 '비(卑)'로 쓰여야 함을 분명히 보여 주는데 이것은
자형과 관련이 있다. 다음으로 의미를 보자면 '비(髀)'는 또 '폐(胜)'로
쓰기도 하는데[아래의 '폐중유육(胜中有肉)', '폐욕득원이후(胜欲得圓
而厚)'에서 폐(胜)는 모두 '비(髀)'이다.], 현대 입말의 '넓적다리(大腿)'
에 해당하는 말로 '월(粤)'방언에서는 여전히 '대비(大髀)'라는 명칭을
쓰고 있다. '비(髀)'는 '관(髖; 『설문해자』에 이르기를 "관(髖)'은 '비상
(髀上)'이다."라고 하였다.

10. '녹모□(鹿毛□)' 두 글자 아래의 빈칸은 명초본과 금택초본은 모두 한
칸이다. 군서교보(群書校補)가 근거한 남송본에는 두 칸이 비어 있다.
『농정전서(農政全書)』는 이 단락을 인용하지 않았다. 『수시통고(授時
通考)』 권70에서 인용한 바에 따르면 이 두 글자는 '궐황(闕黃)'으로,
스성한의 금석본에서는 이에 대한 내력은 설명하지 않았지만 지금 현
재로서는 누락된 글자를 채워 넣을 더 좋은 글자가 없기 때문에 이 두
글자에 대해 고려해 볼 수밖에 없다고 한다. '궐황' 이 두 글자를 연용
한 경우 글자 자체만을 보고 의미를 짐작하는 식의 해석밖에 할 수 없
다. 다만 『이아(爾雅)』 「석축(釋畜)」의 "回毛 … 在背, 闋廣"을 볼 때,
'결광(闋廣)'으로 의심되나 이 또한 가장 좋은 해석이 아니다. 이로 볼
때, 윗 문장의 '녹모(鹿毛)'는 '녹색(鹿色)'으로, 즉 '녹색난황(鹿色闌[혹
은 간(間)]黃)'으로 보는 것이 아래 위의 문장과도 일치하며, 모두 털에
반점과 얼룩이 있는 말을 가리키는 것으로 보인다고 한다.

11. 『후한서』 권16 「등구열전(鄧寇列傳)」에는 '폐석(肺石)'을 '자석(肺石)'
으로 쓰고 있다. '폐(肺)'자는 금택초본과 명초본에서는 모두 '자(肺)'로
잘못 쓰고 있다.

12. '수화욕득분(水火欲得分)': 『태평어람』 권896에서 인용하기를 '수화욕
득명(水火欲得明)'이라고 하고 있다. 『한서(漢書)』 장회태자(章懷太

子)의 주에는 '수화욕분명(水火欲分明)'이라고 되어 있다. 『한서』의 주에 따라 '분명(分明)'이라고 하면 해석이 명확해진다. 하지만 『제민요술』의 여러 판본에는 모두 '욕득분(欲得分)'으로 표기되어 있다.

⑬ '종중(鬃中)': 명초본에는 '종중(鬃中)'으로 표기하였는데, 스성한은 금택초본과 명청시기의 각본(刻本)에 따라 '종중(鬃中)'으로 표기하였다.

⑭ '척(尺)': 명초본과 명청 각본에는 모두 '적(赤)'으로 되어 있지만 금택초본에 따라 '척(尺)'으로 한다. '개척장(開尺長)'은 아마 '1자[尺] 이상으로 자라다'의 뜻일 것이다. 반면 묘치위에 의하면, 『태평어람』권896에서 인용하기를 '척(尺)'이 아닌 '이(而)'로 쓰고 있으며, '장(長)'자도 없다. '이(而)'자가 마땅할 듯하며 아래 문장의 '응하욕광(膺下欲廣)'과 더불어 구절을 이룬다고 한다.

⑮ '협전(頰前)': 묘치위 교석본에 의하면, 각 본에서는 동일하며 『태평어람』권896에서 마원(馬援)의 『동마상법』을 인용한 것에서는 '경전(頸前)'이라고 적고 있다. 묘치위는 '앙(鞅)'은 말 목 위에 혁대를 잇는 부분으로서 이마 뒤쪽에서 목 앞이기에 마땅히 '경전(頸前)'이라고 쓰는 것이 옳다고 보았다.

⑯ '고(尻)': 스성한의 금석본에서는 '거(尻)'로 쓰고 있다. 스성한에 의하면 여러 판본이 모두 이와 같으나, 다만 숭문원각본(崇文院刻本; 이후 '원각본'으로 약칭)에 '고(尻)'라고 되어 있다. '거(尻)'는 '거(居)'자의 옛 표기이다. 이곳에 쓰기에는 분명히 부적합하다. 만약 '고(尻)'를 쓰지 않는다면 마땅히 '둔[屍: '둔(臀)'자의 옛 표기법]자로 써야 한다고 한다.

⑰ '서(鼠)': 명초본에서는 '서(鼠)'가 '렵(鬣)'으로 되어 있는데 금택초본, 명청 각본에 따라 수정한다.

⑱ '수(豎)': 명초본에는 '견(堅)'으로 잘못 표기되어 있는데, 금택초본과 명청 각본에 따라 고친다.

⑲ '송(竦)': 명초본에는 '소(疎)'로 잘못 표기되어 있는데, 금택초본과 명청 각본에 따라 바로잡는다.

⑳ '이(二)': 명초본과 명청 각본에는 모두 '일(一)'로 되어 있으나, 금택초본에는 '이(二)'로 되어 있다. 아래 위 문장에 따라 일반적인 습관의 계

산방식으로 본다면 모두 '이(二)'로 쓰는 것이 맞다. 아래 구절의 "鼻如
水文二十歲"에서 '수(水)'자가 '소(小)'자와 흡사한 점을 볼 때 '이'가 맞
다는 것이 또 한 번 증명된다.

21 '선모(旋毛)': 명초본에는 '족모(族毛)'로 잘못 표기되어 있는데, 금택초
본과 명청 각본에 따라 바로잡는다.

22 '下中央六齒盡黃': '하(下)'자는 명초본, 금택초본과 명청 각본에 모두
'상(上)'으로 되어 있으나, 다만 학진본에는 '하(下)'로 되어 있고, 용계
정사본에는 '상하(上下)'로 되어 있다. 고려본(高麗本)『집성마의방(集成
馬醫方)』의 상치도(相齒圖)에서 23세를 '하중(下中)'이라고 했다.『사목
안기집』,『원형요마집(元亨療馬集)』「삼십이세구치결(三十二歲口齒訣)」
에서도 '하중(下中)'으로 쓰고 있다. 스성한은 아래 위 문장으로 봤을 때
'하'로 쓰는 것이 마땅하다고 한다.

23 '모(髦)': 학진본과 비책휘함 계통의 판본에는 모두 '모(毛)'로 되어 있
다. '모(髦)'는 '말갈기[馬鬣]'이다. '백마'이면서 '흑모(黑毛)'는 불가능하
며, '백마의 검은 말갈기' 즉 낙마(駱馬, 검은 갈기의 흰말)는 가능하다.

24 '대(大)': 금택초본에서는 이 글자에 빈칸을 하나 두었는데, 명청 각본
에는 일률적으로 '대(大)'라고 되어 있다. 위의 문장에서 "말발굽은 두
껍고 커야 한다.[蹄欲得厚而大.]"(이 구절과 완전히 중복된다.)는 것과
비교해 보면 '대(大)'자보다 '세(細)'가 맞을 것 같다.

25 '보족골(輔足骨)': 각본에서는 이와 동일한데『원형요마집』에는 '족
(足)'자가 없다.

26 '선(善)': 학진본에서는『농상집요』에 따라 '선'자를 생략했는데 의미상
으로는 적합하다.

27 '구치(驅馳)': 학진본에는『농상집요』에 따라 '치구(馳驅)'라고 되어 있
다. 지금의 관습에는 모두 '치구'라고 하지만, 고대에는 '구치'를 자주
썼다. '구'는 '말에 채찍질하다'이며, '치'는 '빠르게 달리다'의 뜻이다.
'구치'를 이어 쓰면 '달리는 말에 채찍질하다'는 상황으로, 즉 일반적으
로 말하는 '빨리 달리는 말에 채찍질을 하다[快馬加鞭]'의 의미이다. 시
대로 보면 가사협의 시대에는 '구치'가 통용되는 것이었으며, 글자 자
체의 의미로 보더라도 '구치'가 비교적 합리적이다. 그러므로 명초본과

금택초본의 원모습을 유지해야 한다.

28 '자(者)': 묘치위 교석본에 의하면, '자(者)'자는 양송본에는 빠져 있는데, 다른 본에 근거해 덧붙인 것이라고 한다. 스성한의 금석본에는 이 '자(者)'자가 빠져 있다.

29 '선추(善犓)': 명초본에는 원래 '하추(下犓)'라고 되어 있으며, 금택초본에 '선(善)'으로 되어 있다. 비책휘함 계통의 판본에는 모두 '선(善)'으로 되어 있다. 군서교보는 남송본과 명초본에 근거하여 '하(下)'로 되어 있으나, '선(善)'이 정확하다. 고려본 『집성마의방』과 『원형요마집』이 인용한 것 역시 '선'이다.

30 '사지토(簁之土)': '사(簁)'는 호상본에는 '사(篩)'로 잘못 쓰고 있다. '토(土)'자는 양송본과 호상본에서는 이 글자가 없는데, 『농상집요』에 근거하여 보완한 것이다. 또한 청각본에서는 『농상집요』를 인용하여 덧붙였다. 이 협주는 명초본과 금택초본이 모두 같다. 『농상집요』와 『농상집요』에 근거한 학진본은 이 '토'자가 늘어난 것 외에 '불강(不哇)' 아래에 "如此喂飼" 이 한 구절이 더 들어 있고, '강(哇)'자 음절을 주(注)의 끝으로 옮겨 작은 글자의 협주를 달지 않았다. 후자는 중요하지 않으나, 책을 새길 때의 일반적인 통례에 따르면 이렇게 하는 것이 더 편리하다. 스성한은 금석본에서 "여차위사(如此喂飼)" 이 구절은 가사협 원서의 원래 모습이 아니라고 단정하고 특히 '위(喂)'와 '위(餧)'는 모두 원(元)·명(明) 이후의 글자이므로, 가사협이 썼을 리가 없다고 한다.

31 '염(魘)': 명초본에 '염(厴)'으로 잘못 기록되어 있다. 금택초본과 『농상집요』에 따라 고쳐 쓴다.

32 '용(韃)': 명초본에 '용(轆)'으로 잘못 표기되어 있으나, 금택초본과 학진본에 따라 수정한다.

33 '경(莖)': 명초본에는 '취(取)'로 되어 있으며, 비책휘함 계통 판본과는 같다. 점서본에는 '좌(剉)'로, 용계정사본에는 '추(㪣)'로 바뀌어 있으나 모두 근거를 설명하지 않았다. 금택초본에 따라 '경'으로 바로잡는다.

34 '즉준(則準)': 스성한의 금석본에서는 '즉난(則難)'으로 표기하였다. '난'자는 명초본과 금택초본에 모두 회(淮)로 되어 있고, 용계정사본에는 '준(準)'으로 되어 있다. 금택초본의 이 글자는 '난(難)'의 속자인 '난

(难)'과 흡사하다. 아마 후위(後魏)시대에는 수나귀와 암말 사이에서 태어난 노새가 드물었기 때문에 '어렵다[難]'고 한 듯하다.

35 '골목(骨目)': 명초본, 금택초본과 군서교보에서 근거로 삼은 남송본에는 모두 '골목'으로 되어 있다. 비책휘함 계통 판본에는 '골구(骨口)'로 되어 있는데, 다만 '골목'과 '골구' 역시 마찬가지로 이해하기 어렵고 '골육(骨肉)'이 옳은 듯하다. '육(肉)'자는 원래 '月'로 썼으며 '목(目)'자와 혼동하기 쉽기 때문이다.

36 '초라(草騾)': '나'자는 금택초본, 명초본을 제외하고 후대에 나타난 각본(刻本)에는 모두 '여(驢)'로 잘못 표기되어 있다. 아마도 앞에 '초려(草驢)'가 한 군데 보이기 때문에 이 두 군데마저 잘못 쓰거나 또는 잘못 고친 듯하다.

37 '미(彌)': 명초본에는 '유(猶)'로 되어 있으나, 금택초본과 명청 각본에 따라 수정한다.

38 '전(磚)': 스성한의 금석본에서는 '전(塼)'자를 쓰고 있다. 스성한에 따르면, 명초본에는 '박(塼)'으로 되어 있으며, 비책휘함 계통의 판본과 같다. 금택초본에 따라 바로잡는다. 전(塼)은 '전(甎)'자이며, 현재는 '전(磚)'자를 많이 쓴다.

39 '숙도(熟擣)': 금택초본에는 '숙도(熟擣)'로 쓰여 있는데, 다른 본에서는 '도숙(擣熟)'으로 거꾸로 쓰고 있다.

40 '도(刀)': 명초본에서는 '역(力)'으로 잘못 쓰고 있다.

41 '염탕(鹽湯)': 명초본에 '염장(鹽場)'으로 잘못 표기되어 있으며, 금택초본과 명청 각본에 따라 바로잡는다.

42 '상(上)': 명초본과 금택초본에 '상'으로 되어 있으며, 학진본과 점서본도 같다. 비책휘함 계통의 판본에는 모두 '토(土)'이며, 용계정사본 역시 호진형(胡震亨)의 『비책휘함각본(秘冊彙函刻本)』[이후 비책휘함본(秘冊彙函本)으로 약칭]과 마찬가지로 '토'로 되어 있다.

43 '열소전(熱燒磚)': 첫째 글자는 명초본에 '열(熱)'이라고 되어 있으며, 금택초본과 학진본 등의 판본도 같다. 용계정사본에는 '화(火)'로 되어 있는데, 이는 적합하나 안타깝게도 출처를 밝히지 않았다.

44 '궤(軌)': 스성한의 금석본에서는 '궤(軌)'로 쓰고 있다. 스성한에 따르

면, 이 특칭은 명초본, 금택초본에 모두 차(車)와 궤(几)가 합쳐진 글자로 기록되어 있으며, 비책휘함 계통의 각본에는 '구(九)'를 쓰는 '궤(軌)'로 되어 있다.

45 '가(骼)': 명초본에는 '격(骼)'으로 잘못되어 있으나, 금택초본과 명청 각본에 따라 바로잡는다. '가'는 허리뼈이다. 묘치위는 '가'가 고관절 부분을 가리킨다고 하여 가리키는 바가 스성한과 차이를 보인다.

46 '고(股)': 금택초본과 장보영전록본(張步瀛轉錄本; 이후 장교본으로 약칭)에서는 이 글자와 같고 『초학기』 권29에서 인용한 『상우경』도 같지만, 명초본에서는 '복(服)'으로 잘못 쓰고, 호상본에서는 '지(肢)'로 잘못 쓰고 있다.

47 '척골중앙(脊骨中央)': '앙(央)'은 금택초본에는 동일하나, 명초본과 명청 각본에 '협(夾)'으로 잘못되어 있다. 『태평어람』에 이 소주는 "脊也夾. 欲得也." 6글자만 남아 있다. 고려본(高麗本) 『집성마의방(集成馬醫方)』「우의방(牛醫方)」에도 '앙(央)'으로 되어 있다.

48 '전(縛)': 명초본과 호상본에서 이와 같으나, 금택초본에서는 '박(縛)'으로 쓰고 있다.

49 '기형원야(其形圓也)': 『사시찬요』「정월」편에는 '신욕득원(身欲得圓)'으로 바로 쓰여 있으며, 명초본과 명청 각본에 모두 '기형측야(其形側也)'로 되어 있다. '권(卷)'은 두루마리책 또는 말아 둔 물건이기 때문에, '측(側)'보다는 '원(圓)'일 수밖에 없다. 금택초본에 따라 '원(圓)'으로 바로잡는다.

50 '용두돌목(龍頭突目)': '용두(龍頭)'의 '두(頭)'는 학진본에서는 이 글자와 같으나 금택초본은 '경(頸)'으로 쓰고 있고 다른 본에서는 빠져 있다. 묘치위에 의하면, 『세설신어(世說新語)』「태치(汰侈)」편에는 유준이 인용한 주석에 영척의 『상우경』과 『태평어람』 권899에서 『상우경』을 인용한 것에는 모두 "龍頭突目, 好跳"라고 쓰고 있기에 마땅히 '두(頭)'로 써야 한다. '돌(突)'은 각본과 『태평어람』의 인용이 동일하나 금택초본에서는 '돌(突)'로 쓰고 있으며 '깊이 팼다'는 의미는 잘못되었다고 한다. 스성한의 금석본에서는 "용경요목(龍頸突目)"으로 쓰고 있다.

51 '난주(蘭株)': 명초본에 '난주(欄株)'로 잘못 표기되어 있는데, 위의 문장

과 금택초본, 명청 각본에 따라 바로잡는다.

52 '노육(怒肉)':『제민요술』의 각 판본에 모두 '노육(努肉)'으로 되어 있다.『태평어람』권899에서는 인용하여 '노육(怒肉)'으로 표기하였고, 아래의 소주는 "垂星, 蹄上也. 肉覆蹄間名怒肉"라고 적혀 있다. 금택초본과『초학기』및 고려본(高麗本)『집성마의방(集成馬醫方)』「우의방(牛醫方)」 소주에도 모두 '노육(怒肉)'으로 되어 있다. '노(怒)'에는 돌출의 뜻이 있으며, '노육(怒肉)'으로 쓰는 것이 더욱 적합하다. 일반적으로 눈 가장자리의 돌출되어 안구를 덮는 살을 '노육(怒肉: 胬肉으로 표기)'이라 하는데 마찬가지 의미이다.

53 '온령미열(溫令微熱)': '온(溫)'은 명초본과 군시교보가 근거한 남송본에는 '습(濕)'으로 되어 있다. 자형이 유사하여 잘못 베낀 것이 분명하다. '영(令)'은 명초본에는 착오가 없으나, 명청 각본에는 '냉(冷)'으로 잘못되어 있다. 지금 금택초본에 따라 수정한다.

54 '치식생두(治食生豆)': '치(治)'는 명초본에 '흡(洽)'으로 잘못 표기되어 있다. '식(食)'자는 점서본에만 있으나 '생(生)'자의 아래에 잘못 위치하고 있다. 기타 명청 각본과 용계정사본에는 모두 빠져 있다. 금택초본과『농상집요』에 따라 고친다.

55 '오두(烏豆)': 명초본과 금택초본에 '오두(烏豆)'로 되어 있다.『농상집요』에 '흑두(黑豆)'로 되어 있으나, 소주(小注)에 보면 '오두(烏頭)'라고 되어 있는 책이 한 권 있다. 명청 각본에 대부분 '오두(烏頭)'라고 되어 있다. 스성한은『본초강목』에서 오두(烏豆)가 옴[疥]을 낫게 한다는 설명은 없으며, 단지 오두(烏頭)가 부스럼[瘡毒]을 치유한다는 말이 있으니 '오두(烏頭)'로 봐야 한다고 하였다.

56 '이승(二升)': 금택초본과 명초본에서는 '이승(二升)'으로 쓰고 있고, 호상본에서는 '삼승(三升)'으로 쓰고 있으며, 진체본에서는 '오승(五升)'으로 쓰고 있는데『사시찬요』「정월」편 및『농상집요』에서는『사시유요』를 인용하여 '삼오승(三五升)'으로 쓰고 있다.

57 '시(屎)': 명초본에 '요(尿)'로 잘못 표기되어 있다. 장 속에 있는 것은 당연히 '시'이다. 금택초본에 따라 바로잡는다.

양 기르기 養羊第五十七

● 養羊第五十七: 氈及酥酪乾酪法, 收驢馬駒羔犢法, 羊病諸方幷附.²⁷⁴ 모전 · 수락 · 건
낙법, 나귀 · 말의 망아지 · 새끼 양 · 송아지 거두는 법, 양의 질병 처방법을 덧붙임.

12월과 정월에 낳은 새끼 양을 씨 양으로 | 常留臘月正月
삼는 것이 가장 좋다. 11월과 2월에 태어난 것 | 生羔爲種者上. 十
이 그다음이다.²⁷⁵ 이러한 달에 낳은 것이 아니면 털은 반 | 一月二月生者次

---

274 이 편명에 달려 있는 소주는 금택초본과 명초본, 호상본의 책 첫머리의 목록 중
에 있지만 다른 본에는 없다. 진체본 등에서는 이 목록에 의거하여 보충하고 있
으며, 묘치위 교석본에서도 이 소주를 보충하고 있다.

275 『제민요술』에 기록되어 있는 것은 면양(綿羊)이다. 면양은 여러 가지 품종이 있
으며, 가을과 겨울에 발정하여 교미하지만 연간 발정 번식하는 것도 있다. 『제민
요술』에서는 1년 12개월에 모두 생육할 수 있다고 하였는데, 이것은 곧 연중 발
정 번식할 수 있는 품종이다. 묘치위 교석본에 의하면, 음력 11월에서 2월에 태
어난 새끼 양은 어미 양이 임신한 후에 바로 가을 풀이 아주 무성하여 어미 양이
아주 살이 찌고 건강하게 자라 젖이 많으므로, 새끼 양이 충분히 배부르게 먹을
수 있고, 젖을 뗄 무렵에는 이미 푸른 풀이 자라나서 연한 풀을 먹을 수 있기 때
문에 어린 양이 잘 자랄 수 있다. 이 4개월 중에서 특히 12월과 정월에 태어난 것
이 가장 좋다. 초가을에 교미를 한 어미 양은 매일 영양가가 풍부한 가을 풀을 먹
어서 새끼 양이 어미의 태중에서 아주 잘 성장발육 할 수 있기 때문이다. 태어난
이후에는 비록 겨울이 되어 푸른 풀이 없다 하더라도, 풍부한 어미젖이 다한 무
렵이 되면 마치 아주 연한 풀을 먹게 될 수 있기 때문에 특히 건강하게 자랄 수
있어서 종자 양[種羊]으로 선별하기에 가장 적합하다. 겨울의 새끼 양은 체구가

드시 건조하고 말려 있으며 윤기가 없고 골격(骨骼)[276]도 작은
데, 낳은 후에 추위와 더위를 만났기 때문이다.[277]

8, 9, 10월에 낳은 새끼 양은 어미가 비록 가을에 살이 찔
지라도, 한겨울이 되어 어미 양의 젖이 마르고 푸른 풀도 나오
지 않기 때문에 좋지 않다.

3, 4월에 낳은 것은 봄풀이 아주 좋을지라도 새끼 양이
아직 먹을 수 없고, 항상 어미의 따뜻한 젖만 먹기 때문에 또한
좋지 않다.

5, 6, 7월에 태어난 것은 어미 양과 새끼 양의 열기[兩熱]
가 서로 더해져서[278] 가장 좋지 않다.

11월과 2월[279]에 낳은 것은 어미가 젖이 불어나[乳重][280]

之. 非此月數[58]生者,
毛必焦卷, 骨骼細小,
所以然者, 是逢寒遇熱
故也. 其八九十月生者,
雖値秋肥, 然比至冬暮,
母[59]乳已竭, 春草未生,
是故不佳. 其三四月生
者, 草雖茂美[60] 而羔
小未食, 常飮熱乳, 所
以亦惡. 五六七月生者,
兩熱相仍, 惡中之甚.

건장하고 더위와 추위에 잘 견디며 병에 대한 강한 저항력 등의 장점을 잘 갖추
고 있어서, 오늘날 중국 서북부의 목축지대에도 일반적으로 여전히 겨울 양을 새
끼 종자로 선별하고 있다고 한다.

276 '골격(骨骼)'은 원래는 '골수(骨髓)'로 적혀 있고, 원각본『농상집요』역시 동일하
게 인용하고 있다. 반면 전본『농상집요』에서는 '골격(骨骼)'이라 쓰고 있고 학진
본도 그에 따라 '격(骼)'이라고 하였는데, 묘치위 교석본에서는 '격(骼)'이 더 적합
하다고 보았다.

277 11월-2월까지의 4개월을 제외한 나머지 8개월 중에서 8월-12월에 태어난 새끼
양은 아주 차가운 12월을 거쳐야 하며, 3월-7월에 태어난 새끼 양은 무더운 한여
름을 지나기 때문에 어떤 것은 푸른 풀을 먹지 못하게 되고, 또 어떤 것은 날씨가
더운데도 뜨거운 젖을 먹게 되어 모두 영양 상태가 모두 좋지 않게 된다.

278 '양열상잉(兩熱相仍)': 날씨가 무더운데다 더운 우유를 먹는 것은 새끼 양의 생
육과 발육에 가장 좋지 않음을 의미한다. '잉(仍)'은 거듭하여 한곳에 모이는 것
이다.

279 '十一月及二月'은 각본이 동일하나 단지 금택초본만 '十一月, 十二月'을 쓰고 있
는데『농상집요』는 금택초본을 인용하였다. 묘치위에 의하면, '급(及)'은 '지(至)'
로 쓰고 해석해야 하며 이는 곧 11월부터 2월까지인데, 본문에서는 제일 좋거나

몸집이 커지면서, 쌓아 둔 풀은 비록 말랐을지라도 어미 양은 결코 여위지 않는다.

어미 양이 젖이 떨어지더라도 이미 푸른 풀이 나왔기 때문에 아주 좋다.

일반적으로 양 10마리당 2마리의 숫양이 가장 적합하다.[281] 숫양이 너무 적으면 암양이 임신하기가 어렵고, 숫양이 너무 많으면 양 무리가 어지러워진다. 임신하지 못한 암양은 반드시 여위게 되고, 여위게 되면 번식을 할 수 없을 뿐만 아니라 겨울이 지날 때 죽을 수도 있다.[282] 뿔이 없는 숫양이 가장 좋다.[283] 뿔이 있는 양은 뿔로 서로 들이받기를 좋아하여 태아에 손상을 주는 원인이 되기도 한다. 식용으로 쓰려는 것은 미리 '거세[騬]'[284]해 주어야

其十一月及二月生者, 母既含重, 膚軀充滿, [61] 草雖枯, 亦不羸瘦. 母乳適盡, 即得春草, 是以極佳也.

大率十口二羝. 羝少則不孕, 羝多則亂羣. 不孕者必瘦, 瘦則非唯不蕃息, 經冬或死. 羝無角者更佳. 有角者, 喜相羝觸, 傷胎所由也. 擬供廚者, 宜

비교적 좋은 4개월이 그 속에 포함된다. 1년 12달 중 3월부터 10월까지 8개월은 달마다 좋지 않은 이유를 밝혔으며, 나머지인 11월에서 2월까지의 4개월은 괜찮다고 했기 때문에 '十一月, 十二月'이라고 쓰지 않은 것이라고 한다.

280 '함중(含重)': 원래는 '중신(重身)' 즉 임신한 것을 가리키는데, 여기서는 젖의 양이 풍부하다는 것으로 뜻이 확대되었다.

281 '십구이저(十口二羝)': '구(口)'는 양의 머릿수를 가리키며, 자연교배 상태에서의 숫양과 암양의 교배비율을 말하는 것이다. 저(羝)는 숫양[牡羊; 公羊]을 가리킨다.

282 '경동혹사(經冬或死)': 임신한 어미양은 일종의 호르몬[激素]을 분비하는데, 이 호르몬이 피부와 신체의 신진대사를 왕성하게 촉진하여 소화흡수 능력을 높이기 때문에 비교적 살이 찌고 건장해진다. 아직 임신하지 않은 것은 이 같은 장점이 없어서 여위기 쉬우므로 겨울이 지나면 간혹 죽게 된다.

283 '저무각(羝無角)': 면양의 품종으로서, 숫양 중에서도 뿔이 있는 것도 있고 없는 것도 있다.

284 '잉(騬)': '엄할(閹割)' 즉 '거세(去勢)'를 말한다. 글자는 본래 '승(騬)'자이다. 스성

한다. 거세하는 방법은, 낳은 지 며칠이 지난 어린 새끼 양을 베[布]로 고환을 싸서 이빨로 깨물어 터뜨린다.[285]

양을 치는 사람은 모름지기 나이가 많고 신체조건이 좋은 노인[大老子][286]으로, 심성이 부드럽고 온순해야 한다. 때맞춰 활동하고 휴식하면서 적당하게 조절해야 한다. 복식[卜式]이 이르길,[287] "백성을 돌보는 것이 어찌 이와 다르겠는가?"라고 하였다. 만약 성질이 급한 사람이거나 어린아이들은 양을 가누거나 통제하지 못하면 반드시 때려서 화를 입히게 된다. 어떤 사람은 스스로 노는 데 급급하여[勞][288] 양을 돌보지 않아

剩之. 剩法, 生十餘
日, 布裹齒脈碎之.

牧羊必須大老
子心性宛順者.
起居以時, 調其
宜適. 卜式云, 牧
民何異於是者.
若使急性人及小兒
者, 攔約不得, 必有打
傷之災. 或勞[82]戲不

한의 금석본에 따르면, 여러 가축의 거세 처리는 예부터 고유한 글자가 있는데, 거세를 한 수컷은 이 고유 글자로 특별히 일컬었다. 엄마(閹馬)는 '승마(騬馬)'이며, '승마'는 즉 거세한 말이다. 소는 '개(犗)' 또는 '건(犍)'이라고 하며, 양은 '이(羠)', 개는 '의(猗)', 돼지는 '분(豶)'이다. 닭이 거세된 것은 '산(鐩; 이 글자는『설문해자』에 없다.)'이며, 거세한 닭은 여전히 계(鷄)자를 붙여 '산계(鐩鷄)'라고 한다. 때로 이 글자들은 서로 차용되어 소의 경우 '선우(騬牛)', 개는 '산구(鐩狗)'라고 하기도 한다. '엄(閹)'자는 여러 가축에 다 쓰인다.

285 '布裹齒脈碎之':『농상집요』에서는 이 구절을 인용하여 '맥(脈)'자를 생략하고 '布裹, 齒碎之'라고 쓰고 있으며, 이는 확실하게 베로 싸서 이빨로 물어서 고환을 터뜨리는 것이다. 묘치위 교석본에 의하면, 혹자는 '치맥(齒脈)'이 고환조직[精索]을 가리킨다고 해석하는데, 그 방법은 망치로 내리쳐서 수정관과 혈관을 막아 고환이 이로 인해 혈액이 공급되지 못해 쪼그라들게 하는 것이다. 그러나 당시에 오늘날과 같은 '추승법(錘騬法)'이 있었는지 여부는 알 수가 없다고 한다.

286 '대노자(大老子)': '노자'는 나이 든 남자를 가리킨다. '대(大)'는 나이가 많은 것과 신체가 건강한 것 두 가지를 모두 포함한다.

287 '복식운(卜式云)': 여기에서 인용한 복식은『한서(漢書)』의 원문이 아니라 옮긴 말이다. 복식의 말은『사기(史記)』권30「평준서(平準書)」에 보이나, 가사협은 원문을 제시하지 않고 뜻만 풀이하였다.

이리나 개가 양을 물어서 해를 입히기도 하며, 게으른 경우에는 양 무리를 몰고 다니지 않아서 충분히 살을 찌우지 못한다. 돌보고 휴식하는 것이 적당하지 않으면 새끼 양이 죽을 수도 있다.

물을 멀리하는 것이 좋다.[289] 이틀마다 양을 풀어 한 차례 물을 먹인다. 물을 자주 마시면 탈이 나서[傷水][290] 콧속에 고름이 생긴다. 천천히 몰고 가되, 멈추어 쉬게 해서는 안 된다. 쉬게 하면 먹지 않아서 양이 여위게 된다. 너무 빨리 몰면 흙먼지가 일어나서 서로 부딪쳐 이마와 머리에 상처를 입게 된다.[291]

看, 則有狼犬之害, 懶不驅行, 無肥充之理. 將息失所, 有羔死之患也. 唯遠水爲良. ⑥³ 二日一飮. 頻飮則傷水而鼻膿. 緩驅行, 勿停息. 息則不食而羊瘦. 急行則坌塵而衂顙也. 春夏早

---

288 '노(勞)'는 지나치다거나 편벽되게 좋아한다는 의미가 있다. 또『광아』「석고이」편에서 이르기를, "노는 … 연하다.[勞 … 嫩也.]"라고 했으며, '노희(勞戲)'는 게으르고 놀기 좋아한다는 의미이다. 최근 평칭[馮靑], 「제민요술노희고(齊民要術勞戲考)」『農業考古』, 2016年 4期에서 '노희'는 마땅히 '노는 데 열중한다[貪玩; 好戲]'라는 뜻으로 쓰였다고 한다.

289 '유원수위양(唯遠水爲良)': 양은 건조하고 청결한 환경을 좋아하여 높고 건조한 지역에 방목하는데, 항상 물에 잠기게 되면 발굽부위에 염증이 생겨 발굽 사이가 썩게 된다.

290 『제민요술』의 '상수(傷水)'는 너무 많이 마셔서 '코에 고름이 생긴 것[鼻膿]'이며, 모두 '물을 적당하게 처방[中水方]'함으로써 치료하였다. 『농상집요』 권7 「자축(孳畜)」편의 유원수위양(唯遠水爲良) 구절에는 '제갑농출(蹄甲膿出)'이라는 소주가 있는데, 이는 곧 발굽부위의 염증으로 또한 '협제(挾蹄)'이다. 협제는 발굽이 항상 물에 잠겨 일어나는데, 우리 안에는 반드시 배수구를 설치하여 물을 빼 주고 아울러 흙을 돋우어서 양이 높고 건조한 곳에 머물 수 있게 해야 한다. 이에 근거해 볼 때 『농상집요』의 이 주는 『제민요술』의 원래의 의미와 서로 조화를 잘 이루지 못한다고 한다.

291 '분진이중상(坌塵而衂顙)': '분(坌)'은 티끌과 흙을 섞는 것이다. 여기에서는 아마도 '당(撞)', 즉 '돌진해서 부딪히다'라는 뜻을 빌려 쓴 듯한데, 달릴 때 넘어져 이

봄과 여름에는 일찍 풀어놓고 가을과 겨울에는 늦게 풀어놓아야 한다.[292] 봄과 여름은 기후가 따뜻하기 때문에 약간 일찍 풀어놓아야 하며, 가을과 겨울에는 서리와 이슬이 내리기 때문에 약간 늦게 풀어놓아야 한다. 『양생경』[293]에 이르기를, "봄과 여름에는 일찍 일어나 수탉이 울

放, 秋冬晩出. 春夏氣軟,[64] 所以宜早, 秋冬霜露, 所以宜晩. 養生經云, 春夏早起, 與雞俱興, 秋冬晏起,

마가 땅에 닿는 것이다. '분진'과 '중상' 이 두 가지는 모두 빨리 달린 결과이다. '분(坌)'은 '분(坋)'과 통하며 『설문해자』에 이르기를 "먼지[塵]이다."라고 한다. '중상(蚛顙)'은 『자치통감(資治通鑑)』「당기(唐紀)·태종중지상(太宗中之上)」편에서 "후군집(後君集)의 말의 이마에 고름이 생기자 행군총관 조원해(趙元楷)가 친히 그 고름을 찍어서 냄새를 맡아 보았다."라고 하였는데, 호삼성(胡三省)은 주석하여 이르기를, "벌레가 먹는 것을 중상(蚛顙)이라고 한다."라고 하였다. 묘치위 교석본에서는 여기서의 '상(顙)'은 '상(嗓)'자가 잘못 쓰인 것으로 보았다.[심괄(沈括)의 『몽계필담(夢溪筆談)』에서는 '상규자(嗓叫子)'를 '상규자(顙叫子)'라고 쓴다.] 즉 '분진이중상(坌塵而蚛顙)'은 너무 빨리 달려서 호흡이 급하여 너무 많은 먼지를 들이마셔서 인후부에 병이 생긴 것으로 보았다.

292 가을이 지난 후에 양을 방목할 때는 마땅히 늦게 내보내야 하는데, 이 문장에 대한 소주에는 반드시 "이슬과 서리가 아침햇살에 사라진 이후에야 비로소 풀어놓는다.[霜露晞解, 然後放之.]"라고 하였다. '희(晞)'는 마르는 것을 가리키며, '희해(晞解)'는 해가 나온 후에 서리와 이슬이 말라 버리는 것을 이른다. 봄여름에 만일 이슬이 내리는 날이라면 일찍 방목하는 것은 적당하지 않은데, 양이 종종 이슬에 젖은 풀을 지나치게 많이 먹어 배가 팽창하게 되기 때문이다. 그러나 젖이 나오는 어미양은 이와 달라서, 어미양의 젖을 짜서 유즙[酪]을 만들 때에는 뒷 문장에서 "날이 밝으면 일찍이 풀어 주어서, … 이슬 먹인 풀을 배불리 먹이고 돌아와서 젖을 짠다."라고 되어 있다. 묘치위에 의하면, 젖을 분비하는 어미 양을 이슬 머금은 수초(水草)에 방목하는 습관은 어떤 목축지역이나 여전히 남아 있다고 한다.

293 『양생경(養生經)』은 『수서(隋書)』「경적지(經籍志)」에는 기록되어 있지 않다. 『숭문총목(崇文總目)』에는 『양생경』 1권이 있다고 기록되어 있으며, 도홍경이 찬술했다고 한다. 『양서(梁書)』 권51「도홍경전(陶弘景傳)」에는 도홍경이 『양생경』을 찬술했다는 기록이 없으며 책도 전해지지 않는다.

때 일어나 활동하고, 가을과 겨울에는 태양이 나올 때가 되어서야 일어난다."라고 한 것이 바로 이러한 의미이다. 여름[夏日]294에 날씨가 아주 무더울 때는 그늘에서 서늘하게 해 주어야 한다. 만약 낮에 무더운 열기를 피하지 못하면 먼지와 땀이 점점 쌓여서 늦가을과 초겨울에 반드시 옴이 발생한다. 7월 이후에는 이슬과 서리의 찬 기운이 내리므로 반드시 해가 떠서 이슬과 서리가 아침햇살에 사라진 이후에야 비로소 풀어놓는다. 그렇지 않으면 한독[毒; 寒毒]을 만나서 양의 주둥이에 부스럼이 생기고 배가 팽창한다.

가축의 우리는 집 가까이에 두어야 한다. 반드시 사람이 사는 곳과 더불어 접하고 또한 양 우리를 향해서 창문을 열어 두어야 힌다. 왜냐히면 양의 성질은 겁이 많고 유약하여 위협에 저항할 능력이 없기 때문이다. 만일 이리 한 마리가 들어오면 양떼가 전부 몰살당할 수도 있다. 북쪽 담장 가에 시렁을 설치하여 (지붕을 이고 주위를 둘러서) '우리[廠]295'를 만든다. '집'을 지으면296 심한 더위를 먹고, 더위를 먹으면 곧 옴이 생기게 된다. 뿐만 아니라 집에 머물러서 따뜻하기 지내는 것이 습관이 되면, 겨울에 들판에 나갈 때 더욱 추위를 건디지 못한다.

必待日光, 此其義也. 夏日盛暑, 須得陰涼. 若日中不避熱, 則塵汗相漸, 秋冬之間, 必致癬疥. 七月以後, 霜露氣降, 必須日出霜露晞解, 然後放之. 不爾則逢毒氣, 令羊口瘡腹脹也.

圈不厭近. 必須與人居相連, 開窻向圈. 所以然者, 羊性怯弱, 不能禦物. 狼一入圈, 或能絕羣. 架北牆爲廠. 爲屋則傷熱, 熱則生疥癬. 且屋處慣暖, 冬月入田, 尤不耐寒.

---

294 '하일(夏日)'의 '일(日)'은 금택초본과 『농상집요』에서는 동일하게 인용하고 있는데, 명초본에서는 '왈(曰)'로 잘못 쓰고 있으며 호상본에서는 '월(月)'자로 쓰고 있다.

295 '창(廠)'의 원래 의미는 천장은 있으되 사방의 벽이 완비되지 않은(벽이 1개부터 3개까지 있는) 건축물이다. '옥(屋)'은 사면의 벽이 다 갖춰진 것이다.

296 '위옥즉(爲屋則)': 스성한의 금석본에서는 즉(則)을 '즉(卽)'자로 표기하였다.

우리 안쪽의 지면은 높이 쌓고 물이 잘 빠지게 배수구를 파서 지면에 물이 고이지 않도록 해야 한다. 이틀에 한 번씩 우리를 치워서 똥에 더럽혀지지 않도록 한다. 우리 안이 더럽혀지면 양의 털도 더러워진다. 물이 고이면 발굽에 습기가 차서 염증이 생긴다[挾蹄].[297] 양이 습기가 있는 곳에서 자게 되면 배가 부풀어 오른다.

우리 속의 담장 부분에 담장과 평행하게 목책을 세워서 담장을 완전하게 둘러친다. 양이 흙담장에 몸을 비비지 않으면 털이 자연스럽게 항상 깨끗하다. 목책을 세우지 않으면 양은 흙벽에 몸을 비벼 흙과 땅속의 염분[298]이 뒤엉켜 털이 들러붙게 된다. 또한 만약 세운 목책의 나무 끝이 담장 위로 노출되면 호랑이와 이리가 함부로 그 위를 넘어오지 못한다.

양 천 마리를 기르는 집에서는 매년 3-4월에 100무의 땅에 콩[大豆]과 조를 함께 파종하여 풀과 함께 자라게 하고,[299] 김매기를 하지 않는다.

圈中作臺, 開竇, 無令停水. 二日一除, 勿使糞穢. 穢則污毛. 停水則挾蹄. 眠濕則腹脹也.

圈內須並牆豎柴柵, 令周匝. 羊不搕土, 毛常自淨. 不豎柴者, 羊搕牆壁, 土鹹相得, 毛皆成氈. 又豎柵頭出牆者, 虎狼不敢踰也.

羊一千口者, 三四月中, 種大豆一頃雜穀, 並草留

---

297 '협제(挾蹄)': 발굽부위에 염증과 농종(膿腫)이 생겨서 발톱이 변형되거나 협착증세를 일으키는 것이다.

298 '토함(土鹹)': 담장 흙과 땅속의 염분을 뜻한다.

299 "잡곡, 병초(雜穀, 並草)": 스성한의 금석본에서는 '곡'을 콩[大豆]으로 해석하였다. 예부터 소위 '육곡(六穀)'에는 '벼[稻], 수수[梁], 콩[菽], 보리[麥], 찰기장[黍], 조[稷]' 등이 있는데, 그중의 '숙(菽)'이 바로 콩이다. 그러나 더 나은 해석은 콩에다 조를 '섞어 심은' 것으로 장차 같이 거두어 풋사료[靑飼料]로 쓰는 것이다. 이렇게 해야만 다음 문장의 "콩과 조[穀]를 심지 않는다."에서 콩과 조를 같이 나열하여 해석이 가능해진다. 반면 묘치위 교석본에 의하면, 1경의 콩과 조를 동시에 같이 섞어서 파종하거나 혹은 '잡곡(雜穀)'은 야생 조를 뜻한다고 한다. 묘치위 교석본

8-9월이 되면 모두 베어서 사료용 푸른 꼴[青
茭]³⁰⁰을 만든다.

　만약 콩과 조[穀]를 심지 않으면 가장 빠른
풀이 열매가 달릴 무렵에 각종 잡초를 베어 거
두고 가볍게 펴서 잘 말리는데, 뜨게 해서는 안
된다. 　들콩[荳豆]·호두(胡豆)·민망초[蓬]·명아주[藜]·싸
리나무 채[荊]·멧대추[棘]가 가장 좋다. 콩과 소두(小豆)의 깍
지[其]가 그다음으로 좋다. 고려두(高麗豆)³⁰¹는 더욱 유용하
다. 갈대[蘆]와 물억새[薍] 두 종류는 이용하기에 적합하지 않
다.³⁰² 가을에 풀을 베어 (사료로 준비한 것은) 단지 양만 생각

之, 不須鋤治. 八
九月中, 刈作青
茭. 若不種豆穀
者, 初草實成時,
收刈雜草, 薄鋪使
乾, 勿令鬱浥. 荳
豆胡豆蓬藜荊棘爲上.
大小豆其次之. 高麗豆
其, 尤是所便. 蘆薍二
種則不中. 凡乘[65]秋刈

에서는 '잡곡병초유지(雜穀並草留之)'라고 읽으면 합당하지 않다고 하는데 왜냐
하면 다음 문장에서 "만약 콩과 곡식을 심지 않으면"이라는 구절이 있어, 명백하
게 콩과 곡식을 혼작하고 있기 때문이라고 한다. 이 부분은 묘치위 교석본이 스
성한 금석본보다 합리적인 것 같다. 만약 스성한처럼 해석한다면 콩을 파종한 후
에 왜 잡곡과 풀이 함께 자라는지를 이해할 수 없게 된다. 다만 묘치위 교석본에
서는 콩과 잡곡 사이에 '일경(一頃)'이란 말을 왜 넣었는지 이해되지 않는다고 하
였다.

300　'청교(青茭)': 아직 풀이 쇠기 전에 푸를 때 베어서 건초사료를 만들어 저장한 것
이다. '교(茭)'는 말린 풀과 말린 콩깍지를 가리킨다. 다음 문장에서 몇 군데에 등
장하는 '교(茭)'는 모두 이것을 가리킨다.

301　묘치위는 '고려두(高麗豆)'를 콩[大豆]의 일종이라고 단순히 표기하고 있지만, 이
것은 중국 동북지역의 고구려 대두로서 품질이 우수했음을 말해 준다. 이에 대해
崔德卿, 「齊民要術의 高麗豆 普及과 韓半島의 農作法에 대한 一考察」『東洋史學
研究』제78집, 2002 참조.

302　'노두(荳豆)'는 일반적으로 들콩으로 검은 소두(小豆)를 가리킨다. '호두(胡豆)'는
야생콩으로 설명하기 번잡한데,『광아』에서는 '강두(豇豆)'라고 한다. '봉(蓬)'은
'민망초[飛蓬]'를 뜻한다. '여(藜)'는 명아주과의 명아주이며, 또한 '회채(灰菜)'라
고 부른다. '형(荊)'은 싸리나무 채[荊條]이다. '극(棘)'은 멧대추이다. 화본과의 갈

하는 것이 아니며, 일반적으로[303] (사료를 만듦에 있어) 대개 두 배로 좋다.[304] 최식(崔寔)이 이르길 "7월 7일에 꼴을 벤다."라고[305] 하였다.

겨울의 한랭한 계절이 되어 바람이 많이 불고 서리가 내리거나, 초봄에 비가 내렸는데 봄풀이 아직 나오지 않았을 때 모두 사료를 주어야 하고 방목해서는 안 된다.[306]

草, 非直爲羊, 然大凡悉皆倍勝. 崔寔曰, 七月66七日刈芻茭也. 既至冬寒, 多饒風霜, 或春初雨落, 青草未生時, 則須飼, 不宜出放.

대는 옛날에는 솟아오를 때의 것을 '노(蘆)'라고 하였고, 완전히 솟아오르고 난 이후에는 '위(葦)'라고 하였다. 같은 과의 물억새[荻]는 솟아날 때를 '난(䕡)', 솟아난 이후에는 '추(萑)'라고 한다.

303 '연대범(然大凡)': '연(然)'은 각본과 원각본『농상집요』에서 인용한 것과 동일하다. 『무영전취진판(武英殿聚珍版)』 계통본『농상집요』(이후 전본의『농상집요』로 약칭)에서는 '이연(而然)'으로 고쳐 써서 앞 구절에 속하게 했으며, 학진본에서도 이를 따르고 있다.

304 '실개배승(悉皆倍勝)': 꽃이 피고 이삭이 배는 시기의 풀은 질이 좋고 양분도 많으며, 생산량도 높다. 특히 콩과[豆類]식물의 경우는 단백질과 비타민 및 칼슘의 함유량이 매우 풍부하고, 영양가치도 높아 이것이 바로 오늘날 말하는 "가을의 풀은 겨울의 보배이다."라고 하는 것이다. 가사협이 수확한 것은 여러 종류의 이삭이 배어 열매가 달린 무렵의 콩과 식물로서, 그는 실제 경험 중에서 체득하여 이 같은 장점을 안 듯하다. 그는 일찍이 미처 꼴풀을 준비하지 않아 양 무리들을 다 굶주려 죽게 하였기 때문에, '가을을 틈타 풀을 베는 것'을 매우 강조하였다. 햇볕에 말려서 월동 사료로 저장하는 것이 양을 기르는 승패의 중요한 관건이 된다고 한다.

305 『옥촉보전』에서는『사민월령』을 인용하였는데, 7월, 8월에 "꼴을 벤다.[刈秋茭.]"라고 하며,『제민요술』권3「잡설(雜說)」에서는『사민월령』을 인용하여, 또한 8월에 "刈 … 秋茭"라고 되어 있어서 '칠월칠일(七月七日)'은 아마 '칠월, 팔월(七月, 八月)'의 잘못인 듯하다. 『사민월령』은 근본적으로 7월 7일에 풀을 벤다는 원문이 없고 단지 7월과 8월에 풀을 벤다는 기록만 있으므로, 억지로 낙양의 최식이 요동에서 7월 7일에 "양의 풀을 벤다.[打羊柴.]"라고 할 수 없다.

꼴[茭]을 저장하는 방법:[307] 땅이 높고 서늘한 곳에 뽕나무 가지[桑][308]와 멧대추 가지를 세워서 두 개의 원형 목책을 둘러치는데 각각 5-6보步 길이로 한다.[309] 목책 속에는 마른 건초를 쌓아 두는데, 10자 높이로 쌓아도 무관하다. 양이 마음대로 목책 밖을 다니며 풀을 뽑아 먹는데 아침부터 늦게까지 종일 쉬지 않고 먹는다. 이렇게 하여 겨울이 끝나고 봄이 지나면 살찌지 않는 것이 없다.

만약 이와 같은 목책을 설치하지 않으면 가령 천 수레 분량의 건초를 10마리의 양에게 던져주어도 여선히 배부르게 먹지 못한다. 양의 무리

積茭之法. 於高燥之處, 豎桑棘木作兩圓柵, 各五六步許. 積茭著柵中, 高一丈亦無嫌. 任羊繞柵抽食, 竟日通夜, 口常不住. 終冬過春, 無不肥充. 若不作柵, 假有千車茭, 擲與十口羊, 亦不得飽. 羣羊踐

306 '불의출방(不宜出放)': 양을 칠 때는 반드시 방목하는 것과 우리에서 기르는 것을 서로 결합하는 방식을 원칙으로 삼는다. 겨울에는 방목에서 우리에서 기르는 것으로 전환해야 한다. 우리에서 기르는 방법은 앞의 문장에서 "우리는 집 가까이에 두어야 한다.[圈不厭近.]"라고 하여 이미 분명하게 기술하였다. 묘치위 교석본에 의하면, 양의 본성이 약하고, 열과 물을 싫어하며, 건조하고 깨끗한 것을 좋아한다는 생리적 특성과 사람들이 우수한 양모를 필요로 하는 것을 겨냥하여 안배한 과학적인 조치라고 한다.

307 '적교지법(積茭之法)' 조항의 원래 표제는 큰 글자로 쓰여 있고, 연이은 다음 단락은 모두 두 줄로 된 작은 글자로 되어 있었는데, 묘치위 교석본에서는 큰 글자로 하였다.

308 '상(桑)': '조(棗)'자인 듯하며, 자형이 유사해서 잘못 베껴 쓴 것으로 보인다.

309 '오육보허(五六步許)': 묘치위 교석본에 따르면, 북위 때는 6자가 한 보(步)였기 때문에 만약 둥근 방책의 직경을 가리킨다면 너무 큰 것 같으므로, 둘레의 길이를 가리킨 듯하다고 한다. 이와는 다르게 스성한은 금석본에서 한 자[尺] 한 보(步)를 5자로 계산하여 해석하고 있다.

가 서로 밀치면서 풀을 모두 밟아 망가뜨려 풀 한 줄기도 먹을 수 없게 된다.

꼴[菱]을 저장하지 않을 경우, 초겨울에는 가을의 여세를 틈타 (어미 양과 새끼 양이) 마치 살찐[膚][310] 것처럼 보인다. (그러나) 이때부터 새끼 양은 오로지 어미젖에만 의존하여 자라게 되고, 정월이 되면 어미 양은 모두 여위어 죽게 되니, 새끼 양은 어려서 아직 홀로 물이나 푸른 풀을 먹지 못하므로 얼마 되지 않아 모두 죽게 된다. 더 이상 번식을 할 수 없을 뿐만 아니라 간혹 모든 무리가 절멸되어 종자가 끊어질 수도 있다. 나는 이전에 2백 마리의 양을 키운 적이 있다. (집에는) 건초와 콩대를 쌓아 놓지 않아 양들에게 먹일 것이 없었다. 1년 만에 과반수가 굶어 죽었다. 가령 살아남았다 하더라도 모두 온몸에 옴이 생기고, 여위어서 마치 곧 죽을 것처럼 보였다. 털은 짧고 거칠었으며 윤택이 조금도 없었다. 처음에 나는 우리 집이 양을 키우기에 적합하지 않다고 생각했으며, 또한 그해에 분명 전염

蹢而已, 不得一莖
入口.

不收菱者, 初
冬乘秋, 似如有
膚. 羊羔乳食其
母, 比至正月,
母皆瘦死, 羔小
未能獨食水草,
尋亦俱死. 非直
不滋息, 或能滅
群斷種矣. 余昔有
羊二百口. 菱豆既少,
無以飼. 一歲之中,
餓死過半. 假有在者,
疥瘦羸弊, 與死不殊.
毛復淺短, 全無潤澤.
余初謂家自不宜, 又

---

310 '부(膚)': 정현은 『의례』「빙례(聘禮)」편에서 주석하기를, "부는 돼지의 살이다." 라고 하였다. 당대의 가공언(賈公彦)이 주석하기를, "시에는 부가 있고 돈에는 부가 없다. … 그 피부가 얇다."라고 하였는데, 이는 피부 아래의 근육과 살을 가리킨다. 『주역』「서합(噬嗑)」편에는 "噬膚滅膚"라는 구절이 있다. 육덕명(陸德明)은 『경전석문(經典釋文)』에서 "柔脆肥美曰膚"라고 하였다. 여기에서 '부(膚)' 는 가축의 비계를 뜻한다. "초겨울에는 가을의 여세를 틈타 마치 살찐 것처럼 보인다."라고 하는 것은 어미양이 가을에 비축한 비계로 인해 초겨울에도 마치 살찐 것처럼 보인다는 말이다. 그러나 겨울이 되어 새끼 양이 젖을 먹고 아직 풀을 저장해 두지 않아 사료가 부족하면 월동하면서 끝내 죽게 된다.

병[病瘦][311]이 번지지 않았는가를 의심했다. 실은 굶어 죽은 것이고 결코 다른 원인은 없었다. 일반적인 가정에서는 8월이 되어 수확이 시작되면 대부분 품앗이[庸暇][312]할 겨를도 없으니 마땅히 양 몇 마리를 팔아 일꾼을 고용하는 것[雇人][313]이 비용이 적게 들고 많이 남는다. 고서[傳][314]에 이르기를, "세 번 팔을 부러뜨린 사람은 좋은 의사를 알아본다."라고 한다. 또 이르기를, "양을 잃고 우리[牢]를 고치는 것도 아직 늦지 않다."[315]라고 하였다. 세상일은 대략 모두 이와 같으니 어찌 유념하지 않겠는가?

추운 달에 낳은 새끼 양은 반드시 곁에 불을 피워 둔다. 야간에 불을 피우지 않으면 반드시 얼어 죽게 된다. 무릇 첫 번째 새끼 양을 낳은 어미 양은 반드시 곡물과 콩을 끓여서 먹여야 한다.

疑歲道病瘦. 乃飢餓所致, 無他故也. 人家八月收穫之始, 多無庸暇, 宜賣羊雇人, 所費既少, 所存者大. 傳曰, 三折臂, 知爲良醫. 又曰, 亡羊治牢, 未爲晚也. 世事略皆如此, 安可不存意哉.

寒月生者, 須燃火於其邊. 夜不燃火, 必致凍[67]死. 凡初產者, 宜煮穀豆飼之.

---

311 '병수(病瘦)': 스성한의 금석본에서는 '역병(疫病)'으로 적고 있다.

312 '용가(庸暇)': '용(庸)'은 '용(傭)'으로, 노동력으로 대가를 바꾸는 것이다. 집집마다 모두 추수하기에 바빠서 틈을 내어 남에게 품을 제공할 수가 없기 때문에, 별도로 전문적인 사람을 고용하여 풀을 베었다.

313 '고인(雇人)'은 위 문장 작은 주의 '승추예초(乘秋刈草)'에 이어서 한 말로서, 사람을 고용하여 풀을 베는 것을 뜻하며, '예초(刈草)'가 생략되었다.

314 '전(傳)'은 책에 전하는 것을 가리키며, 즉 고서를 뜻한다. 이 조항은 『좌전(左傳)』「정공십삼년(定公十三年)」에 보이며 "세 번 팔을 부러뜨리면, 좋은 의사를 알아본다."라고 하였는데, 여러 차례 팔을 부러뜨리면 의사가 부러진 팔을 치료하는 방법을 깨달아 스스로도 좋은 의사가 된다는 의미이다.

315 『전국책(戰國策)』「초책(楚策)」에 이르기를, "양을 잃고 우리를 수리해도 아직 늦지 않다.[亡羊而補牢, 未爲遲也.]"라고 한다. '뇌(牢)'는 양 우리이다.

백양白羊은 어미 양을 우리에서 2-3일 정도 머무르게 한 후에 어미 양과 새끼 양을 함께 내보내 방목한다. 백양의 성질은 거칠어서[很]³¹⁶ 새끼 양을 단독으로 남겨 두어서는 안 된다. (남겨 두면 어미 양이 돌아와서는 그들을 돌보지 않는다.) 어미 양과 함께 오랫동안 같이 있게 하면, (새끼 양이) 젖을 많이 먹게 할 수 있다.³¹⁷

검은 양[羖羊]³¹⁸의 경우는 어미 양을 단지 하

白羊留母二三日, 卽母子俱放. 白羊性很, 不得獨留. 幷母久住, 則令乳之.

羖羊但留母一

---

316 금택초본과 명초본에서는 '한(佷)'으로 쓰고 있는데, 다른 본에서는 '한(狠)'으로 쓰고 있다. 묘치위에 의하면 '한(佷)', '혼(很)', '한(狠)'의 세 글자는 옛날에는 서로 통용되었지만, 오늘날에는 한(佷)자는 사용되지 않는다. 『설문해자』에는, "'혼(很)'은 따르지 않는 것이다."라고 하였는데 여기서는 '한심(狠心)'이라고 써서 말할 수 없으며, 단지 순종하지 않는 것으로 해석된다. 백양은 모성이 매우 강하여, 새끼를 낳은 후에는 모자(母子)가 분리되는 것을 싫어하고 돌보면서 함께 있기를 원하기 때문에 그 모성에 따라서 조치를 취한 것으로서, "어미와 함께 오래 머물게 하고[幷母久住]", "어미와 새끼 양을 함께 내보내야 한다.[母子俱方.]"라고 하였다. 이것은 검은 양[羖羊]과 다른 점이라고 한다.

317 '즉령유지(則令乳之)': '지'자는 '핍(乏)'자인 듯하다. 이 주의 뜻은 자식에 대한 백양의 보살핌이 그다지 섬세하지 않다는 것이다. 그런데 스성한의 견해에 따르면 만약 새끼 양[羔羊]을 홀로 남겨 두면 어미 양이 돌아와서 젖을 먹이지 않을 것이며, 만약 어미 양과 오랜 시간 우리에 남겨 두면 어미 양이 먹는 풀이 지나치게 적어서 젖이 충분하지 않을 것으로 보았다.

318 '고양(羖羊)': 검은 양을 가리킨다. 『설문해자』에서는 "여름 양의 수컷이 '고'이다."라고 한다. 『본초도경(本草圖經)』에서는 "고양은 '청저양(靑羝羊)'이다."라고 하였고, 『이아(爾雅)』 「석축(釋畜)」에서는 "여름양[夏羊]은 … 암컷이며, '고(羖)'이다."라고 한다. 여기에서 고양은 수컷과 암컷의 두 가지 설이 있다. 이른바 여름양[夏羊]은 곧 검은 양이다. 곽박은 『이아』 「석축」편을 주석하기를, "'하양(夏羊)'은 '흑고력(黑羖䍽)'이다."라고 하였으며, 또 주석에서 설명하기를, "지금[東晉]의 사람들은 고양을 검은 양의 이름으로 삼고 있다."라고 하였다. 묘치위 교석본에 따르면, 곽박이 살던 시대에는 수컷과 암컷을 가리지 않고 대개 검은 양을

루만 머물게 한다. 날씨가 추워지면 새끼 양을
토굴 속에 넣어 두고, 날이 어두워져서 어미 양
이 돌아온 후에 어미 양과 함께 내보낸다. 토굴 속
은 따뜻하여 바람과 추위에 해를 입지 않으며, 굴 속은 따뜻하
여 양들을 편안하게 잠자게 하면 항상 배불리 먹는 것과 같다.
15일이 지나 새끼 양이 풀을 먹기 시작하면 곧
내보낸다.

　　백양이 3월에 푸른 풀을 먹고 영양가를 섭
취하면 솜털[毛]이 변화가 생기게 되니[319] 즉시 털
을 깎는다. 깎아 주고 강물에서 양을 깨끗이 씻어 주면 희고
깨끗한 털이 자란다.

　　5월에 솜털이 빠지려 히면 또 깎아 준다.
다 깎은 후에 앞에서 해 준 것처럼 깨끗이 씻어 준다.

　　8월 초에 도꼬마리[胡枲][320]의 씨가 아직 익
기 전에 또 깎아 준다. 다 깎은 후에는 첫 번째와 마찬
가지로 양을 깨끗이 씻어 준다. 8월 보름 이후에 털을 깎은 양
은 씻어서는 안 된다. 이미 백로(白露)절이 지나면 이슬이 많

日. 寒月者, 內
羔子坑中, 日夕
母還, 乃出之. 坑
中暖, 不苦風寒, 地
熱使眠, 如常飽者也.
十五日後, 方喫
草, 乃放之.

　白羊, 三月得草
力, 毛牀動, 則鉸
之. 鉸訖於河水之中
淨洗羊, 則生白淨毛也.
五月, 毛牀將落,
又鉸取之. 鉸訖, 更
洗如前. 八月初, 胡
枲未成時, 又鉸
之. 鉸了亦洗如初. 其
八月半後鉸者, 勿洗.

'고양'이라 하였다.

319 '모상동(毛牀動)': 솜털(底毛)이 덮인 부위에 변화가 시작된다는 것이다. 변화가
　　일어났는데도 모근에 영양가가 미치지 못할 때는 솜털이 빠지게 된다.

320 '호시(胡枲)': 즉 국화과의 도꼬마리이다. 『제민요술』에서는 호시(胡枲)·호사
　　(胡葸)·사이(葸耳)·호수(胡荽) 등과 같은 이체[異寫]와 독특한 이름이 보인다.
　　그 과실은 방추형의 수과(瘦果)로서, 외부에는 딱딱한 가시가 나고 사람의 옷이
　　나 짐승의 몸에 달라붙기 때문에 옛날에는 '양부래(羊負來)'라는 명칭도 가지고
　　있었다. 씨가 양털에 박히면 곤란하기 때문에 반드시 씨가 익기 전에 양털을 깎
　　아 줘야 한다.

이 내리고 한기(寒氣)가 스며들어[侵人][321] 양을 씻으면 좋을 게 없다. 도꼬마리 씨가 여문 이후에 털을 깎으면, 도꼬마리 씨가 털 위에 붙어서 쉽게 떨어지지 않을 뿐 아니라 때도 이미 늦어서 추위가 닥쳤을 때 털이 아직 충분히 자라지 못하였으므로, 양이 여위고 쉽게 상해를 입게 된다. 사막의 북쪽[漠北]과 장성 밖의 양은[322] 8월에 털을 깎아서는 안 된다. 털을 깎으면 추위를 견디지 못한다. 내지[中國]의 양은 (8월에) 반드시 털을 깎아 주는데, 깎지 않으면 털이 자라 서로 엉겨 붙어서 양탄자[氈]를 만들기가 어렵다.

양탄자[氈]를 만드는 방법:[323] 봄에 깎은 양털, 가을에 깎은 양털을 반반씩 섞어 사용한다. 가을에 깎은 털은 질기고 강하며 봄에 깎은 털은 부드럽고 약해서, 단지 한 가지 종류만 사용하면 질이 한쪽으로 너무 치우치기 때문에 섞어야 한다. 3월에 복숭아꽃[桃花水]이 필 무렵에[324] 만든 양탄자가 가장 좋다. 무릇 양탄사를 만들 때는

白露已降, 寒氣侵人, 洗卽不益. 胡枲子成, 然後鉸者, 非直著毛難治, 又歲稍晚, 比至寒時, 毛長不足, 令羊瘦損. 漠北寒鄉[68]之羊, 則八月不鉸. 鉸則不耐寒. 中國必須鉸, 不鉸則毛長相著, 作氈難成也.

作氈法. 春毛秋毛, 中半和用. 秋毛緊強, 春毛軟弱, 獨用太偏, 是以須雜. 三月桃花水時, 氈第一. 凡作氈, 不

---

321 '인(人)'은 각본에서는 동일한데, 비록 해석은 되지만 여전히 '입(入)'의 형태상의 잘못이 아닌가 의심스럽다.

322 '막북한향(漠北寒鄉)'은 고비사막[大漠] 북쪽을 가리킨다.

323 '작전법(作氈法)'의 두 단락과 다음 문장의 '영전불생충법(令氈不生蟲法)'은 단지 표제만 큰 글자로 쓰고 나머지는 모두 2줄로 된 작은 글자로 되어 있었는데, 묘치위 교석본에서는 일괄적으로 큰 글자로 고쳐 쓰고 있다.

324 『송사(宋史)』 권91 「하거지일(河渠志一)」편에는 황하의 물이 수시로 늘었다가 줄었다고 기록되어 있다. 물후를 통해서 각각 넘치는 시기의 물을 명시한 것으로, 음력 2월과 3월 사이에 복숭아꽃이 필 때 물이 불어나서 흘러넘치는 것이다. 여기에서는 다만 3월의 시령을 가리킨다.

너무 두껍거나 커서도 안 되며, 오직 밀도와 두께[緊薄]³²⁵는 고르고 적당한 것이 좋다.

2년 동안 펴고 잠을 자면 점차 더럽혀지고 검게 되니, 9월과 10월에 다른 사람들에게 팔아서 신발로 만들 양탄자[鞾氈]³²⁶로 사용하게 한다. 이듬해 4-5월이 되어 새로운 양탄자가 나올 때 다시 새것을 구매한다. 이와 같이 하면 항상 보전할 수 있어 오랫동안[永]³²⁷ 구멍이 나거나 망가지지 않게 된다. 만약 자주 바꾸지 않으면 더러워질 뿐만 아니라 구멍이 난 이후에는 한 치의 가치도 없어 쓸모없는 물건이 되어 버린다. 이것이 이른바 영원히 닳지 않게 하는 지혜[功]인데, 어찌 해마다 같은 것을 쓴다고 말할 수 있겠는가?

양탄자[氈]에 벌레가 생기지 않게 하는 방법: 여름에 자리를 펴고 그 위에서 잠을 자면, 양탄자에 벌레가 생기지 않는다.

만약 양탄자가 너무 많아서 사람이 잠을 잘 때 모두 이용할 수 없다면, 남은 것은 미리 떡갈나무[柞柴]나 뽕나무의 재를 모아 5월 중에 양탄자 위에 5치[寸] 두께³²⁸로 펴고[羅]³²⁹ 말아

須厚大,　唯緊⁶⁹薄均調乃佳耳.

二年敷臥,　小覺垢黑,　以九月十月,　賣作鞾氈. 明年四五月出氈時,　更買新者. 此爲長存,　永不穿敗. 若不數換者,　非直垢污, 穿穴之後,　便無所直,　虛成糜費. 此不朽之功,　豈可同年而語也.

令氈不生蟲法. 夏月敷席下臥上, 則不生蟲. 若氈多無人臥上者, 預收柞⁷⁰柴桑薪灰, 入五月中, 羅灰遍著氈上,　厚五寸許,

---

325 '긴박(緊薄)'은 성기고 촘촘한 것과 두껍고 얇은 것을 가리킨다.

326 '화전(鞾氈)': 신발[鞾]을 만드는 모전이다.

327 '영(永)'자는 단지 금택초본에만 있으며, 다른 본에서는 모두 빠져 있다.

묶어서 바람이 잘 통하는 서늘한 곳에 세워 두면 (습기를 빨아들여) 벌레가 생기지 않는다. 만약 그렇지 않으면 벌레가 생기지[蟲出] 않는 것이 없다.

검은 양[羖羊]330은 4월 말이나 5월 초가 되면 털을 깎는다. 검은 양은 추위를 잘 견디지 못하여 약간 일찍 털을 깎아서 날씨가 추워지면 동사하게 된다. 검은 양은 쌍둥이를 낳을 때가 많고 번식력이 강하다. 본디 젖이 풍부하여 반응고 상태의 유즙[酪]과 버터[酥]를 많이 만들 수 있다. 털은 술을 거르는 부대를 만들 수 있으며, 또한 밧줄을 만드는 데 유리하여 그 이익이 백양보다 훨씬 높다.

유즙[酪]331을 만드는 법:332 소젖과 양젖은 모

卷束, 於風涼之處
閣置, 蟲亦不生.
如其不爾, 無不蟲
出. 71

羖羊, 四月末,
五月初鉸之. 性
不耐寒, 早鉸值 72 寒
則凍死. 雙生者多,
易爲繁息. 性既豐乳,
有酥酪之饒. 毛堪酒
袋, 兼繩索之利, 其
潤益又過白羊.

作酪法. 牛羊

---

328 '후오촌(厚五寸)': 『사시찬요』「사월」편에서 『제민요술』을 인용한 것에는 '후오푼(厚五分)'으로 쓰고 있는데, 비교적 합리적이다.

329 '나(羅)': '체(篩)'이다. 즉 체를 쳐서 양탄자 위에 고운 재를 뿌리는 것이다.[권9 「소식(素食)」 참조.]

330 '고(羖)': 스성한의 금석본에서는 '저(羝)'를 쓰고 있으나, '저'는 숫양[牡羊]이므로, '고(羖)'로 써야 한다고 한다. 묘치위에 따르면 저양(羝羊)은 숫양이고 고양(羖羊)은 검은 양을 가리킨다. 여기서는 검은 양을 가리키는데, 주석에서 "그 이익이 백양보다 높다."라고 하는 것에서 입증된다고 한다.

331 '낙(酪)'은 소나 양 등의 우유를 응결시켜서 유산균을 발효하여 만든다. 『제민요술』에는 '첨락(甜酪)', '초락(草酪)', '건락(乾酪)' 등이 있는데, '첨락'은 통상적인 반응고된 유즙이고, '초락'은 오늘날의 요구르트와 같으며, '건락(乾酪)'은 유즙 중 건제품[치즈]이다. 묘치위 교석본을 보면, '낙(酪)'의 제작방법으로는 우유를 살균가열하여 냉각하고 점막을 걷어 내어 여과시킨 후 발효제를 첨가하여 병에 담고 덮어서 보온발효하면 마지막에 반응고된 유즙이 만들어진다. 방법은 오늘

두 만들 수 있다. 별도로 만들거나 혹은 섞어서 만드는데 자신의 의사에 따라서 결정한다.

소가 송아지를 낳은 날에는 곡식을 떡고물[米屑]333처럼 가루로 만들고 물을 많이 부어 끓여서 멀건 죽을 만들어 식힌 후에 어미 소에게 먹인다. 어미 소가 만약 마시지 않으면 물을 주지 않는다. 다음 날 목이 마르면 자연적으로 마시게 된다.

소가 새끼를 낳고 3일째가 되면 밧줄로 소의 목과 대퇴부[脛]334를 단단하게 묶어서 핏줄이 쏠려 튀어나오게 하여 땅에 쓰러뜨리고 즉시 밧

乳皆得. 別作和作隨人意.

牛產日, 卽粉穀如米屑, 多著水煮, 則作薄粥, 待冷飲牛. 牛若不飲者, 莫與水. 明日渴自飲.

牛產三日, 以繩絞牛項脛, 令遍身脈脹, 倒地

날과 더불어 기본적으로 동일하다고 한다.

332 '작락법(作酪法)'과 다음 문장의 '작건락법(作乾酪法)', '작녹락법(作漉作法)', '작마락효법(作馬酪效法)'은 원래는 모두 표제만 큰 글자고 나머지는 모두 두 줄로 된 작은 글자로 되어 있었는데 묘치위 교석본에서는 일괄적으로 큰 글자로 고쳐 쓰고 있다.

333 금택초본에는 '미설(米屑)'로 쓰여 있는데 다른 본에는 '고설(糕屑)'로 쓰여 있다. 정중(鄭衆)은 『주례(周禮)』「지관(地官)·변인(籩人)」편의 '분(粉)'을 해석하여 이르기를, "콩가루다."라고 하였다. 묘치위에 의하면, '설(屑)'은 곱고 거친 것과는 관계없이 모두 분말이며, 반드시 '떡고물'일 필요는 없다. 『제민요술』에서는 쌀가루를 '미설(米屑)'이라고 하였는데 권9의 관련된 각 편 중에 자주 보인다고 한다.

334 경(脛)': 학진본 등의 각본(刻本)에는 모두 '경(頸)'으로 되어 있으며, 명초본과 금택초본에만 '경(脛)'으로 되어 있다. 스성한의 금석본에서는 글의 맥락에 따라 '경(脛)'자가 더 적합하다고 보았다. 밧줄로 목과 사지를 단단히 묶으면 혈액이 신체의 중심 부분에 몰려 '몸 전체의 맥이 확장하게 된다.[遍身脈漲.]' 만약 목만 묶게 되면 소와 양의 반항 행동으로 인하여 번거로워질 뿐만 아니라 가축이 다칠 수도 있다.

줄로 다시 묶는다.

　손으로 아프게 유두[乳核]를 주물러서 터뜨리고[335] 다시 발로 유방을 14여 차례 찬 후에 풀어준다. 양이 새끼 양을 낳은 지 3일이 되면 손으로 유두를 주물러 터뜨리되 발로 차지는 않는다.

　만약 이와 같이 유두를 주물러 터뜨리지 않으면 젖이 나오는 유관이 가늘어서 소와 양이 단지 몸을 움츠리기만 하여도 유관이 막히게 된다. 유두를 터뜨려 주면 유맥이 확대되어서 젖을 짜면 쉽게 얻을 수 있다. 일찍이 주물러 터뜨린 적이 있는 것은 다시 출산했을 때 또 터뜨릴 필요가 없다.

　소가 송아지를 낳은 지 5일이 지나고 양이 새끼를 낳은 지 10일이 지나면 새끼 양과 송아지는 어미젖을 먹고 아주 건장하게 자라는데, 스스로 능히 물을 마시고 풀을 먹을 때가 되면 비로소 우유를 취할 수 있다.

　젖을 짤 때는 모름지기 사람이 잘 짐작하여 3등분한 젖 중에서 3분의 1은 남겨서 어린 송아

即縛. 以手痛挼
乳核令破, 以脚
二七遍蹴乳房,
然後解放. 羊產
三日, 直以手挼
核令破, 不以脚
蹴. 若不如此破
核者, 乳脈細微,
攝身則閉. 核破
脈開, 捋乳易得.
曾經破核後產
者, 不須復治.

　牛產五日外, 羊
十日外, 羔犢得乳
力強健, 能噉水
草, 然後取乳. 捋
乳之時, 須人斟
酌, 三分之中, 當
留一分, 以與羔

---

[335] '유핵(乳核)'은 유두를 가리킨다. 젖멍울[乳上淋巴]은 '열매의 씨[核]'와 같이 뭉쳐 있는데, 어떤 것은 상당히 크며 손상되어서는 안 된다. 또한 젖이 나올 때는 대량의 혈액류가 유방을 통과해야 되기 때문에 머리와 다리를 묶어서 유방을 10여 차례 발로 차서 자극을 하면 혈액의 운행이 증진되어 유관의 소통이 원활하게 되지만, 너무 거칠게 다루면 쉽게 유방이 손상된다고 한다.

지와 새끼 양에게 먹인다. 만약 너무 일찍 젖을 짜거나 혹은 3분의 1을 젖을 남기지 않으면 새끼 양과 송아지는 여위어 죽게 된다.

　3월 말에서 4월 초에 어미 소와 어미 양에게 푸른 풀을 배불리 먹이면 곧 (대규모의 젖을 취하여) 반응고 상태의 유즙을 만들 수 있다. (유즙을 만들어) 이윤을 취하는데 8월 말이면 그만둔다. 9월 초하루 이후부터는 단지 소규모로 조금만 만들어서 자신의 식용으로만 사용하고 많이 만들지는 않는다. (왜냐하면) 날이 차가워지면 풀이 말라서 소와 양이 점차 여위기 때문이다.

　대규모로 유즙을 만들 때는 날이 저물어 소와 양이 집으로 돌아오면 즉시 새끼 양과 송아지를 어미와 격리하여서[間]³³⁶ 별도의 장소에 둔다. 날이 밝으면[凌旦]³³⁷ 일찍이 풀어 주어서 어미와 새끼가 별도로 무리를 짓게 하고, 태양이 동남쪽에 이르면 이슬에 젖은 풀을 배불리 먹이고 돌아와서 젖을 짠다. 젖을 짜고 나면 다시 풀어 주어서 새끼 양과 송아지가 어미를 따라가도록 하고, 황혼이 되어 돌아오면 다시 격리시킨다. 이와 같이 하면 얻는 젖도 많아지고 어미 소와 어미 양

犢. 若取乳太早,
及不留一分乳者,
羔犢瘦死.

　三月末, 四月
初, 牛羊飽草,
便可作酪. 以收
其利, 至八月末
止. 從九月一日
後, 止可小小供
食, 不得多作.
天寒草枯, 牛羊
漸瘦故也.

　大作酪時, 日
暮, 牛羊還, 卽
間羔犢別著一
處. 凌旦早放,
母子別羣, 至日
東南角, 噉露草
飽, 驅歸㨤之.
訖, 還放之, 聽羔
犢隨母, 日暮還
別. 如此得乳多,

---

336 ‘간(間)’은 간별(間別)로서, 즉 나누어 격리한다는 의미다.
337 ‘능단(凌旦)’: ‘막 날이 밝다’ 또는 ‘이른 아침’이다.

도 여위지 않는다.

만약 약간 일찍 풀어놓지 않고 먼저 젖을 짜고 나면[比竟]³³⁸ 태양이 이미 높게 떠올라 이슬이 말라 버려 항상 건조한 풀만 먹게 되므로 살찌고 윤택해지지 않아서 어미가 점점 여윌 뿐만 아니라 젖도 많지 않게 된다.

젖을 짠 후에 솥에 넣고 약한 불로 달인다. 불이 세면 곧 바닥에 눌어붙는다. 항상 정월과 2월에는 미리 마른 소와 양의 똥을 거두어서 젖을 달이는 데 사용하면 아주 좋다. 풀을 태우면 재가 끓는 유즙 속에 떨어지게 되고 장작을 연료로 사용하면 (화력이 세서) 눌어붙기가 쉽다. (소와 양의) 마른 똥을 사용하면 화력이 적당하여[軟]³³⁹ 이런 두 가지 걱정이 없다.

계속 국자로 끓는 젖을 저어서 흘러넘치지 않게 해야 한다. 또 때맞추어 솥 바닥에서 위아래로 움직이되[勾]³⁴⁰ 둥글게 저으면 안 되는데, 이와 같이 저으면 유즙[酪]이 응고되지 않는다.³⁴¹

牛羊不瘦. 若不
早放先抒者, 比
竟, 日高則露解,
常食燥草, 無復
膏潤, 非直漸瘦,
得乳亦少.

抒訖, 於錭釜中
緩火煎之. 火急則
著底焦. 常以正月
二月預收乾牛羊
矢煎乳, 第一好.
草既灰汁, 柴又喜
焦. 乾糞火軟⁷³
無此二患.

常以杓揚乳,
勿令溢出. 時復
徹底縱橫直勾,
愼勿圓攪, 圓攪

---

338 '비경(比竟)': 젖을 완전히 짜고 풀어서 내보내는 것으로, 날이 밝아서 먼저 내보내는 것이 아니라, 먼저 머물게 해서 젖을 다 짜낸 후에 다시 내보내는 것이다. 묘치위 교석본에 의하면, 이때는 이미 해가 높이 뜨고 이슬이 말라서 먹는 것은 오로지 마른 풀이므로, 젖에는 수분이 적을 뿐 아니라 소와 양도 점차 여위게 된다고 한다.

339 '연(軟)'은 화력이 온화하고 완만한 것을 뜻한다.

340 '구(勾)': 아래에서 위로 들어 올리는 동작이다.

또한 입으로 불어서도 안 되는데, 불면 분해돼 흐트러진다.[342] 4-5차례 끓이고 나면 그만둔다. 얕은 동이에 붓고 곧바로 흔들어 떠올려서는[揚][343] 안 된다. 약간 식기를 기다렸다가 윗면의 젖의 막을 걷어 내고 다른 용기에 담아 미리 버터[酥] 만들 준비를 한다.

　나뭇가지를 구부려서 둥근 나무바리[棬][344]를 만들고, 생견으로 만든 포대를 벌려서 끓인 젖[熟乳][345]을 걸러 동이[瓦甁] 속에 담아 (적당한 온도를

喜斷. 亦勿口吹, 吹則解. 四五沸便止. 瀉著盆中, 勿便揚之. 待小冷, 掠取乳皮, 著別器中, 以爲酥.

　屈木爲棬, 以張生絹袋子, 濾熟乳, 著瓦瓶子

---

341 '단(斷)'은 솟이 응결되지 않는다는 의미이다. 묘치위 교석본에 의하면, 둥글게 저어서 가운데로 모이게 하면 유지(乳脂)가 비교적 가벼워 쉽게 중심을 향해서 모이게 되고, 유단백의 비중이 비교적 커서 솥 가를 향해 분산되어 유즙물질의 분포가 균일하지 못하게 되므로 우유의 응결에 영향을 주고 유즙을 만드는 데 장애가 생기게 된다.

342 "亦勿口吹, 吹則解": '해(解)'는 분해된다는 의미이다. 스성한은 이 구절에서 두 번째 '취(吹)'자 앞에도 '구(口)'자가 있어야 한다고 보았다.

343 '양(揚)'은 각본에서는 동일하다. 묘치위 교석본을 보면, 이때는 바로 "약간 식기를 기다렸다가 윗면의 젖의 막을 걷어 낸다."라고 하였는데 이를 움직여서 응결된 우유의 점막을 풀어지게 할 수 없다. 또한 이처럼 '낮은 동이에 담긴 삭힌 젖[끓인 우유]'은 바로 다음 문장의 '평수법(抨酥法)' 중에서 말하는 "끓인 젖은 동이에 담아 두어서 거르기 전에도 유막이 응결되는데 모두 걷어 낸다."의 '끓인 젖'으로, 결코 흔들어서는 안 된다. 다만 응고된 두꺼운 점막을 걷어 내기 때문에, '양(揚)'은 마땅히 '약(掠)'자의 잘못이라고 한다.

344 '권(棬)': 나무를 구부려 바리를 만드는 것으로, 포대의 입구를 넓히는 데 사용된다. 실제는 '권(圈)'자가 되어야 하는데, 『맹자(孟子)』 「고자장구상(告子章句上)」 편에서는 '배권(桮圈)', 『예기(禮記)』 「옥조(玉藻)」 편에서는 '배권(杯圈)'으로 쓰고 있다.

345 '숙유(熟乳)': 금택초본과 호상본에서는 '숙(熟)'자로 되어 있으며 명초본에는 '열

유지하여) 밀폐하여 발효시킨다.[346] 새로운 병은 바로 사용을 하며 불에 그슬릴 필요는 없다. 만약 일찍이 반응고된 유즙을 보관한 적이 있는 오래된 병이라면 매번 유즙을 보관할 때마다 번번이 잿불 속에 병을 그슬려 물기를 날려 보내야 한다.[347] (또한) 병을 돌리면서 그슬려 두루 열이 미치게 한다. 잘 그슬려서 말라 식으면[348] 비로소 사용한다.

불에 그슬리지 않으면 속에 물기가 있어서 유즙이 응고되지 않아 만들어지지 않는다.[349]

中臥之. 新瓶卽
直用之, 不燒. 若
舊瓶已曾臥酪者,
每臥酪[74]時, 輒須
灰火中燒瓶, 令
津出. 迴轉燒之,
皆使周匝熱徹.
好乾, 待冷乃用.
不燒者, 有潤氣,
則酪斷不成. 若

(熱)’자로 쓰여 있다. 스성한의 금석본에서도 ‘열(熱)’자로 표기하였다. 그러나 묘치위 교석본에서는 ‘열(熱)’자가 잘못된 것으로 보았다. 즉 ‘평수법(抨酥法)’ 중에서 언급된 “끓인 젖[熟乳]을 동이에 담아 둔다.”의 ‘숙유(熟乳)’를 말하는 것이므로, 이 글자는 마땅히 ‘숙(熟)’자로 써야 한다고 지적하였다.

346 ‘와(臥)’: 끓인 젖을 덮어서 보온 발효시키는 것이다. 잘 만든 누룩을 누룩저장실에 넣어서 누룩효모를 배양하는 것과 더불어 『제민요술』에는 ‘와(臥)’라고 일컫는데 민간에서는 ‘엄(罨)’ 혹은 ‘욱(燠)’이라고 한다. 같은 이치로, 일정한 용기 속에 밀폐하여 적당한 온도를 유지하여 유익한 미생물이 순리대로 발효작용을 일으키게 하는 것도 모두 ‘와(臥)’라고 한다.

347 ‘영진출(令津出)’: 도자기 속에 함유된 물기를 증발시키는 것이다.

348 ‘호(好)’는 ‘매우’ 또는 ‘아주’라는 의미이며 또한 ‘적합하다’라는 의미도 있다. ‘호건(好乾)’은 잘 말랐다는 것을 뜻한다. 『제민요술』에는 ‘호(好)’로 부사를 만들기 위해서 동사 혹은 형용사 앞에 부사로 써서 정도가 매우 많다는 것을 표시하는데, ‘호숙(好熟)’, ‘호정(好淨)’, ‘호소(好消)’ 등이 그것이다.

349 습기가 있으면 세균이 번식하기 쉽다. 여기서는 실제로 오래된 병을 말려 멸균 처리하여 오염된 미생물을 죽여 없애고, 깨끗한 조건 아래에서 순리대로 발효를 진행하도록 하였다. 만약 그렇지 않으면 유단백이 오염되고 파괴되어서 응고될 수 없다.

만약 매일 모두 병을 그슬렸는데도 유즙이 응고되지 않는다면 유즙을 만드는 집에 뱀이나 두꺼비350가 숨어 있기 때문이다. 마땅히 사람 머리카락이나 소나 양의 뿔을 태우면 악취 때문에 달아나게 된다.

(병에) 반응고된 유즙을 넣어서 차갑고 따뜻한 정도를 알맞게 조절한다. 따뜻한 정도가 사람의 체온보다도 약간 높은 것이 가장 적합하다. 보관한 유즙이 뜨거우면 시게 된다. 너무 차가우면 유즙이 응고되지 않는다.

젖을 걸러 낸 후에 먼저 '달콤한 유즙[甛酪]'을 사용하여 '효모[酵]'를 만든다.351

대개 삭은 젖 한 되에 반 숟가락 정도의 효모를 큰 국자에 넣고 작은 숟가락으로 저어서 분해시켜 삭은 젖 속에 붓는다. 이내 국자로 저어서 고르게 잘 섞어 준다.

양탄자나 풀솜 같은 것으로 병을 감싸서[茹]352

日日燒瓶， 酪猶
有斷者， 作酪屋
中有蛇蝦蟇故也.
宜燒人髮， 羊牛
角以辟之， 聞臭
氣則去矣.

其臥酪待冷暖
之節. 溫溫小暖
於人體爲合宜
適. 熱臥則酪醋.
傷冷則難成.

濾乳訖, 以先成
甛酪爲酵. 大率熟
乳一升, 用酪半匙
著杓中. 以匙痛攪
令散， 瀉著熟乳
中. 仍以杓攪使均
調. 以氈絮之屬,

---

350 '하마(蝦蟇)': 이는 곧 '합마(蛤蟇)'로서, 두꺼비와 개구리의 총칭이다.

351 '첨락(甛酪)'은 먼저 만들어 응고된 유즙으로, 즉 발효제를 만들기 위해서 보관해 온 삭은 유즙이다. '효(酵)'는 접종용으로 쓰이며, 미생물을 발효하는 '순배양'이다. 만약 유즙을 만들 효모가 없다면 초에 밥을 타서 대신 사용한다.

352 '여(茹)': '싸다[包裹]'의 의미이다. 스성한의 금석본을 보면, 현재 많은 방언에서 '채워 넣다'를 '여(茹)'라고 하며, 상성으로 읽고 자주 '유(乳)'자로 쓴다. 본서에서 이 글자가 자주 쓰이는데, 권7과 권8에 특히 많다. 니시야마의 역주본에서는 '여(茹)'

따뜻하게 해 주고 상당한 시간동안 홑베[單布]로 그 위를 덮어 준다. 다음 날 아침이면 반응고된 유즙이 만들어진다.

만약 읍내에서 멀리 떨어져 있어 (효모를 구입할 도리가 없고) 삭은 유즙으로 효모를 만들 수 없으면, 재빨리 식초와 밥을 섞고[揄]³⁵³ 부드럽게 찧어서 효모를 만든다. 대개 한 되의 젖에 작은 한 숟가락의 밥으로 만든 효모를 타서 고르게 잘 저으면 반응고된 유즙을 만들 수 있다. 시큼한 유즙[酢酪]을 사용해서 효모를 만들었기에 유즙도 시다. 달콤한 유즙으로 효모를 만들어도, 효모를 너무 많이 넣으면 유즙 또한 시게 된다.

6-7월 중에 만든 유즙을 보관할 때는 사람의 체온과 같이 하고, 곧장 서늘한 곳에 두고 감싸서 보온할 필요가 없다. 겨울에 만든 것을 덮어 둘 때는 체온보다 약간 높게[少令] 유지해 준다.

茹瓶令暖，　良久，以單布蓋之．明旦酪成．**75**

若去城中遠，無熟酪作酵者，急揄醋飧，研熟以爲酵．大率一斗乳，下一匙飧**76** 攪令均調，亦得成．其酢酪爲酵者，酪亦醋．甜酵傷多，酪亦醋．

其六七月中作者，臥時令如人體，直置冷地，不須溫**77**茹．　冬天

는 용기를 베나 짚 같은 것으로 빙빙 감아서 보온하는 것이라고 한다.

353 유(揄)': 섞어서 흔드는 것을 '유'라고 한다. '유(揄)'는 금택초본과 호상본에서는 이 글자와 같은데 명초본에서는 '유(楡)'자로 잘못 쓰고 있다. 스성한의 금석본을 참고하면, '초손(醋飧)' 또는 '초손(醋飱)'은 차가운 '산장수(酸漿水: 좁쌀의 발효 생산물)'에 찬밥을 섞은 것인데, 예부터 음료로 사용되었다.[권9의 「손·반(飧飯)」 각주 참조.] 본 단락에 보이는 두 개의 '손(飧)'자는 권9 「손·반(飧飯)」편과 마찬가지로 정자는 마땅히 손(飧)이어야 하며, 묘치위 교석본에서도 일률적으로 '손(飧)'이라 쓰고 있다. 밥에 초를 섞은 것으로 발효제로 쓰인다고 한다. 스성한의 금석본에서는 '손(飱)'자를 쓰고 있다.

나머지 계절에 비해 감싸 보온하는 정도가 모두 아주 따뜻하다.[354]

말린 치즈[乾酪]를 만드는 법:[355] 7월이나 8월에 만든다. 햇볕에 유즙을 쪼여 유즙 위에 피막이 생기면 뜬 부분을 걷어 낸다. 다시 햇볕을 쪼이고 걷어 낸다. 지방을 다 걷어 내[356] 젖의 막[皮]이 생기지 않으면 비로소 (끓이는 일을) 그친다.

(기름을 없앤 유즙) 한 말을 모아[357] 솥에 넣고 적당한 시간을 졸였다가 꺼내고 얕은 대야[盤][358]에 담아 햇볕에 말려 구덕구덕하게[359] 말

作者, 臥時少令[78]熱於人體. 降於餘月, 茹令極熱.

作乾酪法. 七月八月中作之. 日中炙酪, 酪上皮成, 掠取. 更炙之, 又掠. 肥盡無皮, 乃止. 得一斗許, 於䥑中炒少許時, 卽

---

354 '극(極)'에 대해 묘치위는 '더욱'으로 해석하였으나, 스성한은 '자주', '항상'으로 보았으며, 자형이 유사한 긍(恆)자를 잘못 쓴 것이라고 지적하였다. '항(降)'자의 경우에 스성한의 금석본에서는 여름과 겨울을 제외한 나머지 계절에 사람의 체온과 같은 온도를 유지해야 한다고 보았다. 반면 묘치위는 겨울 이외에도 약간 덥게 감싸 준다고 하는 것이 6-7월 중의 보관법과 더불어 이치에 맞지 않는다고 인식하여, 스성한의 견해에 따라 해석하였음을 밝혀 둔다.

355 '작건락락(作乾酪酪)': 반응고된 '낙(酪)'을 솥에서 볶고 햇볕에 쬐어서 물기를 제거한 후에 유즙의 단백질을 응고시켜 덩어리지게 하고 다시 햇볕에 말려 만든다. 오늘날 만드는 방법은 이와 다르다.

356 '비진(肥盡)': 유지방이 완전히 분리되어 나온 이후이다.

357 '일두허(一斗許)': 유막을 완전히 걷어 낸 이후의 유즙이며 유피를 가리키는 것은 아니다. 이러한 유즙을 건조시키고 지방을 빼서 치즈로 만든다. 그 유막은 남겨두었다가 버터[酥]를 만든다.

358 '반(盤)': 스성한의 금석본에서는 '반(槃)'을 쓰고 있는데, 이는 옛 표기법이다.

359 '읍읍(浥浥)': 많은 수분이 있으나, 뚝뚝 떨어지거나 흘러내리지는 않는 반건조 상태이다.(권5 「잇꽃·치자 재배[種紅藍花梔子]」 주석 참조.)

랐을 때 반죽하여 배[梨] 크기만 한 덩어리로 만든다.

다시 햇볕에 쬐어 말리면 몇 년이 지나도 상하지 않는다. 먼 길을 떠날 때 주어 식량으로 사용하게 한다.

죽을 끓이거나 액즙을 만들 때 잘게 깎아 물에 넣고 끓이면 유즙의 맛이 난다. 또한 덩어리째로 끓는 물에 던져 넣어 맛을 보아서 유즙의 맛이 나면 또한 건져 내어 햇볕에 말린다.

한 덩어리를 다섯 번 정도 끓일 수 있으며 부수어서는 안 된다. (끓는 물 속의 유즙의 맛과 덩어리진 것이) 모두 약해졌을 때[360] 다시 깎아서 갈아 쓰면 두 배로 절약할 수 있다.

반건조 치즈[漉酪][361]를 만드는 방법: 8월 중에 만든다. 진하고 좋은 유즙을 취하여 생베[生

出於盤上, 日曝. 漉漉時作團, 大如梨許. 又曝使乾, 得經數年不壞. 以供遠行.

作粥作漿時, 細削, 著水中, 煮沸, 便有酪味. 亦有全擲一團著湯中, 嘗有酪味, 還漉取, 曝乾. 一團則得五遍煮, 不破. 看勢兩漸[79]薄, 乃削研, 用倍省矣.

作漉酪法. 八月中作. 取好淳酪,

---

360 '세량점박(勢兩漸薄)': '양(兩)'은 끓는 물 중에 유즙의 맛과 반응고된 덩어리의 두 방면을 가리키는 것이다.

361 '녹락(漉酪)': '녹(漉)'은 물기를 걸러 내는 것으로, '녹락'은 물기를 뺀 반건조한 치즈이다. 묘치위 교석본에 의하면, 치즈는 순수한 유즙이나 탈지유즙으로 만들며 또 '경락[硬]'과 '연락[軟]'의 구분이 있다. 여기서의 물을 빼낸 유즙이 반건조 상태가 되었을 때 더 이상 햇볕에 말리지 않고 습유상태[濕酪]로 둔 것이 곧 '연락(軟酪)'이다. 앞 문장의 '치즈'는 '경락(硬酪)'이 된다. 물기를 뺀 유즙은 순수한 유즙으로 만들며, 유지를 분리시키지 않기 때문에 유지를 분리시켜서 만든 치즈보다 맛이 비교적 좋다고 한다.

布]³⁶²로 만든 포대에 담아서 걸어 두어 물이 뚝뚝 떨어지면서 빠져나가게 한다. 물이 다 떨어지면 솥에 약간[暫] 졸여서 꺼내어 쟁반에 담아 햇볕에 말린다. 구덕구덕하게 마를 때쯤 배 크기만 하게 덩어리로 만든다. 이 또한 몇 년이 지나도 상하지 않는다.

깎아 내어 죽을 끓이고 액즙을 만들면 맛이 치즈[乾酪]보다 좋다. (마른 치즈를) 볶으면 맛은 비록 좋지 않아 생유즙보다는 못하지만, 볶지 않으면 벌레가 생겨 여름을 넘길 수가 없다.

치즈[乾]와 녹락[酪]을 오랫동안 두면 모두 맛이 싱하게 되니[暍],³⁶³ 내년 새로 만들어 그해에 다 소비하는 것만 못하다.

말의 유즙으로 효모를 만드는 방법: 당나귀[驢] 젖 2-3되를 분량에 상관없이 말의 젖과 섞는다. 유즙이 저절로 가라앉으면 덩어리를 만들어서 햇볕에 말린다.

이듬해[後歲]에 유즙을 만들 때 이 같은 덩어

生布袋盛, 懸之, 當有水出滴滴然下. 水盡, 著鐺中暫⁸⁰炒, 即出於盤上, 日曝. 浥浥時作團, 大如梨許. 亦數年不壞. 削作粥漿, 味勝前者. 炒雖味短, 不及生酪, 然不炒生蟲, 不得過夏. 乾漉二酪, 久停皆有⁸¹暍氣, 不如年別新作, 歲管用盡.

作馬酪酵法. 用驢⁸²乳汁二三升, 和馬乳, 不限多少. 澄酪成, 取下澱, 團, 曝

---

362 '생포(生布)': 삶아서 정련을 거치지 않은 삼베[麻布]이다.
363 '갈(暍)': '갈'은 더워서 상하는 것이다. 여기의 상황은 사실 음식물을 오래 두면 맛이 상하는 '애(餲)'이지 '갈(暍)'이 아니다. 묘치위 교석본에 의하면, 음식물의 변질은 주로 습기와 열에 의해서 일어나기 때문에 '갈(暍)'자를 차용한 것이라는 견해도 있다.

리로 효모[酵]를 만든다.

버터를 만드는 법[抨酥法]:[364] 협유[夾榆木][365]를 끼워 만든 작은 나무 주발로 주걱[杷子][366]을 만든다. 주걱[杷子]을 만드는 법은 주발의 상단부 절반[半上][367]을 잘라 내고 네 개의 변에 각각 직경 한 치 전후 크기의 둥근 구멍을 뚫고, 주발 바닥 정 중앙에 하나의 긴 손잡이를 다는데 마치 술주걱처럼 만든다.

버터를 만드는[368] 데 사용되는 크림[酥酪][369]

乾. 後歲作酪, 用此爲酵🔢也.

抨酥法. 以夾榆木椀爲杷子. 作杷子法, 割卻椀半上, 剜四廂各作一圓孔,🔢 大小徑寸許, 正底施長柄, 如酒杷形. 抨酥, 酥

---

364 '평수법(抨酥法)'은 원래 제목만 큰 글자이고 나머지는 모두 두 줄로 된 작은 글자로 되어 있었지만 묘치위 교석본에서는 일괄적으로 고쳐서 큰 글자로 쓰고 있다. '수(酥)'는 버터로 '내유(內油)' 또는 '황유(黃油)'라고도 일컫는다. 버터의 제작과정은 다음과 같다. 젖막을 모아 졸여서 유청을 없애고 뜨거운 물을 넣고 갈면서 냉수를 붓고 모아서 다시 졸여 정제하는데, 현재 소수민족이 '황유(黃油)'를 만드는 전통적인 방법과 기본적으로 동일하다고 한다.

365 '협유목(夾榆木)'은 바로 권5 「느릅나무·사시나무 재배[種榆白楊]」의 '협유(梜榆)'로서 (특별히 재료를 얹어 돌리면서 물건을 제작하는) 갈이틀이나 그릇을 만드는 데 적합하며, '협(夾)'은 마땅히 '협(梜)'으로 써야 한다.

366 '파자(杷子)': 주발을 잘라서 나무 손잡이를 달아서 만들었다는 점에서 국자와 유사하나 용도가 주로 젓는 데 이용되었다는 점에서는 주걱과 같은 용구가 아니었을까 생각된다.

367 '반상(半上)'은 억지스러우니 마땅히 '상반(上半)'으로 써야 할 듯하다. 주발의 상단부 절반을 잘라 내서 나머지 절반을 남겨 두고 4면에 각각 구멍을 판 후에 긴 손잡이를 주발 바닥에 장치하였다.

368 묘치위 교석본에 따르면 '평수(抨酥)'는 마땅히 "以夾榆木椀爲杷子"와 연결되어 한 구절을 이루는데, 중간에 있는 '작파자법(作杷子法)' 이후 주파형(酒杷形)까지는 앞의 내용을 설명을 위해 삽입된 것으로 작은 글자인 소주로 써야 한다고 한다.

은 단것과 신 것을 모두 사용할 수 있다. 며칠 두어서 묵은 유즙은 신맛이 심하지만 상관없다.

유즙이 많으면 큰 항아리에 담고, 유즙이 적으면 작은 항아리에 담는다. 항아리를 햇볕 아래에 둔다.

이른 아침에 일어나서 유즙을 항아리 속에 붓고 태양이 서쪽 모퉁이로 질 때까지 줄곧 끓인다. 이때 손으로 휘저어서 주걱이 항상 바닥에 닿도록 한다.

밥 한 끼 먹는 시간이 지나 물을 끓이고 찬물을 섞어[370] 손을 댈 수 있을 성노의 온도가 되면 항아리 속에 붓는다.[371]

뜨거운 물의 분량은 항상 유즙의 절반이 되게 한다. 다시 젓는다. 시간이 약간 지난 후에 버터가 생기면 냉수를 붓되[372] 냉수의 분량은 뜨

酪甜醋皆得所.
數日陳酪極大酢
者, 亦無嫌.

酪多用大甕, 酪
少用小甕. 置甕於
日中. 旦起, 瀉酪
著甕中炙, 直至日
西南角. 起手抒
之, 令杷子常至甕
底. 一食頃, 作熱
湯, 水解, 令得下
手, 瀉著甕中. 湯
多少, 令常半酪.
乃抒之. 良久, 酥
出, 復下冷水[35]
冷水多少, 亦與

---

369 '수락(酥酪)': 왕웨이후이[汪維輝], 『제민요술: 어휘어법연구(齊民要術: 詞彙語法研
究)』, 上海敎育出版社, 2007, 297쪽에서는 소와 양의 젖을 정제하여 만든 식품으로 해
석하고 있다.

370 '해(解)': 끓는 물에 물을 섞어 적당한 온도로 만들고, 진한 즙에 물을 타서 희석시
키고, 건조한 것에 물을 타서 멀겋게 만드는 등과 같이 음식물 중에 어떤 액즙을
타서 맛을 조절하는 것으로, 『제민요술』은 이를 모두 '해(解)'라고 한다.

371 '사저옹중(瀉著甕中)': 스성한의 금석문에서는 '사저(寫著)'로 쓰고 있다. '내리다
[傾瀉]'의 '사(瀉)'자는 예전에 항상 '사(寫)'를 썼으나 이는 옛 '사(㵼)'자와 같은 것
으로, 묘치위 교석본에서는 '사(瀉)'로 통일하여 쓰고 있다.

372 냉수를 타면 지방이 액체의 면 위로 뜨는데, 지방과 아랫면에 남아 있는 온갖 잡

거운 물과 같게 한다. 또 힘껏 젓는다. 이때에 국자는 더 이상 항아리 바닥에 닿게 해서는 안 된다. 버터가 빨리 뜨기 때문이다.

떠오른 버터가 유즙의 윗면을 덮으면 다시 냉수를 쏟아 붓는데 그 분량은 앞의 것과 같다. 버터가 응고된 이후에는 휘젓기도 끝낸다.

동이에 냉수를 담아서 항아리 옆에 두고[373] 손으로 유즙 위의 버터를 건져서[接][374] (동이 속에 옮겨) 손을 동이의 물속에 담그면 버터가 저절로 (냉수의 윗면 위에) 떠오른다. 다시 처음과 같이 건져 내는데 버터를 다 건져 내면 그만둔다. 버터를 건져 내고 남은 유즙[酪漿]은 밥에 초를 탄

湯等. 更急抴之. 於此時, 杷子不須復達甕底. 酥已浮出故也. 酥既遍覆酪上, 更下冷水, 多少如前. 酥凝, 抴止.

大盆盛冷水著甕邊, 以手接酥, 沈手盆水中, 酥自浮出. 更掠如初, 酥盡乃止. 抴酥酪漿, 中和

물질과 분리시킴으로써 버터의 응고에도 유리하다. 다음 문장의 정제된 버터에 뜨거운 물을 넣어서 뜨거운 상태로 갈면서 또 찬물을 넣는 것도 작용은 서로 동일하다.

373 "大盆盛冷水著甕邊": 스성한은 "水盆盛冷水, 著盆邊"으로 쓰고 있다. 스성한에 따르면 "小盆, 盛冷水, 著瓮邊"으로 생각하는데, 자형이 유사해서 잘못 쓴 듯하다고 한다. 묘치위 교석본에 의하면, 금택초본과 호상본에서는 '대분(大盆)'이라고 쓰고 있으며 『영락대전(永樂大典)』 권2405에는 '수(酥)'자 다음에 『제민요술』과 같이 인용하고 있는데 남송본에서는 '수분(水盆)'이라고 쓰고 있다. '옹(甕)'은 명각본과 학진본에서는 이 글자와 같지만 양송본에서는 '분(盆)'으로 쓰고 있는데, 이는 잘못이라고 한다.

374 '접(接)': 거르지 않은 술에서 위층의 청주를 거르는 것, 침전물 윗면에 있는 상층부의 맑은 물을 걷는 것, 수면 위의 부유물질을 걷어 내는 것을 『제민요술』에서는 모두 '접(接)'이라고 부른다. 여기의 '접(接)'은 떠오른 버터를 건져 내는 것이다.

효모나 죽에 배합하는 데 적합하다.

물동이 속에 떠오른 버터는 식으면[得冷] 모두 응고된다.[375] 손으로 걷어 내고 물을 짜내서 덩어리로 만들어 청동 그릇 속에 넣어 둔다. 혹은 물이 스며들지 않는[不津][376] 도기 속에 넣어도 좋다. 10일쯤 지나 적당한 양을 얻으면 한꺼번에 솥에 넣고, 소와 양의 마른 똥에 불을 붙여서[377] 은은한 불로 달이는데 마치 향택을 졸이는 방법과 같이 한다.[378] 당일에 (버터 속에 남아 있는) 젖이 끓으면서 빠져나오는데 마치 빗물이 물에 떨어지는 소리가 난다. 유즙 중의 수분과 젖이 모두 다 마르면 소리도 없어지고 더 끓지도 않아서 버터가 곧 완성된다.

겨울에는 양의 밥통으로 만든 주머니 속에 넣어 두고 여름에는 물이 스며들지 않는 용기 속에 담아 둔다.

飧粥.

盆中浮酥, 得冷悉凝. 以手接取, 搦去水, 作團, 著銅器中. 或不津瓦器亦得. 十日許, 得多少, 併內鐺中, 燃牛羊矢緩火煎, 如香澤法. 當日內乳涌出, 如雨打水聲. 水乳既盡, 聲止沸定, 酥便成矣. 冬卽內著羊肚中, 夏盛不津器.

---

375 냉수에 넣어서 냉기를 맞으면 응고된다는 말이다. 남송본에서는 이 문장과 같고 금택초본과 호상본에서는 '대냉(大冷)'으로 쓰고 있는데 형태상의 잘못이다.

376 '불진(不津)': 물이 스며들지 않는다는 뜻이다. 권7「항아리 바르기[塗甕]」에는 항아리를 관리하여 물이 새지 않게 하는 방법이 있다.

377 '연(燃)': 스성한의 금석본에서는 '연(然)'을 쓰고 있는데, '연(燃)'은 본래의 표기법으로서 '(불을) 붙이다'의 뜻이다.

378 '여향택법(如香澤法)': 권5「잇꽃 · 치자 재배[種紅藍花梔子]」편에 '전상택법(煎香澤法)'이 있는데, 불로 열을 가해서 유지방에 섞여 있는 수분을 증발시키는 방법이다.

처음 젖을 졸여 유즙을 만들 때, 젖 위에 피막이 생기면 손으로 수시로 걷어 내서 다른 용기에 담아 둔다.

끓인 젖은 동이에 담아 두는데 거르기 전에 유막이 응결되면 역시 모두 걷어 낸다.

이튿날이 되어 유즙이 완성된 이후에 윗면에 누런 피막이 생기면 또한 모두 걷어 낸다.[379] 이 같은 유막을 모두 항아리 속에 담고 힘껏 고루 으깬다. 조금 후에 열을 가하여 다시 으깬다. 또 냉수를 붓는다. (이와 같이 하면) 순수하고 좋은 버터[好酥][380]가 되는데, 손으로 건져 내고 덩어리로 만들어 큰 항아리에서 건져 낸 버터와 함께 졸인다.

初煎乳時, 上有皮膜, 以手隨卽掠取, 著別器中. 瀉熟乳著盆中, 未濾之前, 乳皮凝厚, 亦悉掠取.

明日酪成, 若有黃皮, 亦悉掠取. 幷著甕中, 以物痛熟. 研良久, 下湯又研. 亦下冷水. 純是好酥, 接取, 作團, 與大段同煎矣.

---

[379] '역실략취(亦悉掠取)': 젖과 응고된 유즙을 절이는 과정 중에 3번의 유피가 생긴다는 것을 알 수 있다. 첫 번째는 맨 처음에 젖을 졸일 때의 피막이고, 두 번째는 뜨거운 젖이 점차 다소 차가워질 때 응결되면서 생긴 유피이며, 세 번째는 바로 이튿날 새벽에 유즙을 만들 때 굳어져서 생긴 '황피'이다. 묘치위 교석본에 의하면 이들은 모두 자연 상태에서 액체면 위로 떠오르는 유지로서, 가공 후에 다시 전문적으로 유즙을 저을 때 만들어지는 버터와 함께 졸여서 이들을 모으고 농축시켜서 버터기름을 만든다고 한다.

[380] '호수(好酥)': 스성한의 금석본에서는 '낙(酪)'을 쓰고 있으나 '수(酥)'로 고쳐 써야 한다고 하였다. '수(酥)'는 오직 금택초본에서만 이 글자와 같고 다른 본에서는 모두 '낙(酪)'으로 잘못 쓰고 있다. 묘치위는 윗 문자의 '피막(皮膜)', '유피(乳皮)', '황피(黃皮)'의 세 항목은 모두 처음에 젖을 졸여 응고된 유즙을 만드는 과정 속에서 분리되어 나온 유지 즉 버터[酥]이고 응고된 유즙[酪]은 아니기에 '낙(酪)'은 잘못이라고 한다.

양에 옴이 있으면 분리해서 떼어 놓아야 한다.[381] 떼어 놓지 않으면 피차 전염되어 무리가 모두 죽기도 한다.

양의 옴이 먼저 입에 오르면 치료가 어려워 대부분 죽게 된다.

양의 옴을 치료하는 법:[382] 여로藜蘆[383]의 뿌리를 취해 찧어 부수고[咬咀][384] 쌀뜨물에 담근다. 병 속에 넣어서 주둥이를 막아 부뚜막[竈][385] 가에 두

羊有疥者, 間別之. 不別, 相染污, 或能合羣致死. 羊疥先著口者, 難治多死.

治羊疥方. 取藜蘆根, 咬咀令破, 以泔浸之. 以瓶

---

381 '간별지(間別之)': 격리시켜 떼어 놓음으로써 전염병을 막을 수 있다. 예전에는 예방 백신이 없어서 전염된 것을 격리시키는 조치가 매우 중요했다. 옴은 각종 가축에 대해 모두 선염성이 있어서, 양 무리에 엄청난 손실을 끼치기에 심각하게 만연하거나 혹은 무리를 전멸시킬 수도 있다.

382 '治羊疥方'부터 '治羊挾蹄方'까지의 여섯 문단은 원래 제목만 큰 글자이고, 치료법은 모두 두 줄로 된 작은 글자로 되어 있지만 묘치위 교석본에서는 일괄적으로 고쳐서 큰 글자로 하였다.

383 '여로(藜蘆)': 학명은 *Veratrum nigrum*이며 백합과로 독이 있는 다년생 초본이다. 뿌리를 이용하여 피부에 바르는 약을 만들어서 옴이나 백독(白禿) 등의 독창을 치료할 수 있으며, 아울러 벼룩[蚤]과 벌레[蟲], 빈대[臭蟲] 등을 죽일 수 있다.

384 '부저(咬咀)': 스성한의 금석본에 따르면, 고대의 식물성 약재를 잘게 부스러뜨리는 방법으로, 치아로 깨물어[㕮: 오늘날 '교(咬)'로 쓴다.] 부순다. 나중에는 치아로 깨물지 않고 부스러뜨렸어도 여전히 '부저(咬咀)'라고 부른다. 묘치위 교석본에 의하면, 여로에는 독이 있어서 여기서는 이미 그것을 '부순다'라는 대용사로 사용되었을 뿐이다. 『명의별록(名醫別錄)』 「서례(序例)」에서는, "무릇 탕주(湯酒) 고약은 옛 처방에서 부저(咬咀)라고 일컫는 것은 모두 큰 콩만 하게 단 후에 찧어서 불면 날아갈 정도로 고운 가루로 만든다. … 지금은 모두 아주 부드럽게 자른다."라고 한다. 『일체경음의(一切經音義)』 권7 「정법화경(正法華經)」에서는 '부저(咬咀)'를 해석하여 이르기를, "물건을 쳐서 가는 것이다."라고 하였다. 『사시찬요』 「정월」 편에서도 이 처방을 게재하고 있는데, '두드린다[敲打]'로 쓰고 있다.

385 '조(竈)': 호상본 등에서는 이 글자와 같은데, 금택초본 및 명초본에선 '조(竈)'로

어 따뜻하게 해 준다. 며칠이 지나 시큼한 냄새가 나면 곧 사용할 수 있다.

벽돌[磚]³⁸⁶과 기와로 양의 옴을 문질러[刮] 빨갛게 하는데, 만약 단단하고 두꺼운 딱지[硬痂]가 있다면 먼저 뜨거운 물로 씻는다.

딱지를 떼어 내고 씻고 말린 후 약을 그 위에 바른다. 다시 한 번 더 바르면 낫는다. 만일 옴이 많으면 매일 나누어서 바르되 한 번에 모두 다 발라서는 안 된다.

양이 이미 쇠약하면 약의 힘을 견디지 못하여 곧 죽는다.

또 다른 방법: 딱지를 떼어 내는 것은 앞에서 말하는 방법과 같다. 아욱 뿌리를 태워 재를 만든다. (침전된) 초의 찌꺼기[醋澱]를 달여 온기가 있을 때 그 위에 바르고 재를 두텁게 덮는다. 두 차례 치료하면 곧 좋아진다. 날씨가 차가울 때는 털을 깎아서는 안 되며 털을 깎으면[去]³⁸⁷ 곧 얼어 죽게 된다.

또 다른 치료법: 12월에 돼지기름에 석웅

盛, 塞口, 於灶邊
常令暖. 數日醋
香, 便中用. 以磚
瓦刮**86**疥令赤, 若
強硬痂**87**厚者, 亦
可以湯洗之. 去
痂, 拭燥, 以藥汁
塗之. 再上, 愈.
若多者, 日別漸漸
塗之, 勿頓塗令
遍. 羊瘦, 不堪藥
勢, 便死矣.

又方. 去痂如
前法. 燒葵根爲
灰. 煮醋澱, 熱
塗之, 以灰厚傅
再上, 愈. 寒時
勿剪毛, 去即凍
死矣.

又方. 臘月豬

쓰고 있으며, 의미는 동일하다. 묘치위 교석본에서는 통일하여 '조(灶)'로 쓰고 있다. 스성한의 금석본에서는 '조(竈)'자로 표기하였다.

386 '전(磚)': 스성한은 '전(塼)'으로 쓰고 있다.

387 묘치위 교석본에서는 '거(去)'자 앞에 '전(剪)'자가 빠진 것으로 추측하였다.

제57장 양 기르기[養羊第五十七] **149**

황[熏黃]³⁸⁸을 타서 그 위에 발라 주면 곧 좋아진다.

양의 코에서 고름이 나오고 눈이 맑지 않으면 '중수[中水]'로 치료한다. 치료법: 뜨거운 물에 소금을 타서 국자로 저어 아주 짠 소금물을 만들어서 그 위에 바르면 아주 좋다. 소금물이 식으면 그 위의 맑은 액을 취하여 계란 하나가 들어갈 정도의 작은 뿔[小角]에 담고 두 콧구멍에 1각[角]씩 부어 넣는다. (이와 같이 하면) 차도가 있을 뿐 아니라[水差]³⁸⁹ 병을 일으키는 균[蟲]³⁹⁰이 평생 생기

脂, 加熏黃塗之,
卽愈.

羊膿鼻眼不淨者, 皆以中水. 治方. 以湯和鹽, 用杓研之極鹹, 塗之爲佳. 更待冷, 接取淸, 以小角受一雞子者, 灌兩鼻各一

---

388 '훈황(熏黃)': '훈황(熏黃)'은 질이 낮은 웅황(雄黃)이다. 『당본초(唐本草)』에서 주석하기를, "웅황에서 … 좋지 않은 것을 훈황이라 부르며, 부스럼과 옴에 연기를 쐬는 것이기 때문에 붙여진 이름이다."라고 한다. 『본초도경』에서는, "청흑색이면서 아주 단단한 것을 훈황이라 하고, 모양과 색깔은 진짜와 유사하지만 냄새가 지독하여 취황(臭黃)이라고 부른다."라고 한다. 스성한의 금석본에서는 '훈(薰)'으로 쓰고 있다. 『농상집요』에서는 이 처방에서 쓰는 것을 '취황(麁黃)'이라 하였다. 『농상집요』의 '의마개방(醫馬疥方)'에 따르면 '취황(麁黃)'은 '웅황(雄黃)'이다. '취'자는 『농상집요』의 주에 "음이 취이다.[音麁.]"라고 되어 있으며, 『옥편』에서는 '속취자(俗臭子)'로 보고 있다. 웅황의 나쁜 냄새는 꽤 분명해서 '취황(臭黃)'이라고 부를 수 있다. 묘치위 교석본에 의하면, '훈(熏)'은 각 본에서는 이 글자와 같은데 명초본에서는 '훈(薰)'자로 쓰고 있다. 점서본에서는 『농상집요』가 『사시찬요』를 인용하여 '취(麁)'로 쓴 것에 따르고 있는데, 이는 잘못이다.

389 양 코와 눈에 고름이 나오는 것은 '번번이 좋지 않은 물을 마셨기[頻飮傷水]' 때문에 일어난 것이므로 '중수방(中水方)'과 같이 치료한다. '수차(水差)'는 아주 진한 소금 탕을 만들어 양 코에 부어 넣으면 콧속의 고름이 치료될 뿐만 아니라 좋지 않은 물조차도 치료되는 것을 가리킨다.

390 사료에서는 '충(蟲)'으로 쓰고 있는데, 콧속에 벌레가 생기는 것 자체가 이상하기에 코에 농이 생기는 원인을 '균'으로 해석하는 것이 합리적일 듯하다.

지 않게 된다.

5일이 지나면 양은 반드시 물을 마시려고 하는데 이것은 눈과 코가 깨끗해진 징후이다. 차도가 없으면 모두 앞의 방법과 마찬가지로 다시 부어 넣는다.

양의 코에서 고름이 나오고 입과 볼에 종기가 생겨서 마치 건선乾癬같이 되는 것을 '가투혼可姑渾'391이라고 하는데, 상호 간에 전염이 되고[易]392 전염되면 죽는 경우가 많으며 간혹 무리가 전멸할 수도 있다.

치료하는 방법으로 양 우리에 장대를 세워 장대 끝에 가로 판을 설치하여 원숭이[獼393猴]에게 판 위에서 며칠을 지내게 하면 자연적으로 차도가 있다. 이러한 짐승은 사악한 것을 물리치기에 항상 우리 속에 머물게 하면 좋아진다.

양의 '협제挾蹄'를 치료하는 방법: 숫양의 기름을 취하여 소금과 섞어 졸여서 익힌다.

角. 非直水差, 永自去蟲. 五日後, 必飮, 以眼鼻淨爲候. 不差, 更灌, 一88如前法.

羊膿鼻, 口頰生瘡如乾癬者, 名曰可姑渾, 迭相染易, 著者多死, 或能絶羣. 治之方, 豎長竿於圈中, 竿89頭施橫板, 令獼猴上居數日, 自然差. 此獸辟惡, 常安於圈中亦好.

治羊挾蹄方. 取牝羊脂, 和鹽

---

391 '가투혼(可姑渾)'은 서쪽이나 북쪽 유목지역의 민족에서 전래된 옴과 같은 질병의 이름이다. 이 같은 옴은 매우 지독하고 전염 속도도 빨라서 전염되면 '대부분 죽게 된다[多死].' 앞 문장에서 "양의 옴이 먼저 입에 오르면 치료하기 어렵고 대부분 죽게 된다."라고 하였는데, 이는 아마 '가투혼'과 같은 유일 것이다.

392 '역(易)'은 바꾼다는 의미로서, 피차간에 돌아가며 전염된다는 의미이다.

393 '미(獼)'는 금택초본에서는 이 글자와 같으나 명초본과 호상본 등에서는 '선(猻)'자로 쓰고 있다. 가을에 사냥하는 것을 '선'이라고 하므로 이는 잘못이다.

쇠[鐵]를 달구어 약간 빨갛게 되면 기름에 담가서 지진다. 이후에 마른 땅에 풀어놓고, 물이나 진흙에 들어가게 해서는 안 된다. 이레가 지나면 자연적으로 차도가 있다.

옴에 걸려서 차도를 보인 양은 이듬해 여름이 되어 처음으로 살이 오를 때[394] 팔아서 건강한 것으로 바꾸어야 한다. 그렇지 않을 경우 그 이듬해 봄[後年春][395]에 옴이 다시 발생하면 반드시 죽는다.

무릇 나귀, 말, 소, 양에서 있어서 송아지, 망아지, 새끼 양을 거두는 방법:[396] 항상 시장에 가서 관찰하고 있다가 새끼를 배서[含重][397] 낳으려고 하는 것을 보면 그때마다 구입한다.

망아지와 송아지는 태어난 지 150일, 새끼 양은 60일이 되면 모두 스스로 독립적인 생활을 할 수가 있어서 더 이상 어미젖에 의존하지 않는다. 어미 가축이 좋아서 종자를 생산할 수 있는

煎使熟. 燒鐵⑨
令微赤, 著脂烙
之. 著乾地,⑨ 勿
令水泥入. 七日,
自然差耳.

凡羊經疥得差
者, 至夏後初肥
時, 宜賣易之.
不爾, 後年春疥
發, 必死矣.

凡驢馬牛羊收
犢子駒羔法. 常
於市上伺候, 見
含重垂欲生者,
輒買取. 駒犢一
百五十日, 羊羔
六十日, 皆能自
活, 不復藉乳.

---

394 이듬해 여름을 뜻한다. 금택초본과 명초본에서는 '후하(後夏)'라고 쓰고 있으나, 이 단어와 같은데, 다른 본에서는 '하후(夏後)'라고 쓰고 있다.

395 '후년춘(後年春)'은 다음해 여름 이후의 일 년으로서, 이는 곧 '내후년'이다.

396 묘치위 교석본에 의하면, 이 표제 이하의 단락 전체는 원래 두 줄로 된 작은 글자로 쓰여 있지만, 묘치위의 교석본에서는 고쳐서 큰 글자로 쓰고 있다.

397 '함중(含重)': 이것은 임신을 가리키므로 앞 문장의 '어미가 젖이 풍부한[母既含重]' 것과 다르다.

것은 남겨서 종축種畜으로 삼으며, 그렇지 않은 것은 다시 판다. (그리하면 어미 가축의) 본전은 건질 수 있으며, 앉아서도 망아지와 송아지를 낳은 이익을 거둘 수 있다.[398] (이렇게 생긴 돈으로) 다시 임신한 어미를 구입할 수 있다.

1년 중에 소, 말, 나귀는 두 번 순환할 수 있으며[兩番],[399] 양은 네 번 순환할 수 있게 된다.[400]

양의 새끼는 12월과 정월에 태어난 것을 남겨서 종자로 쓴다. 나머지 달에 태어난 양들이 남으면 내다 판다. 2만 전을 밑천으로 하여 양을 기르면 한 해에 천 마리의 양을 거둘 수 있다. 남겨진 종자는 모두 정선된 좋은 것으로, 세간의 일반적인 것과는 달라서 함께 취급하여 논할 수 없다.

어찌하여 새끼 양과 송아지를 얻어서 많은

乳母好, 堪爲種産者, 因留之以爲種, 惡者還賣. 不失本價, 坐贏駒犢. 還更買懷孕者. 一歲之中, 牛馬驢得兩番, 羊得四倍.

羊羔, 臘月正月生者, 留以作種. 餘月生者, 剩而賣之. 用二萬錢爲羊本, 必歲收千口. 所留之種, 率皆精好, 與世間絶殊, 不可

---

398 '영(贏)': '벌어들이다'의 뜻이다. 스성한의 금석본에는 '이(贏)'라고 쓰고 있다. 스성한에 따르면, 명초본과 금택초본에 '이(贏)'로 되어 있고, 명청 각본이 모두 같다.

399 '양번(兩番)': 이는 '거듭 바꾸어 두 차례'라는 의미이다. 금택초본에서는 '양배(兩倍)'라고 쓰고 있는데, '배(倍)'자는 늘어났다는 뜻으로 두 차례로 증가되었다는 의미이지 실제로 '두 배의 수[倍數]'를 가리키는 것은 아니다.

400 가축의 임신기간을 보면, 양은 약 150-160일인 데 반해 소는 270-290일이며, 말은 330-335일이다. 양은 1년에 두 번 새끼를 칠 수 있으나 소는 1년에 한 번 새끼를 낳을 수 있다. 하지만 『제민요술』에서는 종자용 가축에 가장 적합한 계절을 명시하고 있기 때문에 양과 소의 임신 기간이 한정될 수밖에 없다.

이득을 취했는데 또 양탄자와 유즙의 이익을 남
긴단 말인가?

죽은 새끼 양의 가죽은 갖옷[裘]과 요[褥]를
만들 수 있다.

고기는 소금에 절여서 말리고[乾腊] 육장[肉醬]⁴⁰¹
을 만들 수 있는데, 맛도 아주 좋다.

『가정법』에 이르기를, "양을 기르는 법은
마땅히 한 개의 토기에 소금 한 되를 담아서 양
우리 안에 걸어 둔다. 양은 소금을 좋아하여 스
스로 자주 돌아와서 먹게 되니, 사람이 몰아서
거두는[收]⁴⁰² 수고를 하지 않아도 된다."라고 하
였다.

양이 병에 걸리면 번번이 서로 전염된다. 병
든 양을 구별하려면 우리 앞에 깊이가 2자, 폭이
4자인 도랑을 판다.

오갈 때 모두 도랑을 뛰어넘는 것은 병이
없고, 건너지 못하고 도랑 속으로 내려가서 지

同日而語之. 何
必羔[92]犢之饒, 又
蠃氈酪之利矣.[93]
羔[94]有死者, 皮好
作裘褥. 肉好作
乾腊, 及作肉醬,
味又甚美.

家政法曰, 養
羊法, 當以瓦器
盛一升鹽, 懸羊
欄中. 羊喜鹽,
自數還啖之, 不
勞人收.

羊有病, 輒相
污. 欲令別病法,
當欄前作瀆, 深二
尺, 廣四尺. 往還
皆跳過者, 無病,

---

401 '육장(肉醬)': 고기를 으깨서 만든 반죽 모양의 식품으로 해석하고 있다. 왕웨이후이
[汪維輝], 『제민요술: 어휘어법연구(齊民要術: 詞彙語法硏究)』, 上海敎育出版社,
2007, 281쪽 참조.

402 '수(收)': 사람이 몰아서 데리고 올 필요가 없음을 뜻한다. 금택초본과 호상본에
서는 '수(收)'자를 쓰고 있고, 『사시찬요』 「정월」편에서 『가정령(家政令)』의 동
일한 것을 인용하고 있다. 그러나 명초본에서는 '목(牧)'이라고 쓰고 있으며, 『농
상집요』에서는 동일하게 인용하고 있고 점서본에서도 이를 따르고 있다.

나가는 것은 (병이 든 것으로) 바로 구별할 수 있다.[403]

『술術』에 이르기를, "양의 발굽을 창문가에 걸어 두면 도적을 피할 수 있다."라고 하였다. "저습지 주변에 가축[六畜]을 방목할 때는 외부인이 용건 없이 가축의 무리 속으로 횡단하여 지나가서는 안 된다. 길 위로 다니는 것은 싫어할 필요가 없다."라고 했다.

『용어하도龍語河圖』에 이르기를, "뿔이 하나인 양의 고기를 먹으면 사람이 죽게 된다."라고 한다.

不能過者, 入瀆中行過, 便別之.

術曰, 懸羊蹄著戶上, 辟盜賊. 澤中放六畜, 不用令他人無事橫截羣中過. 道上行, 卽不諱.

龍魚河圖曰, 羊有一角, 食之殺人.

● 그림 5
싸리나무 채[荊條]와 그 종자

● 그림 6
여로(藜蘆)

---

403 '편별지(便別之)': 이것은 병들린 양을 구별하는 방법이다. 묘치위의 교석본에 따르면, 대체로 신체가 약한 병 들린 양에 대해서는 효과가 있지만, 이미 감염되어 잠복기에 있어 아직 발병하지 않은 양에 대해서는 비록 이미 바이러스를 지니고 있다 하더라도 체력이 쇠진하지 않아 여전히 도랑을 건널 수 있기에 구별할 수 없다고 한다.

58 '월수(月數)': 스성한의 금석본에는 '수월(數月)'로 쓰고 있다. 스성한의 금석본에는, 점서본에 '수월'로 되어 있는 것 외에는 명초본과 금택초본 및 『농상집요』와 비책휘함 계통의 판본에는 모두 '월수(月數)'로 되어 있으며, '수월'의 의미가 명백하므로 점서본에 따라 수정한다고 한다.

59 '모(母)': 금택초본과 명초본에는 '무(毋)'로 잘못 쓰여 있다.

60 '초수무미(草雖茂美)': '초(草)'자는 명초본과 비책휘함 계통의 판본에는 없다. 금택초본과 『농상집요』에 따라 보충한다.

61 '만(滿)'은 금택초본에서는 이 글자와 같으며 『농상집요』에서도 동일하게 인용하였는데, 명초본과 호상본에서는 '저(儲)'로 쓰고 있다.

62 '노(勞)'는 양송본 및 원각본 『농상집요』에서는 동일하게 인용하고 있다. 호상본에서는 '방(旁)'자로 쓰고 있으며, 점서본에서는 이를 따르고 있다. 진본 『농상집요』에서는 '유(遊)'자를 인용하여 쓰고 있으며, 학진본 및 스성한의 금석본도 그것을 따르고 있다.

63 '유원수위량(唯遠水爲良)': 금택초본에는 이 구절부터 새로운 단락으로 처리했다. 『농상집요』에는 이 구절 아래에 "傷水, 則蹄甲膿出"이라는 주가 달려 있다. 학진본과 점서본은 모두 『농상집요』에 따라 이 소주를 첨가했다. 그러나 다음 문장의 '이일일음(二日一飲)' 아래의 소주 "頻飲則傷水而鼻膿"과 비교할 때, 『농상집요』의 이 주가 후대에 첨가된 것으로 원문에 들어가서는 안 된다고 생각한다. 왜냐하면 "頻飲則傷水而鼻膿"과 아래의 '중수를 다스리는 처방[治中水方]'은 상호 대응되기 때문이다.

64 '연(軟)': 스성한의 금석본에서는 '난(暖)'으로 쓰고 있다. 스성한에 따르면, 명초본과 금택초본에 '연(軟)'으로 되어 있으며, 『농상집요』와 학진본에 '화(和)'로 되어 있다. 점서본에서 '난'으로 고친 것은 옳다. '연'자는 원래 '연(輭)'으로 썼으며, '난'자 역시 원래 '난(㬉)'으로 썼다. 자형이 유사하여 헷갈리기 쉽다.

65 '승(乘)': 금택초본 및 『농상집요』에서 인용한 것도 있는데, 학진본에 의거하여 더하였다. 명초본과 호상본에는 빠져 있다.

66 '칠월(七月)'은 금택초본과 『농상집요』에서는 인용한 것이 동일한데 명초본과 호상본에서는 '시월[十月]'로 잘못 쓰고 있다. '칠일(七日)'은 각 본에서는 동일한데 아마 '팔월(八月)'의 잘못으로 의심된다.

67 '동(凍)': 명초본에 '연(煉)'으로 잘못 표기되어 있다. 금택초본과 명청 각본에 따라 바로잡는다.

68 '막북한향(漠北寒鄉)': 명초본에는 '새(塞)' 한 글자만 있으며, 비책휘함 계통의 각 판본도 이와 같으며, 점서본과 용계정사본 역시 이와 같다. 지금 금택초본에 따라 고친다. 다른 본에서는 '막북새(漠北塞)'로 쓰고 있는데 '새(塞)'는 '한(寒)'의 형태상의 잘못인 듯하며, '향(鄉)'자가 빠져 있다.

69 '긴(緊)': 남송본과 명초본에 '계(繫)'로 잘못 표기되어 있다. 금택초본과 명청 각본에 따라 바로잡는다.

70 '작(柞)': 명초본에는 '자(榨)'로 잘못 표기되어 있다. 비책휘함 계통의 여러 판본에 이르면 '각(榷)'으로 잘못 전해지게 된다. '작시(柞柴)'는 금택초본에 따른 것이며 『사시찬요』 「사월」편에서 『제민요술』을 인용한 것에도 동일하다. 남송본과 점서본에서는 '자시(榨柴)'로 잘못 쓰고 있으며 명각본과 학진본에서는 '각시(榷柴)'로 잘못 쓰고 있다.

71 '충출(蟲出)': 금택초본에서는 이와 같으나, 다른 본에서는 '생충(生蟲)'으로 쓰고 있다.

72 '치(值)': 금택초본에만 있으며, 다른 본에는 빠져 있다.

73 '연(軟)': 금택초본에 '가(歌)'로 되어 있으며, 학진본과 비책휘함 계통의 판본에 '첩(輒)'으로 되어 있다.

74 "者, 每臥酪"의 4글자는 남송본에는 있지만 금택초본과 호상본에는 빠져 있다.

75 '성(成)': 명초본과 호상본에는 '성(成)'자로 적고 있으나, 금택초본에는 '취(就)'로 쓰여 있다.

76 '손(飧)': 스성한의 금석본에서는 앞의 문장에 있는 것과 더불어 모두 '손(飧)'자를 쓰고 있다. 스성한에 따르면 이 두 군데의 '손'자는 명초본에 각각 '손'과 '찬(餐)'으로 되어 있다. 학진본에는 '손(飧)', '효(酵)'로 되어 있고, 비책휘함 계통의 판본은 같다. 금택초본의 두 군데는 모두

'손(湌)'으로 되어 있다. 현재 금택초본에 따라 같은 글자로 고치되, '정체(正體)'의 '손(飧)'을 쓴다.

77 '온(溫)': 명초본에 '습(溼)'으로 잘못 표기되어 있다. 금택초본과 명청 각본에 따라 고친다.

78 '영(令)': 명초본에 '금(今)'으로 잘못 표기되어 있다. 금택초본과 명청 각본에 따라 바로잡는다.

79 '양점(兩漸)': 명초본에는 '양점', 금택초본에는 '우점(雨漸)'으로 되어 있다. 비책휘함 계통의 판본에는 '양참(兩斬)'으로 되어 있다.

80 '잠(暫)': 금택초본과 명초본 및 호상본에서는 '잠(蹔)'으로 쓰고 있는데, 이는 이자체이며 다른 본에서는 '잠(暫)'으로 쓰고 있다.

81 '유(有)': 명초본과 비책휘함 계통의 판본에 모두 빠져 있다. 금택초본에 의거 보충한다.

82 '여(驢)': 명초본에 '여(臚)'로 잘못 표기되어 있다. 금택초본과 명청 각본에 따라 바로잡는다.

83 '효(酵)'는 금택초본에서는 '수(酥)'로 쓰고 있는데, 다른 본에서는 잘못되지 않았다.

84 '원공(圓孔)': 명초본과 각종 명청 각본에 '원'이 모두 '단(團)'으로 되어 있는데, 해석할 수 없다. 금택초본에 따라 바로잡는다.

85 '복하냉수(復下冷水)': 위 문장의 '복(復)'자와 더불어 각본에서는 모두 빠져 있고 금택초본에만 있는데, 마땅히 있어야 한다.

86 '괄(刮)'은 금택초본과 명초본에서는 '삭(削)'으로 쓰고 있다.

87 '가(痂)': 명초본에 '산(疝)'으로 잘못 표기되어 있다. 군서교보가 근거로 한 남송본은 같으며, 금택초본과 명청 각본에 따라 바로잡는다.

88 각 본에는 '일(一)'자가 있는데, 금택초본에는 생략되어 없다.

89 '간(竿)': 명초본에 '등(等)'으로 잘못 표기되어 있으며, 금택초본과 명청 각본에 따라 수정한다.

90 '철(鐵)'은 금택초본에서는 이 글자와 같고 『농상집요』에서 『사시유요(四時類要)』를 인용한 것에서도 동일하며, 점서본은 이를 따르고 있다. 다른 본에서는 '철(鐵)'자를 '열(熱)'자로 쓰고 있으나 이는 잘못이다.

91 '저건지(著乾地)': 명초본과 명청 각본에 '지(地)'자가 누락되어 있는데,

금택초본에 따라 보충한다.

92 '고(羔)': 명초본과 금택초본에 모두 '양(羊)'으로 되어 있다. 명청 각본에 따라 '고(羔)'가 되어야 한다. 묘치위 교석본에 의하면, '하필(何必)'은 마땅히 '하황(何況)'으로 써야 한다고 한다.

93 '우영전락지리의(又贏氈酪之利矣)': 스성한의 금석본에서는 '又贏氈酪之利也'로 쓰고 있다. 스성한에 따르면, 금택초본에 '전(氈)'자가 있지만 다른 판본에는 모두 없기에 보충해야 한다고 하였다. '영(贏)'은 명초본과 금택초본에는 '이(贏)'자로 되어 있다. 학진본에는 '나(贏)'로 되어 있고, 비책휘함 계통의 판본에는 '이(贏)'와 '영(贏)' 모두 다 쓰인다. 묘치위 교석본에 의하면, '영(贏)'은 각 본에서 여전히 '이(贏)'자로 잘못 쓰여 있으며, 학진본에서는 '나(贏)'로 잘못 쓰여 있으나, 점서본에서는 이미 바르게 고쳐서 '영(贏)'으로 쓰고 있다. '전(氈)'은 각 본에서는 빠져 있는데 금택초본에만 보인다. '의(矣)'자는 오직 금택초본에서는 이 글자를 쓰는데 다른 본에서는 '야(也)'자로 쓰고 있으니 마땅히 '의(矣)'자로 써야 한다고 한다.

94 '고(羔)': 명초본에 '양(羊)'으로 되어 있다. 금택초본과 명청 각본에 따라 바로잡는다.

제58장

돼지 기르기 養豬第五十八

『이아(爾雅)』에 이르기를,[404] "'수(豬)'는 거세한 돼지[豶]이다. '요(幺)'는 낳은 새끼 중에서 가장 작고 미숙한[幼] 돼지이다. 피부가 조여서 잘 자라지 못하는 것을 '온(豱)'이라고 한다. 4개의 발굽[四蹢]이 모두 흰 것을 '해(豥)'라고 하고, 힘이 세고 (몸집이 큰 것을) '액(豟)'이라고 하며 어미 돼지를 '파(豝)'라고 한다."[405]라고 하였다.

爾雅[95]曰, 豬, 豶.
幺, 幼. 奏者, 豱. 四
蹢[96]皆白曰豥, 絶有
力, 豟,[97] 牝, 豝.

---

404 『이아』「석수(釋獸)」편에 보이며, 절의 한 부분을 인용한 것이다. '왈해(曰豥)'의 경우, 『이아』에는 '왈(曰)'자가 없는데 다른 본도 마찬가지이며, 각 판본에서 인용한 것은 대부분 오자와 탈문이 있다. 묘치위 교석본에서는 금택초본과 호상본 및 『이아』 원본에 의거하여 바로잡았다. 『제민요술』에선 단지 일부분만 인용하였으며 명청 각본에서는 「석수」편의 '저(豬)' 부분에 관한 전문(全文)을 수록하였는데, 합당하지 않다고 한다.

405 '수(豬)'에 대해 곽박의 주에는 "민간에서 소분저(小豶豬)라고 부르는 것을 수자(豬子)라고 한다."라고 하였다. 이는 곧 거세한 적이 있는 새끼 수돼지이다. '요(幺)'는 곽박의 주석에서는 "가장 뒤에 태어난 것을 민간에서는 작고 미숙한 돼지[幺豚]라고 불렀다."라고 한다. '온(豱)'은 곽박의 주석에서 "지금의 온저(豱豬)는 머리가 짧고 살갗이 오그라든다."라고 하였으며, 쉽게 잘 자라지 않는다. '주(奏)'는 '주(腠)'와 통하며 이것은 바싹 죈다는 의미이다. '적(蹢)'은 돼지 발굽을 뜻한

『소아(小雅)』[406]에 이르기를, "체(彘)는 곧 돼지고, 작은 돼지를 '돈(豚)'이라고 하며, 1년 된 돼지를 '종(豵)'[407]이라고 부른다."라고 한다.

小雅云,[98] 彘豬也, 其子曰豚, 一歲曰豵.

『광아(廣雅)』에 이르기를[408] "희(豨)·저(狙)·가(豭)·체(彘)는 모두 돼지이다. 혜(豯)·명(貘)은 작은 돼지[豚]이고 혹(豰)은 작은 수돼지이다. "[409]라고 하였다.

廣雅曰, 豨狙豭彘, 皆豕也. 豯貘, 豚也, 豰, 艾豭也.

다. '액(貁)'은 곽박의 주석에서는, "이는 곧 5자[尺] 높이의 돼지를 가리킨다."라고 한다. 위진남북조 시대의 5자는 오늘날의 3자 6치[寸]에 해당되기에, 옛날에 이미 천 근의 큰 돼지가 있었던 것이다. '파(豝)'는 어미 돼지이다.

406 『소아(小雅)』는 곧 『소이아(小爾雅)』이며, 『공총자(孔叢子)』 중의 제11편에 해당한다. 『소아』는 명초본에는 『이아』라고 잘못 쓰여 있는데, 다른 본에서는 하나같이 '주(注)'자로 쓰고 있다. 이는 『이아』 주문을 잘못 쓴 것으로 금택초본에서 『소아』라고 쓴 것은 잘못되지 않은 것이다. 또 '일세왈종(一歲曰豵)'이라고 한 것은 금본의 『공총자』「소이아(小爾雅)·광수제십(廣獸第十)」에서는, "돼지 중에 큰 것을 '견(豣)'이라 하고, 작은 것을 '종(豵)'이라 한다."라고 쓰여 있다.

407 '종(豵)': 『시경』「빈풍·칠월」편에는 "견(豣)을 공(公)에게 바친다."라는 기록이 있는데, 『모전』에서는 "시(豕)가 1년 된 것을 '종(豵)'이라 하고, 3년 된 것을 견(豣)이라고 한다."라고 하였다. 또 6개월이 된 돼지가 종(豵)이라는 설도 있는데, 금본 『공총자』「소이아」편에서 "작은 돼지를 일러 종이라고 한다."라는 것으로 보아 이는 곧 작은 돼지를 가리킨다고 할 수 있다.

408 '광아왈(廣雅曰)': 명초본에서 이 단락은 『광지』이며 구절은 '豨狙彘彎豕也, 豯□□也, 豰艾豭也'라고 한다. 군서교보가 근거로 삼은 남송본과 비책휘함 계통 판본은 명초본과 같다. 다만 공백 부분이 '둥글고 검은 점[墨釘]'으로 바뀌었다. 금택초본에 "체(豨), 읍(狙), 하(豭), 체(彘)는 모두 시(豕)이다. 애(豯), 분(貘)은 돈(豚)이다. 곡(豰)은 애가(艾豭)이다."라고 되어 있다. 즉, 이 부분은 모두 『광아』를 인용하였으며, 『광지』와 무관하다.

409 '가(豭)'에 대해 『광아』에서는 이것을 돼지의 별명이라고 하지만 수돼지를 가리키기도 한다. '혹(豰)'은 『설문해자』에서는 '작은 돼지[小豚]'라고 해석하고 있고, '애가(艾豭)'는 수돼지로서 『좌전』「정공십사년(定公十四年)」의 두예(杜預) 주에 보인다.] '혹(豰)'과 더불어 부합되지는 않는데, 왕염손은 『광아소증(廣雅疏證)』

어미 돼지는 주둥이가 짧아야 하며[短喙] 부드러운 솜털[柔毛]이 없는 것이 좋다.[410] 주둥이가 길어서 이빨이 많아 한쪽에 3개 이상이 있는 것은 살찌우기가 어렵기 때문에 번거롭게 기를 필요가 없다. 부드러운 솜털이 있으면 삶아도[爛][411] 깨끗하게 털을 뽑기가 어렵다.

암돼지는 새끼와 어미를 같은 우리 안에 두어서는 안 된다. 어린 암돼지가 어미와 같은[同] 우리 속에 있으면 서로 모이는 것을 좋아하지만 먹지 못하기 때문에 살찌지 않는다.[412] 새끼 수돼지가 어미와 함께 한곳에

母[99]豬取短喙
無柔毛者良. 喙長
則牙多, 一廂三牙以上
則不煩畜, 爲難肥故.
有柔毛者, 爛治難淨也.

牝者, 子母不
同圈. 子母同圈, 喜
相聚不食, 則死傷.[100]
牡[101]者同圈則無

에서 『광아』에 누락되고 잘못된 것이 있는 것으로 보았다.

410 '단훼(短喙)'는 부리가 짧다는 의미이다. 부리가 짧으면 음식을 먹기에 좋고 소화 계통이 발달하기 때문에 빨리 성숙하고 살찌우기에 용이하다. '유모(柔毛)'는 솜털이다. 돼지는 털이 듬성듬성하고 깨끗한 것이 빨리 잘 자라고 좋으나, 솜털 돼지는 종자로 쓰기에 합당하지 않다고 한다.

411 '섬(爛)': 이 글자는 『예기』「예기(禮器)」편에서는 '염(爓)'으로 적고 있고,「내칙(內則)」편에서는 '심(燖)'으로 쓰고 있으며,『의례(儀禮)』「유사철(有司徹)」편에는 '섬(燅)'으로 쓰여 있는데, 정현의 주에는 『춘추전(春秋傳)』을 인용하여 '심(燖)'으로 쓰고 있다. 네 글자의 음과 뜻은 서로 같으며 현응의 『일체경음의』권9의 '첨저(燂膡)'편에서는 『통속문(通俗文)』을 인용하여, "물을 끓여서 털을 벗긴다.[以湯去毛.]"라고 해석하고 있다. 『제민요술』에는 이 네 글자가 모두 있고, '섬(燅)'에 손 수[手]를 덧붙여 '섬(撍)'자로 쓰고 있는데, 모두 끓는 물을 끼얹어 털을 벗겨서 아울러 살코기를 깨끗하게 하는 조치를 가리킨다. 돼지를 깨끗이 할 뿐만 아니라 닭과 오리를 깨끗이 하고 물고기 등을 깨끗하게 하는 것도 마찬가지로 이와 같이 일컫는다.

412 묘치위의 교석본에 따르면 몸집이 크고 둔하여 누워서 젖을 먹고, 몸을 구를 때에는 갓 태어난 새끼 돼지가 압사하거나 부상을 입는 경우가 늘 있다. (더욱이 첫 출산한 돼지는), 곧 "서로 모여서 먹지를 못하여[相聚不食]", 새끼 돼지는 유약해지고 간혹 눌리지는 않더라도 배고파 죽거나 굶주리게 되고 또한 그러한 곤경

있는 것은 상관없다. 수퇘지는 이리저리 뛰어다니기를 좋아하는데, 만약 '집'에 머무는[家生][413] 습관이 없으면 달아나 버리기 쉽다. 우리가 작다고 걱정할 필요가 없다.[414] 우리가 작으면 살이 빨리 찐다. 머무르는 곳이 더러워도 개의치 않는다. (뒹굴면서) 더러운 오물을 바르면 더위를 피할 수 있다. 또한 지붕이 있어야만 눈과 비를 피할 수 있다.

　　봄과 여름에 풀이 나기 시작하면 수시로 방목한다. 지게미와 겨와 같은 종류는 당일 돌아오면 별도로[415] 먹인다. 지게미와 겨는 여름에는 번번이 상하여 두고 먹이기에 적합하지 않기 때문이다.

　　8, 9, 10월에는 단지 방목해서 먹이고 사료

嫌. 牡性遊蕩, 若非家生, 則喜浪失. 圈不厭小. 圈小則肥疾. 處不厭穢. 泥污[102]得避暑. 亦須小廠, 以避雨雪.

　　春夏草生, [103] 隨時放牧. 糟糠之屬, 當日別與. 糟糠經夏輒[104]敗, 不中停故. [105] 八九十

을 벗어나기가 어렵다.

[413] '가생(家生)': 이는 곧 우리에서 기르는 것으로서, 집안에서 기르는 것을 뜻하지는 않는다.

[414] '권불염소(圈不厭小)': 돼지의 본성은 잠자기를 좋아하여 작은 우리 속에서는 활동량이 적으며, 먹고 자느라 음식물의 소모가 적어 충분히 살로 전환되기 때문에 빨리 살이 찐다. 이것은 잘 먹고 활동량을 줄여 살을 찌우게 하는 것으로서, 농언에서 말하는 "새끼 돼지는 뛰어놀게 해야 하고, 큰 돼지는 가두어 둬야 한다." 라는 것이다.

[415] '별여(別與)': 별도로 먹인다는 것으로서, 즉 매일 다른 것으로 바꾸는 것이다. 묘치위는 소주의 '경하첩패(經夏輒敗)'에 대해 다소 의문을 제기하였는데, 지게미와 겨는 매일 신선할 수가 없으며 게다가 추운 겨울에 먹이로 남겨 두는 것이니 대부분이 묵힌 것임을 알 수 있다. 이미 묵은 것이 '경하첩패'인 것이다. 매일 바꾸어도 역시 묵힌 것이기 때문에 변질된다. 이 구절은 분명히 '경야첩패(經夜輒敗)'가 되어야 할 듯하며, 물을 가미한 지게미와 겨는 여름에 하룻밤을 지내면 쉽게 상하기 때문에 매일 바꾸어서 다른 것을 주어야 한다고 한다.

를 먹이지는 않는다.

가지고 있는 지게미와 겨는 늦겨울[416]과 초봄까지 먹일 사료로 비축해 둔다. 돼지는 물속에서 자라는 풀을 먹는 것을 좋아한다. 물가 근처에 있는 수초를 써레[把]나 빈 누거[耬]로 일으켜 놓으면[417] 돼지가 곧 먹고 모두 살찌게 된다.[418]

새끼를 갓 출산한 어미 돼지[初産者][419]는 마땅히 곡식을 삶아서 먹인다. 새끼 돼지가 태어나서

---

416 '궁동(窮冬)': 겨울이 곧 끝날[窮] 무렵이다.

417 '파누(杷耬)': 흙을 일으키는 농구로 『농상집요』에서는 동일하게 인용하였으나, 금택초본에서는 '파루(把耬)'라고 쓰고 있고, 황교원본[黃校原本; 이후 황교본(黃校本)으로 약칭], 명초본에서는 '파루(杷耬)'로 쓰고 있다. 장교본에서는 '파수(杷數)'로 와전해서 쓰고 있으며, 호상본에서는 '파수(把數)'로 잘못 쓰고 있다. 『이아』 「석고하(釋詁下)」편에서는 "'누'는 모이는 것이다.[耬, 聚也.]"라고 해석하고 있다. 묘치위 교석본에 이르길, 『제민요술』의 끌어 모으는[搜聚] 글자로는 '누(耬)'는 쓰되 '누(樓)'는 쓰지 않고, 파자(杷子)의 글자에서는 '파(杷)'는 쓰지만 '파(把)'는 잘못이다. 『농상집요』의 인용은 『제민요술』의 글자 용례와 서로 부합된다고 한다.

418 '춘하초생(春夏草生)'에서 '개비(皆肥)'에 이르는 내용을 보면, 봄여름에는 푸른 풀이 무성하고 영양가가 많아 수시로 방목하여 풀을 먹이고, 지게미와 겨는 대신 적당하게 저장해 둔다. 8월에서 10월까지는 방목하고 사료를 주지 않는데, 우선 야생의 수초와 같은 것을 이용하더라도 돼지는 먹기를 좋아하여 살이 찌며, 지게미와 겨는 한겨울에 사료로 남겨 둔다. 이와 같은 것은 모두 사육방식이 방목과 우리가 결합되었음을 보여 준다.

419 '초산자(初産者)': 갓 새끼를 출산한 어미 돼지를 가리키며, 새끼 돼지를 가리키지는 않는다. 갓 출산한 어미 돼지에게는 처음 며칠간은 매우 부드러운 먹이를 줘야 한다. 특히 출산한 어미 돼지의 신체는 허약하기에 반드시 먹이가 부드럽고 영양가가 많아야 체력을 회복하며 젖이 풍부해지는데, 이는 지금도 마찬가지이다.

3일이 되면 곧 꼬리를 떼어 내고[揢尾] 60일 후에
는 거세한다[犍].420 3일이 지나 꼬리를 떼어 내면 파상풍
[風]을 걱정할 필요가 없다. 거세한 돼지가 죽게 되는 것은 모두
'꼬리를 떼어 냄으로 생긴 상처로 인한 파상풍[尾風]' 때문이
다.421 거세하고 꼬리를 떼어 내지 않으면 돼지는 앞쪽 부분이
크고 몸의 뒤쪽 부분은 작다. 거세한 돼지는 뼈가 가늘고 고기
가 많은데, 거세하지 않으면 골격은 굵지만 고기는 적다. 소를
거세하는 것처럼 돼지를 거세하면 돼지가 파상풍으로 인해 죽
을 염려는 없다.422

11월과 12월에 태어난 새끼 돼지[豚]423는
하룻밤이 지나면 증기로 찜질을 해 주어야 한
다. 찜질하는 방법은 대나무를 꼬아서 만든 바구니[索籠]에
새끼 돼지를 담아[盛] 시루 위에 올려 약한 불로 증기 찜질을
하여 땀이 나면 그만둔다. 증기 찜질을 하지 않으면

揢尾, 六十日後
犍. 三日揢尾,圖 則不
畏風. 凡犍豬死者,
皆尾風所致耳. 犍不
截尾, 則前大後小.
犍者, 骨細肉多, 不
犍者, 骨麤肉少. 如
犍牛法者, 無風死之
患.

十一十二月圖
生子豚, 一宿,
蒸之. 蒸法, 索籠盛
豚, 著甑中, 微火蒸
之, 汗出便罷. 不蒸

---

420 '건(犍)'은 거세한다는 의미이다. 원래는 소를 거세하는 것을 가리켰는데, 여기서
는 거세하는 것의 통칭으로 사용한다. '승(騬)', '선(騸)'과 같으며 '건(劇)'으로 쓰
기도 한다.
421 3일이 되면 꼬리를 떼어 내는 것의 효과는 명백하지 않다.
422 '건우법(犍牛法)'은 이미 '풍으로 인해서 죽는 것[風死]'을 피하는 수준에 도달했
지만, 당시에 거세방법이 어떠했는가에 대한 설명이 없다.
423 이 구절을 금택초본에서는 "十日, 十二月生者豚"이라고 쓰고 있으며, 명각본에서
는 "十二月子生子豚"이라고 쓰고 있다. 『사시찬요』에서는 『제민요술』의 '증돈자
(蒸犉子)'를 뽑아서 「십일월」편에 열거하고 있기에, 금택초본에 11월이 있음이
정확하다는 것을 증명해 준다. 묘치위 교석본에서는 명각본을 참조하여 '자
(者)'자를 고쳐 '자(子)'자로 쓰고 있다. 스셩한의 금석본에서는, 이 '돈'자는 아랫
부분의 '腦凍不合'에 붙어야 하며, 이 행으로 잘못 옮겨 쓴 것으로 추측하였다.

(새끼 돼지의) 뇌가 얼어서 뇌문이 꽉 닫히지 않으므로,[424] 10일이 지나지 않아 바로 죽게 된다. 그러한 까닭은 새끼 돼지는 뇌가 작아서 너무 추울 때는 스스로 보온할 수 없으므로 따뜻한 기운을 쐬게 해 주어야 하기 때문이다.

식용으로 사용할 새끼 돼지는 (비집고 들어와서) 젖을 먹는 놈이 가장 좋다. 이들을 가려 내어서[簡] 별도로 사육한다.[425] (너무 많이 먹는) 어미와 함께 같은 우리 속에 있어서 조와 콩을 충분하게 먹지 못하여 쉽게 살이 찌지 않는 것을 걱정한다면, 수레바퀴를 땅속에 세워서 묻고 작은 먹이 공간[食場]을 만들어[426] 곡식과 콩을 그 속

則腦凍不合, 不出旬████便死. 所以然者, 豚性腦少, 寒盛則不能自暖, 故須暖氣助之.

供食豚, 乳下者佳. 簡取別飼之. 愁其不肥, 共母同圈, 粟豆難足, 宜埋車輪爲食場, ████ 散粟豆於內. 小豚食

---

424 '뇌동불합(腦凍不合)': 갓 태어난 새끼 돼지는 뇌문(腦門)이 얼면 봉합되지 않아 죽는다. 따라서 따뜻한 기운을 쐬어 줘야 잘 닫히게 된다.

425 "乳下者佳. 簡取別飼之": 곧바로 젖을 먹는 새끼 돼지가 좋으며, 그중에서도 빨리 자라고 살찐 것을 선별하여 별도로 사육한다. 묘치위에 의하면, 어미 돼지 배의 전면에 위치한 유두는 젖의 분비가 많아서, 이러한 젖을 먹고 자란 새끼 돼지는 자라는 것이 빠르고 살이 찐다. 먹이를 다투는 것은 늘 체질이 강건한 몇 마리의 새끼 돼지로서 민간에서는 '정자저(頂子豬)'라고 일컫는다. 이 때문에 가려 뽑아서 별도로 사육하면, 살찌고 식용하기에 적합하고 좋은 것을 얻을 수 있다. 『제민요술』에서 거듭 '간취(簡取)'라고 한 것은 임의대로 새끼 돼지를 고르는 것이 아니고, 반드시 비교적 살찌고 큰 것을 선택해야 한다는 의미일 것이며, 그것만이 '정자저'가 될 수 있기 때문이다. 따라서 일반적인 '포유기'는 곧 간택의 깊은 의미가 없고, '상투적인 것[落窠臼]'이라고 한다.

426 '埋車輪爲食場': 가마의 바퀴를 세워 땅 한 부분을 둘러싸서 공간을 만든 다음, 사료를 그 원 안에 넣으면 새끼 돼지는 바큇살 사이로 들어가고 나오고 할 수 있지만, 어미 돼지는 불가능하다.

에 흩어 준다. (그러면) 새끼 돼지는 바퀴 사이를 자유롭게 출입을 하며 충분히 먹을 수 있기 때문에 빨리 살찌게 된다.

『잡오행서雜五行書』에 이르기를, "12월에 돼지와 양의 귀를 안채의 들보 위에 걸어 두면 크게 부유해진다."라고 한다.

『회남만필술淮南萬畢術』에 이르기를, "삼씨와 소금은 새끼 돼지와 큰 돼지를 살찌게 한다. 삼씨 3되를 여러 번 절구질하고 끓여서 죽을 만든다. 소금 한 되를 넣고 3섬[斛]의 겨를 고루 섞어서 돼지에게 먹이면 살찌게 된다."라고 한다.

足, 出入自由, 則肥速.

雜五行書曰, 懸臘月豬羊耳著堂梁上, 大富.

淮南萬畢術曰, 麻鹽肥豚豕. 取麻子三升, 擣千餘杵, 煮爲羹. 以鹽一升著中, 和以糠三斛,[110] 飼豕卽肥也.

교기

95 '이아(爾雅)': 금본 『이아』에서 돼지에 관한 절의 전문(全文)은 다음과 같다. "시(豕)는 저(豬)이다. 오늘날 체(豴)라고도 하는데, 강동(江東)에서는 이를 희(豨)라고 하며 모두 수(豶)와 분(豶)라는 의미이다. 항간에는 소분저(小豶猪)를 수자(豶子)라고 하는데, 작고 어리다. 진(秦)에서는 온(豴)이라고 불렀는데, 오늘날의 진저(秦豬)는 머리가 짧고 가죽의 무늬 살결이 오그라든 특징이 있다. 가사협은 『이아』를 부분 인용하였다. 명초본과 금택초본도 이와 같다. 비책휘함 계통의 여러 판본(학진본 포함)은 모두 금본 『이아』의 본문을 모두 옮겨 썼다.

96 '적(謫)': 금본 『이아』에서는 '척(蹢)'으로 쓰기도 한다.

97 "絶有力, 豟": 스성한의 금석본에서는 '액(豟)'으로 쓰고 있다. 스성한에

따르면 '역(力)'자는 명초본에 '십파(十豝: 암돼지)'로 잘못 표기되어 있는데, 금택초본과 금본『이아』에 따라 바로잡는다.

98 '소아운(小雅云)': 명초본에 '소'자가 '이(爾)'로 되어 있으며, 윗부분에 두 칸이 비어 있다. 빈칸은『이아』중의 '빈파(牝豝)' 두 글자가 누락된 것이다. '이'자는 '소(小)'자를 옛 '이(爾)'자로 오해한 것이다. 군서교보가 남송본과 명초본을 근거하여 초사한 것은 모두 같다. 비책휘함 계통의 각본은『소아(小雅)』를 '주(注)'자로 잘못 고쳤고, '체(麂)'자 아래의 '저(豬)'자를 누락시켰다. 이렇게『소아』[공부(孔鮒)의 저작으로 알려져 있다. 곽박이 방언에 주를 달 때 많은 구절을 인용했으며『소아』또는『소이아』로 불린다.]가『이아』의 주가 되었으며 금본『이아』의 주에 이러한 글자들이 없어서 혼란을 야기했다. 금택초본에 따라 바로잡는다.

99 '모(母)': 본편「돼지 기르기[養豬]」의 모든 '모(母)'자는 금택초본과 명초본에서는 '무(毋)'자로 잘못 쓰고 있다.

100 "子母同圈, 喜相聚不食, 則死傷.": '자모동권(子母同圈)'의 '동(同)'자는 장교본, 명초본, 호상본에는 원래 '일(一)'로 되어 있으며, '상취불식(相聚不食)'의 '식(食)'자는 명초본에는 원래 없었으나, 금택초본과『농상집요』에 따라 보완 수정한다. 스성한의 금석본에서는 '즉사상(則死傷)'을 '즉불비(則不肥)'로 쓰고 있다.

101 '모(牡)': 명초본에는 '장(壯)'으로 잘못 표기되어 있으나, 금택초본과 명청 각본에 따라 바로잡는다.

102 '니오(泥污)': 금택초본에서는 '니오(泥污)'라고 쓰고 있고,『농상집요』에서도 동일하게 인용하고 있으나, 황교본과 명초본, 호상본에서는 '니예(泥穢)'라고 쓰고 있다.

103 '초생(草生)': 스성한의 금석본에서는 '중생(中生)'으로 쓰고 있다. 묘치위에 의하면 '초생'은 금택초본에서도 이 문장과 같으며『농상집요』에서도 동일하게 인용하고 있지만, 명초본과 호상본에서는 '중생'으로 쓰고 있어 잘못되었다.

104 '경하첩(經夏輒)': '경(經)'자는 명초본에는 글자가 비어 있으며, 황교본에는 빠져 있다. 금택초본에서는 이것과 같고,『농상집요』에서도 이와

동일하게 인용하고 있지만 호상본에는 이 세 글자 중에 두 글자가 비어 있다.

⑩ '중정고(中停故)': 금택초본에서는 이 문장과 같고, 원각본 『농상집요』에서도 동일하게 인용하고 있지만, 전본 『농상집요』에서는 '고(故)'를 '방(放)'으로 쓰고 있으며, 호상본에서는 이 세 글자 중에 두 글자가 비어 있다.

⑩ '겹미(掐尾)': 명초본에 '초미(招尾)'로, 금택초본에 '지미(指尾)'로 잘못되어 있다. 군서교보가 근거로 한 남송본과 황교본에는 이 두 글자가 비어 있고, 비책휘함 계통의 판본 및 호상본에는 이 두 글자가 아예 없다. 『농상집요』에 의거하여 개정한다.

⑩ '십일십이월(十一十二月)': 명초본에 '十二月子'로, 『농상집요』에 '十一月十二月'로 되어 있다. 비책휘함 계통 판본과 명초본이 같다. 금택초본과 학진본에 따라 바로잡는다.

⑩ '불출순(不出旬)': '불(不)'자는 금택초본에 있고, 『농상집요』에서 인용한 것에도 있으며, 점서본에서는 이에 의거하여 첨가하였는데, 명초본과 호상본에서는 빠져 있다.

⑩ '식장(食場)': 명초본과 군서교보가 근거로 한 남송본에는 모두 '식탕(食湯)'으로 잘못 표기되어 있다. 금택초본과 호상본에서는 '식장(食場)'으로 쓰고 있는데, 남송본에서는 '식탕(食湯)'으로 잘못 쓰고 있다.

⑩ '삼곡(三斛)': 『사시찬요』 「팔월」편에서는 『제민요술』을 인용하면서 '삼두(三斗)'로 쓰고 있다.

제59장
닭 기르기 養雞第五十九

『이아』에 이르기를,[427] "닭 중에 큰 것은 '촉(蜀)'이고 '촉' 의 병아리는 '여(雓)'이다. 자라지 않는 닭은 '연(僆)'이라고 한 다. 아주 힘이 좋은 닭을 '분(奮)'이라고 한다. 닭의 키가 3자인 것을 '곤(鶤)'[428]이라고 한다. 곽박이 주석하기를, '양구(陽 溝)[429]지역의 대곤[巨鶤]은 고래로 명성 있는 (싸움)닭[430]이다.'"

爾雅曰, 雞, 大者 蜀, 蜀子, 雓. 未成 雞, 僆 絶有力, 奮. 雞三尺曰鶤. 郭 璞注曰, 陽溝巨鶤,

---

427 『이아』 「석축」편에 보이며, '계(雞)' 부분의 전문이다. '왈곤(曰鶤)'이 '위곤(爲 鶤)'으로 적혀 있으나, 나머지는 동일하다. '연(僆)'은 곽박 주에는, "강동 지역에 서는 닭 중에 작은 것을 연이라고 부른다."라고 하였다. '명계(名雞)'는 각 본에 서는 모두 '계명(雞名)'이라고 뒤바꾸어 쓰고 있는데, 곽박의 원문에 따라서 도 치하여 바로잡았다.(학진본에서는 이미 고쳐 쓰고 있다.) '대(大)'는 명초본에서 는 '견(犬)'으로 잘못 쓰고 있다. '연(僆)'은 황교본과 명초본에서는 '수(雏)'자로 잘못 쓰고 있으며, 금택초본과 명초본에서는 '건(健)'으로 잘못 쓰고 있다. '역분 (力奮)'의 두 글자는 금택초본에서는 단지 '대(大)'자 한 자만 있는데, 문장이 성 립되지 않는다.

428 '곤(鶤)': '곤(鶵)'으로 쓰기도 한다.

429 '양구(陽溝)': 『예문유취』 권91, 『태평어람』 권918에서는 『장자』의 '양구지계(羊 溝之雞)'를 인용하고 있는데, 사마표(司馬彪)가 주석하기를, "양구(羊溝)는 닭싸 움이 성행하는 곳이다."라고 하였다. 『중화고금주(中華古今注)』에서는, "장안의 어구(御溝)는 그를 양구(楊溝)라고 일컬으며, 일설에는 양구(羊溝)라고도 부른

라고 한다.

『광지(廣志)』에 이르기를,[431] "닭은 (턱 아래에 긴 털이 있어서) 북방인과 같은 수염이 있고, 다리에 발가락이 5개이고, 황색 정강이가 있고, 깃털이 뒤집히는 등의 다양한 종류가 있다.[432] 큰 것은 '촉(蜀)지역의 것'이고 작은 것은 '형(荊) 지역의 것'이다. 닭이 희고 황색 정강이가 있는 것은 우는 소리가 좋다. 오(吳) 지역에서 장명계(長鳴雞)를 보냈는데 닭이 우는 시간이 일반적인 닭보다 2배나 된다."라고 하였다.

『이물지(異物志)』에 이르기를,[433] "구진(九眞)[434]의 장명

古之名雞.

廣志曰, 雞有胡髯
五指金骹反翅之種.
大者蜀, 小者荊. 白
雞金骹者, 鳴美. 吳
中送長鳴雞, 雞鳴長,
倍於常雞.

異物志曰, 九眞長

다."라고 한다.

430 '고지명계(古之名雞)': 스성한은 '고지계명(古之鷄名)'으로 적고 있으나, 금본『이아』의 곽박의 주에 따르면 원문은 '古之名雞'이다.

431 『예문유취』권91, 『초학기』권20, 및 『태평어람』권918의 '계(雞)'조에서는 모두 『광지』의 이 조항을 인용하고 있는데, 다소 다른 점이 있다. "닭이 희고 황색 정강이가 있는 것은 우는 소리가 좋다.[白雞金骹者, 鳴美.]"라는 문장은 『예문유취』에서는 "닭이 희고 황색 정강이가 있는 것은 힘이 좋으며, 병주에서 바친 것이다.[白雞金骹者, 善奮, 并州所獻.]"라고 쓰어 있으며, 『태평어람』에서는, "닭이 희고 황색 정강이가 있는 것이 좋으며, 옛 병주에서 바친 것이다.[白雞金骹者美, 舊并州所獻.]"라고 인용하여 쓰고 있다. 『초학기』에서 인용한 것은, "닭이 희고 황색 정강이가 있는 것이 좋다. 장미계(長尾鷄)는 꼬리가 가늘고 길며, 길이가 5자 정도 되며, 한국(韓國)에서 산출된다. 구진군(九眞郡)에서는 장명계(長鳴鷄)가 산출된다."라고 한다.

432 '호염(胡髯)': 닭 턱 아래의 긴 털로서 오랑캐인들의 수염과 비슷하여 이렇게 이름 붙였다. '오지(五指)': 다섯 개의 발가락이다. '교(骹)': 정강이이고, '금교(金骹)'는 그 정강이가 황금색이라는 의미이다. '반시(反翅)'는 털이 뒤집혀 자라는 것을 말한다.

433 『태평어람』권918에서는 『이물지(異物志)』를 인용하였으나, "사조(伺潮)에는 조수(潮水)가 밀려오면 운다."라고만 적고 있다. '최장(最長)'은 마땅히 우는 소리를 가리키며, 아마 '명최장(鳴最長)'이라고 써야 할 것이다. 묘치위 교석본에 의하

계는 가장 길게 운다. 소리도 매우 좋고 낭랑하다. 울 때는 반드시 해 뜰 시간에만 우는 것이 아니고 야간에 조수가 밀려올 때도 일제히 울기 때문에 이를 '사조계(伺潮雞)'라고 일컫는다."라고 한다.

『풍속통(風俗通)』에 이르기를,[435] "속설에 의하면 주(朱)씨 성을 가진 늙은이가 변해서 닭이 되었기 때문에 닭을 부를 때 '쥬쥬[朱朱]'라고 부른다."라고 한다.

『현중기(玄中記)』에 이르기를,[436] "동남지역에는 도도산(桃都山)이 있다. 산 위에는 큰 복숭아나무가 있는데 이를 일러

鳴雞最長. 聲甚好, 清朗. 鳴未必在曙時, 潮水夜至, 因之並鳴, 或名曰伺潮雞.

風俗通云, 俗說朱氏公化而爲雞, 故呼雞者, 皆言朱朱.

玄中記云, 東南有桃都山. 上有大桃樹,

면, 『이물지』 중 가장 이른 것은 후한 양부(楊孚)가 찬술한 것으로서, 『교주이물지(交州異物志)』라고도 이르지만, 고문헌에서 작자의 성명이 제시되지 않은 『이물지』를 인용하고 있는 경우가 매우 많다. 『제민요술』 또한 많은 조항에서 인용하여 쓰고 있는데,(권10에 보인다.) 그러나 어느 곳에도 양부라는 이름을 제시하지 않았다. 즉 『이물지』가 양부의 책이라고 단정할 수 없다.

434 '구진(九眞)': 한 무제가 남월(南越)을 '구진군(九眞郡)'으로 바꿨는데, 현재 베트남 하노이에서 후에[順化]에 이르는 지역이다.

435 『초학기』 권30과 『태평어람』 권918에는 모두 『풍속통(風俗通)』의 이 조항을 인용하지만, 금본에는 보이지 않는다.[금본은 모두 완질(完帙)이 아니다.] 『태평어람』에서 인용한 것은 처음에는 '속설(俗說)'이었는데, 뒤에는 작자의 말에 비추어서 바꾼 것으로서 여전히 원서(原書)의 형태를 지니고 있다. 그 문장에서는 이르기를, "닭을 본문에는 쥬쥬[朱朱]라고 일컫는데, 속설로는 '주(朱)씨 성을 가진 자가 변해서 된 것으로 지금 닭을 부를 때 쥬쥬라고 한다.'라고 하고 있다.

436 『예문유취』 권91, 『태평어람』 권918에는 모두 『현중기(玄中記)』의 이 조항을 인용하고 있는데, 문구는 기본적으로 동일하다. 『현중기』는 『수서(隋書)』 「경적지(經籍志)」에는 수록되어 있지 않다. 『초학기』, 『태평어람』에는 곽씨의 『현중기』를 인용하고 있는데, 혹자는 곽씨를 곽박이라고 주장하지만 호립초(胡立初)의 고증에 의하면 곽씨는 결코 곽박이 아니며, 저자와 시대가 모두 분명하지 않다고 한다.

'도도(桃都)'라고 한다. 나뭇가지 사이의 거리는 삼천 리나 되었으며 그 위에는 천계(天雞)가 있다. 태양이 갓 나와 빛이 이 나뭇가지에 비칠 때 천계가 울면 모든 닭들도 따라서 운다."라고 한다.

닭의 종자는 뽕나무에 남아 있는 잎이 떨어질 때 부화된[437] **것이 좋다.** (부화한 닭은) 몸집이 작고 털이 짧으며, 다리는 가늘고 짧다. 둥우리를 잘 지키고 또한 우는 소리가 작다. 병아리를 잘 친다.

봄과 여름에 부화된 것은 좋지 않다. 그 닭은 몸집이 크고 털과 깃이 아름다우며 다리는 굵고 길다. 돌아다니며 활개치고 소리를 내는데 알을 낳고 품는 것을 싫어하고[438]

名曰桃都. 枝相去三千里, 上有一天雞. 日初出, 光照此木, 天雞則鳴, 羣雞皆隨而鳴也.

雞種, 取桑落時生者良. 形小, 淺毛, 脚細短者是也. 守窠, 少聲. 善育雛子.

春夏生者則不佳. 形大, 毛羽悅澤, 脚麤長者是. 遊蕩饒聲, 産

---

437 "取桑落時生者良": 이 문장에서 '생(生)'의 의미가 분명하지 않지만 융통성은 다소 있는 것 같다. 묘치위 교석본에 의하면, 만약 병아리를 가리킨다면, 뽕나무에서 잎이 떨어지는 10월과 11월 사이에 병아리가 부화한 후에 날씨가 날마다 한랭해져서 살아나기가 쉽지 않고, 다음 편에서 거위와 오리새끼가 부화할 때 "겨울이 추우면 새끼 또한 대부분 얼어 죽는다."라고 말하고 있으니, 닭 또한 예외는 아닐 것이다. "작고 털이 짧다.[形小, 淺毛.]"라고 하는 것은 명백하게 닭을 가리킨다. 그러나 왜 뽕잎이 떨어질 때 부화된 것은 모두 이와 같은 닭이 되는지가 의문이다. '생'이 만약 알을 가리킨다고 하면, 봄에 따뜻하기를 기다려 품을 경우 시간의 간격이 너무 길고, 또한 그 알이 얼게 되어 부화율에 영향을 끼치게 되므로, 설령 부화되어 살아난다 할지라도 모두 '몸집이 작고 털 색깔이 연한' 닭이 될 수는 없다. 사실상 닭의 체형의 크기와 둥지를 품는 힘의 정도는 모두 어느 때 부화한 병아리인가 혹은 어느 때 낳은 알인가 와는 필연적 인과관계는 없고, 종자의 성질에 의해서 결정된다. 가사협이 기록한 것은 그 시대 그 지역의 닭인데, 의심되는 것은 '생'의 의미와 닭의 형태와 성질의 문제이다.

438 '산(産)'은 알을 낳는 것이며, '유(乳)'는 알을 품는 것을 가리킨다. '염(厭)'은 알을 낳는 것이 아주 적음을 의미하며 또한 알을 품고자 하는 성질이 매우 적음을 뜻한다고 한다.

둥우리를 잘 지키지 않아서 번식도 좋지 않다.

닭은 봄과 여름에 부화된 병아리는 20일 이
내에는 우리 밖으로 내보내서는 안 되고 마른 모
이를 주어야 한다. 우리에서 일찍 내보내면 까마귀[烏]나
솔개[鴟]⁴³⁹의 공격을 피하기 어려우며, 젖은 모이를 주면 흰 똥
을 싸게 된다[臍膿].⁴⁴⁰

'닭장[雞棲]'⁴⁴¹은 마땅히 지면에 붙여서 만들
고 닭장 안에는 나뭇가지로 (바닥으로부터 거리를
두고) 홰[棧]⁴⁴²를 설치한다. 이와 같이 하면 우는

乳易厭, 既不守窠, 則

無緣蕃息也.

雞, 春夏雛,
二十日內, 無令
出窠, 飼以燥飯.
出窠早, 難免烏鴟,
與濕飯, 則令臍膿也.

雞棲, 宜據地
爲籠, 籠內著棧.
雛鳴聲不朗, 而

---

439 '치(鴟)': 이것은 맹금류의 수리과[鷹科]의 솔개를 가리키며, 민간에서 일컫는 '노
응(老鷹)'이다. 스성한의 금석본에서는 치(鴟)를 부엉이[猫頭鷹]로 해석하였다.

440 '제(臍)'는 항문을 가리키며, '제농(臍膿)'은 종종 흰 똥을 싸는 것을 의미한다.

441 '계서(雞棲)': 새가 나뭇가지 위에서 쉬는 것을 '서(棲)'라고 한다. 황하 유역에는
닭을 당나라 때까지 여전히 나무 위에서 살도록 했는데, 두보의 시에 "닭을 몰아
나무에 오르게 하니[驅雞上樹木]"라는 구절도 있다. 『제민요술』의 이 절은 닭장
에 관한 기술인데, 닭의 둥지를 만들 때 내부에 나뭇가지로 골조를 세워 두어 닭
들이 '머물[棲]' 수 있도록 하였다. 지금 닭들이 닭장의 땅 위에서 웅크리고 있는
것과는 다르다.

442 '잔(棧)': 가로목으로, 닭을 그 위에 서식하게 한다. 묘치위에 의하면, 집에서 키우
는 닭은 야생의 닭을 순화시킨 것이다. 원래의 닭은 열대림의 조류로서 산림 속
에 서식하였다. 집닭은 긴 세월동안 천천히 순화 사육시킨 것으로, 비록 날아서
산림으로 들어가지는 못할지라도 완전히 조류의 본성을 벗어난 것은 아니다. 흥
미로운 것은 닭은 늘 땅에 떨어진 나뭇가지에서 서식하는 것을 좋아하며, 다리를
내려놓을 수 있는 가로목이 없어야만 비로소 땅 위에 쪼그려 앉게 된다는 점이
다. 여기서의 '저잔(著棧)'과 뒷부분의 '형번위서(荊藩爲棲)'는 모두 닭에 남아 있
는 유전적 습성을 응용한 것이며, 또한 똥에 의한 오염도 면할 수 있어서 비교적
청결해진다고 한다.

소리가 낭랑하지 않을지라도 안정되어 잘 자라게 되며 또한 여우와 삵의 피해를 피할 수 있다. 만약 숲속에서 생활하여[443] 바람과 추위를 맞게 되면 큰 닭은 추위로 인해서 여위고 병이 들며 작은 닭은 간혹 얼어 죽는다.

安穩易肥, 又免狐狸之患. 若任之樹林, 一遇風寒, 大者損瘦, 小者或死.

수양버들[柳] 가지를 태우면 닭과 병아리를 죽이게 된다. 작은 닭은 죽고 큰 닭은 눈이 멀게 된다. 이것 역시 '짚을 태우면 표주박이 죽는 것'과 마찬가지로 그 이치가 분명하지 않다.

燃柳柴, 殺雞雛. 小者死, 大者盲. 此亦燒穰殺瓠之流, 其理難悉.

닭을 길러서 빨리 살찌워 지붕 위에 올라가지 못하게 하며,[444] 채마밭에 들어가지 못하도록 한다.[445]

養雞令速肥, 不杷屋, 不暴園.

까마귀·솔개·여우·삵을 피하는 방법:[446] 별

不畏烏鴟狐狸

---

443 '임지수림(任之樹林)': 『예문유취(藝文類聚)』권30에서는 양나라 간문제(簡文帝; 蕭綱)의 『계명시(雞鳴詩)』를 인용하여, "長鳴高樹巓."이라고 하였다. 두보는 부주[鄜州: 지금의 섬서성 부현(富縣)] 북쪽의 가강촌(家羌村)에서 살면서 「강촌(羌村)」이라는 시를 지었는데, 그 시 속에는 '驅雞上樹木'이라는 문장이 등장하며, 남송 육유(陸遊)의 『검남시고(劍南詩稿)』권20 「반감분(反感憤)」이라는 시에도 또한 '膊膊庭樹雞初鳴'이라는 구절이 등장한다. 송대에 이르러서도 닭은 여전히 조류의 본성을 바꾸지 않고 나무에서 서식하는 습성이 있었다. 『제민요술』에서는 이미 고쳐서 대나무 바구니를 만들어서 기르거나, 우리를 만들어서 기르도록 하고 있다.

444 '파(杷)': '배롱(扒攏)', '파누(杷摟)', '파비(杷飛)'는 『제민요술』에서 모두 '파(杷)'로 쓰고 있다. 여기서는 '파(爬)'자의 의미이다. 『농상집요』에서는 '파(爬)'로 인용해서 쓰고 있으며, 점서본은 이에 의거하여서 고쳤다.

445 '폭원(暴園)': '폭'은 '해를 끼친다'라는 뜻이다.

446 이 조항에서 다음의 '달걀 볶는 법[炒雞子法]'에 이르기까지 모두 4개의 조항이 있

도로 담장을 치고 (우리를 만들어) 작은 문을 달고 작은 지붕을 설치하여 닭들이 비나 햇빛을 피할 수 있도록 해 준다.

암탉과 수탉 모두 6개의 깃촉[六翮]447을 잘라 내어 날지 못하도록 한다. 늘 쭉정이와 풀[稗],448 호두胡豆를 거두어서 닭들에게 먹인다. 또한 작은 '물 구유[槽]'를 만들어서 물을 담아 둔다. 지면에서 한 자[尺] 떨어진 높이에 가시나무로 작은 울타리를 만들어서449 '둥지[棲]'를 만든다. 자주 닭똥을 치워 준다.

또한 지면에서 한 자[尺] 높이에 담장을 뚫어 둥우리를 만든다.450 겨울에는 이 둥지 속에 풀을

法. 別築牆匡, 開小門, 作小廠, 令雞避雨日.⑬ 雌雄皆斬去六翮, 無令得飛出. 常多收秕稗胡豆⑭之類以養之. 亦作小槽以貯水. 荊藩爲棲, 去地一尺. 數掃去屎. 鑿牆爲窠, 亦去地一尺. 唯冬天

는데, 원래는 제목은 큰 글자로 쓰고 나머지는 두 줄로 된 작은 글자로 쓰여 있었지만, 묘치위 교석본에서는 고쳐서 일괄적으로 큰 글자로 하였다.

447 '육핵(六翮)': 주 날개와 보조 날개의 총칭이다. 이는 닭에 있는 날개의 깃을 가리킨다. 『한시외전』 권6에는 "무릇 기러기[鴻鵠]는 한 번 날아 천 리를 가는데, 믿는 바는 여섯 개 깃촉일 뿐이다."라고 한다.

448 여기에서의 '피[稗]'는 일반적으로 벼와 함께 자라는데, 화북지역의 경우 '수전'이 많지 않아 피가 많지 않았을 것이고, 아울러 '피'가 출현하는 시기 또한 한정되어 있어서 항상 닭의 먹이로 제공하기에는 한계가 있었을 것이다. 따라서 여기에서의 닭의 먹이로 사용되는 '피'는 일반적인 개념의 '피'가 아니라 야생초로 보는 것이 합당할 듯하다.

449 '형번위서(荊藩爲棲)': '번(藩)'은 울타리이다. 작은 지붕 아래에 벽을 따라 가시나무 가지로 짠 낮은 울타리 모양으로 만드는데, 지면에서 한 자 떨어진 거리에 두어 닭이 그 위에서 서식하게 한다.

450 이것은 낮은 울타리의 뒷면에 붙여 놓는 것으로, 이 같은 울타리의 둥우리를 '시(塒)'라고 불렀다. 『시경』 「왕풍(王風)·군자우역(君子于役)」편에서는 "닭이 홰

깔아 준다. 풀을 덮어 주지[茹][451] 않으면 달걀이 얼게 된다. 봄, 여름, 가을 세 계절에는 풀을 깔아 줄 필요가 없고, 닭이 직접 땅 위에 웅크리고[452] 알을 낳고 품게 한다. 알을 낳고 품으면서 남겨진 짚에서 작은 벌레가 생긴다.

병아리가 부화된 후에는 밖으로 꺼내[外許][453] 별도의 대나무 발[罩]로 덮어 둔다.[454] 메추리[鶉鶉][455] 크기 정도로 자라면 다시 담장이 쳐진 우리 속에 옮긴다. 먹을 것을 주고 별도로 담장을 쳐서 우리를 만든다. 밀을 쪄서 먹이며,[456] 21일이

著草. 不茹則子凍. 春夏秋三時則不須, 直置土上, 任其產伏. 留草則蜫[115]蟲生. 雛[116]出則著外許, 以罩籠之. 如鶉鶉大, 還內牆匡中. 其供食者, 又別作牆匡.

에서 서식한다.[雞棲于塒.]"라고 하며, 『이아』「석궁(釋宮)」편에서는 "담장을 뚫어서 깃들게 하여 서식하는 장소로 삼았다."라고 한다. 곽박이 주석하기를, "지금의 추운 지역에서는 담장을 뚫어서 닭을 서식하게 한다."라고 하였다.

451 '여(茹)': 둥지 바닥 가에 깔아서 보온을 해 준다는 의미이다.

452 '직치토상(直置土上)': 이는 둥지 아래에 풀을 깔지 않고 직접 흙 위에 쭈그려 앉게 하는 것이다. '토상(土上)'은 금택초본과 명초본 및 『농상집요』에서는 인용한 것이 모두 동일하다. 명초본과 점서본에서는 '광상(匡上)'이라고 적고 있는데, 이는 잘못이다.

453 '허(許)'는 장소를 뜻하며, '외허(外許)'는 바깥 곧 담장 밖을 의미한다. 고문헌에는 많이 등장한다. 동진(東晉)의 도잠(陶潛: 365?-427년)『도연명집(陶淵明集)』권5「오류선생전(五柳先生傳)」에서는 "선생이 어느 지역 사람이었는지 알지 못했다."라는 구절이 있으며, 여기서의 '하허인(何許人)'은 곧 어느 지역의 사람인가를 뜻한다.

454 '이조롱지(以罩籠之)': 대나무나 싸리로 발[罩]을 만들어 덮어씌우는 것으로, 이것은 곧 바닥이 없는 발을 이용하여 외부로부터 보호하는 것이다.

455 '암순(鶉鶉)': 메추리이다. 몸길이는 5-6치이며, 닭 부류 중에서 가장 작은 종류로, 체형은 흡사 병아리 같다.

456 '밀을 쪄서 사료로 쓰는 것[蒸小麥飼之]'은 고운 사료[精飼]를 먹여 살찌게 하는 것

지나면 크게 살이 찐다.

'무정란[穀[457]産雞子]'을 취해 평상시에 식용하는
방법: 암탉들을 골라 수탉과 함께 섞여 있지 못하
게 한다. 담장을 쳐서 우리를 만들고 깃촉을 잘
라 내고 가시나무로 둥지를 만들고 흙을 파서 둥
지를 만드는 것 등은 모두 앞의 방법과 동일하
다. 다만 곡식을 많이 주어 겨우내 충분히 살찌
게 하면 자연히 무정란을 낳게 된다. 암탉 한 마
리가 100여 개의 알을 낳는데, 병아리가 되지는
않는다. 식용으로 쓴다하더라도 죄는 아니다. 전
을 만들고 구이를 할 때 모두 이러한 달걀을 사
용할 수 있다.

달걀을 데치는[瀹][458]방법: 깨서 끓는 물 속에

蒸小麥飼之. 三
七日便肥大矣.
　取穀產雞子供
常食法. 別取雌雞,
勿令與雄相雜. 其
牆匡斬翅荊棲土
窠, 一如前法. 唯
多與穀, 令[Ⅲ]竟冬
肥盛, 自然穀產
矣. 一雞生百餘
卵, 不雛. 並食之
無咎. 餅炙所須,
皆宜用此.
　瀹雞子法. 打

으로, 식용으로 쓸 닭은 메추라기 크기 정도의 새끼 닭이 되면 20여 일 정도 살찌
운 후에 잡을 수 있다.

457 '곡(穀)': 스성한 금석본에 따르면 이것은 본서에서 특히 전용되는 용어로, 무정
란을 가리킨다고 한다.

458 '약(瀹)': 약한 불에 데쳐 즉시 꺼내는 것으로, 또한 '죽(鬻)'자로도 쓴다. 『설문해
자』에서는, "고기와 야채를 끓는 물속에 넣어서 살짝 데쳐서 꺼낸다."라고 한다.
『일체경음의』 권25 '소약(所瀹)' 편에는 "강동에서는 '데치는 것[瀹]'을 '잡(煠)'이
라고 한다."라고 하였다. 『제민요술』 중에는 '잡(煠)'자를 자주 쓰고 있고, 또한 '설
(渫)', '삽(渿)'으로도 쓰는데, 모두 '약(瀹)'과 같은 뜻이다. 이는 곧 권9 「채소절임
과 생채 저장법[作菹藏生菜法]」에서 『식차(食次)』를 인용하여 언급한 "잠시 뜨거
운 물에 데친 후에 즉시 꺼낸다."라는 의미이다. '약(瀹)'은 남송본에서는 '약(擽)'
으로 쓰고 있는데, 이 글자는 사전에 보이지 않는다. 금택초본에서는 '유(揄)'자
로 잘못 쓰고 있다.

집어넣고 떠오르면 즉시 건져 낸다.

적당히 익으면 소금과 식초를 가미한다.

달걀 볶는 법: 달걀을 깨어서 구리 솥에 넣고 노른자와 흰자를 고루 섞는다.

다시 파 밑동을 잘게 잘라 소금[鹽米]459과 온전한 두시를 넣고 삼씨기름에 볶으면 아주 향이 좋고 맛이 좋다.

『맹자孟子』에 이르기를,460 "닭, 새끼 돼지, 개, 어미 돼지 등의 가축을 때에 맞추어 기르면 나아가 70이 된 사람이 고기를 먹을 수 있다."라고 한다.

『가정법家政法』에 이르는 닭을 기르는 법: 2월에 먼저 1무의 땅을 갈아서 밭을 만들어 그 위에 차조 죽을 뿌리고 띠풀을 베어서 그 위에 덮어 주면 저절로 흰 벌레가 생기게 된다.

누런 암탉 10마리와 한 마리의 수탉 한 마리를 사고, 한 변이 한 길[丈] 5자[尺]가 되는 집을 짓는다. 지붕 아래에 대광주리[簀]461를 걸어 두고

破, 瀉沸湯中, 浮出, 卽掠取. 生熟正得, 卽加鹽醋也.

炒雞子法. 打破, 著銅鐺中, 攪令黃白相雜. 細擘葱白, 下鹽米渾豉, 麻油炒之, 甚香美.

孟子曰, 雞豚狗彘之畜, 無失其時, 七十者可以食肉矣.

家政法曰養雞法. 二月先耕一畝作田, 秫粥灑之, 刈生茅覆上, 自生白蟲. 便買黃雌雞十隻, 雄一隻, 於地上作屋, 方廣丈

---

459 '염미(鹽米)'는 소금 알갱이를 가리킨다. 다만『제민요술』중에는 소금을 쓰는 경우가 매우 많지만 '염미'라는 명칭은 나오지 않는데, '미(米)'는 '말(末)'의 형태상 잘못인 것으로 의심된다.

460 『맹자(孟子)』「양혜왕장구상(梁惠王章句上)」.

닭이 그 위에 머무르게 한다. 다시 닭둥지를 만들어서 중간에 걸어 둔다.

(이렇게 하면) 여름 오후에 햇볕이 강할 때 닭이 지붕 아래로 돌아와서 쉬기에 적합하다. 또한 정원에 우리를 지어 닭을 보호해 주면 병아리를 양육할 수 있어서 까마귀의 해를 피할 수 있다.

『용어하도龍魚河圖』에 이르기를,[462] "머리가 흰 검은 닭을 먹으면 사람이 병에 걸린다. 발가락이 6개인 닭을 먹으면 사람이 죽는다. 다섯 가지의 색깔을 가진 닭을 먹어도 사람이 죽는다."라고 하였다.

『양생론養生論』에 이르기를,[463] "닭고기는 아

五. 於屋下懸簀, 令雞宿上. 並作雞籠, 懸中. 夏月盛晝, 雞當還屋下息. 並於園中築作小屋, 覆雞得養子, 烏不得就.

龍魚河圖曰, 玄雞白頭, 食之病人. 雞有六指者亦殺人. 雞有五色者亦殺人.

養生論曰, 雞

---

461 '책(簀)': 책은 '돗자리[席子]', '발[箔子]'과 같이 부드럽고 얇은 물건을 가리키는데, 높이 걸어 닭들이 그 위에서 잘 수 있는지는 확실하지 않다. 스성한의 금석본에서는 자형이 유사한 '궤(簣)'자를 잘못 쓴 것으로 보았다. 궤는 대나무 또는 가시나무 가지로 엮어 짠 것으로, 흙을 고를 때 쓰이는 '원기(筤箕)'의 양옆에 걸 수 있는 '매듭'이 있는데 상당히 튼튼해서 닭이 잘 수 있을 정도다. 이렇게 걸어 놓은 '궤'는 다음의 "다시 닭 둥지를 만들어서 중간에 걸어 둔다.[並作雞籠懸中.]"라는 문장과 의미가 유사하다. 『농상집요』에서 인용한 부분에는 '並作雞籠懸中' 구절이 없다.

462 『태평어람』 권918에서 『용어하도』를 인용한 것은 기본적으로 『제민요술』과 동일하나, 『초학기』 권31에서는 『용어하도』의 "닭의 며느리발톱이 4개 있는 것도 사람을 죽인다.[雞有四距亦殺人.]"라는 구절이 추가되어 있다.

463 『양생론(養生論)』, 『문선(文選)』에는 관련된 문장이 실려 있지만, 본서 조항에서 말하는 내용은 없으며, 또 전문은 아니다. 『수서』 권34 「경적지삼(經籍志三)」 '부자(符子)'에서는 주를 달아 "양나라에는 『양생론』 3권이 있는데, 혜강(嵇康)이

이들에게 먹여서는 안 되는데 먹으면 회충[464]이 생기고 신체도 허약해진다.[465] 쥐고기는 맛이 좋고 독이 없다. 아이들에게 먹이면 소화를 촉진시키고, 한열寒熱을 없애 준다. 구워서 먹으면 아주 좋다."라고 하였다.

肉不可食小兒,
食令生蚘蟲, 又
令體消瘦. 鼠肉
味甘, 無毒. 令小
兒消穀, 除寒熱.
炙食之, 良也.

교기

111 '여(雜)': 명초본과 군서교보가 근거로 한 남송본에는 '수(雛)'로 잘못되어 있다. 금택초본과 명청 각본에 따라 바로잡는다.

112 '연(健)': 명초본과 금택초본에 모두 '건(健)'으로 잘못되어 있다. 명청 각본과 『이아』에 따라 고친다.[용계정사본에는 여전히 '건(健)'으로 되어 있다.]

113 '令雞避雨日': 명각본에서는 '영계폐양일(令雞閉兩日)'이라고 잘못 쓰고 있으나, 다른 본에서는 동일하다.

편찬하였지만 유실되어 전하지 않는다."라고 하였다. 『진서(晉書)』 권49 「혜강전(嵇康傳)」에도 그가 『양생론』을 저술했으며, 양생과 복식을 위한 저작이라 하였다. 책은 이미 소실되어 전하지 않는다. 혜강(224-263년)은 삼국시대 위나라 문학가로, '죽림칠현(竹林七賢)'의 한 사람이다. 노장을 숭상하여, 유가의 예를 싫어하여 당시에 사마씨의 권세에 불만을 품어 뒷날 사마소에 의해 피살되었다.

464 '회(蚘)': 현재는 '회(蛔)'로 많이 쓴다. 스성한의 금석본에서는 본래 '회(蛕)'라고 써야 한다고 지적하였다.

465 '식(食)': 타동사로서 '…에게 먹이다'로 풀이된다. 이 구절은 『농상집요』에서는 "아이에게 먹게 해서는 안 되며, 그것을 먹게 되면 회충이 생긴다."라고 인용되어 있다. 본서의 이 구절보다 훨씬 분명하다.

114 '호두(胡豆)': 명초본, 군서교보가 근거로 한 남송본 및 비책휘함 계통
의 각 판본에는 모두 '두(豆)'가 누락되어 있다. 금택초본에는 '두'자가
있으며, 『농상집요』와 학진본, 점서본에도 모두 있다. 이에 근거하여
보충 삽입한다.

115 '곤(蜫)': 명초보과 금택초본, 비책휘함 계통의 판본에 '곤(蜫)'으로 되어
있고, 『농상집요』와 학진본에는 '저(蛆)'로 되어 있다. '곤(蜫)'은 '곤
(蚰)'이며, 지금 '곤(昆)'으로 쓴다. '저(蛆)'가 '곤(蜫)'자보다 특히 의미
가 있는 것은 아니므로 고치지 않는다.

116 '추(雛)': 명초본과 비책휘함 계통 판본에는 원래 '계(鷄)'로 되어 있다.
금택초본과 『농상집요』에 따라 바로잡는다. 『제민요술』 중에는 '추
(雛)'와 '추(鶵)', '계(鷄)'와 '계(雞)'가 상호 등장하는데, 묘치위 교석본
에서는 통일하여 '추(雛)'와 '계(雞)'로 쓰고 있다.

117 '영(令)': 명초본에서는 '금(今)'으로 잘못 쓰고 있는데, 다른 본에서는
잘못되지 않았다.

제60장

거위와 오리 기르기 養鵝鴨第六十

『이아』에는,[466] "서안(舒鴈)은 거위이다."라고 하였다.

『광아』에는,[467] "가아(駕鵝)는 야생거위[野鵝]이다."[468]라고 하였다.

『설문(說文)』에 이르기를[469] "육루(鵱鷜)는 야생거위이

爾雅曰, 舒鴈, 鵝.

廣雅曰, 駕鵝, 野鵝也.

說文曰, 鵱鷜,[118]

---

466 『이아(爾雅)』「석조(釋鳥)」.

467 금본의 『광아』에는 이 문장이 없는데 『태평어람』 권919 '아(鵝)'조에서는 『광아』를 인용하여 쓰고 있다. 『광아』의 저자 장집(張楫)은 사마상여(司馬相如)의 『상림부(上林賦)』에 주석하여 이르기를, "가아(駕鵝)는 야생거위[野峨]이다."라고 하였으며 『제민요술』에서 인용하였는데, 분명 『광아』에는 빠지고 없는 문장일 것이다. 『예문유취』 권91에서 『광지』를 인용한 것에도 "가아(駕鵝)는 야생거위[野峨]이다."라고 하고 있는데 아마 『광아』의 제목이 잘못되었을 것으로 보인다.

468 "廣雅曰, 駕鵝, 野鵝也": 금본의 『광아』에는 "鴚鵝, 倉鴚, 雁也"라고만 쓰여 있다. 『예문유취(藝文類聚)』 권91은 '아(鵝)'조에 『광지(廣志)』를 인용하여 "駕鵝, 野鵝也"라고 했는데, 여기에서 '아(雅)'자가 '지(志)'임을 알 수 있다. 『태평어람』 권919의 인용에도 『광아(廣雅)』라고 잘못되어 있다. 이 단락의 표제의 주에 『광지』와 『광아』가 번갈아 나타나는데, 명초본에는 세 곳 모두 『광아』로 되어 있다. 스셩한의 금석본에서는 두 번째 '목압야(鶩鴨也)'의 출처만 『광아』일 뿐[금본 『광아』에 '압(鴨)'이 '압(䳈)'으로 되어 있다], 기타 두 곳의 출처는 모두 『광지』라고 지적하였다.

다."라고 하였다.

　진(晉)나라 심충(沈充)의 『아부(鵝賦)』의 서문에는,[470] "당시 녹색의 눈에 황색의 부리가 있는 거위는 집집마다 있었다. 태강(太康) 연중에는 큰 회색의 거위[大蒼]를 잡았는데, 부리에서 다리까지 4자 9치나 되었으며 몸집은 아주 풍만하고 색깔은 아름다웠으며 우는 소리는 사람들을 놀라게 하였다."라고 한다.

　『이아』에 이르기를,[471] "서부(舒鳧)는 집오리[鶩]이다."라

野鵝也.

　晉沈充鵝賦序曰, 于時綠眼黃喙, 家家有焉. 太康中得大蒼鵝,[119] 從喙至足, 四尺有九寸, 體色豐麗, 鳴聲驚人.

　爾雅曰, 舒鳧, 鶩.

---

469 금본의 『설문해자』에서는 "육은 누아이다.[鶵, 婁鵝也.]"라고 하였다. 『이아』「석조」편에서도 동일한 분상에 대한 곽박은 주석에서는 "지금의 야생오리이다."라고 하였다. 청대 심도(沈濤)의 『설문고본고(設文古本考)』에서는 "육(鶵), 누(鶵) 두 글자를 붙여서 읽었기 때문에, 곽박은 야생거위라고 함으로써 서안(舒鴈)의 거위와 구별하였다. 지금의 학자들은 여전히 육(鶵)을 자구(字句)로 삼고 있는데 이는 잘못이다."라고 하였다. '육루(鶵鶵)'는 금택초본에서도 『이아』의 원문과 같으며 남송본과 점서본에서는 '육루(鶵鶵)'로 잘못 쓰고 있다. 묘치위 교석본에 의하면, 『설문해자』에서 한 글자를 해석한 예에 의거하여 '누아(鶵鵝)'라고 붙여서 읽는 것이 좋다고 하고, 『제민요술』에서도 이를 인용하여 '야생거위'라고 해석하였는데, 읽는 법이 다를 뿐 아니라 해석 또한 차이가 있으며 『설문해자』의 '고본(古本)'도 이와 같은지 아닌지는 아직 알 수가 없다.

470 『예문유취』 권91과 『태평어람』 권919에서 심충(沈充)의 『아부서(鵝賦序)』에는 "소리를 듣고 사람이 놀랐다.[鳴聲驚人.]"를 인용하였고, 그 아래에는 "3년이 지나 사나운 개[暴犬]로 인해 피해를 입어서 애석하게 유종의 미를 거두지 못했기 때문에 부를 지어서 운운했다."라고 한다. 『수서』「경적지사(經籍志四)」의 별집류의 주에서는, "양나라에는 오흥태수의 『심충집(沈充集)』 3권이 있는데 유실되어서 전하지 않는다."라고 하였다. 『아부(鵝賦)』는 마땅히 그 문집 속에 있을 것이나 책은 이미 전해지지 않는다. 심충은 『진서』에 「심충전」이 있다. 태강은 서진(西晉) 무제의 연호(280-289년)이다.

471 『이아』「석조(釋鳥)」.

고 한다.

『설문』에 이르기를, "목(鶩)은 서부이다."라고 한다.

『광아』에 이르기를,[472] "농(鸞)은 서부이며 오리이다."라

고 한다.

『광지』에 이르기를,[473] "야생오리는 수컷의 머리가 붉은

색이고 다리에는 며느리발톱이 있다. 집오리[鶩]는 100개의 알

을 낳고 어떨 때는 하루에 두 개씩 낳는다. 노화목(露華鶩)이라

는 종류가 있는데 이것은 가을과 겨울에 알을 낳으며, 촉(蜀) 지

역에서 난다."라고 하였다.

거위와 오리는 모두 1년에 두 번째 품는 것

[再伏][474]을 종자로 삼는다. 첫 번째 품는 것은 알[子]을 적

게 낳는다. 세 번째 품는 것은 겨울이 추우면 새끼 또한 대부분

얼어 죽는다.

說文云, 鶩, 舒鳧.

廣雅曰, 鸞鳧鶩,

鴨也.

廣志[120]曰, 野鴨,

雄者赤頭, 有距. 鶩

生百卵, 或一日再生.

有露華鶩[121]. 以秋冬

生卵, 并出蜀中.

鵝鴨, 並一歳

再伏者爲種. 一伏

者得子[122]少. 三伏者,

冬寒, 雛亦多死也.

---

472 『광아』「석조」편에서 인용했으며, 금택초본에서 인용한 것과 같다. 남송본과 초
상본에는 '농(鸞)', '부(鳧)' 두 글자가 빠져 있다. '압(鴨)'은 또한 '아(雅)'로 잘못
쓰여 있다. 금본의 『광아』에는 '농(鸞)' 앞에 '말(鶈)', 필(鴄)' 두 글자가 더 있다.

473 『태평어람』 권919 '목(鶩)'자는 『광지』에서 많이 인용하였으며, "신부(晨鳧)는
살찌고 추위를 잘 견뎌서 마땅히 고깃국 끓이기에 적당하다."라고 하였다.

474 '재복(再伏)': 응당 두 번째 부화하는 새끼를 뜻하며, 1년에 2번 품는 어미를 가리
키는 것은 아니다. 두 번째 부화는 봄과 여름의 사이에 이루어지는데 날씨가 따
뜻해져서 푸른 풀이 이미 자라나고, 아울러 낮에 내어놓고 기르는 시간이 길어지
기 때문에 새끼 거위와 새끼오리의 성장이 좋고 발육도 빨라서 종자로 쓰기에 가
장 적합하다. 묘치위 교석본에 의하면, 첫 번째 부화는 추운 날씨에 낳는 알로서,
날씨가 더욱 차가워지면 수정률이 비교적 낮아져 알을 적게 낳게 된다. 이로 인
해서 부화율 또한 낮아지고 부화한 새끼도 약하다. 세 번째 부화는 날씨가 차갑
기 때문에 살아날 확률이 낮고 겨울이 추위에 대부분 얼어 죽으며 설령 살아나도
그 수가 매우 적다고 한다.

대체적인 비율은 거위의 경우: 암컷 3마리에 수컷 한 마리, 오리는 암컷 5마리에 수컷 1마리가 좋다. 거위의 무리는 초기[初輩]⁴⁷⁵에 10여 개의 알을 낳고 오리는 수십 개의 알을 낳는다. 이후에 다시 알을 낳을 때는 그 수량이 점차 줄어든다. 항상 오곡을 충분히 주어 먹인 것은 낳은 알이 많고, 충분하지 않으면 알을 적게 낳는다.

지붕 아래에 둥지를 만들어 준다. 돼지, 개, 여우, 삵에 의해 놀라게 되는 피해를 막을 수 있다. 둥지에 가는 풀을 많이 넣어서 따뜻하게 해 준다.

먼저 흰 나무를 깎아서 알 모양으로 만들어 매 둥지 속에 한 개씩 넣어 유인한다. 그렇지 않으면 둥지 속에 들어가지 않고 제멋대로 아무 곳이나 알을 낳는다. 만약 단지 한 개의 둥지 속에만 넣어 둔다면, 둥지를 차지하려고 싸우게 된다. 부화하면 즉시 꺼내어 별도로 따뜻한 곳에 두고, 가늘고 부드러운 풀을 덮고 깔아 준다[覆藉].⁴⁷⁶ 만약 둥지 속에 두면 추워서 새끼가 곧 죽게 된다.⁴⁷⁷

大率鵝三雌一
雄，鴨五雌一雄.
鵝初輩生子十
餘，　鴨生數十.
后輩皆漸少矣.
常足五穀飼之，生子
多，不足者，生子少.

欲於廠屋之下
作窠. 以防豬犬狐狸驚
恐之害. 多著細草於
窠中，令暖. 先刻
白木為卵形，窠別
著一枚以誑之. 不
爾，不肯入窠，喜東西浪
生. 若獨著一窠，后有爭
窠之患. 生時尋即收
取，　別著一暖處，
以柔細草覆藉⑫之

---

475 묘치위는 교석본에서 '초배(初輩)'를 첫 번째 무리에서 낳은 알이라고 해석하였다. 그러나 이 해석은 다소 합리적이지 않다. 왜냐하면 첫 번째, 두 번째 무리가 있을 수 없고, 다음에 나오는 '후배(後輩)'의 경우는 더욱 해석하기 곤란해지기 때문이다. '거위의 무리는 초기에'라고 해석하는 것이 합당할 듯하다.

476 '복자(覆藉)': 윗면은 덮고, 아랫면은 깐다는 의미이다.

477 알이 얼게 되어서 새끼의 발육이 온전하지 않아 껍질 속에서 죽어서 나오지 못한다는 의미이다.

품을 때 큰 거위는 10개의 알을 품고, 큰 오리는 20개의 알을 품는다. 작은 거위와 오리는 이보다는 적게 품는다. 많이 품으면 (열이 주위로 충분히) 전달되지 못한다.

자주 일어나는 어미 오리와 거위에게는 알을 맡길 수 없다. 자주 일어나면 알이 차가워진다. 품기만 하고 일어나지 않는 것은 5-6일에 한 차례 모이를 주고 일어나게 하여 씻도록 한다. 오랫동안 일어나지 않는 것은 주리고 여위게 되며 신체가 차가워져서 품어도 충분한 열을 내지 못한다.

거위와 오리는 모두 1개월 정도 품으면 비로소 새끼가 태어난다.[478] 새끼가 나오는 시기를 헤아려[量] 4-5일 이내에는 북 치는 소리, 물레소리, 사람이 크게 외치거나[叫], 돼지와 개 짖는 소리, 방아 찧는 소리를 듣게 해서는 안 된다.

또한 이날에는 (거위가 쓰는) 그릇에는 잿물이 닿지 않게 하고, 갓 출산한 임산부를 보지 않게 해야 한다. 이 같은 금기를 어기면 새끼는 깔려서[479] 스

停置巢中, 凍卽雛死.

伏時, 大鵝一十子, 大鴨二十子. 小者減之. 多則不周. 數起者, 不任爲種. 數起則凍冷也. 其貪伏不起者, 須五六日一與食, 起之, 令洗浴. 久不起者, 飢羸身冷, 雖伏無熱.

鵝鴨皆一月雛出. 量雛欲出之時, 四五日內, 不用聞打鼓紡車大叫[124]豬犬及舂聲. 又不用器淋灰, 不用見新產婦. 觸忌者, 雛多厭

478 거위의 부화기는 28일-33일이고 오리는 26-28로 대략 '한 달' 정도이다.
479 '염(厭)': 고대의 미신 중에 '염승(厭勝)'이 있는데, 특정 행위로 인하여 다른 일에서 신비한 금지 억제 작용이 일어날 수 있다고 여기는 것이다. 말이 오곡[穀]을 먹으면 자방(蚝蚄)을 다스릴 수 있고, 사냥한 고기를 훈제한 것[炙箆]으로 사(祀)를 하면 벌레를 쫓을 수 있으며, "볏대를 태우면 표주박이 말라죽는다.[燒穰殺瓠.]" 등도 모두 '염승(厭勝)'의 방법이다. 금기를 어기면 상극에 의해서 제압되어

스로 나올 수 없으며, 설사 나온다 하더라도 머지않아서 죽게 된다.

　　새끼가 얼마 있다가 나오면 별도로 대나무 발[籠]을 만들어 씌워 준다. 먼저 메줍쌀을 삶아서 걸쭉한 죽을 쑤어 배불리 먹이는데, '모이주머니를 채워 주기[塡嗉]⁴⁸⁰'라고 한다. 배불리 먹이지 않으면 허기져서 죽게 된다.⁴⁸¹ 그런 후에 다시 좁쌀

殺, 不能自出, 假令
出, 亦尋死也.

　雛既出, 別作
籠籠之. 先以粳
米爲粥糜, 一頓
飽食之, 名曰塡
嗉. 不爾, 喜軒虛羗

새끼는 껍질 속에서 죽어서 나오지 못하게 된다.

480　'소(嗉)'는 모이주머니를 가리킨다. 묘치위 교석본을 보면, 민간에서는 '소자(嗉子)'로 일컫는데, 어린 거위와 어린 오리는 생장이 특히 빨라서 소화기관의 발육이 완전하지 않으며 그 기능 또한 온전치 않다. 따라서 메줍쌀을 충분히 부드럽게 하여 죽으로 만들어야만 쉽게 모이주머니 속으로 들어가서 소화흡수가 용이해지고, 아울러 소화기관의 발육을 자극하고 촉진하는 역할을 한다고 한다.

481　'喜軒虛羗丘尙切量而死': 스성한의 금석본에서는 '강(羗)'을 '강(羌)'으로 표기하였다. '강(羗)'자는 금택초본에는 아예 없으며, 점서본에서는 이 세 글자의 협주 아래에 '유(逾)'자가 첨가되어 있으나 기타 각본(各本)에는 '허(虛)'자는 비책휘함 계통의 각본에 '곤(壼)'으로 되어 있다. 『농상집요』가 인용한 것에는 이 주가 아예 없다. 그러므로 이 세 글자의 소자 협주는 당연히 없다. '헌(軒)'은 가마의 앞이 높은 것이다.[가마의 앞이 높고 뒤가 낮은 것을 '헌'이라 하고, 앞이 낮고 뒤가 높은 것을 '지(輊)'라고 한다.] 오리와 거위는 고개를 높이 들어 숨이 막혀 죽는 병에 자주 걸린다. '헌허(軒虛)' 두 글자는 대략 이러한 상황을 묘사한 것인 듯하다. 『집운(集韻)』의 '사십일양(四十一漾)'에는 '강(羗)'자가 수록되어 있다. 스성한의 금석본에 따르면, "강량은 새의 병아리가 굶주리고 졸려 하는 모습이다.[羗量, 鳥雛飢困貌.]"이라고 풀이할 수 있다. '강량(羗量)' 두 글자가 나란히 쓰여 그 의미는 '작은 새가 배고파하고 졸려 한다'라는 뜻이다. 그러나 묘치위의 교석본에서는 '강량'을 달리 해석하였다. 『설문해자』에는 "'진진(秦晉)'에서는 아이가 울음을 그치지 않는 것을 '강(嗠)'이라 한다."라고 되어 있는데, 이러한 자료에 의거하여 묘치위는 『제민요술』의 이 소주가 '흐느껴 울다가 슬픔이 지극해 소리마저 내지 못하고 죽는 것[歔歟嗠哏而死]'이라고 지적하였다.

밥을 주고 잘게 썬 쓴나물[苦菜]과 순무잎[蕪菁英]을 잘게 썰어 먹인다.

맑은 물을 주고 물이 탁해지면 바꾸어 준다. 물을 바꾸지 않으면 흙이 콧구멍을 막아서 질식되어 죽게 된다.

물에 넣은 후에는 오랫동안 머물게 해서는 안 되며, 얼마 있다가 몰아서 밖으로 나오게 해야 한다. 거위와 오리는 모두 물새로서, 물이 없으면 죽게 된다. 그러나 (어린 새끼는) 배꼽[臍]⁴⁸²이 아직 봉합이 되지 아니하여, 물속에 오래 두게 되면 찬 기운이 스며들어서 죽게 된다.

발 안의 높은 곳에 풀을 깔아 그 위에서 잠을 잘 수 있게 해 준다. 새끼가 어릴 때는 배꼽이 봉합되지 않아서 찬 기운이 스며들어서는 안 된다. 15일 이후에는 대나무 발[籠]에서 꺼낸다. 너무 빨리 풀어놓으면 기력이 충분하지 않아 쉽게 피로감을 느낄 뿐만 아니라, 또한 추위와 까마귀나 솔개의 피해를 입게 된다.

거위는 단지 오곡과 야생 피 열매[稗子] 및 풀과 채소류만 먹으며, 살아 있는 벌레는 먹지

丘尙切量而死. 然後以粟飯, 切苦菜蕪菁英爲食. 以淸水與之, 濁則易. 不易, 泥塞鼻則死. 入水中, 不用停久, 尋宜驅出. 此旣水禽, 不得水則死. 臍未合, 久在水中, 冷徹亦死. 於籠中高處, 敷細草, 令寢處其上. 雛小, 臍未合, 不欲冷也. 十五日後, 乃出籠.[125] 早放者, 非直乏力致困,[126] 又有寒冷, 兼烏鴟災也.

鵝唯食五穀稗子及草菜, 不食

---

482 '제(臍)': 새끼거위의 배 부분의 중심에서 약간 뒤쪽에 배꼽이 있는데 며칠이 지난 후에는 봉합되어 보이지 않는다. 묘치위 교석본에 의하면, 민간에서는 이를 '수군(收軍)'이라고 일컫는데, 이는 곧 배꼽이 봉합된다는 의미이다. 일정한 시일이 지나도 봉합되지 않는 새끼거위는 구매하려는 사람이 없는데, 발육이 완전하지 않고 잘 크지 못하기 때문이라고 한다.

않는다. 『갈홍방(葛洪方)』에 의하면,[483] "'물여우[射工]'[484]가 있는 곳은 거위를 기르기에 적당한데, 거위가 '물여우[射工]'를 보면 즉시 잡아먹기 때문에 거위는 그것들을 물리칠 수 있다."라고 하였다. 오리는 먹지 못하는 것이 없다. 야생 피[水稗] 열매가 익을 때가 더욱 좋은 시기이다. 이것을 먹으면 포동포동하게 살이 찌게 된다.

식용으로 쓰는 것은 새끼 거위는 100일, 새끼오리는 60-70일이 지난 것이 좋다.[485] 이때가 지나면 고기가 질겨진다.

일반적으로 말해 거위와 오리는 6년 이상이 되면 노쇠해져 더 이상 알을 낳거나 품을 수가

生蟲. 葛洪方曰, 居射工之地, 當養鵝, 鵝見此物能食之, 故鵝辟此物也.[127] 鴨, 靡不食矣. 水稗實成時, 尤是所便. 噉此足得肥充.

供廚者, 子鵝百日以外, 子鴨六七十日, 佳. 過此肉硬.

大率鵝鴨六年以上, 老, 不復

---

483 『갈홍방』의 이 조항은 유사한 책에서는 인용되지 않고 있다. 동진의 『금궤요방(金匱要方)』, 『주후비급방(肘後備急方)』 등의 책이 있는데 모두 의학 서적이다.

484 '사공(射工)': 옛 전설상의 독충의 이름으로 또한 '역(蜮)', '수노(水弩)'라고 불렸다. 일설에 따르면, 숨이나 모래를 품어서 사람이나 사람의 그림자에 쏘는데, 맞으면 부스럼이 생기거나 발병하게 되어서 죽음에 이른다고 하였다. 『박물지(博物志)』 권3에 이르기를, "강남의 산골짜기 물속에는 물벌레가 살고 있는데, 갑충의 일종이다. 길이는 1-2치[寸]이며 입속에는 화살모양 같은 것이 있는데 숨으로 사람의 그림자에 쏘면 맞은 곳에 부스럼이 생기게 되고 치료하지 않으면 사람이 죽는다."라고 하였다. 『본초습유』에서는 "푸른 거위[蒼鵝]는 벌레를 잡아먹고, … 물여우를 주로 잡아먹는데, 푸른 것이 좋다."라고 했다.

485 묘치위 교석본에 따르면, 오늘날 집오리와 집거위의 우량 품종으로는 태호거위[太湖鵝], 고우오리[高郵鴨], 북경오리[北京鴨] 등이 있는데, 이러한 품종의 새끼거위와 새끼오리는 60-70일이 지나면 그 체중이 2-2.5kg에 달하고 육질이 연하여 먹기에 좋다고 한다.

없으므로 마땅히 처리해야 한다. 어리거나 처음 알을 낳은 것은 품는 것 또한 능숙하지 못한데, 다만 수년(2-3년)이 지나면 잘한다.

(주처周處의) 『풍토기風土記』에 의하면,[486] "오리가 봄철에 부화된 것은 여름 5월이 되면 잡아먹을 수 있다. 따라서 민간의 풍속에는 5-6월이 되면 삶아서 먹는다."라고 한다.

원자枕子를 만드는 방법:[487] 순전히 암오리만 기르고 수오리가 섞이지 않도록 해야 한다. 조와 콩을 충분히 주어서 항상 살찌게 하면 어미 오리 한 마리가 100개의 알을 낳는다. (이것이) 민간에서 말하는 '곡생(穀生)'이라는 것이다. 이 알은 음양의 교배로 인해

生伏矣, 宜去之. 少者, 初生, 伏又未能工, 唯數年之中佳耳.

風土記曰, 鴨, 春季雛, 到夏五月則任啖. 故俗五六月則烹食之.

作枕子法. 純取雌鴨, 無令雜雄. 足其粟豆, 常令肥飽, 一鴨便生百卵. 俗所謂

---

[486] 『옥촉보전(玉燭寶典)』 권5에서는 『풍토기(風土記)』를 인용하여, "'압(鴨)'은 봄에 새끼를 부화하며, 하지의 달에 이르면 모두 잡아먹을 수 있다."라고 하였다. 묘치위 교석본에 의하면, '부(孚)'는 '부(孵)'와 동일하고 『제민요술』의 '계(季)'자가 비록 통한다 할지라도 마땅히 '부(孚)'로 쓰는 것이 바르며, 형태가 유사함으로 인해 생긴 착오로 보았다.

[487] '작원자법(作枕子法)': '원자(枕子)'는 원목피(枕木皮)를 이용하여 '소금에 오리알[鹹鵝蛋]'을 절이는 방법이다. 현재 강남(江南)일대의 일부 지역 방언에서는 '함아단(鹹鵝蛋)'을 여전히 '함원자(鹹枕子)'라고 부르기도 한다. 스성한의 금석본에 따르면, 현재의 함아단은 식물 색소를 사용하여 물을 들이지 않는다고 한다. '작원자법(作枕子法)'의 네 글자는 금택초본과 명초본, 호상본 등에는 모두 있으며, 황교본에서는 4글자 주위에 테두리를 넣어서 표시하였다. 그로 인해 육심원전록간본(陸心源轉錄刊本; 황교유록본으로 약칭)에서 송본에는 이 4글자가 없다고 하였으며, 점서본에서 이에 근거하여 이 네 글자를 삭제한 것은 이 본의 편자가 금택초본과 명초본을 보지 못했기 때문이다.

서 생겨난 것이 아니거나, 품더라도 새끼가 나오지 않는다.

잡아먹는 것이 좋은데, 다행히 새끼와 알[麛卵]488을 취해서 작은 동물을 해친다는 죄과는 없다.

원목489의 껍질을 취해서 『이아(爾雅)』에 이르기를,490 "원(杬)은 어독(魚毒)이다."라고 한다. 곽박(郭璞)의 주(注)에 이르기를, "원은 큰 나무로서 열매는 밤과 같고 남방에서 자란다. 나무껍질이 두껍고 즙이 붉은색으로, 그 속에 알과 과일을 보관할 수 있다."라고 한다. 원의 껍질[杬皮]이 없다면 호장(虎杖)491의 뿌리나 갈매나무[牛李]492의 뿌리도 모두 사용할

穀生者. 此卵既非陰陽合生, 雖伏亦不成雛. 宜以供膳,⓫ 幸無麛⓬卵之咎也.

取杬木皮, 爾雅曰, 杬, 魚毒. 郭璞注曰, 杬, 大木, 子似栗⓭ 生南方. 皮厚汁赤, 中藏卵果. 無杬皮者, 虎杖根牛李根, 並任用.⓮

---

488 '미란(麛卵)': 스성한의 금석본을 참고하면, '미(麛)'는 갓 태어난 새끼 짐승이며 '난(卵)'은 알을 품고 있는 어미새이다. 『예기(禮記)』「곡례(曲禮)」에 "봄의 들판에서, 사람들은 어린 새끼와 새의 알을 채취하지 않는다.[春田, 土不取麛卵.]"라고 되어 있다. 이는 예전부터 내려오는 중국의 윤리관념 중에서 '인자(仁慈)'라는 항목이 구체적으로 발현된 것이자, "천지의 가장 큰 덕은 생명을 귀하게 여기는 것[天地之大德曰生.]"과 "만물과 더불어 자라나되 서로 해치지 않는다.[萬物並育而不相害.]"와 같이 '다른 사람과 만물을 사랑[愛人及物]'하는 사상과 인도주의 견해를 근거로 삼고 있다.

489 스성한의 금석본에서는 '원목'이 콩과[豆科]의 '소방(蘇方)'일 것으로 추측하였다. 반면 묘치위 교석본에서는 '원목(杬木)'이 너도밤나무과의 참나무속(*Quercus*)의 식물이며, 『이아』 '어독(魚毒)'의 '원(杬)'과 곽박이 '대목(大木)'을 주석한 '원(杬)'은 서로 관련 없는 두 가지 식물이라고 보았다.

490 『이아』「석목」.

491 '호장(虎杖)': 이는 곧 여뀌과의 호장(虎杖; *Polygonum cuspiditum*, 범싱아)으로 크고 굵은 다년생 초본이며 줄기 속은 비어 있고 원주형을 띠는데, 연할 때는 울긋불긋한 반점이 있으며 마디에는 연한 칼집 모양의 작은 잎이 돋는다. 뿌리와 줄기의 목질은 황색이며, 옛날에는 감초와 함께 삶아서 즙을 만들어 여름철에 음료수로 사용했다. 『본초도경』에서 이르기를, "연한 줄기는 죽순의 모양을 하고

수 있다. 『이아』에는,[493] "도(荼)가 호장이다."라고 한다. 곽박의 주에 의하면, "흡사 홍초(紅草)와 같지만 굵고 크며, 가는 가시가 있고 붉은 염색을 할 수 있다."라고 하였다. 가는 줄기[細莖][494]를 깨끗이 씻고 깎아서 삶아 즙을 취한다. 비율은 2말의 즙이 뜨거울 때 한 되의 소금을 섞고, 즙이 완전히 식기를 기다려서 항아리 속에 붓고, 즙이 너무 뜨거우면 오리 알이 깨어지기 쉬우니 오랫동안 두어서는 안 된다. 오리 알을 담근다. 1개월이 지나면 먹을 수 있다. 푹 삶은 후에 먹으며 술안주나 밥반찬으로도 사용할 수 있다. 소금기가 완전히 배게 되면 물 위로 떠오른다.[495] 강남[오나라] 지역

爾雅云, 荼, 虎杖. 郭璞注云, 似紅草, 麤大, 有細節.[132] 可以染赤. 淨洗細莖, 剉, 煮取汁. 率二斗, 及熱下鹽一升和之, 汁極冷, 内甕中, 汁熱, 卵則致敗, 不堪久停. 浸鴨子. 一月任食. 煮而食之, 酒食

있으며 위에는 붉은 반점이 있다. … 그 즙에 쌀가루를 섞어 죽이나 떡을 만들면 더욱 맛있다."라고 한다. 이것이 곧 곽박이 말하는 '붉게 물들일 수 있는' 것이다. 남송의 육유(陸游; 1125-1210년)의 『노학암필기(老學庵筆記)』 권5에는 "『제민요술』에는 원자(杬子)를 절이는 방법이 있다. … 지금의 오나라 사람은 호장(虎杖) 뿌리를 담그는데, 이 또한 옛날부터 전해지는 법이다."라고 하였다.

492 '우리(牛李)': 갈매나무이다. 『명의별록』에서는 "서리(鼠李) … 는 일명 우리(牛李)이다."라고 하였다. 『본초도경』, 『본초연의』에서 『본초강목』에 이르기까지 지적하는 것은 모두 동일한데, 이는 곧 갈매나무과[鼠李科]의 갈매[鼠李; Rhamnus davurica]로 낙엽관목이거나 작은 교목이다. 나무껍질과 열매는 황색 염료를 만드는 데 사용되며, 또한 약용으로도 사용할 수 있다.

493 『이아』「석초」편에 보이며 이 문장과 동일하다. 곽박이 '초(草)' 다음에 '이(而)'자가 있다고 주석함으로써 문장의 뜻이 더욱 분명해졌다.

494 '경(莖)': 각본에는 모두 '경(莖)'자가 있지만, 앞 문장에서 이미 '취원목피(取杬木皮)'라고 설명했기 때문에 '경'을 뺀 '淨洗細剉'로 써야 한다.

495 '함철즉란부(鹹徹則卵浮)': 스성한의 금석본에 따르면, 소금에 절인 알의 숙성과정은 꽤 복잡하다고 한다. 난각(卵殼)은 두꺼워 투과성이 매우 낮으나, 소금물에 담가 놓거나 농축액으로 감싸게 되면 접촉성 이온 교환이 일어나 식염 등 분자에

에서 많이 만드는 집은 10여 섬[斛]을 만든다. 오래 두면 둘수록 좋으며 여름을 날 수 있다.

俱用. 鹹徹則卵浮. 吳中多作者, 至十數斛. 久停彌善, 亦得經夏也.

● 그림 7
함아단(鹹鵝蛋; 杬子)

● 그림 8
호장(虎杖)과 뿌리

대한 투과성이 점차 증가된다. 시간이 흐르면 소금은 난각 안으로 쌓인다. 난각막(卵殼膜)은 '조건 투과된 생물성 막'으로, 정상이면 물 분자에 대한 투과가 비교적 빠르고 수용성 물질에 대한 투과가 비교적 늦다. 그래서 염분이 난각 속, 난각막 겉으로 스며들고 나면 알 속의 물은 막의 겉으로 배어나와 점점 난각 밖으로 나오게 된다. 이때, 알의 난황와 난백 두 부분은 전체적으로 점차 용적이 축소되고 기실(氣室: 공기주머니)이 상대적으로 확대되어 알의 비중도 줄어든다. 그러나 난막은 절대 소금이 침투하지 않는 것이 아니므로 난각 속으로 들어간 소금은 점차 난각막으로 침투한다. 알의 '실질'적 내용(기실 이외의 부분)은 용액의 농도가 점차 늘어나 난각막 부분까지 근접하면 불가역적인 단백질 변성 침전이 발생할 수 있다. 그 결과 난각막 역시 '두께가 늘어나고', 이렇게 물과 소금의 재침투를 또 저지하게 된다. '함철(鹹徹)'은 '함투(鹹透)'이며, 짠 것이 침투[鹹透]한 이후 알의 비중이 떨어지고 소금물 속에서 점차 위로 떠오르게 된다. 그렇다고 해서 소금물 표면 위에 완전히 떠 있는 것은 아니라고 한다.

118 '누(鷜)': 명초본에 '누(鸚)', 금택초본에는 '곡(鵠)'으로 잘못 표기되어
있다. 점서본은 명초본과 같다. 비책휘함 계통의 판본에는 '누(鷜)'로
되어 있고 금본『설문해자』에는 '누(蔞)'로 되어 있다. 금본『이아(爾
雅)』「석조(釋鳥)」에는 '누(鷜)'로 되어 있다.

119 '대창아(大蒼鵝)': 명초본에 '大倉鵝', 비책휘함 계통의 각본에는 '太倉
鵝'로 되어 있다. 금택초본에 따라 바로잡는다.[『광아소증(廣雅疏證)』
에서도『제민요술』을 인용하여 '大蒼鵝'라고 했다.]

120 '지(志)': 명초본에 '아(雅)'로 잘못되어 있다. 비책휘함 계통의 판본에
서는 '지' 앞의 '광(廣)'자와 뒤의 '왈(曰)'자까지 함께 누락시켰을 뿐 아
니라, 아래 문장의 '야압(野鴨)'을 '야아(野雅)'로, '적(赤)'을 '역(驛)'으
로, '유거(有距)'를 '유단(有短)'으로 잘못 표기했다. 금택초본에 따라
'지(志)'로 바로잡는다. 나아가 군서교보가 근거한 남송본에는 '광(廣)'
위의 '야(也)'자와 아래의 '야압(野鴨)'마저도 누락시켰다.

121 '노화목(露華鶩)': 명초본에는 '화'자가 빠져 있으며, 학진본도 같다. 현
재 금택초본과 명청 각본에 따라 보충한다. 마지막 구의 '並出蜀中'은
명초본과 명청 각본에 모두 '並世蜀口'로 되어 있는데, 금택초본에 따
라 보완 수정한다.

122 '자(子)': 금택초본에서는 '자(子)'로 쓰고 있고 남송본, 점서본에서는
'난(卵)'자로 쓰고 있으며, 명각본에서는 '시(時)'자로 잘못 쓰고 있다.

123 '자(藉)': 금택초본과 황교본에서는 '자(藉)'자로 쓰고 있으며 명초본에
서는 '적(籍)'자로 쓰고 있는데 글자의 의미는 통한다. 호상본에는 이
글자가 빠져 있다.

124 '규(叫)'는 금택초본과 명초본에서는 '규(뎨)'로 잘못 쓰고 있고, 호상본
에서는 '규(呌)'자로 쓰고 있는데 이는 '규(叫)'의 속자이다.

125 '농(籠)': 금택초본과 명초본에는 있지만 장교본과 호상본 등에서는 빠
져 있고, 학진본은『농상집요』에 근거하여 보충하고 있다.

126 '핍력치곤(乏力致困)'의 '역(力)'자는 금택초본에 '열(劣)'로 되어 있다. '오
(鳥)'는 명초본과 비책휘함 계통의 판본에는 '조(鳥)'로 되어 있다.[용계정

사본에도 '조(鳥)'이다.] 금택초본과 『농상집요』에 따라 바로잡는다.

⟨127⟩ "居射工之地, 當養鵝, 鵝見此物能食之, 故鵝辟此物也.": 명초본에 '사토(射土)'라고 잘못 표기되어 있다. '당양아(當養鵝)'의 '당'자는 금택초본에서는 글자가 같으며, 『농상집요』에서는 동일하게 인용하고 있으나, 명초본과 호상본에서는 '상(常)'으로 잘못 쓰고 있다. 두 군데 모두 금택초본에 따라 고친다. '사공'은 신화에 나오는 동물['역(蜮)']로, 모래로 그림자를 쏠 수 있는데 모래에 맞은 사람은 아무 이유 없이 죽게 된다. 소주의 두 번째 '아'자는 용계정사본에 '목(鶩)'으로 잘못되어 있다. 그래서 윗 구절의 끝과 이어져 '아목(鵝鶩)'이 되었고, 마지막 구절의 '아'자 아래에도 이로서 '목'자가 첨가되어 '鵝鶩辟此物'이 되었다. 상황이 매우 특이하다.

⟨128⟩ '선(膳)': 금택초본에서는 '선(膳)'으로 쓰고 있고, 『농상집요』에서 인용한 것도 동일하며 청각본에서도 이것을 따르고 있다. 명초본과 진체본에서는 '신(贍)'으로, 호상본에서는 '첨(瞻)'으로 잘못 쓰고 있다.

⟨129⟩ '미(麛)'는 금택초본에서는 이 글자와 같으며 『농상집요』에서는 동일하게 인용하고 있고 청각본에서는 그것을 따르고 있다. 황교본과 명초본에서는 빠져 있으며 명각본에서는 '장(麜)'자로 잘못 쓰고 있다.

⟨130⟩ '율(栗)': 명각본에서 '속(粟)'자로 잘못 쓰고 있다.

⟨131⟩ "李根, 並任用.": '이근(李根)' 두 글자는 명각본에서는 빠져 있다. '병임용(並任用)'은 단지 금택초본에서만 이 문장과 같으며 다른 본에서는 모두 '병작용(並作用)'이라고 잘못 쓰고 있다.

⟨132⟩ '절(節)': 스성한의 금석본에서는 '자(刺)'로 쓰고 있다. 스성한에 따르면 금택초본에 '절(節)'로 되어 있는데 호장(虎杖: 범싱아)에는 가시[刺]가 없다. 금본 『이아(爾雅)』의 주에는 이 글자가 여전히 '자(刺)'로 되어 있는데 잘못된 글자인 듯하다. 혹은 과거의 호장이 다른 식물을 가리키는 것일 수도 있다. 묘치위 교석본에 의하면, 호장에는 가시가 없으므로 '자(刺)'는 '절(節)'의 잘못인 것으로 보았다.

제61장
물고기 기르기 養魚第六十一

● **養魚第六十一**: 種蓴藕蓮芡茭附. 순채 · 연뿌리 · 연 · 가시연 · 세발 마름 재배를 덧붙임.

　　도주공陶朱公의　『양어경養魚經』에　이르기　｜　陶朱公養魚經
를496 위왕威王이 도주공을 초빙하여497 그에게 묻　｜　曰, 威王聘朱公,

---

496 '도주공의『양어경』': 남조 양나라 원효서(阮孝緒, 479-536년)의『칠록(七錄)』[『옥함산방집일서(玉函山房輯佚書)』에 보인다.]에 기록되어 있다. 훗날『수서』,『구당서(舊唐書)』·『신당서(新唐書)』및『송사(宋史)』의「지(志)」에는 모두 기록되었으나, 간혹 빠지기도 하였으며 서명 또한 다소 차이가 있다. 원서는 이미 전해지지 않는다. 당(唐) 공로(公路)의『북호록(北戶錄)』권1의 '어종(魚種)'에서 이 조항을 인용하였는데, "留長二尺者二千枚作種"에까지 이른다.『이아』에서도 이 조항을 인용하였으나 '소양(所養)' 두 글자가 확실히 빠지거나 잘못되어 있다.『태평어람』권936의 '이어(鯉魚)'에도 이 조항이 인용되어 있는데, 매우 간략하게 처리하고 있으며, '所謂魚池也'에서 '지(池)'자가 없다. 현존하는 문헌에 따르면, 이 책에 가장 먼저 등장하면서 방법에 의거하여 물고기를 기른 자는 후한 사람 습욱(謵郁)이다. 묘치위의 교석본에 의하면, 최근 섬서성 한중과 면현(勉縣)에서 출토된 후한대의 못[陂池] 모형에는 못 바닥에 모두 잉어와 자라 등의 조형이 있으며, 사천성 의빈(宜賓) 한묘(漢墓)에서 출토된 어지수전(魚池水田) 모형에서도 유사한 것이 등장한다. 이 책은 물고기 못의 설계, 방류기술, 번식 방법, 크고 작은 물고기를 기르는 법 및 경제효과 등은 모두 합리적이고 효과적이기 때문에 전파가 비교적 광범위하였으며, 이 책에 기록된 후대의 담수양어업(淡水養魚法)을 촉진하는 작용을 하였음에 틀림없다고 한다.

기를, "듣자하니 선생께서는 태호太湖에서는 어부로 불리고[498] 제齊에서는 '치이자피鴟夷子皮'로 일컬어지며, 서융西戎에서는 '적정자赤精子'로 칭해지고, 월越에서는 '범려范蠡'라고 불린다는데[499] 그런 것이 있을 수 있습니까?"라고 하였다. 도주공이 말하기를 "있습니다."라고 하였다.

(위왕威王이) 말하기를 "선생의 행장[任]에는 천만 전이 있고 집에는 억금을 쌓아 두고 있다는데, 어떤 방법으로 벌어들인 것입니까?"라고 하였다.

주공이 말하길, "무릇 생계를 도모하는 방

問之曰，聞公在湖爲漁父，在齊爲鴟[133]夷子皮，在西戎爲赤精子，在越爲范蠡，有之乎．曰，有之．

曰，公任[134]足千萬，家累億金，何術乎．

朱公曰，夫治生

---

497 '위왕빙주공(威王聘朱公)': '주공(도주공)'은 곧 범려이다. '위왕(威王)'은 『사시찬요』 「사월」편의 기록에서 '제위왕(齊威王)'이라고 쓰고 있기에 아마도 제위왕일 것이다. 그러나 월나라가 오나라를 멸망시킨 기원전 473년은 제위왕 원년인 기원전 356년보다 약 100년가량 이르기 때문에 『도주공양어경』은 범려의 책이라고 할 수 없으며, 후인이 그것을 가탁하여 쓴 위작이라고 볼 수 있다.

498 『사기』 권129 「화식열전」에서는 범려를 "편주에 태워서 강호에 띄워 보냈다."라고 기록하고 있다. 장수절(張守節)은 『사기정의(史記正義)』에서 『국어』를 인용하여 말하기를, "마침내 가벼운 배를 타고 오호에 들어갔다."라고 하는데, 오호(五湖)의 해석은 일치하지 않으나, 『국어』를 주석한 위소 등에 의하면 태호(太湖)를 의미한다고 한다.

499 『사기』 권129 「화식열전」에서는, "범려는 이미 회계의 굴욕을 설욕하여, … 이내 편주를 타고 강호에 나가서, 이름을 바꾸고 성을 바꾸었다. 제나라로 가서 치이자피(鴟夷子皮)라고 하였다. 도(陶)에 가서는 주공(朱公)이라고 하였다. … 이에 생산에 종사하여 부를 쌓고 시류를 따랐으므로 사람들에게 비난받지 않았다. 그 때문에 생(生)을 잘 도모하는 사람들은 능히 사람을 잘 선택하고 시기를 잘 탔다. 19년 동안 세 번이나 천금을 모았다. … 마침내 거만(巨萬)의 돈을 모았다."라고 하였으나, "서융에서는 적정자(赤精子)라고 칭해진다."라는 구절은 없다.

법에는 다섯 가지가 있는데 '수축水畜'하는 것이 첫 번째 방법입니다.

수축은 곧 못에서 물고기를 기르는 것을 말합니다." "6무畝의 땅을 연못으로 만들고 연못 속에는 9개의 섬을 만듭니다.

알을 밴 3자 길이의 암잉어 20마리, 3자 길이의 숫잉어 4마리를 구해서 2월 초순의 경일[上庚日][500]에 못에 방류하는데, 이때 물에서 소리가 나지 않게 하여야 고기가 반드시 살 수 있습니다."라고 하였다.

"4월에 '신수神守' 한 마리를 방류하고 6월이 되면 신수 2마리를 방류하고, 8월이 되면 신수 3마리를 방류합니다. '신수'는 '자라[鼈]'입니다.

방류하는 이유는 물고기가 360마리가 되면 교룡蛟龍이 나타나서 물고기의 우두머리가 되어 그것들을 이끌고 날아가 버리기 때문입니다. 자라를 방류하면 물고기가 더 이상 달아나지 않고, 연못 속에 9개의 섬 주변을 한없이 돌아다니며 스스로 강과 호수 속에 있는 것으로 여깁니다."라고 하였다.

"이듬해 2월이 되면, 연못의 잉어는 한 자

之法有五, 水畜第一. 水畜, 所謂魚池也. 以六畝地爲池, 池中有九洲. 求懷子鯉魚長三尺者二十頭, 牡鯉魚長三尺者四頭, 以二月上庚日內池中, 令水無聲, 魚必生. 至四月, 內一神守, 六月, 內二神守, 八月, 內三神守. 神守者, 鼈也. 所以內鼈者, 魚滿三百六十, 則蛟龍爲之長, 而將魚飛去. 內鼈, 則魚不復去, 在池中, 周遶九洲無窮, 自謂江湖也. 至來年二月, 得鯉魚長一尺者一萬五千枚,

---

길이로 자란 것이 만 오천 마리이고 3자 길이로 자란 것은 4만 오천 마리이며 2자 길이로 자란 것은 만 마리에 달하게 됩니다. 마리당 50전으로 계산하면 모두 125만 전이 됩니다.[501]"

"이듬해에 이르러 한 자 길이의 잉어가 10만 마리, 2자 길이는 5만 마리, 3자 길이가 5만 마리, 4자 길이로 자라는 것은 4만 마리에 달합니다.

2자 길이로 자란 2천 마리를 남겨 종자로 쓰고 나머지는 모두 팔면[502] 515만 전이 됩니다. 다시 이듬해가 되면 헤아릴 수 없을 정도가 됩니다."라고 하였다.

위왕은 곧 후원에 연못을 만들어서, 1년에 30여만 전을 벌어들였다.

연못 속에는 9개의 섬과 8개의 웅덩이를 만

三尺者四萬五千枚, 二尺者萬枚. 枚直五十, 得錢一百二十五萬. 至明年, 得長一尺者十萬枚, 長二尺者五萬枚, 長三尺者五萬枚, 長四尺者四萬枚. 留長二尺者二千枚作種, 所餘皆貨, 得錢五百一十五萬錢. 候至明年, 不可勝計也.

王乃於後苑治池, 一年, 得錢三十餘萬. 池中

---

501 "得錢一百二十五萬": 돈[錢]이 전국시대에 통용되었는지는 의문이며, 아마 양한 시대의 일인 듯하다. 이 한 가지만으로도 도주공의 『양어경(養魚經)』이 훗날 사칭한 책이며, 범려(范蠡)와는 무관함을 알 수 있다. 한편, 돈의 액수와 고기의 마리 수가 부합되지 않는데, 다음 문장의 "行錢五百一十五萬錢" 역시 마찬가지이다. 아마 이러한 이유 때문에 『농상집요』에서는 『제민요술』을 인용하면서도, '득전(得錢)'이 등장하는 얼마간의 문구를 삭제한 것으로 보인다.

502 '화(貨)'는 판다는 의미이다. 금택초본에는 이 글자가 있으며 『농상집요』에서도 인용하였는데, 학진본은 글자를 추가한 것에 의거하였으며, 명초본과 호상본에서는 이 글자가 빠져 있다.

들었는데 웅덩이의 윗부분은 수심을 2자로, 웅
덩이의 바닥은 수심을 6자로 하였다.[503]

　따라서 잉어를 기르는 이유는[504] 잉어는 같
은 종류는 잡아먹지 않고 쉽게 자라며 또 비싸기
때문이다. 도주공과 같이 이윤을 거두어들이는 것은[505] 단
번에 얻을 수는 없다. 그러나 이와 같이 못을 만들고 물고기를
기르면 반드시 크게 부유해지는데, 일생을 써도 다 쓸 수 없으
며 이 또한 이익을 헤아릴 수도 없다.[506]

　또 다른 물고기연못을 만드는 방법:[507] 3자 길

九洲八谷, 谷上
立水二尺, 又谷
中立水六尺.

　所以養鯉者, 鯉
不相食, 易長又貴
也. 如朱公收利, 未可
頓求. 然依法爲池養魚,
必大豐足, 終天靡窮,
斯亦無貲之利也.

　又作魚池法. 三

---

503 '입수(立水)'는 물의 깊이를 가리킨다. '팔곡(八谷)'은 연못 속에 또 여덟 개의 깊
은 웅덩이를 판 것을 가리키며, '곡상(谷上)'은 웅덩이 입구에서 수면까지의 깊이
이다. 이는 또한 연못의 깊이이며 '곡중(谷中)'은 웅덩이 자체의 물의 깊이를 가
리킨다. 이 방법으로 물고기 연못을 만들면, 수면에 노출된 아홉 개의 섬 외에도
물이 아주 깊은 웅덩이 여덟 개를 판 것이다. 묘치위 교석본에 의하면, 잉어는 깊
은 물에 노는 고기로서, 이와 같이 하면 얕은 물에서는 섬 주위를 유영하고,
깊은 물에서는 서식을 하여 그들의 생활 습속에 적응하게 되는데, 앞에서 기록된
것보다 더욱 합리적이고 발전적이다. 이러한 사실에 의거하면, 이 구절이 한 사
람의 손에 의해 쓰인 것으로 추측할 수 있다.

504 '소이양리(所以養鯉)': 묘치위 교석본을 보면, 잉어[鯉]는 본성이 온순하고 또한
못 속에서 자연발육을 할 수 있기 때문에 양식하기에 매우 적합하다고 한다.

505 이 조항은 원래 소주 형식으로 앞의 문장 '易長又貴也'의 다음에 붙인 것이다. 묘
치위 교석본에 따르면, 이것은 가사협이 도주공의 『양어경』의 전문을 인용한 후
의 묵은 논리로서 지금은 행렬을 구분하여 분명하게 구분하고 있다고 한다.

506 '자(貲)'는 수를 헤아린다는 의미이다. '무자(無貲)'의 뜻은 '부자(不貲)'와 같으며,
이는 곧 계산할 수 없을 정도로 극히 이익이 많음을 뜻한다.

507 스성한의 금석본에선 제목 이외는 작은 글자로 되어 있으나, 묘치위 교석본에선
고쳐서 큰 글자로 하였다.

이의 큰 잉어는 강과 호수 근처가 아니면 단번에 찾을 수 없다. 만약 작은 물고기를 기른다면 수년이 지나도 크게 자라지 않는다.

큰 물고기가 나오게 하려면 방법이 있는데, 크고 작은 연못, 저수지, 호수 등지는 평상시에 큰 물고기가 많이 있으므로 물가 근처의 진흙을 수십 수레를 옮겨와 연못바닥에 깐다. 2년 안에 곧 큰 물고기가 생긴다. 이것은 대개 흙 속에 먼저 큰 물고기 알이 있어서 물을 만나면서 부화되기 때문이다.

순채[蓴]:[508]

『남월지(南越志)』에 이르기를[509] "석순(石蓴)[510]은 형상이 김[紫菜]과 비슷하지만 색깔은 녹색이다."라고 한다.

尺大鯉, 非近江湖, 倉卒難求. 若養小魚, 積年不大. 欲令生大魚法, 要須載取藪澤陂湖饒大魚之處近水際土十數載, 以布池底. 二年之內, 卽生大魚. 蓋由土中先有大魚子, 得水卽生也.

蓴

南越志云, 石蓴, 似紫菜, 色青.

---

508 '순(蓴)': 수련과(睡蓮科)의 순채(蓴菜; *Brasenia schreberi*)로서 수생 숙근초본이다. 봄 여름철에는 채소로 쓸 수 있으나, 가을에는 쇠어 잎이 작고 맛이 써서 식용으로 쓸 수 없고 돼지 사료로 쓴다.

509 『태평어람』권980에서 『남월지』를 인용한 것은 『제민요술』과 동일하다. 『남월지(南越志)』는 『수서(隋書)』, 『구당서(舊唐書)』 「경적지(經籍志)」에 모두 목록이 있으나, 『구당서』에 있는 『남월지』는 심회원(沈懷遠)이 찬술한 것이다. 심회원은 남조 송(宋)과 제(齊) 사이의 사람으로서 범죄로 인해 형벌을 받아 광주(廣州)로 귀양을 갔다. 465년에 북쪽으로 돌아와서 무강(武康)은 지금의 덕청(德淸)에 속한다.]령을 맡았다. 심회원은 광주에서 10여 년 있으면서, 그가 본 초목금수 등의 '이물(異物)'에 대해서 기술하였다.

510 '석순(石蓴)': 석순과의 석순(石蓴; *Ulva lactuca*)이다. 녹조류 식물로서 얕은 바다에 자라며, 바위에 붙어산다. 비록 '순(蓴)'이라는 이름을 쓴다고 하더라도 실제는 순과 다르다.

『시경(詩經)』「노송(魯頌)·반수(泮水)」조에는 "반수에서 즐기며 그 묘(茆)를 캐도다."[511]라고 하였다.

『모전』에서 이르기를, "묘(茆)는 곧 부규(鳧葵)이다."[512]라고 하였다. 『시의소(詩義疏)』에 이르기를[513] "묘(茆)는 아욱[葵]과 유사하다. 잎은 크기가 손바닥만 하며 붉고 둥글다[赤圓].[514] 미끈미끈한 점액[肥]이 있으며[515] 꺾은 후에 손에 넣고 잡으면 미

詩云, 思樂泮水,

言采其茆.

毛云, 茆, 鳧葵也.

詩義疏云, 茆, 與葵

相似. 葉大如手, 赤

圓. 有肥, 斷著手中,

511 이 조항은 『시경』「노송(魯頌)·반수(泮水)」에 보이며, '언(言)'은 '박(薄)'으로 쓰고 있다.

512 '묘(茆)'는 두 가지로 해석된다. 『모전』에서는 '부규(鳧葵)'라고 해석하고 있다. '부규'는 『당본초』, 『본초도경』에서는 모두 보이는데 이것은 곧 '노랑어리 연꽃[荇菜]'이다. 『본초도경』에서 묘사하기를, "잎은 순채와 같은데 줄기는 떫은맛이 나고, 뿌리는 매우 길며, 꽃은 황색이고 수중에서 아주 잘 자란다."라고 되어 있다. '노랑어리 연꽃[荇菜]'은 용담과(龍膽科)로서 학명은 *Nymphoides peltatum* 이며, '행채(荇菜)'라고도 쓰는데 다년생 수생초본이다. 줄기는 가늘면서 길고, 마디에서 뿌리가 나며, 물속에 가라앉는다. 잎은 계란형이고 잎의 뒷면은 자홍색을 띠며 순채와 매우 흡사하다. 여름과 가을 사이에 샛노란 황색의 꽃이 핀다. 또 다른 해석은 육기의 소와 『시의소』에서 말하는 '묘(茆)'가 곧 '순채'라는 것이다.

513 『시의소』와 『시경』「반수」편은 공영달이 육기의 소[이는 곧 『모시초목조수충어소(毛詩草木鳥水蟲魚疏)』이다.]를 인용한 것에 서로 다른 점이 있는데, "與葵相似"는 육기의 소에서는 "與荇菜相似"로 쓰고 있고, "莖大如箸"는 "莖大如匕柄"으로 쓰고 있으며, '수규(水葵)' 다음에 "諸陂澤水中皆有"라는 구절이 더 있다. 묘치위의 교석본에 따르면 행채(荇菜)는 곧 행채(荇菜)로, 순채(蓴菜)와 유사하며, 즉 육기의 소에서 말하는 것과 다소 부합한다. 『시의소』와 『시경』에는 모두 순채를 '묘(茆)'로 해석하는데, 즉 이 두 글자는 서로 동일하다고 한다.

514 '적원(赤圓)'은 금택초본과 명초본에서는 '역원(亦圓)'이라고 쓰고 있는데 잘못이다. 다른 본에서는 '적원'이라고 쓰고 있으며, 공영달이 육기의 소를 인용한 것도 동일하다. 묘치위에 의하면 아욱의 잎은 둥글지 않고 순채의 잎은 계란형에서 타원형을 띠고 있으며, 윗면은 녹색이고 아랫면은 자색을 띠고 있어서 글자는 응당 '적원'이라고 써야 한다고 한다. 스성한의 금석본에서는 '역원(亦圓)'으로 쓰고 있으나 '적원(赤圓)'으로 고쳐 해석하였다.

끄러워서 잡히지 않는다. 줄기는 굵기가 젓가락만 하다. (줄기와 잎은) 모두 먹을 수 있으며 또한 삶으면 미끈미끈하고 맛이 좋다.[516] 강남 사람들은 이것을 '순채(蓴菜)'라고 하며 혹은 '수규(水葵)'라고도 부른다."

　『본초(本草)』에 이르기를,[517] "당뇨[痟渴]와 관절염[熱痹]을 치료한다."[518]라고 한다. 또 이르기를, "찬 기운을 보충하여 기를 내려 준다.[519] 가물치[鱧魚][520]와 함께 국을 끓이면 몸의 수기를 빼낸다[逐水]. 성질이 미끄럽기 때문에 이것을 '순채(淳菜)'라고도 하며 '수근(水芹)'[521]이라고도 한다. 단약을 먹는 사

滑不得停也. 莖大如箸. 皆可生食, 又可汋, 滑美. 江南人謂之蓴菜, 或謂之水葵.

　本草云, 治痟渴熱痹.█[135] 又云, 冷補, 下氣. 雜鱧魚作羹, 亦逐水而性滑. 謂之淳菜, 或謂之水芹. 服

---

515 '비(肥)': '느끼하다[膩]'거나 '끈적하고 미끄러운 침[涎]'이다.

516 '작(汋)'은 '약(瀹)'의 간사(簡寫)이다. '미(美)'는 단지 금태초본에서만 이 글자와 같으며, 공영달이 육기의 소를 인용한 것도 동일하다. 다른 본에서는 모두 '갱(羹)'으로 쓰고 있는데, '활갱(滑羹)'은 단어의 조합이 안 되니 잘못이다. 스성한의 금석본에는 묘치위 교석본과는 달리 '작활갱(作滑羹)'으로 쓰여 있다.

517 『증류본초(證類本草)』에 수록된 『명의별록』에서는 '순(蓴)'에 대해 "당뇨와 관절염을 다스린다."라고 한다. '우운(又云)'은 도홍경의 주에 보이지만 "謂之蓴菜, 或謂之水芹"이라는 구절은 없다. '순(淳)'은 '순(蓴)'의 음을 기록한 것이며, 다만 순채의 다른 이름으로 '수근(水芹)'이라고 칭하는 것은 각 서에서는 보이지 않는데, '수규(水葵)'의 잘못인 듯하다. '냉보(冷補)'를 이어서 읽는 것은 당대(唐代) 맹선(孟詵)의 『식료본초(食療本草)』에 의거하면, '수냉이보(雖冷而補)'라고 되어 있다.

518 '소갈(痟渴)'은 중의학상의 병명으로서 당뇨병, 뇨붕증(尿崩症) 등을 포함한다. '열비(熱痹)'는 중의학상의 병명으로 비증(痹症)의 일종이다.

519 스성한의 금석본에서는 "冷, 補下氣"라고 하여 날씨가 추워서 기가 떨어지는 것을 보충해 준다고 해석하였다. 반면 묘치위는 이렇게 끊어 읽을 경우 해석이 통하지 않는다고 보아 "冷補, 下氣"로 읽고, 찬 기운을 보충하여 기를 내려 준다고 해석하고 있다.

520 '예어(鱧魚)': 스성한의 금석본에서는, '이어(鯉魚)'로 쓰고 있으나, 권8에 따라 '가물치[鱧魚]'가 되어야 한다고 지적하였다.

람[服食之家]522은 그것을 많이 먹어서는 안 된다."라고 한다.

순채 심는 법:523 못이나 호수, 늪 가까이에 있는 경우는 호수 속에 파종할 수 있다.

흐르는 물 가까이에 있는 경우는 흐르는 물을 끌어들여 못을 만들어 파종할 수 있다. 수심을 가늠하여, 물이 깊으면 줄기가 살찌고 잎이 적으며 물이 얕으면 잎이 많고 줄기가 가늘어진다.

순채의 본성은 잘 자라며 한 번 심으면 오랫동안 거둘 수 있다. 연못의 물은 깨끗해야 하는데524 더러운 물은 견디지 못한다. 분뇨와 오물이 연못 속으로 흘러 들어가면 바로 죽게 된다. 한 말[斗]525 정도를 심으면 충분한 용도로 쓸

食之家, 不可多噉.

種蓴法. 近陂湖者, 可於湖中種之. 近流水者, 可決水爲池種之. 以深淺爲候, 水深則莖肥而葉少, 水淺則葉多而莖瘦. 蓴性易生, 一種永得. 宜淨潔, 不耐汚. 糞穢入池卽死矣. 種一斗餘許,

---

521 '수근(水芹)': 수규(水葵)를 잘못 쓴 듯하다.

522 '복식지가(服食之家)'는 금석(金石)의 광물, 약물 등을 복용하여 '장생(長生)'을 구하는 사람이다. 양진(兩晉) 남북조시기에 많았으며, 이런 것을 복용하면 열독(熱毒)이 발작하여 미쳐서 죽게 된다고 한다.

523 '종순법(種蓴法)'이라는 제목을 제외한 나머지는 원래 두 줄로 된 작은 글자로 쓰여 있었지만, 묘치위 교석본에서는 고쳐서 큰 글자로 쓰고 있다. 스성한의 금석본에서는 원래대로 제목만 큰 글자로 쓰고 있다.

524 '정결(淨潔)': 금택초본에서는 '정결(淨絜)'로 쓰고 있으나, 다른 본에서는 '결정(潔淨)'으로 쓰고 있는데, '결(絜)'은 '결(潔)'과 동일하다. 묘치위 교석본에서는 통일하여 '결(潔)'로 표기하였다.

525 '일두(一斗)': 종자(種子)가 여전히 숙근(宿根)을 가리키는지 정확하지 않다. 오늘날 어떤 지역에서는 석(石), 두(斗)를 토지면적 단위로 삼고 있지만 『제민요술』은 이러한 예가 없으니, 무엇을 가리키는가를 알 수 없다. 묘치위 교석본에서는 '일두(一斗)'를 토지면적 단위로 파악하고 있는데, 여기서는 파종량으로 해석하

수 있다.

　연뿌리를 심는 방법:⁵²⁶ 초봄에 연뿌리의 마디를 캐내서⁵²⁷ 물고기가 있는 연못의 진흙 속에 심으면 그해에 연꽃이 피어난다.

　연밥 심는 방법: 8월, 9월 중에 단단하고 검게 익은 연밥을 취하여 연밥의 머리 부분을 기와에 대고 갈아서 껍질을 얇게 한다. 진흙[墐土]⁵²⁸을 가져다가 부드럽게 만드는데 길이는 2치이고, 굵기는 3개의 손가락만 하게 만들어서 연밥의 표면에 붙인다. 연밥 꼭지의 끝은 평평하고 무겁게 한다. 간 부분의 끝은 뾰족하게 한다.⁵²⁹ 진흙

足以供用也。🈯

　種藕法。春初掘藕根節頭，著魚池泥中種之，當年卽有蓮花。

　種蓮子法。八月九月中，🈯收蓮子堅黑者，於瓦上磨蓮子頭，令皮薄。取墐土作熟泥，封之，如三指大，長二寸。　使蔕頭平

는 것이 바람직할 듯하다. 왜냐하면 『제민요술』단계에서는 파종량을 통해서 토지면적을 가늠하는 제도가 존재하지 않았기 때문이다.

526　'종우법(種藕法)'에서 '종기법(種芰法)'에 이르기까지, 4개 조항의 파종법은 원래 모두 제목만 큰 글자로 쓰고, 나머지는 두 줄로 된 작은 글자로 쓰여 있는데, 묘치위 교석본에서는 이 부분이 이름난 식물[名物]의 문장을 해석하는 것이므로, 『제민요술』의 통례에 따라 그 작은 글자를 보존하되 나머지는 모두 고쳐서 큰 글자로 했다고 한다. 스성한의 금석본에서는 묘치위와는 달리 원칙을 준수하고 있다.

527　'우근절두(藕根節頭)': 연뿌리의 앞부분의 두세 마디를 가리키며, 끝부분에 싹이 달려 있어 연뿌리 마디는 아니다. 현재 연뿌리의 번식은 통상 종자 연뿌리를 써서 무성번식을 행하는데, 연밥을 직파하는 경우는 아주 적다. 종자 연뿌리는 앞부분의 두세 마디의 아주 통통하고 싹이 왕성하여 손상이 없는 것을 선택하여 봄에 옮겨 심는다. 『분문쇄쇄록(分門瑣碎錄)』에는 "초봄에 연뿌리를 파내어서 세 마디가 손상되지 않는 부분을 심는다."라고 한다.

528　'근토(墐土)'는 '점토(黏土)'이다.

529　'於瓦上磨蓮子頭'에서부터 '磨處尖銳'까지는 연밥의 종자를 던지는 것에 관한 내

이 마르면 연못 속에 던져 넣는다.

꼭지가 무겁기 때문에 자연히 아래를 향해 진흙 속에 가라앉으며 위치가 반듯하게 균형을 잡게 된다. (머리 부분의) 껍질이 얇아서 쉽게 발아하여 오래지 않아 싹이 나오게 된다. 갈지 않으면 껍질이 딱딱하고 두꺼워 단시간에 발아되지는 않는다.

가시연[芡] 심는 방법:[530] 일명 '계두(雞頭)'라고 하며 또한 '안훼(鴈喙)'라고도 하는데, 이것이 곧 오늘날의 이른바 '가시연밥[芡子]'이다. 열매의 형태를 보면 꽃이 닭 벼슬과 닮아 있기 때문에 '계두(雞頭)'라고 불렀다. 8월 중에 열매를 따서 쪼개어 씨를 꺼내 연못 속의 흙 속에 뿌리면 저절로 자란다.

重. 磨處尖銳. 泥乾時, 擲於池中. 重頭沈下, 自然周正. 皮⑱薄易生, 少時卽出. 其不磨者, 皮既堅厚, 倉卒不能生也.

種芡法. 一名雞頭, 一名鴈喙, 卽今芡子是也. 由子形上花似雞冠, 故名曰雞頭. 八月中收取, 擘破, 取子, 散著池中, 自生也.

용이며, 싹이 빨리 나오게 하기 위한 사전 종자처리법이다. 묘치위 교석본에서는 연밥은 비록 매우 강한 생명력(발아력은 백 년 이상을 지니고 있다.)을 지니고 있을지라도 종자의 껍질은 아주 단단하여 싹이 나오기가 쉽지 않다. 『제민요술』에는 연밥의 끝머리를 갈아서 얇게 하는데, 그 목적은 표면 안쪽의 녹색 어린 싹이 껍질을 뚫고 나오기 쉽게 하기 위함이라고 한다.

530 '검(芡)': 수련과의 가시연[芡; *Euryale ferox*]으로, 꽃자루[花梗]에 가시가 많으며 꽃 끝부분에 한 떨기 꽃이 자란다. 꽃이 진 후에 꽃받침이 자라서 구형의 가시가 많은 열매가 맺힌다. 끝부분에서 묵은 꽃받침이 닫히면서 부리 형상을 띠고, 전체 모양은 닭 머리와 같다고 하여 '계두'라고 한다. 열매는 가을을 전후하여 익으며, 속에는 많은 종자가 들어 있다. 『제민요술』에서는 갈라서 종자를 취해 가을에 줄지어 파종한다. 『농정전서(農政全書)』 권27에서는 종자는 먼저 "부들로 감싸 물속에 담근다."라고 하였는데, 봄이 되면 꺼내 파종한다고 한다.

세발 마름[芰]531 심는 방법: 일명 '능(菱)'이라고도 한다. 가을에 열매가 검게 익었을 때 거두어 연못 속에 흩어 뿌리면 저절로 자란다.

『본초』에 이르기를,532 "연밥[蓮]·마름[菱]·가시연[芡]의 과육은 모두 상품上品의 약이다. 먹으면 속을 편안하게 하고, 장기를 보호하며, 정신이 더욱 맑아지고, 의지가 강건해지며, 온갖 병이 사라지고, 정기가 더해진다. 귀와 눈이 총명聰明해지고 몸은 가벼워지며 노화가 방지된다. 푹 쪄서 햇볕에 말렸다가 꿀에 타서 먹으면 장생長生할 수 있으며 신선과 같이 된다."라고 한다. 많이 심으면 흉작인 해에도 이에 의지하여 흉년을 잘 넘길 수 있다.

種芰法. 一名菱. 秋上子黑熟時, 收取, 散著池中, 自生矣.

本草云, 蓮菱芡中米,⑬⑨ 上品藥. 食之, 安中補藏, 養神強志, 除百病, 益精氣. 耳目聰明, 輕身耐老. 多蒸曝, 蜜和餌之, 長生神仙. 多種, 儉歲資此, 足度荒年.

---

531 '기(芰)'는 마름과의 세발 마름으로서 속명은 '능각(菱角)'이다

532 '연(蓮)', '검(芡)' 두 종류는 『신농본초경』에 등장한다. '능(菱)'은 『명의별록』에 나오며, 원문은 '기(芰)'로 쓰고 있는데, 모두 "과부(果部)에서의 상품(上品)"이라 기록되어 있다. 문단의 전문(다음 문장의 "多種 … 足度荒年"에 연결된다.)은 원래 두 줄로 된 작은 글자로 앞 문장의 '자생의(自生矣)' 다음에 붙여 썼지만, 묘치위 교석본에서는 행을 지우고 고쳐서 큰 글자로 썼다.

● 그림 9
잉어[鯉]:
『음선정요(飮膳正要)』 참조.

● 그림 10
노랑어리 연꽃
[茆; 蕣菜]

● 그림 11
순채(蓴菜)

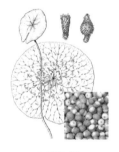

● 그림 12
가시연[芡]과 열매

교 기

133 '치(鴟)': 명초본에 '현(鵁)', 금택초본에 '치(鴸)'로 되어 있는데 모두 송대의 속자(俗字)이다.

134 '임(任)': '임(任)'은 각본에서는 이 글자와 같다. 금택초본에서는 '주(住)'로 쓰고 있으며, 『태평어람』 권936에서 『양어경』을 인용한 것이 금택초본과 같은데, '임(任)'자의 형태와 유사하여서 생긴 잘못이다.

⏢ '소갈열비(痟渴熱痹)': 스성한의 금석본에서는 '소(消)'자를 쓰고 있다. 스성한에 따르면, 명초본에 '소갈(痟渴)', 금택초본에는 '피갈(疲渴)'로 되어 있다. '소갈(消渴)' 병명은 역대로 줄곧 '소(消)'자를 썼으며, 명초본과 금택초본은 모두 잘못 옮겨 쓴 것이다. 본초와 명청 각본 『제민요술』에 따라 바로잡는다. '비(痹)'는 각 본에서는 '비(痹)'자로 쓰고 있는데, 와전된 글자를 따른 것이다.

⏢ '야(也)': 금택초본에는 '야(也)'자가 있으나, 다른 본에는 없다.

⏢ '중(中)': 명초본에는 빠져 있으나, 금택초본과 『농상집요』에 따라 보충한다.

⏢ '피(皮)': 명초본과 비책휘함 계통의 판본에는 빠져 있으나 금택초본에 따라 보충한다.

⏢ '연능검중미(蓮菱茨中米)': '연(蓮)', '능(菱)', '검(茨)'은 호상본에서는 빠지거나 잘못되어 있다. '능(菱)'은 금택초본에서는 글자가 같은데, 남송본에서는 '교(茨)'자가 추가되어 '능문(菱茨)'으로 쓰고 있고, 진체본에서는 '능기(菱茨)'로 쓰고 있다. '미(米)'는 각 본에서는 동일하지만 학진본에서는 '주(朱)'로 잘못 쓰고 있다.

제민요술
제7권

제62장
화식 貨殖¹第六十二

범려范蠡가 이르길,² "계연計然이 말하건대,³ | 范蠡曰, 計然云,

---

1 '화식(貨殖)': '화(貨)'는 실재 물질인 '화물(貨物; 貨)'과 가치를 대표하는 '화폐(貨幣; 財)'를 포함한 가치가 있는 물건이며, '식(殖)'은 늘어나고 많아진다는 것이다. '화식' 두 글자가 합쳐져서, '가치 있는 물건이 늘어난다', 즉 재물이 누적됨을 말한다. 「제민요술 서문」에서 "농업을 버리고 상업을 쫓는 것은 현명한 사람이 할 바가 아니다. 하루의 투기이익을 좇아서 갑자기 부자가 되었지만 (농사를 짓지 않아) 결국은 빈곤하게 되는 근원이 되어 춥고 배고파진다."라고 하였으며, 이로 인해서 장사치에 대한 내용은 빼고 기록하지 않았다.

2 '범려왈(范蠡曰)': 이 조항은 『한서(漢書)』 권24 「식화지(食貨志)」에 보이며, "옛날에 월왕 구천이 회계에서 곤경에 처했을 때 범려와 계연의 계책을 사용하였다. 『구당서(舊唐書)』 권47 「경적지하(經籍志下)」편 '오행류(五行類)'에는 『범자문계연(范子問計然)』 15권이 있으며 모두 주석하여 말하기를, "범려가 묻고 계연이 대답하였다."라고 하였다. 『수서(隋書)』 「경적지(經籍志)」에는 기록되어 있지 않은데, 이는 당 개원(開元) 연간에 책을 수집할 때 비로소 나온 책이기 때문이다. 이 조문의 내원 또한 『범자계연』류에서 나왔지만, 후인이 가탁하여 위작한 책이라고 볼 수 있다.

3 '계연운(計然云)': 배인(裵駰)의 『사기집해(史記集解)』와 서광(徐廣)의 『사기음의(史記音義)』에 "계연은 범려의 스승이다.[計然者, 范蠡之師也.]"라고 되어 있다. 『한서』 맹강(孟康)의 주에 "성은 계(計)이고 이름은 연(然)이며, 월나라의 신하이다."라고 하였고, 『한서』 채모(蔡謨)의 주에 "계연은 범려가 지은 책의 편명

'육지에서는 마차에 의존하고, 물에서는 배에 의존하는 것[4]이 사물의 이치이다.'"라고 하였다.

백규白圭가 말하길,[5] "시간을 좇는 것은 마치 맹수와 맹금이 먹이를 낚아챌 때와 같이 신속해야 한다. 따라서 '내가 경영을 도모한 것은 마치 이윤伊尹[6]과 여상呂尚이 계략을 세우고, 손무孫武

旱則資車, 水則資舟, 物之理也.

白圭曰, 趣時若猛獸鷙鳥之發. 故曰, 吾治生猶伊尹呂尚之謀,

일 뿐, 사람이 아니다. '계연'이라고 한 것은 계산한 바가 맞는다는 것이다."라고 쓰여 있다. 안사고(顏師古)의 『한서』 주에서 고금인표(古今人表)에 따라 계연을 제4등에 둔 것으로 보아 계연이라고 하는 사람은 분명히 존재하며, 『오월춘추 (吳越春秋)』와 『월절서(越絶書)』 속의 '계예(計倪)'가 계연이라고 했다. 사마정 (司馬貞)의 『사기색은(史記索隱)』에서는 "위소(韋昭)는 '계연은 범려의 스승이다.'라고 했으며, 채모(蔡謨)가 '범려가 쓴 책 이름이 계연이다.'라고 한 것은 틀리다."라고 했다.

4 "육지에서는 마차에 의존하고, 물에서는 배에 의존하는 것[旱則資車, 水則資舟]" 은 상식이지만 『한서』 권24 「식화지」의 "가물면 배에 의존하고, 홍수가 나면 마차에 의존하는 것"(『사기』 권129 「화식열전」에도 동일하다.)과는 상반된다. 안사고가 해석하여 이르기를, "가뭄이 극심하면 물을 필요로 하고 홍수가 극심하면 가뭄을 기대하는 고로 가물 때에는 미리 배를 만들어 두고 홍수가 날 때를 대비하여 마차를 준비함으로써, 그 물가가 등귀하는 것을 기다려야만 그 이익을 취할 수 있다."라고 하였다. 『국어』 「월어상(越語上)」에는 문종(文種)이 월왕에 대해 또한 이르기를, "신이 듣건대, 상인은 가물면 배에 의존하고, 홍수가 나면 마차에 의존하여 그 부족함을 대비합니다."라고 하였다. 묘치위는 교석본에서 이것은 계연(計然)이 상식과 다르게 예측하여 이익을 구하는 책략과 흡사하므로, 『제민요술』에서 '차(車)', '주(舟)' 두 글자를 도치했을 가능성이 있다고 한다.

5 '백규(白圭)'는 전국시대 사람으로서 상업을 경영하는 데 능하였다. 『맹자』 「고자장구하(告子章句下)」, 『한비자』 「유노(喩老)」편 중에도 백규가 등장하는데, 제방을 쌓아서 치수에 능하였다고 하며, 『맹자』 조기 주에는 상업경영에 능통한 백규라고 말하고 있다.

6 '이윤(伊尹)': 탕(湯)을 도와 하(夏)를 멸하였다. 여상(呂尚)은 곧 강태공으로, 주나라를 도와서 상나라를 멸하였다. 손(孫)은 춘추시대의 손무(孫武)를 가리키며,

와 오기(吳起)가 군사를 사용하고[用兵], 상앙(商鞅)이 변법을 실시하는 것과 같았다.'"라고 하였다.

『한서(漢書)』에 이르길,[7] "진한시대의 제도는 열후(列侯)[8]와 봉군(封君)이 토지에 대해서 거둔 조세[食租]가 대개 매년 호당 200전이었다.[9] 봉지가 천호(千戶)에 달한 사람이라면 20만 전의 조세를 거둘 수 있었다.[10] 황제를 알현하고 제후 상호 간에 왕래하고 향응하는 비용은 모두 그 안에서 나왔다.[11] 서민, 농민, 수공업자, 행상과 좌고[商賈][12]는

孫吳用兵,
商鞅
行法是也.

漢書曰, 秦漢
之制, 列侯封君
食租,**1** 歲率戶
二百. 千戶之君
則二十萬. 朝覲
聘享出其中. 庶
民農工商賈, 率

오(吳)는 전국시대의 오기를 가리키는데 모두 용병을 잘하며 후대에는 '손오(孫吳)'라고 병칭하고 있다. 상앙은 전국시대 사람으로서 진 효공의 변법을 도와서 신정을 도모하여 진나라가 부강하게 되었다.

7 『이아』에서는 모두 『한서』 권24 「식화지」를 인용하였으며, 『사기』 권129 「화식열전」에도 보인다. 문장 안에 당대 안사고의 주석문은 후인이 첨가한 것이다.

8 '열후(列侯)': 한(漢)나라의 제도에서 유씨(황제의 가문) 집안 사람이 아니면서 공을 세워 제후로 봉해진 자를 '열후(列侯)'라고 불렀다.

9 '봉군(封君)': 봉읍을 받은 사람으로, 『한서』 권24 「식화지하(食貨志下)」의 안사고 주에서는 "봉군과 봉읍을 받은 자는 공주와 열후의 부류를 일컫는다."라고 하였다. 이는 봉군이 범칭으로 열후를 포괄하고 있음을 말한다. '식조(食租)': 작위가 있는 군후는 모두 봉지의 호구에 대해서 조세와 부세를 징수하는데, 호당 매년 200문전을 징수하였다.

10 봉지가 1,000호에 달하면 매년 20만 전의 수입이 있었으며, 이 '천호지군(千戶之君)'은 '천호후(千戶侯)'와 같다. 즉 200문×1,000=200,000문이므로 천호를 가진 군주가 20만 전이 된다.

11 '조근빙향(朝覲聘享)'은 예부터 전해오는 말로서, '조(朝)'는 제후들이 봄에 천자를 알현하는 것이며, '근(覲)'은 제후들이 가을에 천자를 알현하는 것이다. '빙(聘)'은 제후끼리 만날 때 선물을 주고받는 예의이며, '향(享)'은 제후 사이에 술과 음식으로 서로 대접하는 것이다. 모든 비용은 징수한 조세와 부세에서 지출되었

보통 매년 만 전에 이천 전의 이윤을 취했으며,[13] 일백만 전을 가진 집안인 경우 이십만 전의 이윤을 취하였다. 군역과 요역, 조세와 부세[14]는 모두 그 속에서 지출하였다."라고 하였다.

따라서 육지에서는 이백 발굽의 말을 길렀으며, 맹강(孟康)이 이르길, "이것은 오십 필(匹)에 해당한다. 제(蹏)는 제(蹄)자의 고어(古語)이다."[15]라고 하였다.

발굽과 뿔 일천 개의 소, 맹강(孟康)이 이르길, "이것은 167마리의 소이다.[16] 소와 말의 값의 높고 낮음은[17] 이러

亦歲萬息二千,
百萬之家則二十
萬.　而更徭租賦
出其中.

故曰, 陸地, 牧
馬二百蹏, 孟康曰,
五十匹也. 蹏, 古蹄字.

牛蹏角千, **2** 孟
康曰, 一百六十七頭.

다. '향'자는 비책휘함 계통 각본에 '향(饗)'으로 되어 있다.

12　'상고(商賈)'의 '상(商)'은 '행상(行商)' 즉, 돌아다니며 파는 상인을 가리키며, '고(賈)'는 '좌상(坐商)', 즉 일정한 장소에 거주하면서 움직이지 않는 상인을 의미한다.

13　'세만식이천(歲萬息二千)': 일만 전의 본전에 매년 이천 전의 이윤을 거두었다.

14　'경요조부(更徭租賦)': 모두 '서민·농·공·상·고(賈)' 등의 평민들이 정부에 내야 하는 세금이다. '요'는 『사기』에 '요(傜)'로, 『한서』에는 '요(繇)'로 되어 있는데, 모두 동음가차이다. '요(傜)'의 원뜻은 의무노동이나, 나중에는 사람을 고용하여 일을 대신하도록 하는 것을 허락했으며 결국은 돈을 납부하는 것으로 대신할 수 있게 되었다.

15　여기에 인용된 것은 원문의 주석문이지만 안사고가 주석한 것은 아니다. 『제민요술』에 원래부터 있었던 것이다. 예컨대 여기서의 "제(蹏)는 제(蹄)자의 고어이다.[蹏, 古蹄字.]"의 윗부분과 같은 것이 그것으로서, 지금의 『한서』에는 '안사고'라고 표제가 붙어 있으나, 『제민요술』은 맹강의 주와 관련되어 있다. 금본에는 안사고 주가 전혀 없다. 이것은 모두 『제민요술』이 인용한 『한서』의 주석본과 같지 않으며, 당시의 안사고 주석본은 세상에 나오지 않았음을 말해 주는 것이다.

16　맹강이 소 167마리라고 한 것은 소 한 마리가 발이 4개, 뿔이 2개인데 여기서 천 개란 뿔과 발의 총합을 뜻한다. 따라서 166.66마리가 되는 셈이다.

17　'우마귀천(牛馬貴賤)': 금본의 『한서』 안사고 주에서는 '맹강왈(孟康曰)'을 인용하여 "말은 비싸고 소 값은 싸다.[馬貴而牛賤.]"라고 적고 있다.

한 비례에 의거하여 계산된다."[18]라고 하였다.

천 족의 양을 사육하였다. 안사고가 이르기를, "무릇 천 족(千足)이라는 것은 250마리에 해당된다."라고 하였다. 진창에는 천 족의 돼지가 있다. 물이 고여 있는 곳에는 매년 천 섬[十二萬斤][19]의 물고기를 생산할 수 있는 저수지가 있었다. 안사고가 이르길, "큰 저수지가 있어 물고기를 기르면 1년에 천 섬의 물고기를 수확할 수 있으며, 물고기는 근(斤)과 냥(兩)으로 계산한다."[20]라고 하였다. 산에 거주하는 사람은 (매년) 천 그루의 목재를 생산할 수 있는 가래나무를 보유하고 있으며, 이 가래나무는 사방이 각진 목재 천 개이다.[21] 안사고가 말하길, "큰 목재의 재료를 '장(章)'이라고 일컫는데 (『한서』)「백관공경표(百官公卿表)」에 주석하고 있다."라고 하였다. 안읍

牛馬貴賤, 以此爲率.

千足羊. 師古曰, 凡言千足者, 二百五十頭也. 澤中, 千足彘. 水居, 千石魚陂. ❸ 師古曰, 言有大陂養魚, 一歲收千石, 魚以斤兩爲計. 山居, 千章之楸, ❹ 楸任方章者千枚也. 師古曰, 大材曰章, 解在百官公卿表. 安邑千樹棗, 燕秦千

<hr />

18 '이차위율(以此爲率)': 말은 비싸고 소는 값이 싸서 두 가지 가격의 비율은 50두의 말과 167두의 소와 비견되는데, 이것은 말의 가격이 소의 3.34배였음을 말한다.

19 1석(石)은 120근이다.

20 "물고기는 근(斤)과 냥(兩)으로 계산한다.[魚以斤兩爲計.]"라는 구절은 금본의 안사고 주에는 없는데, 배인(排印)의 『사기집해(史記集解)』에서는 서광(徐廣)의 말을 인용하여 이러한 해석을 하고 있다.

21 '추임(楸任)'은 『한서』에서 '추임(萩任)'으로 표기하였다. '방(方)'은 『주례(周禮)』「고공기(考工記)」「여인(輿人)」조에는 "방자중거(方者中矩)"로 쓰여 있는데, '방'은 곧고 바른 것을 뜻하며, '방장(方章)'은 팽팽하고 바른 큰 목재이다. 『한서(漢書)』「백관공경표(百官公卿表)」에는 "동원주장(東園主章)"이라는 말이 있는데 안사고가 주석하여 "여순(如淳)이 이르기를 '장(章)은 큰 목재이다.'"라고 하였다. '천매(千枚)'는 금택초본은 이 문장과 같으며, 『한서』에도 동일하다. 황교본과 명초본에서는 '천고(千故)'로 잘못 쓰고 있으며, 호상본에서는 '대매(大枚)'로 잘못 쓰고 있다.

현[22]에는 천 그루의 대추나무가 있고, 연燕나라와
진秦나라 땅에는 천 그루의 밤나무가 있으며, 촉
군과 한중군, 강릉현에는 천 그루의 귤나무가 있
으며, 회북의 형남滎南과 제수[濟河], 황하 사이의
지역에는 천 그루의 가래나무가 있다.[23] 진류군
[陳; 陳留郡]과 강하군[夏; 江夏郡][24]에는 옻나무 밭이
천 무畝가 있고 제齊와 노魯의 땅에는 뽕나무 밭
또는 삼밭이 일천 무가 있으며, 위수[渭川] 연변에
는 대나무 숲 일천 무가 있다.[25] 이름 있는 대국大
國의 만萬호를 가진 성에는 성 밖에 천 무千畝의
밭이 있고, 무畝당 일 종鍾을 수확할 수 있는 밭
이었다."라고 하였다. 맹강이 주석하여 이르길, "1종의
용량은 6섬[斛] 4말[斗]이다."라고 하였다. 안사고가 이르길, "1
무에서 1종을 수확할 수 있는 것이 무릇 천(千) 무였다."라고 하
였다. 혹은[若] 일천 무의 치자[梔]와 꼭두서니[茜]를
재배하였는데,[26] 맹강이 주석하여 이르길, "꼭두서니와 치

樹栗，蜀漢江陵
千樹橘，淮北滎
南濟河之間**5**千
樹楸。陳夏千畝
漆，齊魯千畝桑
麻，渭川千畝竹。
及名國萬家之城，
帶郭千畝畝鍾之
田。**6** 孟康曰，一鍾
受六斛四斗。**7** 師古
曰，一畝收鍾者，凡千
畝。若千畝梔茜，
孟康**8**曰，茜草梔子，
可用染也。千畦薑
韭。此其人，皆與
千戶侯等。

---

22 '안읍(安邑)': 현의 이름으로 진(秦)나라 때 설치되었으며 치소는 지금의 산서성
하현 서북쪽에 있다. 전하는 말에 의하면 우임금이 이곳에 도읍을 정했다고 한
다. 전국시대 초기에는 위나라의 수도였다.

23 '형(滎)'은 형택(滎澤)을 가리킨다. 옛 수택의 하나로, 옛 터전은 지금 하남성 형
양(滎陽)에 있으며, 오래전에 이미 매몰되었다. 군 치소는 지금의 하남성 원씨현
(元氏縣) 서북쪽에 위치한다. 『사기』에 기록된 지역은 『한서』보다 넓어서, 거의
산서, 화북의 목재가 점차 감벌되어 가는 것을 가리키고 있는 듯하다.

24 '진(陳)'은 지금의 하남성 회양(淮陽) 등지이며, '하(夏)'는 지금의 하남성 우현(禹
縣)이다.

25 '위천(渭川)'은 섬서성 위수[渭河]를 가리킨다.

자는 모두 염색의 연료로 사용된다."라고 하였다. 일천 이랑의 생강과 부추를 재배하는 사람도 있다. 이런 사람은 모두 일천 호의 후侯에 비견되는 부를 지녔다.

농언에 이르길, "가난한 사람이 부자가 되려고 한다면, 농업은 수공업만 못하고, 수공업은 상업만 못하다. 집에서 수를 놓고 바느질하는 것은 시장의 출입문[市門] 근처에서 (손님을 부르며) 장사하는 것27만 못하다."라고 하였다. 이 말은 모두 장사[末業]가 가난한 사람이 기대어 생계를 유지할 수 있는 수단이라는 것이다. 안사고가 이르길, "이것은 비교적 이익을 얻기가 용이하다는 말이다."라고 하였다.

사방으로 통하는 읍이나 도읍에서 술을 판매하였는데 일 년에 술 천 동이를 양조하였으며,28 안사고는 "천 개의 동이에 술을 담근다."라고 주석하였

諺曰, 以貧求富, 農不如工, 工不如商. 刺繡文不如倚市門. 此言末業, 貧者之資也. 師古曰, 言其易以得利也.

通邑大都, 酤, 一歲千釀, 師古曰, 千甕以釀酒. 醯醬千

---

26 '치(梔)': 이는 곧 꼭두서니과[茜草科]의 치자로 권5 「잇꽃·치자 재배[種紅藍花梔子]」의 주석에 보인다. '천(茜)'은 천초과의 꼭두서니 풀로, 권5 「자초 재배[種紫草]」의 주석에 보인다.

27 '기시문(倚市門)'은 '좌고(坐賈)'를 가리키며, 문 근처에서 예를 갖추어 손님을 맞이하는 것으로 해석할 수 있다.

28 스성한의 금석본의 석문에서는 매년 술을 만들어 사고 판 것이 천여 차례였다고 해석하고 있다. 과거에는 대부분 '양(釀)'자에서 문장을 끊었는데, 안사고의 주를 바탕으로 일 년[一歲]에 '천옹이양주(千甕以釀酒)'라고 여겼다. 위아래 문장과 비교해 보면 '고(酤)'자가 동사로 쓰이므로, '일세천(一歲千)'은 일 년 동안에 천 번 팔았다는 뜻이라고 생각이 된다.[아래에 '옹(甕)'자가 빠졌을 가능성이 크다.] 그

다. 초[醯]²⁹와 두장[醬]을 담근 것이 천 개의 항아리
[瓨]였고, 안사고는 "강(瓨)은 목이 긴 항아리로, 10되[升]가 들
어간다."라고 하였다.

　마실 묽은 장[漿]³⁰을 담근 것도 천 개의 항아
리나 되었다. 맹강이 이르길, "담(儋)은 항아리이다."라고
하였다. 안사고가 이르길 "담(儋)은 사람이 매는 것으로, 한 번
맬 때 2개의 항아리를 맨다."라고 하였다.

　소와 양과 돼지를 도살하여, 천千 장의 가
죽을 생산하였으며, 천 종鍾의 곡식을 매입하
였다. 안사고는 "항상 사들여서 비축하였다."라고 해석하고
있다.

　천 수레의 땔삼용 짚과 일천 길[丈] 길이의
배[船], 천 개의 목재, 크고 각진 목재를 '장(章)'이라고 한
다. 옛날에는 장작대장에서 목재를 관리하는 자를 '장조연(章曹

瓨, 胡雙反. 師古曰,
瓨, 長頸甖⑨也, 受十
升. 漿千儋.⑩ 孟康
曰, 儋, 甖也.⑪ 師古曰,
儋, 人儋之也, 一儋兩
甖. 屠牛羊彘千皮,
穀糶千鍾.⑫ 師古
曰, 謂常糶取而居之.
薪藁千車, 船長千
丈, 木千章, 洪洞方
章材也. 舊將作大匠掌
材者, 曰章曹掾.⑬ 竹
竿萬箇.⑭ 軺車百
乘, 師古曰, 軺車, 輕小

　　리나 '양(釀)'자는 다음 구절에 속하는 것이 맞는데, '양'자는 동사로 쓰였고 다음
　　두 구절의 혜장(醯醬; 千瓨), 장(漿; 千儋)이 목적어가 된다. 이렇게 해서 '고(酤)'
　　자, '양(釀)'자가 '도(屠)'자, '판(販)'자와 평행을 이루게 된다. 이 절의 모든 항목
　　과 숫자는 모두 전년(全年)의 총 교역액을 모두 계산한 것으로, 총생산액 또는 비
　　축총액을 말하는 것이 아니다. 그리고 이렇게 해석해야만 '상업행위'의 상황에
　　부합된다.

29 '혜(醯)'는 '초(醋)' 또는 '혜(醯)'로도 쓰인다.

30 '미즙상장(米汁相將)'의 음료를 가리키는데, 약한 술[淡酒], 미음[薄粥], 볶은 쌀죽
　　[炒米湯], 산장수(酸漿水) 등을 포함하며 고대에도 차를 대신하여 갈증을 해소하
　　는 데 이용되었다. '장(漿)'은 백납본(百衲本)『사기』에서는 '장(醬)'으로 쓰고 있
　　다. 묘치위에 의하면, 위 문장에서는 이미 '혜(醯)', '장(醬)'을 제시하고 있지만,
　　'장(漿)'의 잘못이다. '담(儋)'은 즉 '담(擔)'자라고 하였다.

掾)'이라고 일컬었다. 대나무 장대 일만 개가 있었다. 일백 승의 초거軺車, 안사고는 "초거는 가볍고 작은 수레이다."라고 하였다. 일천 대의 우거가 있었다.[31]

천 개의 옻칠[漆][32]한 목기와 천 균鈞의 청동 그릇, 1균은 30근이다.[33] 옻칠하지 않은 목기[素木],[34] 철기 혹은 치자와 꼭두서니 일천 섬이 있다. 맹강은 "120근이 한 섬이다. 소목은 흰 목기이다."라고 하였다.

발굽과 입을 합한 것이 천 개인 말, 안사고는 "교(噭)는 입[口]이다. 발굽과 입이 모두 천 개라는 것은 말 200필이 되는 셈이다."라고 하였다. 천 개의 발을 지닌 소, 양과 돼지 각각 천 쌍 혹은 천 개의 손가락을 가진 노비[僮][35]가 있었다. 맹강은 "'동(僮)'은 남녀노비이다. 옛날에는 노는 손과 한가한 사람이 없어서 모두 일정한 작업이

車也. 牛車千兩. 木器漆者千枚, 銅器千鈞, 鈞, 三十斤也. 素木鐵器若梔茜千石. 孟康曰, 百二十斤爲石. 素木, 素器也. 馬蹄噭千[15], 師古曰, 噭, 口也. 蹄與口共千, 則爲馬二百也. 噭, 音江釣反. 牛千足, 羊彘千雙, 僮手指千. 孟康曰, 僮, 奴婢也. 古者無空手游口, [16] 皆有作務. [17] 作務須手指, 故曰

---

31 '우거천량(牛車千兩)': 『사기정의(史記正義)』에서 "수레 한 승(乘)이 한 냥(兩)이다."라고 풀이했는데, 『풍속통(風俗通)』의 견해를 인용하여 "찻간[箱: 사람이 타거나 짐을 싣는 공간], 끌채[轅]와 바퀴[輪]를 양쪽으로 두 개씩 짝을 지었기 때문에 양(兩)이라고 한다."라고 했다. 지금은 모두 '양(輛)'으로 쓴다.

32 '칠(漆)'자는 『사기』에 '휴(髹)'로 되어 있는데, 서광(徐廣)은 "휴(髹)의 음은 휴(休)이며 칠(漆)이다."라고 풀이했다.

33 이 주석은 『사기』에서는 "徐廣曰, 三十斤."이라고 하였으나, 『한서』에서는 "孟康曰, 三十斤爲鈞."이라고 쓰고 있다.

34 '소목(素木)': 맹강 주에 이미 "소목(素木)은 소기(素器)이다."라고 설명하였는데, 즉 칠을 하지 않은 흰색 목기이다. 천 섬은 12만 근이다. 칠을 한 것은 가격이 높기 때문에 천 개밖에 팔 수 없고, 칠을 하지 않은 것은 가격이 낮아서 12만 근을 팔 수 있었다.

35 '동(僮)': 맹강은 주에서 노비라고 설명했다. 그들은 당시에 상품이었다.

있었다. 작업은 손가락이 하기 때문에, '손가락'은 소와 말의 발굽과 뿔과는 구별된다."라고 하였다. 안사고는 "손가락은 손재주가 있는 사람을 뜻한다. 천 개의 손가락은 곧 백 명의 사람을 가리킨다."라고 하였다.

힘줄[筋], 뿔, 단사 천근이 있고 혹은 비단, 실솜,[36] 가는 포 천 균[三萬斤]이 있었으며,[37] 무늬를 넣어서 짰거나 염색한 비단 일천 필, 안사고는 "'문'은 무늬가 있는 두꺼운 비단이며, 비단 중에서 색깔이 있는 것이 '채(采)'이다."라고 하였다. 천 석[十二萬斤]의 답포荅布나 가죽이 있었으며, 맹강은, "답포는 면직으로 만든 백첩포[白疊]이다."라고 하였다. 안사고는 "답포는 거칠고 두꺼운 면포이다. 값이 싸기 때문에 피혁과 더불어서 같은 양으로 계산

手指, 以別馬牛蹄角也. 師古曰, 手指, 謂有巧伎者. 指千則人百. 筋角丹砂[18]千斤, 其帛絮細布千鈞, 文采千匹, 師古曰, 文, 文繒[19]也, 帛之有色者曰采. 荅布[20]皮革千石, 孟康曰, 荅布, 白疊也. 師古曰, 麤厚之布也. 其價賤, 故與皮革同其量耳, 非白疊[21]也, 荅

---

36 '서(絮)': 이것이 목면의 솜인지 비단의 솜인지가 뚜렷하지 않다. 스성한은 금석본의 역문에서 '사면(絲綿)'이라고 하여 비단 솜으로 해석하고 있는 데 반해, 묘치위는 아래 문장에서 일찍부터 백첩포[白疊]라는 면화로 짠 면포가 존재했음을 시사하고 있다. 중국목면의 도입경로는 남방의 중면(中綿), 중앙아시아의 초면(草綿), 서남지역에서 유입된 것이 있으며, 그 시기도 한대까지 소급된다. 특히 『사기』 권110 「흉노열전(匈奴列傳)」을 보면 한이 흉노에게 매년 지급한 세폐(歲幣)에도 서(絮)가 꼭 포함된 것을 보면 겨울추위를 막아 주는 용도였다는 것과 더불어 그 생산과 수요 지역까지 짐작하게 한다. 최덕경 외 2인, 『麗元代의 農政과 農桑輯要』, 동강, 2017, 139-144쪽 참조.

37 '기백(其帛) …': '기(其)'자는 해석하기 어렵다. 스성한의 금석본에서는 '구(具)'자로 보아, "비단·명주솜·무명 등 모두 3만 근을 구비하고, 무늬가 있고[文] 색을 물들인[采] 주단을 합해서 천 필, 면직물·털을 제거한 가죽[皮]·털이 있는 가죽[革] 모두 12만 근이다."일 수도 있다고 하였다. 반면 묘치위는 교석본에서 '기(其)'는 가리키는 바가 없고, 뜻이 없는 것으로 보아 군더더기일 것이라고 보았다.

하고, (외국에서 들어온) 백첩포는 아니다."라고 하였다. 답(荅)
은 무겁고 두터운 모양이다.

일천 대두大斗의 옻칠[漆]과 안사고는, "대두(大斗)
는 곡식을 다는 두(斗)와는 같지 않다. 오늘날[당대(唐代)] 풍습
에 큰 용량이 있는 것과 같다."라고 하였다.

질금[蘖]과 누룩[麴], 소금, 두시[豉] 천 합[十斗]
이 있었다. 안사고는 "누룩과 질금은 근(斤)과 섬[石]을 계산
단위로 하며, 중량이 일치되는 것을 '합(合)'이라고 한다. 소금
과 두시[豉]는 말[斗]과 섬[斛]을 단위로 하여 헤아리며, 용량이
같은 것을 또한 '합(合)'이라고 일컫는다. '합(合)'은 배합이 서로
같다는 말이다.

오늘날[당대(唐代)] 서초(西楚), 형주(荊州), 면주(沔
州)[38]의 풍습에 소금과 두시를 파는 자는 소금과 두시 각 한
말[斗]을 포장하여 양을 같게 하여 주는 것을 '합'이라고 한
다.[39] 설명하는 사람은 이 일을 알지 못하여, 이것을 승합

者, 重厚之㉒貌. 漆千
大斗, 師古曰, 大斗者,
異於量米粟之斗也. 今
俗猶有大量. 蘖麴鹽
豉千合. 師古曰, 麴蘖
以斤石稱之, 輕重齊則
爲合. 鹽豉則斗斛量之,
多少等亦爲合. 合者, 相
配耦㉓之言耳. 今西楚
荊沔之俗, 賣鹽豉者, 鹽
豉各一斗, 則各爲裹㉔
而相隨焉, 此則合也. 說
者不曉, 迺讀爲升合之
合, 又改作台. ㉕ 競爲解
說, 失之遠矣. 鮐鮆

---

38 '면(沔)'은 오직 점서본에서만 이 글자와 같으며, 다른 본과 『한서』에서는 모두
'면(沔)'으로 쓰고 있다. 묘치위에 의하면, 당대(唐代)에는 면주(沔州)가 있었고
치소는 지금의 호북성 한양(漢陽)이었다. 『사기』권129「화식열전」에는 "회수의
북쪽 패(沛), 진(陳), 여남(汝南), 남군(南郡)에 이르는 지역은 서초(西楚)이다."
라고 하였다. 장수절(張守節)의 『정의(正義)』에서는 "패현의 서쪽에서 형주에
이르기까지가 모두 서초이다."라고 하였다. 묘치위는 여기서의 "西楚荊, 沔"은
곧 서초의 형주(荊州) 한양(漢陽)의 일대를 가리키며, 글자는 '면(沔)'자로 써야
한다고 한다.

39 안사고가 해석한 '합(合)'은 중량이나 용량이 서로 같다는 의미이지만, 합치는 방
법이 어떠했는지는 대부분 명확하지 않다. 다음의 "各爲裹而相隨"의 '상수(相隨)'
는 대개 포장을 잘한 후에 함께 손님에게 주어서 가져가도록 하는 것을 가리키

(갸슴)의 '합'으로 읽었으며, 또한 어떤 사람은 고쳐서 '태(台)'라고 쓴다. 해석이 구구하여 실제와는 상당한 차이가 있다."라고 하였다.

일천 근의 청어[鮐]나 웅어[鮆]⁴⁰가 있었으며, 안사고는 "태(鮐)는 바다고기이다. 제(鮆)는 웅어[刀魚]이며, 물만 먹고 먹이를 먹지 않는다. 말하는 사람은 어떨 때는 태를 '이(夷)'로 잘못 읽고 있지만, 가리키는 물건이 맞지 않을 뿐만 아니라 음도 잘못되었다."라고 하였다.

천 균[三萬斤]의 첩어鮔魚와 포어鮑魚가 있다.⁴¹ 안사고는 "첩(鮔)은 말린 고기[膊魚]⁴²이며, 이것은

千斤, 師古曰, 鮐, 海
魚也. 鮆, 刀魚也, 飲
而不食者. 鮐音胎, 又
音苔. **26** 鮆音薺 **27** 又
音才爾反. 而說者妄讀
鮐爲夷, 非惟失於訓物,
亦不知音矣. 鮔**28** 鮑
千鈞. 師古曰, 鮔, 膊
魚也. 即今不著鹽而乾
者也. 鮑, 今之鮑魚

며, 판매자가 구매자에게 보내 주는 것은 아니다. 배인(裴駰)의 『사기집해』에는 서광(徐廣)의 주석을 인용하였는데 한 말[斗] 6되[升]들이의 토기로 만든 용기로서 확실한 수량이 있어서 다소 이치에 합당하다.

40 '태제(鮐鮆)': 묘치위 교석본에서는 '태(鮐)'를 지금의 등푸른 생선인 고등어[鯖魚; *Pneumatophorus japonicus*]로 보았다. 바이두 백과에 의하면 청어는 '고등어'로서 중국과 한반도 연해에 분포한다. 또 다른 해석은 복어[鯸鮐] 즉 하돈(河豚)이라는 인식이다. 『한서』의 해석자는 간혹 '태(鮐)'를 '이(夷)'라고 읽는데 안사고는 아무렇게나 읽어서 '음을 알지 못하는 것'을 배척하였지만, '태' 부수가 있는 것은 대부분 '이'음으로 읽을 수 있다. 예컨대 '이(怡)', '이(貽)', '이(飴)', '이(詒)' 등이 그것이다. '이(夷)'는 곧 '제(鮧)'의 통가자(通假字)로 점어(鮎魚)를 가리켜 독이 있는 복어라고 하고, 또 점어(鮎魚)를 '점태(鮎鮐)'라고 부른다고 한다. '제(鮆)'는 웅어로서 멸치과의 바닷물고기이다. 길이는 22-30㎝이며, 몸은 옆으로 납작하고 뾰족한 칼 모양이며 비늘이 잘다. 몸빛은 은빛을 띤 백색이다. 『본초강목』에 의거하면, 웅어는 신선한 것이 젓을 담는 것만 같지 못하여, 젓을 담가 내다 판다고 하였다.

41 '첩(鮔)'은 담백한 맛을 지닌 마른 물고기를 가리킨다. 묘치위 교석본에 의하면, 본문과 주석문의 모든 '포(鮑)', '읍(鮨)', '외(鮠)'의 세 글자는 금택초본에서는 거의 모두 '색(鮑)'으로 쓰고 있으나 잘못된 것이라고 한다.

오늘날[唐代]의 소금을 치지 않고 말린 것이다. 포어(鮑魚)는 바로 오늘날의 절인 고기[鮧魚]⁴³이다. 말하는 사람은 '포(鮑)'를 '종어[鮧魚]'⁴⁴의 '외'로 읽고 있어서 의미상 거리가 멀다.

정강성(鄭康成)이 생각하기로⁴⁵ 읍(鮧)은 건조실에서 말린[煏]⁴⁶ 고기라고 한 것 역시 옳지 않다. 건조실 속에서 말린 고기가 곧 '첩'이며 이 역시 오늘날[당대] 파주와 형주 사람이 말하는 절인고기[鰎魚]⁴⁷이다.

也. 鮑音鞄. 膊, 音普各反. 鮧, 音於業反. 而說者乃讀鮑爲鮧魚之鮧, 音五回反. 失義遠矣. 鄭康成以爲, 鮧, 於煏室乾之, 亦非也. 煏室乾之, 即鮑耳. 蓋今巴荊人所呼鰎魚者是也,

---

42 '박어(膊漁)'는 곧 말린 고기이다. 『석명(釋名)』 「석음식(釋飮食)」에는 "박(膊)은 박(迫)이다. 고기를 얇게 저미서 펴서 얹어 말리는 것이다."라고 하였다. 『좌전(左傳)』 「성공이년(成公二年)」조에는 공영달이 『방언(方言)』을 인용하여 주소하기를 "박(膊)은 햇볕에 말린다는 의미이다."라고 하였다. 이는 곧 불에 말리거나 햇볕에 말린 고기로, 안사고는 소금을 치지 않은 담백한 맛이 나는 마른 고기라고 해석하였다.

43 '읍어(鮧魚)'는 곧 절인 고기이며, 또한 『제민요술』 권8 「포·석(脯腊)」의 '읍어(浥魚)'이다. 현재 호남성(湖南省) 상중구(湘中區)에서는 배를 가른 후 소금을 넣어 절인 후 바짝 말리지 않고 살짝 말린 생선을 '읍어(鮧魚)'라고 한다. 다른 절임법 중에서 전혀 말리지 않고 빠른 시간 내에 먹어 치우는 생선을 '포엄어(鮑醃魚)'라고 한다. 포엄어는 저장이 불가능해서 겨울에 만든 즉시 먹기 때문에 상품이 될 수가 없다. 상품이 되는 읍어는 말리지 않았기 때문에 계속 분해가 이루어져 일반적으로 심한 부패냄새를 풍긴다.

44 '종어[鮧魚]': 메기목의 동자개과로, 학명은 *Leiocassis longirostris*이다. 주로 중국의 장강유역에 분포하고 있다.

45 이 말은 『주례』 「천관(天官)·변인(籩人)」조에 정현이 '포어(鮑魚)'를 주석한 데서 보이며, "포(鮑)는 건조실에서 말린 것으로서 강회(江淮)지방에서 산출된다."라고 하였다.

46 '픽(煏)': 불에 구워서 빨리 마르도록 하는 것을 '픽'이라고 한다. '복(糒)'은 '픽(煏)'과 동일하다.

47 '건어(鰎魚)': 명대 장자열(張自烈)의 『정자통(正字通)』에 의하면 "읍어(鮧魚)에

진시황이 (죽은 후에 시체가 수레 속에서 썩고 있었는데) 포어를 수레에 실어서 시체 썩는 악취를 혼란시킨 것은[48] 읍어(鮑魚)이다. 건조실에서 말린 고기는 본래 악취가 날 수 없다."라고 하였다. **대추와 밤이 천 섬의 3배가 있다.** 안사고는 "삼천 섬이다."라고 하였다.

일천 벌의 여우와 담비가죽옷, 천 섬[十二萬斤]의 새끼 양가죽 옷, 안사고는 "여우와 담비 가죽은 비싸기 때문에 수(數)로 계산을 했으며, 새끼양은 값이 싸기 때문에 그 양으로 헤아렸다."라고 하였다. **천 장의 양탄자[旃席]와 타 지역의 과일과 채소 일천 종種,**[49] 안사

音居偃反. 秦始皇載鮑
亂臭, 則是鮑魚耳. 而煏
室乾者, 本不臭也. 煏,
音蒲北反. 棗栗千石
者三之. 師古曰, 三千
石. 狐貂裘千皮, 羔
羊裘千石, 師古曰,
狐貂貴, 故計其數, 羔羊
賤, 故稱其量也. 旃
席[33]千具, 它果采

소금 약간을 친 것이 '건(鰎)'이다."라고 한다.

48 '재포난취(載鮑亂臭)':『사기』권6「진시황본기」에 따르면, 진시황이 무더운 날 사구[沙丘: 지금 하북성 평향(平鄕)]에서 죽자 시체를 운반하여 장안으로 돌아오는데, 길에서 이미 악취가 나자 포어(鮑魚) 한 섬을 관을 운송하는 양거(涼車) 중에 놓아서 그 악취를 혼란시켰다. 포어는 소금에 절인 고기로, 고약한 냄새가 난다.

49 '타과채천종(它果采千種)': 스성한의 금석본에 따르면, 원래는 '타지(它地)' 두 글자인데 '지(地)'자와 '타(他)'자가 유사해서 옮겨 쓸 때 빠진 듯하다고 한다. 장문호(張文虎)가 교감한『사기찰기(史記札記)』에서는 '타(它)'자를 군더더기로 보았다. 아래의 '채(采)'자에 대한 안사고의 해석은 다소 억지스럽다. 송본『사기』에 이 구절이 '과채천종(果菜千種)'으로 되어 있는 것으로 보아 '채(采)'는 '채(菜)'자를 잘못 쓴 것이다. 즉, 이 구절은 "타지의 과일과 채소가 천 가지이다."의 뜻으로, 과일과 채소를 판매하고 운송하는 것이다. 진한시기에 이미 영남(嶺南)지역에 '홍귤[甘; 柑]', '용안(龍眼)', '여지[荔支; 離枝─『사기』위소(韋昭)의 주 참조]' 등의 과실이 있었으며 황하유역까지 운송하여 팔기도 했다. 죽순(竹筍)을 남쪽 지방에서 대량으로 가져왔으며, 또한 생강[薑]과 월계수[桂] 두 종류의 향신료 역시 전국시대 이후 계속 사용되어 왔다. 그러므로 당시 상업 활동 가운데 타지의 과일과 채소를 전문으로 취급하는 업종이 있었을 것으로 추정된다. 묘치위는 산

고는 "과채(果采)는 산과 들에서 딴 과실(果實)이다."라고 하였다. (동전 천 관[百萬錢]전을 빌려주고 이자[子]를 받았다.)[50]

중개인[駔儈]의 조절을 거쳐,[51] 맹강은 "'절(節)'은 물가가 비싸고 싼 것을 조절하는 것이다. 이 말은 중개인에게 준 돈을 제외하고, 남은 이윤이 천 승(乘)의 가(家)에 비견됨을 뜻한다."라고 하였다. 안사고가 이르기를, "'쾌(儈)'는 사고파는 양자의 교역을 성사시키는 사람이며, 장(駔)은 그중의 우두머리이다."라고 하였다.

욕심만 부리는 상인은 3할의 이익을 취하며, 수완이 좋은 상인은 5할의 이익을 취하였다.[52] 맹강이 이르기를, "욕심만 부리는 상인은 아직 팔지 말아

千種, 師古曰, 果采, 謂於山野采取果實也. 子貸金錢千貫. 節駔儈, 孟康曰, 節, 節物貴賤也. 謂除估儈, 其餘利比於千乘之家也. 師古曰, 儈者, 合會二家交易者也, 駔者, 其首率也.[34] 駔, 音子朗反. 儈, 音工外反. 貪賈三之, 廉賈五之. 孟康曰, 貪賈, 未當賣而賣, 未當

과 들에서 천 가지 '그 밖의' 과일과 채소를 캐는데 그것이 도대체 어떤 과일 종류인지 또 매년 벌어들이는 돈이 어떻게 '천승지가'와 비교할 수 있다는 것인지 상상하기가 어렵다고 한다.

50 '자(子)'는 이자이며, "子貸金錢千貫"은 일천 관의 동전을 빌려주고 이자를 받은 것이다.

51 '장쾌(駔儈)'의 '장(駔)'은 크다는 의미로 우두머리이다. '장쾌(駔儈)'는 큰 시장의 거간꾼으로, 중개인의 우두머리이다. '절(節)'은 조절한다는 의미이며 사고파는 자 쌍방에게 주어서 교역을 성사시키는 것을 말한다. 위의 모든 이러한 경영교역은 파는 자는 중개인에게 대가를 지급하는 것 이외에 나머지 이익은 '천승지가'에 비견될 수 있다는 말이다. 스성한의 금석본에 의하면, 오늘날 북방 입말의 '주인장[掌櫃]'이라는 단어가 이 '큰[駔] 중개인[儈]'의 옛 이름에서 변화한 것인 듯하다.

52 "貪賈三之, 廉賈五之": '삼지(三之)'와 '오지(五之)'에 대해 맹강은 "十得三, 十得五"(즉 30% 또는 50%의 이윤)라고 보았다. 이광지(李光地)는 "1/3, 1/5이다."라고 풀이했다. 스성한의 금석본에 의하면, 양슈다[楊樹達]는 황생(黃生)의 『의부(義府)』에서 언급한 3%와 5%가 맞다고 주장했다. 류펑스[劉奉世]는 이 두 구절

야 할 때 팔고 구입하지 말아야 할 때 구입하기 때문에 얻는 이익이 적어서 3할의 이익을 취하는데, 수완이 좋은 상인은 비쌀 때 팔고 쌀 때 구입하기 때문에 5할의 이익을 올린다."라고 하였다. 수입 역시 천 승의 가문과 비견되며, 이것이 곧 대체적인 정황이다.

탁씨_{卓氏}가 이르기를, "내가 듣기로는 민산_{岷山} 아래에 토지가 비옥하고,[53] 땅속에는 준치_{踆鴟:} 큰 토란가 생산되어 사람들이 죽을 때까지 굶지 않는다."라고 하였다. 맹강은 "물이 많은 고장에는 솔개가 매우 많고 그 산 아래는 비옥한 토지가 있어 관개를 할 수 있다."라고 하였다. 안사고가 이르기를, "맹강의 말은 잘못되었다. 준치(踆鴟)는 토란이고, 토란의 뿌리는 먹을 수 있어서 식량으로 쓸 수 있기 때문에 흉년이 들어도 굶지 않는다."라고 하였다. 『화양국지(華陽國志)』에 이르기를,[54] "문산군(汶山郡) 도안현

買而買, 故得利少, 而十得其三, 廉賈, 貴乃賣, 賤乃買, 故十得五也. 亦比千乘之家, 此其大率也.

卓氏曰, 吾聞岷山³⁵之下沃壄, 下有踆鴟, 至死不饑. 孟康曰, 踆者蹲, 水鄉多鴟, 其山下有沃野灌溉. 師古曰, 孟說非也. 踆鴟, 謂芋也, 其根可食以充糧, 故無飢年. 華陽國志

이 윗 문장과 이어지며 "이것은 대출에 대한 이자를 취하는 것이다. 탐고는 이익을 많이 취하므로 삼분에서 일분을 취하고, 염고는 오분에서 일만을 취한다. 소위 '일 년 이익이 만 이천'이다."라고 했다. 스성한은 '염고'가 박리다매(薄利多賣)이며, '탐고'는 재고를 쌓아 두고 오를 때를 기다리는 것으로 보았다. '3'과 '5'는 매년 운송 횟수의 비례이다. 염고는 많이 팔기 때문에 여러 차례 운송할 수 있는데, 염고가 다섯 번 운송한다면 탐고는 겨우 세 번 운송할 뿐이라고 하였다.

53 '야(壄)'는 각본 및 『한서』에서는 모두 동일하며 금택초본에서는 '무(楙)'로 쓰고 있고 『사기』에서는 '야(野)'로 쓰고 있다. 고문의 '야(野)'의 정자는 마땅히 '야(壄)'자로 써야 하는 것이 마땅한데, '야(壄)'는 속자가 잘못 쓰인 것이다. '무(楙)'는 고문에서 '무(茂)'자이며, 금택초본이 잘못되었다고 하였다.

54 '화양국지왈(華陽國志曰)': 장수절(張守節)의 『사기정의(史記正義)』에서도 동일하게 인용하였다. 그러나 금본의 『화양국지』에는 위의 내용이 없다. 『화양국지』는 동진(東晉)의 상거(常璩)가 찬술하였다. 원고(遠古)시대부터 동진에 이르기까

(都安縣)[55]에는 큰 토란이 있었는데, 모양이 움츠린 솔개와 같

다."라고 하였다.

농언에 이르기를,[56] "어떻게 졸지에 부자가 되었는가?[57]

저전[水竇; 低田]에서 경작했기 때문이다. 어떻게 해서 졸지에

가난하게 되었는가? 이 또한 저전에서 경작했기 때문이다."[58]라

고 하였다. 이것은 바로 저지대가 사람을 가난하게도 하고 또는

부자가 되게도 한다는 말이다.

(노국의) 병씨丙氏 집안은 부형父兄에서 자제

曰, 汝山郡都安縣有

大芋, 如蹲鴟也.

諺曰, 富何卒. 耕水

竇. 貧何卒. 亦耕水窟.

言下田能貧能富. **36**

丙氏家, 自父

지 파촉 지역의 역사를 기술한 것으로서 중국 서남 소수민족을 연구하는 데 중요

한 사료이며, 지금 전해지는 본은 이미 손상된 부분이 있다.

55 '문산군도안현(汶山郡都安縣)': '문산(汶山)'은 '민산(岷山)'으로, 사천과 감숙의

두 성을 이어 주는 변경지역이다. '문산군(汶山君)'은 한나라 때 설치했으며 군의

치소는 문강[汶江: 지금의 사천성 무문(茂汶) 북쪽에 위치]에 있다. 도안현(都安

縣)은 삼국시대 촉에서 설치했기 때문에 치소가 지금의 사천성 관현(灌縣)의 동

쪽에 있다. 『사기정의』에는 '汶山郡安上縣'이라고 했다. 『화양국지(華陽國志)』

의 금존본(今存本)인 명(明) 오관(吳琯)의 『고금일사(古今逸史)』각본과 전곡(錢

穀)의 송(宋) 이기(李壁)간본의 필사본에는 '문산군' 아래가 누락되어 있으며, '월

수군(越巂郡)'과 바로 이어져 있어 이 몇 구절이 빠져 있다. 그래서 요인(寥寅)이

간행한 고광기(顧廣圻) 교본에서는 안사고의 『한서』에 근거하여 이 조를 넣었

다. 『진서(晉書)』「지리지(地理志)」를 보면 문산군에 도안현이 있고 안상현(安

上縣)은 월수군에 속한다.

56 '언왈(諺曰)': 가사협이 주를 삽입한 것으로서, 결코 『한서』의 본문은 아니다. 원

래는 위 문장에 붙어서 "如蹲鴟也"의 아래에 붙어 쓰여 있었으나, 지금은 행과 열

을 달리하여 강조하고 있다.

57 '졸(卒)'은 '졸(猝)'과 같으며, 급하고 신속하다는 의미이다.

58 '수굴(水窟)'은 웅덩이나 강가 등지를 가리킨다. 그 땅은 진흙이 충적되어 비옥하

여 생산력이 높아서 갑자기 부자가 될 수 있지만, 물이 넘쳐서 매몰될 염려가 있

어서 갑자기 가난해지기도 한다.

子弟에 이르기까지 모두 약속하기를[約] (움직이는 것이 곧 수확하는 것과 같다.)59 고개를 숙이면 주울 것이 있고, 고개를 들면 딸 것이 있다고 하였다.60

『회남자淮南子』「「전언훈(詮言訓)」」에 이르기를,61 "상인은 팔아야 할 물건이 너무 많으면 돈을 벌지 못하고, 수공업자가 기술이 너무 많으면 한곳에 정통할 수가 없게 된다. 주의력이 하나로 집중되지 않기 때문이다."라고 하였다. 고유는 주석하기를, "상인이 팔 항목이 많으면 어떤 방도가 하나로 통일되지 못하고, 수공업자가 기술이 많으면 능력이 하나로 통일될 수가 없기 때문에 주의력이 한곳에 집중되지 않는다."라고 하였다.

兄子弟約,**37** 俯有拾, 仰有取.

淮南子曰, 賈多端則貧, 工多伎則窮. 心不一也. 高誘曰, 賈多端, 非一術, 工多伎, 非一能, 故心不一也.

---

59 스성한의 금석본의 석문에서는 이 문장을 구체적으로 이해하기 위해서, 이와 같은 말을 삽입하여 앞뒤 내용을 명쾌하게 전달하고 있다.

60 이 단락은 『한서』 원문에는 "노나라 사람의 습속은 검소하고 아끼는데 병씨는 더욱 그러하였다. 철을 제련하여서 부를 일으켜 거만의 재산에 이르렀는데, 그리하여 그의 집안은 부형에서 자제에 이르기까지 약속하기를 고개를 숙이면 주울 것이 있고, 고개를 들면 딸 것이 있다."라고 하였다. 안사고가 주석하기를, "숙이거나 고개를 들면 반드시 취하거나 주울 것이 있어서, 크고 작고 좋고 싫은 것이 없다."라고 하였다.

61 다음 문장은 고유의 주석으로, 지금 전해지는 고유주본에는 보이지 않는다.

● 그림 1
꼭두서니[茜草]와
말린 뿌리

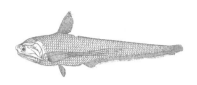

● 그림 2
웅어[鮆]

● 그림 3
종어[鮀魚]

교 기

1 '식조(食租)': 『한서』의 각본에 '식조세(食租稅)'라고 되어 있다. 『사기』에도 역시 '封者食租稅'로 표기되어 있다.

2 '우제각천(牛蹄角千)': 『제민요술』의 각 판본과 『사기』에는 모두 '우제각천'으로 되어 있으며, 경우본 『한서』에는 '우천제각'으로 되어 있다. 『한서』 맹강 주에는 구절 첫머리의 '일(一)'자가 없으며, 맹강의 주 다음에 "167마리의 소의 굽과 뿔은 1002[千二]개다. 천(千)이라고 한 것은 정수[數]를 든 것이다."라는 안사고 주가 있다.

3 "水居, 千石魚陂": 『한서』에 '피(陂)'가 '파(波)'로 표기되어 있다. 안사고의 주 앞에 "'파(波)'는 '피(陂)'로 읽는다."라는 한 구절이 더 있다. '一歲收千石'은 '一歲收千石魚也'로 되어 있고, 뒤에 "말하는 사람이 모르고 이 '파(波)'자를 '피(皮)'자로 고치고 또한 '피(披)'로 읽었는데 모두

틀린 것이다."라는 구절이 더 있다.

④ '천장지추(千章之楸)':『제민요술』의 각본에 모두 '千章之楸'로 되어 있으나 건안(建安)본『사기』에 '千章之材'라고 되어 있고 그 아래에 서광(徐廣)의『음의(音義)』를 인용하여 "한편 추라고도 한다.[一作楸.]"라고 하였다. 배인(裵駰)의『사기집해』에서는 '위소(韋昭)의 말에 따라 "추목은 원(轅: 끌채)이다."라고 했다. 경우본『한서』에는 이 구절이 '천장지추(千章之萩)'로 되어 있다. 안사고의 주 끝부분에 "추(萩)는 추수(楸樹)의 글자이며, 그 아래는 모두 같다."라고 했는데, '추(萩)'자가 '추(楸)'자를 빌려 쓴 것임을 알 수 있다. 그러므로 양슈다[楊樹達]와 다기가와 스게노부[瀧川資言]는 '재(材)'로 표기한『사기』가 더욱 합리적이라고 보았다. 아래의 주는 경우본『한서』에 '맹강왈(孟康曰)' 세 글자가 있었기 때문에 언급된 것이다. 명초본, 금택초본, 점서본, 군서교보를 근거로 한 남송본 등『제민요술』의 각 판본과 비책휘함 계통의 각본에는 모두 이 세 글지가 없다.

⑤ '淮北榮南濟河之間': 명초본에는 '형남제하(榮南濟河)'로 되어 있고, 학진본에는『한서』에 따라 '榮南河濟'로, 점서본을 포함하여 비책휘함 계통에서는 '榮南齊河'로 되어 있으며,『사기』에는 원래 "淮北常山以南, 河濟之間"으로 되어 있다.『한서』안사고의 주에는 "형(榮)은 강의 이름이며 제수(濟水)가 넘쳐서 된 것이다. 오늘의 형택(榮澤)이다."라고 하였다.

⑥ '千畝畝鍾之田': 스성한의 금석본에서는 '종(鍾)'을 '종(鐘)'으로 쓰고 있다. 스성한에 따르면, 명초본과 비책휘함 계통의 각본에는 모두 '千畝鍾之田'으로 되어 있다. 금택초본과 학진본, 용계정사본은 모두『한서』,『사기』에 따라 '千畝畝鐘之田'으로 되어 있다. "매 무마다 64말을 거두는 밭이 천 무가 있다."로 해석되므로 '무'자는 반드시 중복되어야 한다.

⑦ "一鐘受六斛四斗": 명초본, 금택초본, 학진본은『한서』와 마찬가지로 '수(受)'자가 있다. 비책휘함 계통본에는 '수(受)'자가 '묵정(墨釘, ■)'이다.

⑧ '맹강(孟康)': 명초본에 '맹'자가 '천(茜)'자로 잘못 표기되어 있으며, 본문과 주의 '치(梔)'가『사기』와『한서』에는 모두 '치(卮)'로 되어 있다.

금택초본에서는 '천(茜)', '치(梔)', '염(染)' 세 글자가 빠져 있고 '가(可)'
는 '하(河)'로 잘못 쓰여 있으나, 호상본에서는 빠지지도 않고 잘못되어
있지도 않다.

9 '장경앵(長頸罌)': 명초본과 군서교보가 남송본을 근거로 초사한 것은 '경
(頸)'자가 '두(頭)'자로 잘못 표기되어 있고, 비책휘함 계통본에는 '장두시
(長頭是)'로 잘못되어 있다. 금택초본과『한서』에 따라 바로잡는다.

10 '장천담(漿千儋)': '장(漿)'자는 명초본과 금택초본,『한서』가 같다. 비
책휘함 계통의 각본은『사기』건안본과 같이 '장(醬)'으로 되어 있다.
윗 문장에 이미 혜장천강(醯醬千瓨)이 있기 때문에 여기가 다시 '장
(醬)'이어서는 안 되며, 아마 음료수[漿水]일 것이다.

11 "儋, 罌也": 명초본과 금택초본, 군서교보가 남송본을 근거로 초사한 것
은『한서』와 같다. 비책휘함 계통의 각본에 "담(儋)은 석앵(石罌)이
다."라고 되어 있다.『사기』건안본에서는 '담'을 '담(甔)'으로 표기했
다. 사마정이 쓴『색은』에 "『한서』에 '담(儋)'으로 되어 있다. 맹강이
말하기를 '담'은 석앵이며, 석앵은 돌 하나를 받았기 때문에 담석이라
고 한다."라고 되어 있다.

12 '곡적천종(穀糴千鍾)': 학진본에는 '□穀糶千鍾'으로 되어 있으며 비책
휘함 계통의 각본에 '販穀糶千鍾'으로 되어 있는데『사기』와 부합한다.
명초본은『한서』과 동일하게 '곡적천종'이라고 되어 있다. 사고의 주에
따르면 '적(糴)'자가 맞다. 스성한에 의하면, 양슈다[楊樹達]는『한서규
관(漢書窺管)』에서 안사고의 견해는 틀리며 '적(糶)'자가 옳다고 하면
서,『설문해자』7편상(上)「미부(米部)」에 근거하여 곡(穀)에 대해 "곡
과 적(糶)은 뜻이 같기 때문에 연문(連文)으로 생각된다고 한다. 양웅
이 촉도부(蜀都賦)에서 '쌀로 돼지를 길러 살찌게 하다.[糶米肥腊.]'라
고 했는데, 적(糶)을 오늘날 적(糴)으로 잘못 쓴 것이 마치 이것과 같
다."라고 했다. 금택초본에 이 글자는 적(糶)으로 되어 있는데 양 선생
의 가설에 부합한다.

13 "洪桐方章材也. 舊將作大匠掌材者, 曰章曹掾": 스성한의 금석본에서는
끝부분의 '장조연'을 '장재연(章材掾)'으로 쓰고 있다. 스성한에 따르면
경우본『한서』에는 이 주가 없다. 명초본에서는 '동(桐)'을 '동(同)'으로

표기했고, '방(方)'자 뒤에 '고(藁)'자가 있으며, '장(章)'자를 '초(草)'로 잘못 표기했고, '재(材)'를 '조(曹)'로 표기했으며 '연(掾)'을 '연(椽)'으로 잘못 썼다. 비책휘함 계통의 각본에서는 '장(章)', '연(掾)'자 외에 다음 문장의 '재자왈(材者曰)' 세 글자를 '어저왈(於著曰)'로 잘못 표기했는데 해석할 방법이 없다. 『사기』의 이 주는『한서음의』를 인용하여 "曰, 洪桐方藁章材也, 舊將作大匠掌材曰章材掾"이라고 했다. 금택초본에는 "洪桐方章材也, 舊將作大近掌材者, 曰章材掾"이라고 되어 있다. 금택 초본의 앞 구절이 제일 좋다고 생각하는데, '홍(洪)'은 '크다'이며 '동(桐)'은 나무의 이름이나 나무줄기로도 해석할 수 있으므로, 홍동은 즉 굵고 큰 오동나무 혹은 굵고 큰 나무줄기이다. '고(藁)'자는 앞 행의 '薪藁千車' 구절을 잘못 보아 섞여 들어온 것이 분명하며 전혀 의미가 없다. '방장(方章)'은 변을 잘라서 네모형으로 만든 길고 큰 재료로 해석될 수 있다. 다음 구절인 "옛날에는 장작대장(정부의 건축부처)에서 목재를 관리하는 자를 장재언이라고 한다.[舊將作大匠掌材者, 曰章材掾.]"에서 '연(掾)'은 하급간부이며 목재를 관리하는 하급간부를 '장재연(章材掾)'이라고 하는 것을 통해 '장(章)'이 큰 목재로 해석된다는 사실을 설명할 수 있다.

⑭ '죽간만개(竹竿萬箇)': '개(箇)'자는 명초본과 금택초본에 모두 있다. 비책휘함 계통의 각본에는 모두 '개(個)'로 되어 있고, 『한서』, 『사기』에서는 모두 '개(個)'자를 쓰고 있다. 『한서』에는 원래 "맹강이 말하기를 개(個)는 한 개 두 개이다. 사고는 '개(個)'는 '개(箇)'로 읽으며 매(枚)라고 한다고 했다."라는 주가 있었다. 『사기색은(史記索隱)』은 유희의 『석명』을 인용하여 "죽(竹)은 개(個)라고 하고 목(木)은 '매(枚)'라고 한다."라고 했으며 『방언』을 인용하여 "개(個)는 매(枚)이다."라고 하였다.

⑮ '마제교천(馬蹄噭千)': '교(噭)'자는 명초본과 금택초본 및 점서본에 모두 '구(口)'자가 들어간 글자를 쓰고 있는데 이는 『한서』와 같다. 비책휘함 계통의 각본과 학진본에는 '족(足)'자를 쓰는 '교(蹻)'자를 쓰고 있는데, 『사기』와 같다. 『사기』의 주에는 '말팔요(馬八髎)' 즉 항문[後蹻]으로 보고 있으며, 『한서』 안사고의 주에서는 입[口]으로 보고 있다.

⑯ '유구(游口)': 『제민요술』의 각본에 모두 '유구(游口)'로 되어 있으며 이

는 『한서』와 같다. 『사기』에는 '유일(游日)'로 되어 있는데, '공수(空手)'는 일이 없는 사람이며 '유일'은 일이 없는 날이므로 '유구'보다 나은 듯하다.

⑰ '개유작무(皆有作務)': 명초본과 금택초본에 이 두 구절은 모두 "皆有作務, 作務須手指"로 되어 있다. 비책휘함 계통의 각 판본에는 '작무'가 하나 빠져 있다.

⑱ '단사(丹砂)': 비책휘함 계통의 각본에는 '단'자가 빠져 있다. 명초본과 금택초본, 학진본과 점서본에는 있으며 『한서』와 같다.

⑲ '문증(文繒)': 명초본과 비책휘함 계통의 각본에 '문서(文緒)'로 잘못 표기되어 있다. 금택초본과 학진본에 '문증'으로 되어 있는데 이는 『한서』와 같다.

⑳ '답포(荅布)': 명초본과 금택초본, 점서본에 모두 '답포'로 되어 있는데 『한서』와 같다. 비책휘함 계통본에는 '탑포(榻布)'로 되어 있으며 『사기』와 같다.

㉑ '백첩(白疊)': 비책휘함 계통의 각본에 '첩백(疊白)'으로 순서가 앞뒤로 잘못 바뀌어 있다. 명초본과 금택초본, 학진본, 점서본에는 착오가 없으며 『한서』와 『사기』의 주(註)에서 인용한 것과 같다. 위 문장의 맹강의 해석 역시 '백첩(白疊)'이다.[백첩은 당시 인도에서 수입한 목면포(木棉布)이다.] 장수절(張守節)의 『사기정의(史記正義)』에서 이미 '비중국산(非中國産)'이라고 언급했으며 '백설(白緤)'로 표기했다.

㉒ 각 본에서는 '지(之)'자가 없는데, 오직 금택초본에만 있으며, 『한서』도 동일하다.

㉓ "合者, 相配耦": 스성한의 금석본에서는 '우(耦)'를 '우(偶)'로 쓰고 있다. 스성한에 따르면 명초본과 금택초본, 점서본에 모두 구절의 첫 글자 '합(合)'이 있으며 『한서』와 같다. 비책휘함 계통본에는 '합'자가 누락되어 해석할 수 없다.

㉔ '각위과(各爲裹)': 과(裹)자는 금택초본, 학진본과 『한서』가 같다. 명초본과 비책휘함 계통의 각본에는 자형이 다소 유사한 '중(衆)'자로 잘못 표기되어 있다.

㉕ '우개작태(又改作台)'; '태'자는 금택초본과 학진본, 『한서』가 같다. 명

초본에는 '고(古)'로 잘못 표기되어 있고, 비책휘함 계통의 각본과 점서
본에는 '점(占)'으로 잘못 표기되어 있다.

26 '음태(音菭)': 명초본, 금택초본, 학진본과 점사본에 '태(菭)'로 되어 있
으며, 『한서』와 같다. 비책휘함에는 '낙(落)'으로 잘못 표기되어 있다.

27 '음제(音薺)': 명초본, 금택초본, 학진본과 점서본은 『한서』와 같고, 비
책휘함의 각본에는 '개(斳)'로 잘못 표기되어 있다.

28 '첩(䱡)': 명초본, 금택초본, 학진본은 『한서』와 같다. 비책휘함본과 점서
본에는 '첩(䱡)'으로 되어 있으며, 『사기』와 같다. 『사기』 서광의 『음의』
와 『한서』 안사고의 주에 따르면 '음첩(音輒)'은 '첩(䱡)'자가 되어야 마
땅하다. 장수절의 『사기정의』에서도 '첩(䱡)'자를 적고 있으며, '소잡어
(小襍魚)'로 보고 있다.

29 '今之鮧魚也': 명초본과 비책휘함 각본에 "今之鮑魚也"로 잘못 표기되
어 있다. 금택초본과 학진본, 점서본에는 '읍(鮧)'으로 되어 있으며 『한
서』와 같다.

30 "䱡音輒. 膊, 音普各反. 鮧, 音於業反.": 명초본에 '박(膊)'이 '전(轉)'으
로 잘못 표기되어 있으며, 금택초본에서는 '첩(輒)'을 '추(鰍)'로 잘못
표기했다. 점서본에서는 '첩(䱡)'이 '추(鰍)'로, '박(膊)'이 '전(轉)'으로
되어 있다. 비책휘함 계통의 각본에서는 '첩음첩(䱡音輒)'의 세 글자가
'함(轗)' 한 글자로 잘못 합쳐졌으며, '박(膊)'은 여전히 '전(轉)'으로 잘
못 표기되어 있고, '읍(鮧)'은 '포(鮑)'로 잘못 표기되어 있다. 학진본과
『한서』는 같으며 착오가 없다.

31 "鮠魚之鮠, 音五回反": 명초본에 '오(五)'자가 '왕(王)'으로 잘못 표기되
어 있다. 점서본에서는 첫 번째 '외(鮠)'자가 '포(鮑)'로 잘못 표기되어
있으며, '오(五)'자 역시 '왕(王)'으로 잘못 표기되어 있다. 비책휘함 계
통의 각본에 '洰魚之鮑'로 되어 있다. 금택초본과 학진본에는 착오가
없으며 『한서』와 같다.

32 '즉첩이(即䱡耳)': 명초본과 비책휘함 계통의 각본이 모두 '첩(䱡)'자를
뺐고, 점서본에서는 '이(耳)'자를 뺐다. 금택초본과 학진본, 『한서』는
같다.

33 '전석(旃席)': 명초본과 금택초본에 '전석(旃席)'으로 되어 있으며, 『한

서』및『사기』와 같다. 비책휘함 계통의 판본과 학진본, 점서본에는 '전차(旆車)'로 되어 있다. '전(旆)'은 곧 '전(甎)'자이다.

[34] '기수술야(其首率也)': '수(首)'자는 비책휘함 계통의 각본에 '유(有)'로 잘못되어 있다. '수술(首率)'[솔은 수(帥)로 읽어야 한다.]은 즉 '두목(頭目)'이다.

[35] '민산(岷山)': 스성한의 금석본에서는 '민산(嶓山)'으로 쓰고 있다. 스성한에 따르면, 명초본과 군서교보가 근거로 한 남송본에는『한서』에 따라 '민산(嶓山)'으로 되어 있고, 금택초본에는 '민산(岷山)'으로 되어 있다. 학진본과 점서본을 포함하여 비책휘함 계통의 각본에는 '문(汶)'으로 되어 있는데『사기』와 같다. 이 세 글자는 사실상 한 글자이며, 오늘날 통용되는 것은 금택초본에 쓰인 '민(岷)'자이다.

[36] '下田能貧能富': 명초본과 금택초본에 '능부(能富)' 두 글자가 빠져 있으며, 비책휘함 계통의 각본에는 이 두 글자가 있다. 이 두 글자가 있어야 의미가 완전해지므로 마땅히 보충해야 한다.

[37] "丙氏家, 自父兄子弟約": 명초본과 금택초본과 군서교보가 남송본을 근거하여 초사할 때는 모두 이 절과 같이『한서』에서 인용한 것은 어구가 아주 간단하고 명확하다. 비책휘함 계통의 각본에서는 학진본을 포함하고 있으며, 모두 "조(曹)씨와 병(邴)씨의 가문이 거만(巨萬)의 부를 일으켰지만, 부형자제가 검약하였다."라고 쓰여 있는 것은 어느 정도『사기』의 기록에 가깝다. 그러나『사기』에서 기(起)자는 다른 구절에 속하는데, '이철야기(以鐵冶起)'가 그러하며, '제(弟)'자는 '손(孫)'자로 쓰여 있고 '근(勤)'자는 없다. 그리고 이같이 인용한 절은 뜻이 상반되어서 명확하지 않다.

제63장
항아리 바르기 塗甕第六十三

무릇 (구입한) 항아리[甕]는 7월에 질그릇을 만들어 구운 것이 가장 좋고, 8월이 그다음이며, 나머지 달은 좋지 않다.

무릇 항아리는 크고 작은 것에 관계없이 모두 반드시 기름을 잘 발라 주어야 한다.[62] 항아리가 물이 새면[63] 어떠한 물건을 만들어도 모두 좋지 않으며 어떤 것도 이룰 수 없기 때문에 특별히 유의해야 한다. 갓 가마에서 나온 것은 뜨거운 기름으로 발라 주면[64] 매우 좋다.

만약 시장에서 구입해 온 것이라면 먼저 잘 발라 주어야 하며 바로 물을 담아서는 안 된다. 바르지 않은 상태에서 비를 맞혀도 좋지 않다.

凡甕, 七月坯爲上, 八月爲次, 餘月爲下.

凡甕, 無問大小, 皆須塗治. 甕津則造百物皆惡, 悉不成, 所以特[38]宜留意. 新出窯及熱脂塗者, 大良. 若市買者, 先宜塗治, 勿使[39]盛水. 未塗遇雨, 亦惡.

---

62 '도치(塗治)'는 기름을 항아리의 공극 속에 스며들게 하여 새지 않게 하는 것이다.

63 '진(津)': 액체가 조그만 틈을 타고 천천히 흘러넘치는 것을 '진(津)' 또는 '삼(滲, sèn)이라 한다.

64 '급열(及熱)': 갓 가마에서 나온 항아리로, 열이 남아 있을 때 발라 주어야 한다.

바르는 방법으로는 땅속에 작고 둥근 구덩이를 파고, 구덩이 곁에 두 개의 길을 뚫어서 불과 바람이 통하게 해 준다.

구덩이 속에 탄불을 피운다. 항아리 구덩이 위에 항아리 주둥이를 합치시켜서[65] 연기를 쐬게 한다. 불이 너무 세면 항아리가 깨지기 쉽고 너무 약하면 열을 받기가 어렵기 때문에 항상 적절하게 조절하는 것이 좋다. 자주 손으로 만져 보아서 열기로 인해 손이 데일 정도가 되면 그만둔다.

뜨거운 기름을 항아리 속에 붓는데[66] 항아리를 돌리면서 기름이 천천히 흘러들게 하여[濁流][67] 사방에 두루 미치도록 한다. 기름이 더 이상 스

塗法, 掘地爲小圓坑, 旁開兩道, 以引風火.⓾ 生炭火於坑中. 合甕口於坑上而熏之. 火盛喜破, 微則難熱, 務令調適乃佳. 數數以手摸之, 熱灼人手, 便下. 瀉熱脂於甕中, 迴轉濁流, 極令周匝. 脂不復滲

---

65 '합(合)': 용기 입구를 아래로 해서 거꾸로 두는 것을 합(合)이라고 한다.

66 '사(瀉)': 스성한의 금석본에서는 '사(寫)'로 표기하였다. 스성한에 따르면 '흘러내리다'는 뜻의 사(瀉)로 해석한다. 원래 '삼수변[氵]'을 더할 필요가 없다. 『예기』「곡례(曲禮)」의 "물을 댈 때 흘러넘치지 않는다.[漑者不寫.]", 『주관(周官)』「도인(稻人)」의 "도랑을 내어 물이 흐르게 하다.[以澮寫水.]" 두 문장 모두 '삼수변[氵]'이 없다.(권5 「잇꽃·치자 재배[種紅藍花梔子]」 참조.)

67 '탁류(濁流)': '탁'자의 본뜻은 흐름이 빠르지 않은 물이다. 고체[지금의 교체(膠體)화학에서 말하는 '현탁(懸濁)'] 또는 기타 액체[지금의 교질화학에서 말하는 '유탁(乳濁)']를 끼고 도는 물은 유속이 맑은 물보다는 느리다. 즉 '탁류'는 천천히 흐르는 것이다. 본문과 주석문의 '탁류(濁流)'는 남송본에는 모두 이 문장과 같고 『사시찬요』「시월[十月]」편에서 『제민요술』을 채택한 것과도 같다. 금택초본에서는 모두 '독류(獨流)'로 쓰고 있다. 오늘날 어떤 지역에서는 새는 것을 방지하는 방법으로 신선한 토란 덩어리를 잘게 잘라서 열을 가한 항아리 벽면에 끊임없이 마찰하여 토란 즙이 항아리 벽의 공극 속에 스며들게 하여 새는 것을 방지하기도 한다.

며들지[滲]⁶⁸ 않으면 멈춘다. 소와 양의 기름이 가장 좋고 돼지기름도 좋다. 일반 사람들은 삼씨기름을 사용하는데, 일을 그르칠 수 있다.

만약 기름을 천천히 두루 흐르게 하지 않고 단지 한 번 문질러 준다면 이 또한 새는 것을 피할 수 없다. 보통 사람들은 솥 위에 두고 항아리에 증기를 씌우는데, 물기가 들어가기 때문에 역시 좋지 않다.

몇 말의 뜨거운 물을 (잘 바른) 항아리 속에 넣어 빗질하듯이 씻어서⁶⁹ (흔들어서) 부어 버리고, 차가운 물을 가득 채워 둔다. 며칠이 지나면 곧 사용할 수 있다. 사용하기 전에 다시 한 번 깨끗이 씻고 햇볕에 쬐어 말린다.

所蔭切, 乃止. 牛羊脂爲第一好, 豬脂亦得. 俗人用麻子脂者, 誤人耳. 若脂不濁⁴¹流, 直一遍拭之, 亦不免津. 俗人釜上⁴²蒸甕者, 水氣, 亦不佳. 以熱湯數斗著甕中, 滌盪疏洗之, 瀉⁴³却, 滿盛冷水. 數日, 便中用. 用時更洗淨, 日曝令乾.

---

68 '삼(滲)': 액체가 조그만 구멍 틈새로 흘러 들어가 점점 줄어드는 것이다.

69 '소세(疏洗)': 스성한의 금석본에 따르면, 이 '소'자는 아마 '수(漱)'자인 듯하다. '수세(漱洗)'는 권3 「잡설(雜說)」과 권4 「대추 재배[種棗]」를 참조할 것. '소(疏)'는 각본에서는 동일하다. 혹자는 이르기를 마땅히 '소(梳)'자로 써야 한다고 하는데, 권8 「삶고 찌는 법[蒸缶法]」편에는 "빗질하듯이 씻어서 깨끗하게 한다.[梳洗令淨.]"가 있으며 권9 「재‧오‧조‧포 만드는 법[作脾奧糟苞]」에는 "따뜻한 물로 빗질하듯이 씻는다.[用暖水梳洗之.]"라고 쓰여 있다. 소(疏)는 깨끗이 제거하고 씻어 낸다는 뜻이 있다. 『국어(國語)』「초어상(楚語上)」에는 "더러운 것을 씻어 낸다."라고 하며 『문선(文選)』에 있는 진대(晉代) 손작(孫綽)의 「유천태산부(游天台山賦)」에는 "영계를 지나서 한번 씻으면 마음속의 번잡한 마음을 씻을 수 있다."라고 하는데, 이것은 모두 깨끗하게 제거하여 씻는다는 의미이다. 묘치위 교석본에 의하면, 소(疏)와 소(梳)의 의미가 같아서 『제민요술』에서 서로 혼용하였는데 결코 틀린 글자가 아니라고 하였다.

38 '특(特)': '특'자는 비책휘함 계통 각본과 학진본, 점서본 등에 모두 '시(時)'로 잘못 표기되어 있다. 현재 명초본과 금택초본에 따라 바로잡는다.

39 '편(便)': '편'자는 비책휘함 계통 각본과 학진본, 점서본 등에 모두 '사(使)'로 잘못 표기되어 있다. 명초본과 금택초본에 고친다.

40 '풍화(風火)': 명초본과 호상본에서는 문장과 같으나 금택초본에서는 '화풍(火風)'으로 쓰고 있다.

41 '탁(濁)': '탁'자는 비책휘함 계통의 각본에 '독(獨)'으로 잘못 표기되어 있다. 명초본과 금택초본, 학진본, 점서본에 따라 '탁'으로 하는 것이 본문과 서로 호응된다. 점서본은 군서교보에 따라 바로잡은 것이다.

42 '상(上)': '상'자는 비책휘함 계통의 각본과 학진본에 '토(土)'로 잘못 표기되어 있다. 명초본과 금택초본, 점서본에 따라 수정한다.

43 '사(鳶)': 스성한의 금석본에서는 '사(寫)'로 표기하였다. 명청 각본에 모두 '사(鳶)'로 쓰고 있다.

제64장

신국과 술[70] 만들기 造神麴并酒第六十四

● 造神麴并[44]酒[45]第六十四: 女麴在卷九藏瓜中.[46] 어국(女麴)을 만드는 방법은 권9의 '외 저장[藏瓜]법' 중에 있음.

맥국麥麴 3섬[斛][71]을 만드는 방법: 찐 것, 볶은 것, 날것[72] 각각 한 섬을 사용한다. 볶은 밀은 노

作三斛麥麴
法.[47] 蒸炒生, 各

---

70 양조과정은 일종의 복잡한 고두밥의 화학적 변화이다. 과실 중에 함유된 당분은 효모균의 작용을 거쳐서 직접 발효되어 주정을 생산한다. 그러나 양조 원료인 곡물은 대량의 전분을 함유하고 있어서 직접 효모균을 이용하여 주정을 생산할 수가 없다. 따라서 반드시 먼저 술을 위한 누룩을 만드는데, 누룩이 고두밥에 포함된 전분을 당화(糖化)시키면 비로소 효모균에 의해서 주정이 발효되는 것을 이용하여 술을 만든다. 양조의 효율을 보면, 신국(神麴)이 분국(笨麴)보다 훨씬 높으며, 백료국은 두 개의 중간에 위치한다. 신국(神麴)은 자그마한 누룩으로서 직경은 2.5-5치[寸]이며, 분국(笨麴)은 대형 누룩으로서 4평방[見方] 1자[尺]이다. '신국'과 '분국'으로 나누는 이유는 누룩 형태의 크기가 다르기 때문은 아니고, 당화(糖化), 주화력(酒化力)의 강약이 같지 않음에 있다.

71 1곡(斛)은 10말[斗]의 용량으로, 석(石)과 같은 의미로 사용하지만 석은 무게와 부피의 용량으로도 동시에 사용하기 때문에 혼란을 피하기 위해서 곡을 쓴 듯하다.

72 '증초생(蒸炒生)': 이 같은 누룩은 찐 것, 볶은 것, 날것의 세 가지 종류의 밀 등을 분량대로 배합하여 만든 것이다. 나머지 7종류의 소맥국 중에서 두 종의 분국은 온전히 밀을 볶아 만든 것이며, 나머지 다섯 종류는 여전히 찌고, 볶고, 날것을 서로 배합한 것이다. 그런데 배합한 비율은 세 종류가 모두 같으나, 두 종류는 그 비율이 같지 않다. 밀은 찌고 볶으면 곰팡이 균의 번식에 유리하다. 현대의 소맥

르스름하게 하되 태워서는 안 된다. 날밀은 좋은 것을 선택하여 깨끗하게 잘 간다.

각각의 종류는 나누어서 갈되 아주 곱게 갈아야 한다. 다 갈고 나면 다시 고르게 섞어 준다.

7월 중순의 인일寅日을 택해서 동자에게 푸른색 옷을 입히고 해가 뜨기 전에[73] 얼굴을 '살지 殺地'[74] 방향으로 향하게 하여 20섬의 물을 긷도록 한다. 사람이 물을 튀게 해서는 안 된다. 여분의 물[水長]은[75] 약간 쏟아부을[76] 수는 있지만 다른 사람이 사용하게 하면 안 된다.

물과 누룩을 혼합할 때에도 얼굴을 살지 방향으로 보면서 섞되, 되게 혼합해야 한다.[77]

一斛. 炒麥, 黃, 莫令焦. 生麥, 擇治甚令精好. 種各別磨, 磨欲細. 磨訖,[48] 合和之.

七月取中寅日,[49] 使童子著青衣, 日未出[50] 時, 面向殺地, 汲水二十斛. 勿令人潑水. 水長亦可瀉却,[51] 莫令人用.

其和麴之時, 面向殺地和之,

국은 대개 순수하게 생밀로만 만들며, 찐 것, 볶은 것, 날것의 세 종류를 배합하여 만든 누룩은 사용하지 않는다.

73 '일미출시(日未出時)': 물은 당일 해가 뜨기 전에 가장 빨리 길어야 비교적 순수하고 깨끗하며, 시간에 따라 수온이 다르다.

74 '살지(殺地)': 점복(占卜)에서 '방위'를 가리키는 명칭 중의 하나이다.

75 '수장(水長)': 스성한의 금석본에서는 '장'을 '너무 많아서 불만스럽다'라고 해석하였다. 반면 묘치위 교석본에서는 '나머지'의 의미로 보고 '수장(水長)'을 곧 여분의 물[水長]이 있다고 풀이하였다. 여기서는 묘치위의 해석을 따른다.

76 '사각(瀉却)'은 쏟아 버린다는 의미이나, 손으로 튀게 하거나 국자로 떠내서는 안 되는데, 이는 잡균에 의해 오염되는 것을 방지하기 위함이다.

77 '절강(絶強)': '강'은 '경(硬)'이며, 절강은 '지극히 딱딱하다[極硬]'는 뜻이다. 밀가루에 물을 적게 넣어 억지로 섞으면 반죽해서 덩어리로 만들기가 쉽지 않은데 ('모양을 만들 만한' 범위에 이르지 못한다.) 이것이 '절강'이다. 묘치위의 교석본

누룩을 덩어리로 만드는 사람은 모두 동자와 어린이들이며, 이 또한 역시 살지殺地 방향을 보고 해야만 한다. 깨끗하지 않은 아이들을 시켜서는 안 되며 (누룩방은) 사람이 사는 곳 근처[室近]에 만들어서는 안 된다.[78] 누룩덩어리를 만들 때에는 당일에 완성해야지, 하룻밤을 묵혀서 만들어서는 안 된다.[79] 누룩방은 초가지붕을 사용해야 하며 기와집을 사용해서는 안 된다. 바닥은 모름지기 깨끗하게 청소하고 더러워서는 안 되며 또한 습기가 있으면 안 된다. 땅바닥을 구획하여 농로[阡陌]같이 크고 작은 길

令使絕強. 團麴之人, 皆是童子小兒, 亦面向殺地. 有污[52]穢者不使, 不得令人室近[53] 團麴, 當日使訖, 不得隔宿. 屋用草屋, 勿使瓦屋[54] 地須淨掃, 不得穢惡, 勿令濕. 畫地爲

에서는 『제민요술』에 있는 각종 누룩의 건조상태는 '절강(絕強)', '강(剛)', '미강(微剛)' 그 아래로 '미읍읍(微浥浥)' 등의 상이한 것이 있지만, 이들은 모두 물의 양을 설명하고 있지 않다고 한다. 『제민요술』의 분국은 "손으로 눌러도 붙지 않는 것"을 '강(剛)'이라 하는데, "반죽해서 모으고 흩어서 편다."라는 것보다 마른 것이다. 여기서의 '절강'은 약간 더 말린 것으로, 사용하는 물의 양이 매우 적음을 의미한다.

78 '실근(室近)'은 즉 '근실(近室)'이다. 이는 곧 쓸데없는 사람이 가까이 접근하거나 누룩방으로 들어가는 것을 허락하지 않는 것으로서, 모종의 유해미생물이 일으키는 오염을 피할 수 있다.[니시야마 역주본에서는 '인실(人室)'을 '인부(人婦)'라 해석하고 있다.] 공기, 기구(器具), 옷과 사람 몸으로부터 오는 미생물은 매우 많으며, 모두 누룩의 원료에 전파되면 좋지 않고 누룩을 망칠 수도 있다. 윗 문장의 "사람이 물을 튀게 해서는 안 된다."라고 한 것과 "깨끗하지 않은 아이들을 시켜서는 안 된다."라고 한 것 역시 오염을 방지하기 위해서이다.

79 '부득격숙(不得隔宿)': 잘 배합한 누룩 원료는 당일에 누룩덩이를 만드는데, 밀폐된 누룩방에 넣어 곰팡이를 배양하지 않고 밖에 드러내어 밤을 보내게 하면 외부 온도의 열기를 받고 바람을 맞아 유해한 미생물이 섞여 들어가서 오염되기 때문에 누룩원료를 변질시킬 수 있다.

을 내고 주변에 네 개의 통로를 만든다.[80] 국인麴人을 만들어 각각 통로 속에 세워 둔다. 임의로 '국왕麴王'을 배치하는데, 왕은 다섯 명이다.[81] 크고 작은 길을 따라 누룩덩이를 나란히 배열한다.[82]

누룩덩이를 다 배열하면, 주인은 집안사람 중 한 명을 제사 주관자로 정하게 한다. 노비나 손님을 주관자로 삼아서는 안 된다.[83] 국왕

阡陌, 周成四巷. 作麴人, 各置巷中. 假置麴王, 王者五人. 麴餅隨阡陌比肩相布.

布訖,[65] 使主人家一人爲主. 莫令奴客爲主. 與王酒

---

80 땅에 가로세로의 작은 길을 그어서 누룩을 배열할 곳을 만들고, 사방 주위의 빈 공간에 4개의 통로를 내어서 누룩을 배열하여, 누룩을 뒤집는 사람이 다니기 편리하게 하였다.

81 '왕자오인(王者五人)': '왕자(王者)'는 의관의 형상이 '왕'과 같은 사람이다. 동서남북 4통로에 한 개씩 국왕을 배치하고 중앙의 '황토(黃土)'에도 한 명을 배치하여, 각각 한 방향을 지키게 하였다.

82 '비견상포(比肩相布)': 누룩 한 덩어리가 한 덩어리를 서로 밀치듯이 배열한 것으로서 나란히 배열하여 바짝 붙어 있지만 전후가 포개진 것은 아니다. 이같이 누룩 덩어리 사이에는 일정의 공간이 있으면, 발효될 때 열이 발산되어 곰팡이류의 고른 성장과 번식에 유리하다. 오늘날에는 누룩을 층층이 쌓아 배열하고 있는데, 예컨대 품(品)자형 방식과 같은 것으로, 『사시찬요』에도 이와 같은 방식이 있다. 모두 빈틈이 있어 열기를 발산하고 습기를 배출하는 작용을 한다. 『제민요술』에선 단층으로 배열하는 방법을 채택하고 있다.

83 '노객(奴客)'은 처음에는 객 또는 빈객이었으나, 이후 객의 종족성이 강화되었다. 주인은 그들을 부릴 수 있었기 때문에 '사객(私客)', 또는 '노객(奴客)'이 되었다. 묘치위에 의하면 '노객'은 『한서』 권67 「호건전(胡建傳)」에 보이고 이후 『후한서』, 『삼국지』에서부터 남북조 각 역사책 상에도 많이 보인다. 실제로 이미 '가노(家奴)'가 되었는데, 지위는 비교적 높아서 '관가(管家)'나 '총관(總管)'이 될 수도 있었지만 그 신분은 여전히 '노(奴)'였으며, 제사를 받들 만한 권한은 없었다. '주(主)'는 제사를 주재하는 사람으로서 가정의 성원 중 한 남자가 대표로 제사를 주관한다.

麴王에게 술과 포를 올리는 방법으로는[84] 국왕 손안의 누룩을 젖게 해서 주발을 만든다. 이 '주발' 속에 술과 마른 포 및 탕병(湯餠)[85]을 담는다. 주인이 세 번 축문을 읽고 절을 매번 두 번씩 한다.

누룩방에는 한 짝의 여닫이 나무문이 있어야 하는데, (누룩을 만들고 난 뒤에) 진흙으로 문을 단단하게 봉하여 바람이 들어가지 않도록 해야 한다.

7일이 지나면 문을 연다. 땅 위의 누룩덩이를 뒤집어 주고[86] 여전히 진흙으로 문을 봉한다. 두 번째 7일이 되면 누룩덩이를 보으고 진흙으

脯之法, 濕麴王手中爲椀. **56** 椀中盛酒脯湯餅. 主人三徧讀文, 各再拜.

其房欲得板戶, 密泥塗之, 勿令風入. 至七日開. 當處翻之, 還令泥戶. **57** 至二七日, 聚麴, 還令塗戶, 莫使風入. 至三七

---

84 '지법(之法)': 여기에서는 '지'자를 3인칭 대명사의 소유격으로 보아 '기(其)'와 같은 뜻으로 해석할 수 있다. 단, 위의 '여왕주포(與王酒脯)' 네 글자는 '지(之)'자의 주격으로 쓰였을 가능성이 더 큰데, 왜냐하면 윗 구절 끝 부분과 중복되어 옮겨 쓸 때 누락되었을 수 있기 때문이다.

85 '탕병(湯餠)': 끓인 칼국수나 수제비와 같은 밀가루 음식이다. 옛날에는 통칭하여 '탕병(湯餠)'이라고 하였는데, '증병(蒸餠: 만두)', '호병(胡餠: 지짐, 호떡)' 등과 구별된다.

86 '당처번지(當處翻之)': 평평하게 널어놓은 누룩덩이는 원래의 땅에서 뒤집어 줌으로써 온도를 조절하고 곰팡이류가 양면에 번식하도록 도움을 준다. 그러나 묘치위에 의하면 『제민요술』의 각종 누룩은 누룩방에 넣어서 온도를 보호하고 곰팡이를 배양하는 단계의 제작과정이 대체로 일치한다고 한다. 모두 7일간을 그대로 두고 한 차례 온도를 조절할 뿐, 방의 온도와 누룩의 온도가 오르내리는 구체적 정황을 수시로 파악하지 못하며, 또한 창문을 열거나 덮개를 덮었다 열었다 하는 등의 통풍시설과 방습조치가 없이 대체로 자연에 맡겨 두기 때문에 품질의 좋고 나쁜 것을 보증할 수가 없다고 한다.

로 문을 봉하여 바람이 들어가지 못하게 한다.

세 번째 7일이 되면 꺼내서 항아리 속에 담고 진흙으로 항아리 주둥이를 단단히 봉한다[塗頭].[87]

네 번째 7일이 되면 꺼내어 누룩덩이에 구멍을 뚫어서 줄로 꿰매어 햇볕을 쬐어 말린 연후에 다시 거두어들인다.[88] 누룩덩이를 손으로 빚을 때 한 개마다 크기는 2치[寸] 반, 두께는 9푼[分]으로 한다.[89]

축국문[祝麴文: 누룩을 만들 때 읽는 축문 즉 '주어(呪語)']:

"동방의 청제토공青帝土公, 청제위신青帝威神,

남방의 적제토공赤帝土公, 적제위신赤帝威神,

서방의 백제토공白帝土公, 백제위신白帝威神,

북방의 흑제토공黑帝土公, 흑제위신黑帝威神,

중앙의 황제토공黃帝土公, 황제위신黃帝威神

이여, 모년, 모[7]월, 모일, 상오 길한 진시辰時를 택해 오방五方·오토五土의 여러 신령께 고합니다.

日, 出之, 盛著甕中, 塗頭. 至四七日, 穿孔, 繩貫, 日中曝,[58] 欲得使乾, 然後内之. 其麴餠,[59] 手團二寸半, 厚九分.

祝麴文. 東方青帝土公青帝威神, 南方赤帝土公赤帝威神, 西方白帝土公白帝威神, 北方黑帝土公黑帝威神, 中央黃帝土公黃帝威神, 某年月, 某日辰, 朝日,[60] 敬啟

---

87 '도두(塗頭)': '두'는 항아리 입구를 덮는 물건이며, '도두'는 이 입구에 진흙을 발라 밀봉효과를 높이는 것이다.

88 '내지(内之)': 여전히 항아리 속에 넣어 둔다는 의미이다.

89 북위 때의 1자[尺]는 약 28cm이기 때문에 2치[寸] 반은 약 7cm이며 9푼[分]은 2.5cm가 된다.

주인 아무개 갑[某甲]은 삼가 7월의 좋은 날[上辰][90]을 택하여 수천 개의 맥국덩이[麥麴餠]를 만들고 가로세로의 길을 내서 영역과 경계를 구분하였습니다. 모름지기[91] 다섯 국왕을 세우고 각각 경계를 지어서 봉하였습니다. 술과 마른 포를 올려서 신령들에게 도움을 청합니다. 원컨대 신들이시여, 인간들을 위해서 신력을 보여 주시어 삼가 우리의 소원[92]을 중히 살피소서. 벌레가 생기지 않게 하고 쥐나 뱀[穴蟲][93]은 잠적하게 하소서. 누룩곰팡이의 색이 비단같이 화려하고, 청록[蔚], 홍황색[炳]으로 왕성하게 하소서.[94] 누룩덩이의

五方五土之神.

　主人某甲，謹以七月上辰，造作麥麴數千百餅，阡陌縱横，以辨疆界。須建立五王，各布封境。酒脯之薦，以相祈請。願垂神力，勤鑒所領。使蟲類[61]絶蹤，穴蟲潛影。衣色錦布，或蔚

90　'상진(上辰)'은 좋은 날로서, 『초사(楚辭)』에서는 "吉日兮良辰."이라고 하였다.

91　"以辨疆界，須": 스성한의 금석본에 의하면, '계'자는 불필요한 글자가 들어간 듯하며, '수'자는 '영(領)'자가 뭉개져서 된 글자인 듯하다. 즉, 이 다섯 글자는 응당 '以辨疆領'의 네 글자가 한 구가 되어야 맞는 것이며, '강령(疆領)'은 국토의 경계 영역이다. 반면 묘치위는 교석본에서 '수(須)'는 각 본에서는 동일하나 이미 '경계(敬啓)' 국왕이 있는데, 여기서 '수'를 말할 필요가 없으니, '근(謹)'의 잘못이거나 쓸데없는 문장이라고 하였다.

92　'영(領)'은 각본에서는 '원(願)'으로 쓰고 있으나, 스성한의 금석본에서는 '간(懇)'으로 보았다. 묘치위 교석본에서는 윗 구절과의 중복을 피하기 위해 '영(領)'으로 표기하였는데, 여기서는 묘치위의 견해를 따랐음을 밝혀 둔다.

93　'혈충(穴蟲)': 뱀과 쥐와 같은 유를 가리킨다. 묘치위 교석본을 보면, '혈(穴)'은 진체본에서는 이 글자와 같으며, 『사시찬요』에서도 동일하다. 금택초본에서는 '용(宂)'자로 쓰고 있으며, 명초본과 호상본에서는 '혈(穴)'자로 쓰고 있는데 모두 잘못이다.

94　'의색(衣色)': '의'는 곰팡이류[黴類]의 균사체와 포자낭의 혼합물이다. 누룩균은

소화력과 열력이 왕성하여[95] 불과 같이 세차고 힘 있게 하소서. 만든 술은 향기가 산초보다 진하고 맛은 소금에 절인 매실보다 깊게 해 주소서.[96] 군자가 마시면 취해서 기분이 좋아지고[逞][97] 젊은이가 맛보면 공경하고 평온해지도록 하소서. 제가 재삼 고하노니 신들이시여 반드시 감동을 받아 우리의 소원을 실현시켜 주십시오.[98] 신

或炳. 殺熱火燌, 以烈以猛. 芳越薰椒[82] 味超和鼎. 飮利君子, 既醉既逞, 惠彼小人, 亦恭亦静. 敬告再三, 格言斯

항상 특정 색소를 만들어 내기 때문에 '의'에 '색'이 생기는데 마치 비단[錦]처럼 보일 수 있다. 『북산주경』권중(中)에는 "오직 덩치는 가벼워지고, 속은 황백색이 되며, 윗면에는 곰팡이 꽃이 피어야 이내 누룩이 좋게 된다."라고 하였다. 묘치위 교석본에 의하면, 누룩을 외관상으로 볼 때 통상 황록색의 포자가 가득 생겨나서 곰팡이가 촘촘하게 자라고, 흑색 등의 잡다한 곰팡이가 자라지 않는 것이 좋은 것이다. 그러나 곰팡이 종류의 우열은 아주 복잡한데, 청색이나 홍색 등이 섞여 여러 가지 색을 띤 누룩이라 하여 결코 누룩을 망치는 것은 아니며, 통상적으로 눈에 보이는 백색 곰팡이도 좋다. 이른바 '의색금포(衣色錦布)'는 본권 「분국과 술[笨麴并酒]」의 '五色衣成'과 『북산주경(北山酒經)』의 '화의(花衣)'와 유사한 것으로, 누룩 위에 다양한 색깔의 곰팡이가 분포하고 있는 것도 모두 좋은 누룩이다. '울(蔚)'은 곰팡이가 청록색을 띠고 있는 것을 뜻하며, '병(炳)'은 홍황색을 띠고 있는 것을 가리켜서 동시에 모두 번식이 왕성하다는 뜻을 담고 있다.

95 '살(殺)'은 쌀이 삭아서 변하는 것을 가리키며, 이는 곧 당화와 주화가 온전하게 이루어진다는 의미이다. '열(熱)'은 온도를 가리키며, 발효가 아주 잘 진행되고 있음을 뜻한다. '화분(火燌)'의 분(燌)은 곧 '분(焚)'으로서, 효소의 분해가 왕성함을 의미한다. 이것은 누룩이 양조되는 효율성을 뜻한다.

96 황주는 독특한 색과 향기와 맛을 지니고 있다. '훈(薰)'은 향초이며, '초(椒)'는 산초[花椒]로서, 술의 독특한 향미에 비교된다. '화정(和鼎)'은 솥[鼎] 안에서 조화된 술의 독특한 맛에 비유되며 품질이 좋은 술을 가리킨다.

97 '영(逞)': '통하다', '철저하다', '가슴을 펴다' 등의 의미가 있으며, 즉 '통쾌(痛快)'를 말한다.

98 '격언사정(格言斯整)': '격'자는 동사로 쓰여 신과 인간 사이의 교류와 감응을 말

들께서 들으시어 어둠 속에서[自冥] 우리에게 복을 내리십시오. 반드시 사람들의 소원을 헛되이 하지 마시고 또 희망을 실현하는 것이 철저하고 영원하게 하소서." "급히 법대로 하십시오!"[99]라는 축문을 세 번 읽고, 한 번 읽을 때마다 두 번 절을 올린다.

술 만드는 법:[100] 온전한 누룩 덩어리를 5일 동안 햇볕에 쬔다. 매일 대솔로 세 번씩 솔질하여 누룩을 항상 깨끗하게 한다.[101] 만일 햇볕이

整. 神之聽之, 福應自冥. 人願無違,[63] 希從畢永. 急急如律令. 祝三徧, 各再拜.

造酒法. 全餠麴, 曬[64]經五日許. 日三過以炊帚刷

한다. '격언'은 즉 신이 인간의 언어가 표현하고 전달하는 요구를 느끼는 것으로, 일반적으로 법칙으로 삼을 수 있는 언어가 '격언'이라는 의미가 아니다. '정'은 '해내다', '실현하다'의 뜻이다.

99 '急急如律令': 스성한의 금석본을 보면, 이것은 중국의 도교 주문[符祝語]의 마지막에 반드시 오는 말이다. '율령'[영(令)자는 영(鈴)으로 읽어야 한다.]은 번개를 관장하는 뇌부(雷部)에서 가장 빨리 마차를 미는 귀신이다. '여율령'은 율령이라는 이 귀신처럼 빠르다는 것이다. 다만 한대의 공문서 말미에 '여율령'이라는 말을 항상 썼고(즉 "이것을 법률 명령으로 여겨 빨리 시행하라!"의 뜻이다.), 장로 등이 오두미교를 창시했을 때 아마 당시의 습관에 따라 '공문격식'의 부분을 인용했을 것이다. 뇌부의 신화는 아마 훗날 억지로 끌어다 붙인 것인 듯하다.

100 『제민요술』에서는 각종 술의 양조법을 각종 누룩 아랫부분에 나누어 열거하였는데, 어떤 종류의 술을 어떤 종류의 누룩으로 양조하는가를 말하고 있다. 여기서의 양조법은 다음의 3단계로 나뉜다. 양조법의 이 단계는 '삼곡맥국(三斛麥麴)'의 "누룩을 부수고, 누룩을 물에 담그고, 쌀을 씻고, 물을 넣는" 등의 표준적인 준비 작업을 일괄적으로 설명하고 있다. 그다음의 "차조와 찰기장 술을 만들고[作秫, 黍米酒]" "찹쌀술을 만드는[作糯米酒]" 등의 두 단계는 바로 누룩을 사용하여 구체적으로 어떤 술을 만드는가에 대한 방법이다.

101 '과(過)'는 몇 번[遍]의 의미로, '일삼과(日三過)'는 하루에 세 번이라는 의미이다. '취추(炊帚)'는 글자 자체로 보면 밥을 짓는 데 사용되는 도구가 분명하다. 본서 「백

좋으면 3일만 쬐어도 좋다. 그런 후에 (햇볕에 말리고 깨끗하게 솔질한 누룩덩이를) 칼로 잘게 잘라102 베에 싸서[杷]103 천장이 높은 막사의 시렁[廚]104 위에 두고 다시 하루 햇볕을 쬐는데, 바람 때문에 흙이 묻어서 더럽혀져서는 안 된다. 평평하게 한 말의 누룩을 달아서 절구에 넣고 다시 곱게 찧는다. 만약 한 말[斗]의 누룩을 물에 담근다면 물 5되[升]를 넣어야 한다.105

누룩을 3일 동안 물에 담가 두어 마치 물고기 눈알 크기의 기포가 발생할 때106 쌀을 넣는다

治之, 絕令使淨. 若遇好日, 可三日曬. 然後細剉,65 布杷盛, 高屋廚上曬經一日, 莫使風土穢污. 乃平量麴一斗, 臼66中擣67令碎. 若浸麴一斗, 與五升水. 浸麴三日, 如魚眼湯

료국(白醪麴)의 '이죽소충지(以竹掃衝之)'와 권9 「자명(煮烹)」의 '명추용취발(粳箒舂取勃)'을 비교해 볼 때 가느다란 대나무 줄기 여러 개를 하나로 묶어 쌀알을 가루로 빻는 데 사용하는 듯하다. 이러한 도구는 평소에 음식물을 만드는 데 쓰이기 때문에 깨끗한 편이라서 누룩덩이[麴餠] 표면의 먼지와 표층을 털어 낼 때도 쓸 수 있다. 스성한의 금석본에서는 '추(帚)'를 '추(箒)'로 쓰고 있다.

102 '좌(剉)'는 잘라 부순다는 의미이며, '세좌(細剉)'는 잘라서 작은 덩어리로 만들어 마치 대추나 밤과 같은 크기로 만드는 것이다. 작은 덩어리를 햇볕에 말린 후 누룩을 물에 담그기 전에 찧어서 가루를 만든다. 묘치위 교석본에 따르면, 오늘날 산동 지역의 묵황주(墨黃酒)는 누룩 역시 먼저 잘게 부수어서 2-3cm 크기의 작은 덩어리를 만든 연후에 다시 갈아서 작은 분말을 만든다고 하였다.

103 '파(杷)': 천으로 싸서 자리깔개로 쓴다. 요와 자리를 싸는 천을 '파단(杷單)'이라 한다.

104 '주(廚)': 선반이다. (권3 「순무[蔓菁]」 주석 참조.)

105 '오승수(五升水)'는 각 본에서는 동일하지만, 물을 넣는 양이 너무 적다. 본편의 각종 술의 누룩을 담글 때 쓰는 물의 비율은 모두 한 말[斗]의 누룩에 몇 말의 물을 사용하기 때문에, 이것은 '오두수(五斗水)'의 잘못인 듯하다.

106 '어안탕비(魚眼湯沸)': 물이 끓으면서 기포를 방출하는데, 온도가 높을수록 기포가 커진다. 처음에는 게눈만 하던 것이 물고기 눈알만큼 커진다. 누룩이 물속에

[酘].[107] 쌀[108]은 곱고 부드럽게 찧어야 하기 때문에[109] 스무 번 정도 일어야 한다. 미리 술을 만드는데, 준비하는 밥은 (먼저) 사람이나 개가 먹어서는 안 된다.

쌀을 인 물, 밥을 짓는 물과 술 담글 때 사용한 도구들을 씻는 물은 모두 흐르는 물[河水]을 사용하는 것이 가장 좋다.[110]

만약 찰기장쌀[111]로 술을 담근다면 한 말의 누룩에 21되의 고두밥(지에밥)을 삭힌다.[112] 첫

沸, 酘米. 其米絶令精細, 淘米可二十遍. 酒飯, 人狗不令噉. 淘米及炊釜中水爲酒之具有所洗浣者, 悉用河水❻❽佳耳.

若作秫黍米酒, 一斗麴, 殺米二石

서 불어난 후 알코올이 발효되면서도 기포가 생긴다.

107 '두(酘)': 끓이거나 쪄서 익힌 밥알을 누룩 속에 넣고 발효의 재료로 쓰는 것을 '두'라고 한다. 류제의 논문에서는 '두(酘)'를 '술을 만들 때 쌀을 넣는 것'으로 보고 있다. 묘치위에 따르면, '두(酘)'는 실제로는 '투(投)'자이며 양조에 사용되는 말로 민간에서는 이른바 "항아리에 넣는다.[落缸.]"라는 의미이다. 처음에 넣을 때는 누룩 액 속에 넣고 두 번째 이하부터는 발효된 술 속에 넣는다. 밥을 넣는 것이 많게는 10여 차례가 되는데, 바로 발효가 정지할 때까지 하고 술이 익으면 멈춘다. 발효된 고두밥은 뒤에 넣는 밥에 대해서 효모작용을 일으킨다. 『제민요술』의 누룩은 모두 물에 담가서 누룩 액을 만들며, 누룩가루를 직접 밥에 버무리는 방식이 매우 드물어 오늘날 일반적인 양조법과는 다르다.

108 화북 지역의 경우, 여기에서 말하는 쌀은 조나 기장을 의미한다.

109 '절령정세(絶令精細)'는 찧은 정도가 아주 희고 곱다는 의미이다. 쌀이 희고 고울수록 가용성 부질소물(전분을 위주로)의 함량이 높아서, 주정을 만드는 주요 재료가 된다. 묘치위 교석본에 의하면, 쌀의 외피와 배아에는 단백질과 지방의 함량이 특히 높아서 술의 질에 영향을 미치기 때문에 제거해야 하고, 다만 배젖[胚乳]만을 남긴다고 하였다.

110 '하수(河水)'는 흐르는 물로서, 맛이 아주 담백하고 불순물이 적기 때문에 양조뿐 아니라 쌀을 씻고, 밥을 짓고, 양조의 기구를 씻는 물도 하수를 사용하는 것이 좋다.

111 '출(秫)'은 찰기장쌀을 가리키며, 찹쌀은 아니다.

번째는 3말의 고두밥을 넣는다. 하룻밤이 지나서 5말의 고두밥을 넣는다. 다시 이틀 밤이 지나면 10말을 넣는다. 다시 3일 밤이 지나면 마지막으로 3말의 고두밥을 넣는다.

술을 만들 때의 밥은 매우 무르게 지어야 하는데[113] 먹는 밥을 지을 때와 같이 해야 한다. 지은 밥은 펴서[舒][114] 식힌 연후에 다시 항아리에 붓는다.

만약 찹쌀로 술을 담근다면 누룩 한 말에 고두밥 18말을 삭힌다. 고두밥은 세 차례 나누어서 넣으면 끝난다.

밥을 짓는 법으로는 (반쯤 익힌 찐밥[饋飯]을 항아리 속에) 바로 넣은 하분下饋은 모름지기 더 이상 쪄서는 안 된다.[115] 하분下饋을 만드는 방법은 찐 밥을 퍼내어 항아리 속에 넣고[116] 밥 짓는 가마 속의 끓는 물을 부어서 밥이 잠길 정도

一斗. 第一酘, 米三斗. 停一宿, 酘米五斗. 又停再宿, 酘米一石. 又停三宿, 酘米三斗. 其酒飯, 欲得弱炊, 炊如食飯法. 舒使極冷, 然後納之.

若作糯米酒, 一斗麴, 殺米一石八斗. 唯三過酘米畢. 其炊飯法, 直下饋, 不須報蒸. 其下饋⑱法, 出饋甕中, 取釜下沸湯澆之,

---

112 '살미(殺米)': '살(殺)'은 '소모하다', '소화시키다', '녹이다'의 뜻이며, '살미'는 누룩이 원료가 되는 쌀의 당화와 주정발효에 대한 효율을 가리킨다.

113 '약취(弱炊)': '약'은 '부드럽다[軟]'이며(권2 「보리·밀[大小麥]」 주석 참조), '약취'는 부드러워질 때까지 끓이는 것이다.

114 '서(舒)': '펼치다', '벌리다'이다. 본권의 용법에 따라 응당 '서(抒)'로 써야 할 듯하다.

115 '분(饋)'은 쌀을 반 숙성 상태가 되도록 쪄서(또는 물에 넣고 끓여) 만든 밥이다. '분(饋)'을 시루에 넣고 다시 찌는 것을 '유(餾: 뜸이 들다)'라고 한다. '보증(報蒸)'의 '보'는 '돌아가다'이며, '보증'은 돌아가서 다시 찌는 것으로, '유(餾)'를 말한다.

116 '출분옹중(出饋甕中)'은 찐 밥을 퍼내어 항아리 속에 담는 것이다. '납(納)', '하(下)'의 글자가 생략되어 있다.

로 한다. 이것이 원복사(元僕射)[117] 집안의 술 만드는 방법이다.

또 신국을 만드는 법: 사용하는 밀은 찐 것, (노르스름하게) 볶은 것, 날것의 세 가지를 서로 같게 하여 앞에서 제시한 방법과 같이 한다. 그러나 (누룩방에) 길을 남겨서는 안 되고 또한 술과 포, 국수로 '국왕麴王'에게 제사 지낼 필요도 없으며 또한 동자들을 이용해 손으로 누룩을 빚을 필요도 없다.

미리 세 가지의 밀을 잘 준비하여[118] 섞어서 곱게 간다. 7월의 첫 번째 인일寅日에 누룩을 빚는다. 가루를 섞을[溲] 때는[119] 약간 긴조하면서 굳게 반죽하고, 가루를 찧을 때는 아주 곱고 부드럽게 하여야만[120] 제대로 된다.[121] 누룩덩이는

僅沒飯便[70]止. 此元僕射家法.

又造神麴法. 其麥蒸炒[71]生三種齊等, 與前同. 但無復阡陌酒脯湯餅祭麴王及童子手團之事矣.

預前事麥三種, 合和細磨之. 七月上寅日作麴. 溲欲剛, 擣欲精細, 作熟. 餅用圓

---

117 '원복사(元僕射)': 북위(北魏) 때 원빈(元斌)이 있었는데, 후위 탁발씨의 종실이 되어 시중(侍中)과 상서좌복야(尙書左僕射)가 되었다. 원래는 조상의 작을 세습하여 고양왕(高陽王)에 봉해졌으나 북제(北齊) 초기에 예에 따라서 작위가 강등되어 고양현공(高陽縣公)이 되었다. 천보(天保) 2년(551)에 죽었다. 『북제서(北齊書)』 권28 「원빈전(元斌傳)」에 보인다. 그 연대와 관직과 봉읍인 고양은 『제민요술』에 기록되어 있으며, 가사협이 일찍이 고양태수에 부임한 것과 서로 부합되는데 아마 이 사람을 기록한 것인 듯하다.

118 '사(事)': '치(治: 다스리다)'로 풀이된다. 본장 앞부분에서 말한 "볶은 밀은 노르스름하게 하되 태워서는 안 된다. 날밀은 좋은 것을 선택하여 깨끗하게 잘 간다."라는 뜻이다. 여기에 '찐 것을 한 부분' 더하여 세 가지 준비 작업이 된다.

119 고체 과립에 물을 넣고 섞은 것을 '수(溲)'라고 한다.(권1 「조의 파종[種穀]」 주석 참조.) '수욕강(溲欲剛)'은 물을 덜 넣은 것으로 본편 앞부분의 '영사절강(令使絕強)'과 의미가 같다.

쇠로 만든 원형의 틀[圓鐵範]을 사용해서[122] 직경 5
치(약 12㎝), 두께 한 치 오 푼(약 3.6㎝) 정도로
찍어 낸다. 평평한 판자 위에 두고 힘 있는 남자
에게 발로 밟게 한다. 작은 막대기[杙]로 찔러서
(한 개의 구멍을) 뚫는다.

　동쪽을 향해 문이 달린 방을 깨끗이 청소하
여 누룩덩이를 땅 위에 펴 두고[123] 창문을 잘 닫
는다. 문을 닫고 진흙을 발라서 문의 빈틈을 단
단하게 봉하여 바람이 스며들지 않게 한다. 7일
이 지나면 (문을 열어서) 한 번 뒤집어 준다. 두
번째 7일이 지나면 모아 둔다. (매번 문을 열고 난
뒤에는) 모두 이전처럼 진흙으로 문틈을 단단하
게 봉해 준다. 세 번째 7일이 지난 후에 밖으로

鐵範, 令徑五寸,
厚一寸五分. 於
平板上, 令壯士
熟踏之. 以杙刺[72]
作孔.

　淨掃[73]東向開
戸屋, 布麴餅於
地, 閉塞窗戸. 密
泥縫隙, 勿令通
風. 滿七日翻之.
二七日聚之. 皆
還密泥. 三七日
出外, 日中曝令

---

120 '정세(精細)'는 금택초본에는 이 문장과 같으나 명초본과 호상본에서는 '분세(粉
　細)'라고 적고 있는데, 이는 잘못이다.
121 '작숙(作熟)': 굳은 누룩원료는 반드시 재차 철저하게 잘 주물러서 찧고 섞어야
　물이 고르게 흡수되어, 가운데에 물이 스미지 않거나 덩어리가 지고 잘 섞이지
　못하는 현상이 없어진다.
122 '범(範)'은 누룩덩어리를 밟는 모형으로서, 이는 곧 '누룩 틀[麴模]'이다. '원철범
　(圓鐵範)'은 원형의 작은 쇠틀로, 바닥이 없는 하나의 둥근 쇠테이다. '범(範)'으
　로 누룩을 만들 때는 먼저 누룩 틀을 평평한 판자 위에 두고 누룩원료를 모아서
　누룩덩어리를 만들어 틀 속에 집어넣고, 다시 누룩을 밟는 사람이 그 위를 힘껏
　밟은 후에 틀을 빼면 완성된다.
123 '포국병어지(布麴餅於地)': 『제민요술』 중에는 4종류의 누룩을 직접 땅 위에 배
　열하고 있는데, 흙에 더럽혀 지기가 쉬워서 사용할 때 더럽혀진 흙 부분을 긁어
　냈다. 『사시찬요』와 『북산주경』에서는 누룩 만들 때 땅 위에 베를 깔고 그 위에
　누룩덩어리를 놓았다.

꺼내서 햇볕에 쬐어 말리면 누룩이 완성된다. 임의로 높은 곳에 걸어 두는데[124] 역시 항아리 속에 넣어 두어서는 안 된다. 항아리에 넣어 둔 누룩에는 '오장烏腸'이 생긴다. 오장은 가운데에 뚫은 구멍 주위가 검게 썩게 되는 현상이다.[125] 만약 많이 만들려고 하면 타인의 뜻에 따라 만들 수 있으나, 다만 세 가지 밀의 분량은 서로 같게 해야 하되 3섬[石]으로 한정할 필요는 없다.

이 같은 누룩 한 말은 3섬[石]의 고두밥[米]을 삭힐 수 있다. (따라서 '신국'이라고 일컫는다.) 분국笨麴[126]은 한 말에 6말의 고두밥[殺米]을 삭힐 수 있다. 비용을 질약하는 것이 이와 같이 분명한 차이가 있다. 7월 초이레에 만든 초맥국焦麥麴과 춘주국春酒麴은 모두 분국으로 만든 것이다.[127]

燥, 麴成矣. 任意擧閣,[74] 亦不用甕盛. 甕盛者則麴烏腸. 烏腸[75]者, 繞孔黑爛. 若欲多作者, 任人耳, 但須三麥齊等, 不以三石爲限.

此麴一斗, 殺米三石. 笨麴一斗, 殺米六斗. 省費懸絕如此. 用七月七日焦麥麴及春酒麴, 皆笨麴法.

---

124 '거(擧)': '걸어 둔다'는 의미이다. 이 누룩은 습기를 피해야 하므로 항아리에 넣거나 저장할 수 없어서, 누룩 가운데 구멍을 뚫고 반드시 걸어서 바람을 쐬어야 한다. 『북산주경』에서도 '풍국(風麴)'을 언급하였다. '각(閣)'은 천장이 높은 시렁 위를 가리킨다.

125 "烏腸者, 繞孔黑爛": 이것은 만약 햇볕에 쬐어 말린 누룩덩이[麴餠]를 진흙 항아리 안에 넣는다면 습기를 빨아들여 일부 세균류가 새로이 자라나게 되고, 누룩 속의 전분이 소진되어 문드러진다는 것이다. 일정 시기까지 자라났을 때 환경 악화 때문에 새로이 자라난 균이 다시 포자낭을 만들어 낸다. 누룩균포자낭은 검은색이다. 습기는 뚫린 구멍 속에서 더 쉽게 응집되기 때문에, 구멍 속에서 검은색 포자낭이 더 나타나기 쉽다. 그래서 장(腸)이 검어지는[烏] 것이다.

126 '분국(笨麴)': '분'은 굵고 무겁다는 뜻이다. 분국은 현재 통용되는 '대국(大麴)'을 말한다. '신국(神麴)', '여국(女麴)'은 모두 '소국(小麴)'이다.

127 '용(用)'자와 구절 끝의 '법(法)'자는 모두 잘못 첨가된 듯하다. 스성한의 금석본에

신국으로 찰기장쌀 술을 양조하는 방법: 누룩 덩이를 잘게 부수어 햇볕에 말린다. 누룩 한 말, 물 9말, 고두밥[米] 3섬을 준비한다. 모름지기 많이 만들려고 하면 이 같은 비율에 따라 늘리면 된다. 항아리의 크기는 (술을 만드는) 사람이 정한다. 뽕나무 잎이 떨어질 때 빚은 술은 일 년간 둘 수 있다.[128] 처음에 넣을 때는 고두밥 한 섬을 사용하고, 두 번째는 5말을 넣고, 또 4말을 넣고, 또 3말을 넣는다.[129] 이후에는 고두밥이 완전히

造神麴黍米酒方. 細剉麴, 燥曝之. 麴一斗, 水九斗, 米三石. 須多作者, 率以此加之. 其甕大小任人耳. 桑欲落時作, 可得周年停. 初下用米一石, 次醸五斗,

---

따르면, 7월 7일 초맥국은 본서 「분국과 술[笨麴并酒]」의 춘주(春酒)를 만드는 데 쓰이는 '분국(笨麴)'이다. 그런데 묘치위 교석본에서는 이를 '이국(頤麴)'이라고 하여 스성한과 견해 차이를 보인다. 묘치위가 말한 '이국'은 바로 본권 「분국과 술[笨麴并酒]」의 '이국'인데, 춘주국(春酒麴)과 밀을 볶아서 누룩을 만든 것으로서, 모두 분국류(笨麴類)에 속한다고 하였다.

[128] '상욕락시(桑欲落時)'는 북방 지역에서 음력 9, 10월에 해당된다. 『순자』「유좌 (有坐)」편의 양경(楊倞) 주에는 "뽕잎이 떨어지는 것은 9월 무렵이다."라고 한다. 본장 뒷부분에 언급된 '술 담그는 방법[造酒法]' 조항에서는 "10월에 뽕잎이 떨어지고 첫 얼음이 얼 때"라고 하였다. 묘치위 교석본에 의하면, 양조는 수공업으로 행하기에 기온이 높아질수록 쉬기 쉬운데, 많은 명주(名酒)들이 여름철에 양조되지 않는 것은 이러한 이유이다. 뽕잎이 떨어질 때는 점점 추워지기 시작하지만 그다지 춥지 않아서 술을 담그기에 가장 좋은 시기로 인식되어 왔으며, 역사상 일찍이 '상락주(桑落酒)'와 같은 특별한 술이 있었다. '정(停)'은 묵은 술로서 이는 곧 만든 술이 환경의 변화에 인하여 변질되지 않고 오랫동안 저장할 수 있음을 가리킨다.

[129] 이 누룩 한 말[斗]에는 고두밥 3섬[石]을 넣지만, 여기서는 2섬 2말을 넣고 있다. 묘치위 교석본에 따르면, "고두밥이 완전히 삭게 되면 바로 넣는다."라는 것은 마땅히 고두밥을 넣는 시간을 파악했음을 의미하며, 만약 적게 넣은 8되가 포함된다고 하면 의미가 분명하지 않기에 빠진 문장이 있는 듯하다고 하였다.

삭게 되면 바로 넣는다. 넣는 고두밥이 누룩의 삭히는 힘을 따라가지 못해서는 안 된다.[130] 술맛이 깊어져서 괴는 것이 멈추면 익게 된다. 술 향기와 맛이 아주 좋을지라도 괴는 것이 끝나지 않으면 누룩의 힘이 아직 다하지 않은 것이니 마땅히 다시 고두밥을 넣어 주어야 한다. 고두밥을 넣어 주지 않으면 술맛이 쓰고 싱거워진다.[131] 적당하게 된 것은 술맛이 깔끔하고 향기가 있어서 실제로 일반적인 누룩보다 뛰어나다.

처음 (신국으로) 이 술을 빚을 때는 대부분 잘못되어 너무 싱거워지는데 무엇 때문일까?

又四斗, 又三斗. 以漸待米消即酘. 無令勢不相及. 味足沸定爲熟. 氣味雖正, 沸未息者,[76] 麴勢未盡, 宜更酘之. 不酘則酒味苦薄矣. 得所者, 酒味輕香, 實勝[77]凡麴. 初釀此酒者, 率多傷薄, 何者.

---

130 '無令勢不相及': 고두밥을 너무 이르거나 늦게 넣으면 누룩과 고두밥 두 가지가 서로 조응하지 않게 되어서 술의 질에 영향을 미친다. 묘치위 교석본에 따르면, 너무 일찍 넣으면 먼저 넣은 고두밥이 오히려 완전한 주화(酒化)가 되지 않고, 다시 고두밥을 넣었을 때 당분이 과도하게 누적되어 효모균의 활동이 불리하게 되어서 주화력이 떨어지게 된다. 너무 늦어지면 발효단계를 지나쳐 누룩의 힘이 약해지므로 고두밥을 많이 넣어도 완전한 주화가 되지 않아 주정의 함량이 부족해진다. 이러한 두 상황은 모두 쉽게 하는 세균이 침투하여 술이 쉽게 된다.

131 '고(苦)'는 '심(甚)' 혹은 '열악하다[惡劣]'라고 해석할 수 있으나, 여기서는 일반적인 의미로 쓴맛을 가리킨다. 누룩이 많으면 술이 쓰고 맛은 싱거우며, 고두밥이 많으면 술이 달다. 이것은 양조에서 흔히 보이는 현상이다. 다음 문장의 '신국갱미료법(神麴粳米醪法)'에서는 "만약 약간 쓴맛이 나면 다시 2말[斗]의 고두밥을 넣는다."라고 하는데, 본권 「분국과 술[笨麴幷酒]」의 '작춘추법(作春酒法)'과 '구온법(九醞法)' 등에서는 모두 누룩이 지나치게 많아 술이 쓰게 된다고 하였다. 전한(前漢)대 유향(劉向)의 『신서(新序)』 권4 '잡사(雜事)'에는, "담장이 얇으면 재빨리 무너지고, 비단이 얇으면 잘 찢어지고, 그릇이 얇으면 잘 깨어지고, 술이 싱거우면 잘 쉬게 된다."라고 하였다.

이것은 곧 일반적인 누룩으로 헤아렸기 때문이다. 대개 고두밥[米]이 적으면 누룩의 힘이 충분히 다하지 못하기 때문에 술이 매우 싱거워진다. 닭이나 개가 (양조하는 과정을) 보게 해서는 안 된다.

　오로지 뽕나무 잎이 떨어질 때를 택해서 술을 만드는 까닭은 (양조할 때의) 찰기장밥을 매우 차갑게 할 필요가 있기 때문이다.[132]

　또 다른 신국을 만드는 방법: 7월의 첫 번째 인일寅日에 만든다. 닭과 개가 보게 하거나 (누룩을 만드는 재료를) 먹게 해서도 안 된다. 준비한

猶以凡麴之意忖
度之. 蓋用米既少,
麴勢未盡故也, 所
以傷薄耳. 不得令
雞[78]狗見. 所以專
取桑落時作者, 黍
必令極冷也.

　又神麴法. 以
七月上寅日造.
不得令雞狗見及

---

132 '黍必令極冷也': 기장밥[黍飯]은 발효과정에서 미생물의 발효분해로 인해 열을 방출하는데 아주 느리게 발산하기 때문에 뜨겁다. 스성한의 금석본에 의하면, 이러한 고온은 이후의 발효분해가 더욱 빨리 진행되도록 하는 동시에 술을 망치게 할 수도 있는데, 즉 손해를 끼칠 부산물이 축적되어 술의 품질이 떨어지게 할 수도 있다. 술을 만들 때 비교적 일정한 온도를 유지하는 데 신경을 써야 하는 이유가 바로 여기에 있다. 일정한 온도를 유지하기 위해서 날씨가 추울 때는 열을 가하여 온도를 높일 수 있지만, 반대로 외부의 기온이 높은 날씨에 냉각시키기는 쉽지 않다. 그러므로 술을 담글 때에는 '잎이 떨어질 때'를 선택해야만 기장밥의 열기가 밖으로 배출되어 온도가 지나치게 높아지지 않도록 할 수 있는데, 그 목적이 '아주 차갑게 하는 것[極冷]'은 아니다. 묘치위 교석본에 따르면, 『북산주경』 권하(下)의 '투유(投醹)'에서 이르기를, "모름지기 사시사철 모두 차갑게 해야 하는데, 『제민요술』에서 오직 뽕잎이 떨어질 때를 취해서 만드는 까닭은, 기장은 반드시 아주 차가워야 하기 때문이다."라고 하였다. 그러나 이것은 다만 고두밥의 온도를 조절하여 항아리에 넣어서 온도를 맞추는 조치이지, 결코 불변하는 것은 아니라, 여전히 기온을 살펴서 판단을 하는데, 만약 엄동설한일 경우에는 반드시 따뜻한 밥을 넣어야 한다.

밀의 정도를 보고 3등분으로 나누어서 찌고 볶은 것을 2등분하여 분량을 서로 같게 하며 날것은 한 등분으로 하는데 (찌고 볶은 것 2등분에 비해) 한 섬[石]에 한 말 반을 더해 준다. 별도로 나누어서 곱게 갈아서 잘 섞어 준다. 물을 더할 때는 다소 건조하고 굳게 반죽하여 여럿이 함께[足手]¹³³ 빨리 주물러서 부드럽게 해 주는 것이 좋다. 어린 사내아이에게 누룩덩이를 만들게 한다. 누룩덩이의 크기는 길이는 3치, 두께는 2치(약 7cm×5cm)로 한다. 모름지기 서쪽 행랑에 동쪽을 향하여 문을 낸 방이 적합하다. 바닥을 깨끗하게 청소하고 땅 위에 누룩덩이를 깔아 둔다. 중간에 십자형의 큰 통로를 만들어서 사람이 걸어 다닐 수 있게 하고 네 개의 모퉁이마다 하나의 국노[麴奴]를 만들어 둔다. (누룩을 까는 것이) 끝나면 진흙으로 문틈을 발라 단단하게 밀봉하여 방에 공기가 새어들지 않도록 한다. 7일이 지나면 문을 열고 누룩덩이를 한 번 뒤집어 주고 뒤집기가 끝나면 또한 문을 막는다. 두 번째 7일이 지나면 모아서 쌓아 두고 또 문을 막는다. 세 번째 7일이

食. 看⁷⁹麥多少, 分爲三分, 蒸炒二分正等, 其生者一分, 一石上加一斗半. 各細磨, 和之. 溲時微令剛, 足手熟揉爲佳. 使童男小兒餠之. 廣三寸, 厚二寸. 須西廂東向開戶屋中. 淨掃地, 地上布麴. 十字立巷, 令通人行, 四角各造麴奴一枚. 訖, 泥戶勿令泄氣. 七日開戶翻麴, 還塞戶. 二七日聚, 又塞之. 三七日出之. 作酒時,

---

133 『광운』「거성(去聲)・십우(十遇)」에서는 "족은 물건을 첨가하는 것이다.[足, 添物也.]"라고 하며, 북송 사마광(司馬光) 등의 『유편(類篇)』에서는 '더한다[益也]'라는 의미로 사용되고 있다. 따라서 '족수(足手)'는 여럿이서 함께 작업함을 말하며, 발과 손으로 한꺼번에 밀가루를 반죽하는 것은 아니다.

지나면 꺼낸다. 술을 만들 때의 누룩은 일반적인 방법과 같이 잘게 쪼갤수록 좋다.

술을 담그는 방법: 찰기장고두밥 한 섬[斛]에 신국 2말,[134] 물 8말을 사용한다. 처음에는 고두밥 5말을 넣는다. 쌀은 반드시 50-60번 씻어야 한다.

두 번째는 고두밥 7말을 넣는다. 세 번째는 고두밥 8말을 넣는다. 고두밥 2섬을 채운 이후에는 임의대로 짐작하여 결정한다.

그러나 모름지기 고두밥[米]을 약간 많이 넣어야 한다. 고두밥이 너무 적으면 술이 좋지 않게 된다.

차거나 따뜻하게 유지하는 방법은 모두 평상시에 술을 담그는 것과 같이 아주 세심하게 유지해야 한다.

신국을 이용해서 멥쌀막걸리를 만드는 방법:[135] 봄철에 양조한다. 마른 누룩 한 말, 물 7

治麴如常法，細剉爲佳.

造酒法. 用黍米一斛，神麴二斗，水八斗. 初下米五斗. 米[80]必令五六十遍淘之. 第[81]二酘七斗米. 三酘八斗米. 滿二石米以外，任意斟裁. 然要須米微多. 米少酒則不佳. 冷暖之法，悉如常釀，要在精細也.

神麴粳米醪法. 春月釀之. 燥麴一

---

134 "黍米一斛, 神麴二斗"은 각본에서 동일하나 곡(斛)과 두(斗)의 수가 뒤집혀 있다. 묘치위에 의하면, 이 술은 세 번 넣어 모두 고두밥 2섬을 넣는데 한 섬은 분명 '2섬'의 잘못이다. 각종 술에서 누룩 사용량은 대개 한 말의 누룩에 얼마간의 고두밥을 넣어서 계산하는데, '2말[二斗]'을 고두밥 넣는 표준으로 삼는 것은 없다. 그런데 다음 문장에서 누룩으로 '멥쌀막걸리[粳米醪]'를 빚는 데 1말의 누룩에 2섬 4말의 고두밥을 넣는데도 이따금씩 맛이 쓰다고 하며, 2말의 누룩에 1곡의 고두밥을 넣는다면 술이 아닌 누룩물이 될 것이므로, '2말'은 분명히 '한 말'의 잘못이다. 따라서 마땅히 "黍米二斛, 神麴一斗"로 바꿔 써야 맞다고 하였다.

말, 멥쌀 2섬 4말을 준비한다. 먼저 누룩을 물에 담그면 생선눈알같이 기포가 생겨나기 시작한다. 쌀 8말을 깨끗이 씻어 밥을 지은 후에 넣어서 차갑게 식힌다. 마대[毛袋]¹³⁶를 사용하여 누룩즙의 찌꺼기를 깨끗이 거르고 다시 비단[絹]으로 누룩즙을 걸러서 항아리 속에 넣고 밥을 넣는다. 고두밥[米]이 모두 삭기를 기다려 또 (두 번째 고두밥) 8말을 넣는다. 다 삭으면 또 (세 번째 고두밥) 8말을 넣는다. 세 번 넣으면 완성된다. 만약 약간 쓴맛이 나면¹³⁷ 다시 2말의 고두밥을 넣는다. 이런 술은 찌꺼기째로 마실

斗, 用水七斗, 粳米兩石四斗.⁸² 浸麴發如魚眼湯. 淨淘米八斗, 炊作飯, 舒令極冷. 以毛袋漉去麴滓, 又以絹濾⁸³麴汁於甕中, 即酘飯. 候米消, 又酘八斗. 消盡, 又酘八斗. 凡三酘, 畢. 若猶苦者, 更

---

135 『설문해자』에서는 '요(醪)'를 "즙과 찌꺼기가 있는 술이다.[汁滓酒也.]"라고 하였는데, 이는 곧 지게미가 있는 술로, 지게미째로 마시는 것이다. 일반적으로 찹쌀로 만드는데, 뒷문장의 '백료법(白醪法)'은 찹쌀을 이용하는 것이다. 묘치위 교석본에 의하면, 멥쌀의 성질은 비교적 단단하기에 그 당화과정이 찹쌀보다 어렵고, 전분의 이용률은 비교적 낮아서 술이 나오는 비율이 낮고, 지게미가 나오는 비율은 비교적 높다. 많이 휘저으면 실 같은 것이 생겨 뻑뻑해져 다루기 곤란하며 또한 술이 찹쌀보다 혼탁해져서 짜기도 쉽지 않다. 따라서 옛 주조법에서는 멥쌀로 술을 담그지 않았다. 『제민요술』의 이 같은 멥쌀술은 사용하는 누룩즙을 마대와 고운 비단을 사용해서 두 차례 걸러 내는데, 그 목적 역시 누룩즙을 더욱더 깨끗하게 하고, 술이 혼탁하지 않게 하기 위함이다. 그러나 이것을 제외하고는 결코 다른 조치가 없어서 품질이 어떠한가는 알 수가 없다. 혹자는 다만 술을 만드는 데만 관심을 가지고 손실을 헤아리지 않아, 품질이 다소 떨어지더라도 술지게미와 같이 마신다고 한다.

136 '모대(毛袋)': 본서 권6「양 기르기[養羊]」에서 언급된 '모감주대(毛堪酒袋)'의 모대이며, 술을 짜고 술 찌꺼기를 거르는 데 사용한다.

137 '고(苦)': 『제민요술』 제8권과 9권의 '고'자는 새콤한 맛이 포함되어, 진정한 '쓴맛[苦]'은 아니다. '고주(苦酒)'는 자주 '새콤한 술', 심지어 '식초[醋]'를 가리킨다.

수 있다.[138]

또 다른 신국 만드는 방법: 7월 중순 이전에 누룩을 만드는 것이 가장 좋은 시기지만 반드시 인일寅日에 할 필요는 없다. 7월 20일 이후에 만든 것은 누룩의 효능이 조금씩 약해진다. 일반적인 집에서도 누룩을 만들 수 있으며 또한 반드시 문이 동쪽을 향해 있는 초가집일 필요는 없다.

대체적인 비율은 밀을 날것, 볶은 것, 찐 것 세 종류로 나누어서 분량을 서로 같게 한다. 찐 것은 햇볕에 말려 건조시킨다. 세 종류를 혼합한 뒤에 찧고 키질하여 깨끗하게 가려내고, 곱게 갈고 체로 체질하여 밀기울을 걸러 내어 다시 거듭 가는데, 고우면 고울수록 좋다.[139] 거칠면 술이

以二斗酘之. 此酒
合醅飮之可也.

又作神麴方.
以七月中旬以前
作麴爲上時, 亦
不必要須寅日.
二十日以後作者,
麴漸弱. 凡屋皆
得作, 亦不必要
須東向開戶草屋
也. 大率小麥生
炒蒸三種等分.
曝蒸者令乾. 三
種合和, 碓䃺, 淨
簸擇, 細磨, 羅取

---

138 '배(醅)': 『광운』에서는 "거르지 않은 술이다."라고 풀이하고 있다. 즉 지게미[糟]와 즙을 같이 마시는 단 술이다. '주(酒)': 금택초본에는 있으나 명초본과 호상본 등에는 없는데 마땅히 있어야 할 것 같다.

139 '유세위량(唯細爲良)': 이것은 『제민요술』에서 누룩원료를 부수어 가장 곱게 만든 누룩이다. 묘치위 교석본에 의하면, 누룩입자가 지나치게 거칠면 누룩덩이의 공극이 커서 수분이 흡수가 잘 되지 않고, 또 증발이 용이하여 열량 또한 흩어지기 쉬워서, 유익한 미생물의 번식이 쉽지 않게 된다. 누룩입자가 지나치게 고우면, 누룩덩이가 찰흙덩어리보다 더 뭉쳐서 수분의 발산이 쉽지 않고, 열량이 쉽게 흩어지지 않아 시계 만드는 균이 침투하기 쉽다고 한다. 『제민요술』에서 밀기울을 체로 체질하고 다시 가는데, 고울수록 좋은 것은 오늘의 방식과는 같지 않다. 이 같은 누룩을 약간 축축하게 반죽하여 단지 손으로 덩어리를 만들되 발

좋지 않게 된다.

호엽胡葉[140]을 잘게 부수고 세 번 끓여 탕을 만들어서 식힌 후에 위에 뜬 맑은 즙을 취하여 누룩가루를 반죽하는데 서로 붙을 정도면 된다. 대체로 약간 단단하게 하되 너무 질지 않도록 한다. 찧어서 덩어리로 만들 수 있을 정도면 충분하며 반드시 여러 번 절구질할 필요는 없다. 손으로 주물러서 덩어리를 만드는데, 매 덩어리의 크기와 두께는 대체적으로 시루떡[蒸餅][141]의 형상과 같이 한다. 완성할 때 한 덩어리의 밑 부분은 약간 촉촉하게 하고[142] 찔러

麩, 更重磨, 唯細爲良. 麤則不好. 剉胡葉[84] 煮三沸湯, 待冷, 接取淸者, 溲麴, 以相著爲限. 大都欲小剛, 勿令太澤. 擣令可團便止, 亦不必滿千杵. 以手團之, 大小厚薄如蒸餅劑. 令下

로 밟을 필요는 없으며, 지나치게 점성이 있는 것을 피하려는 의미를 지닌 듯하다고 하였다.

140 '호엽(胡葉)'이 무엇인지 알 수 없지만, 명청 각본에서는 '호채(胡菜)'로 보고 있다. 묘치위 교석본을 보면, 오점교본(吾點校本)에서 처음에는 '호시(胡葈)'의 잘못이라고 의심하였고 점서본도 그것을 따랐으며, 최근의 교주본에서는 또한 모두 고쳐서 '호시(胡葈)'로 하고 있다. 그러나 본권 65장 「백료국(白醪麴)」에는 '호엽'이 세 차례 보이는데, 묘치위는 이것이 반드시 '호시'의 잘못이라고는 생각되지는 않는다고 한다.

141 '증병제(蒸餅劑)': '증병'은 쪄서 익힌 '떡[餠]'으로 오늘날 구어에서 말하는 소위 '찐빵[饅頭; 饢饢; 饃]'이다. '제'는 잘라서 나누는 것이다. 스성한의 금석본에 의하면, 반죽이 된 밀가루 덩어리를 시루떡 크기로 자르는데, 이러한 생밀가루 한 조각이 '증병제'인 듯하다. 다만 '제(劑)'자가 '제(濟)'자의 착오일 수도 있는데, '제(濟)'자는 완성되었다는 뜻이다. 본권 「분국과 술[笨麴幷酒]」에 "濟, 令淸"의 구절이 있다.

142 '영하미읍읍(令下微浥浥)': 아랫면을 약간 촉촉하게 한다는 뜻이다. 이 누룩은 대개 물을 함유한 것이 많다. 일반적으로 물을 적게 함유하면 이로운 미생물이 자라지 못하고, 누룩덩이는 빨리 건조 상태가 된다. 만약 물을 많이 사용하면, 발효

서 구멍을 뚫는다.

성인 남녀 모두 덩어리를 만들 수 있으며 반드시 어린 사내아이가 만들 필요는 없다.

누룩을 숙성시키는 방은 며칠 전에 미리 고양이를 풀어 놓고 다시 쥐구멍을 막고 흙으로 벽을 칠하고 바닥을 깨끗하게 청소한다.

누룩덩이를 땅에 펼쳐서 열을 지우되 서로 부딪치지 않게 해야 한다. 그 가운데 십자十字 모양의 길을 내어 사람이 걸어갈 수 있도록 해 준다. 다섯 개의 '국왕麴王'을 만들어서 사방과 중앙에 놓아두는데, 중앙의 것은 얼굴이 남쪽으로 향하게 하고 네 방향의 것은 얼굴이 중앙으로 향하게 한다.

술과 포로 제사를 지내든 안 지내든 (결과는) 비슷하기 때문에 지금은 생략한다.

누룩을 잘 배열하고 나면 문을 닫고 진흙으로 단단히 봉하여 공기가 새지 않도록 한다. 7일이 지나면 문을 열어서 누룩을 뒤집어 본래의 위치에 놓아두고 처음과 같이 진흙으로 단

微浥浥,刺作孔.丈夫婦人皆團之,不必須童男.

其屋,預前數日著貓,塞鼠窟,泥壁,令淨掃地.布麴餅於地上,作行伍,勿令相逼.當中十字通阡陌,使[85]容人行.作麴王五人,置之於四方及中央, 中央者面南,四方者面皆向內.酒脯祭與不祭,亦相似,今從省.

布[86]麴訖, 閉戶密泥之, 勿使漏氣.一七日,開戶翻麴, 還著本

열이 지나치게 높아 내부가 탄화되는 '수화국(受火麴)'으로 변질되거나, 간혹 밖은 건조하고 안이 촉촉해지면 '와수국(窩水麴)'으로 변질되는데, 이는 모두 누룩을 제조하는 데 이롭지 않다. 물을 사용하는 정도는 누룩을 제조하는 관계와 매우 복잡하게 얽혀 있다. 묘치위의 교석본을 보면, 이 같은 누룩가루가 아주 고우면 물의 사용량도 많아지고, 또한 술을 빚는 효율도 한 말의 누룩에 4섬의 고두밥 이상을 삭힐 수 있다. 누룩을 사용하는 양은 고두밥의 양의 2.5% 정도 된다고 한다.

단히 문을 봉한다. 두 번째 7일이 지나면 쌓아서 모아 둔다. 만약 3섬[石]의 맥국麥麴을 만들었다면 한 무더기로 만들지만, (3섬보다) 많으면 2-3무더기로 나누고[143] 처음과 마찬가지로 진흙으로 문을 봉해 준다. 세 번째 7일이 지나면 삼끈을 구멍 속에 끼워 50개의 누룩덩이를 한 줄에 끼워서 문안에 걸어 두는데 문을 열더라도 햇빛을 보게 해서는 안 된다. 5일이 지나면 꺼내서 밖에 걸어 둔다. 한낮에는 햇볕을 쬐게 하고 밤에는 서리와 이슬을 맞게 하며 덮어서는 안 된다.

오랫동안 두어도 괜찮은데 나만 비를 맞게 해서는 안 된다. 이와 같은 누룩은 3년 동안 보관할 수 있다. 묵은 누룩이 새로운 것보다 좋다.[144]

處, 泥閉如初. 二七日, 聚之. 若止三石麥麴者, 但作一聚, 多則分爲兩三聚, 泥閉如初. 三七日, 以麻繩穿之, 五十餅爲一貫, 懸著戶內, 開戶, 勿令見日. 五日後, 出著外許懸之. 晝日曝, 夜受露霜, 不須覆蓋. 久停亦爾, 但不用被雨. 此麴得三年

---

143 '양삼(兩三)': 묘치위의 교석본에서는 '양삼'으로 쓰고 있는데, 스성한의 금석본에서는 '양' 한 글자만 쓰고 있다. 본서에서는 묘치위의 교석본을 따른다.

144 중국의 술누룩은 전분질(澱粉質)을 원료로 하여 만드는데, 여기서 채택한 것은 고체로 배양하여 누룩을 제조하는 방식으로, 독특하게 미생물을 보존하는 효능이 있다. 그늘지고 서늘하며 건조한 곳에 놓아두면 2-3년이 지나도 그 당화력과 주화력은 거의 약화되지 않으므로, 여전히 종국(種麴)을 만들어 이용하여 배양을 확대시킬 수 있다. 따라서 곰팡이 종류를 오랫동안 보존할 수 있게 된다. 묘치위의 교석본에는 『제민요술』의 이 누룩은 바로 이러한 종류의 특성을 갖추고 있으며, 장기간 햇볕을 쬐고 밤에 이슬을 맞아도 효능이 매우 뛰어나며, 매우 좋은 누룩이 된다고 한다. 유럽에서는 17세기 말이 되어서야 이태리의 프란체스코 레디(Francesco Radi)가 비로소 미생물의 자연발효의 설을 제창하였으며, 19세기 말

신국神麴으로 술을 빚는 방법: 누룩을 솔질하여 깨끗하게 해 준다.[145] 흙이 있는 부분은 칼로 약간 깎아 내서 반드시 항상 깨끗하게 해 주어야 한다. 도끼를 뒤집어 도끼머리로 누룩덩이를 대추나 밤과 같은 크기로 부수고 도끼날을 이용하여 아주 잘게[殺][146] 부순다. 오래된 종이로 만든 거적을 펴서 햇볕에 말린다. 야간에도 거두어들일 필요 없이 서리와 이슬을 맞게 한다. 바람이 불거나 비가 오면 거두어들이는데, (바람이 불어서) 흙으로 더럽혀지거나 비로 인해서 축축해질까 염려되기 때문이다. 만일 급하다면 누룩을 햇볕에 말리기만 해도 된다. 만약 시간의 여유가 있을 경우 (가장 좋은 것은) 20여 일 정도 서리와 이슬을 맞게 하면 빚은 술이 향기롭게 오래간다. 누룩덩이는 반드시 말려야 하는데, 축축하면 술도 좋지 않다.

봄과 가을 두 시기에 빚었던 술은 모두 여름

停. 陳者彌好.

神麴酒方. 淨掃刷麴令淨. 有土處, 刀削去, 必使極淨. 反斧背椎破, 令[87]大小如棗栗, 斧刃[88]則殺小. 用故紙糊席, 曝之. 夜乃勿收, 令受霜露. 風陰則收之, 恐土污及雨潤故也. 若急須者, 麴乾則得. 從容者, 經二十日許受霜露, 彌令酒香. 麴必須乾, 潤濕則酒惡.

春秋二時釀者,

프랑스의 세균학자 칼메트(Calmette)가 아밀라아제 법으로 주정을 제조하는 법을 만들어 냈는데, 묘치위에 의하면 그 효모를 사용하는 것은 중국의 주약(酒藥) 중에서 취한 것이라고 한다.

145 '정소(淨掃)'는 각본에서는 이와 동일하고, 앞 문장의 '조주법(造酒法)'에는 "솔질하여 누룩을 항상 깨끗하게 한다.[以炊帚刷治之, 絶令使淨.]"라고 쓰여 있는데, 마땅히 '정소(淨掃)'라고 써야 할 듯하다.

146 '살(殺)': '살(煞)'과 통하며, 지나치고 과분하다는 의미이다.

을 날 수 있다. 그러나 뽕나무의 잎이 떨어질 때 빚은 술은 봄철에 빚은 것보다 좋다. 뽕나무 잎이 떨어질 때는 날씨가 약간 서늘하지만, 누룩을 갓 담글 때의 방법은 봄철과 마찬가지이며, 빚은 밥을 넣을 때는 항아리 밖을 감싸[茹]¹⁴⁷ 약간 따뜻하게 해 준다. 너무 두껍게 덮어서는 안 된다. 너무 두꺼우면 열에 의해 술이 손상된다. 봄에는 덮을 필요가 없이 항아리를 벽돌 위에 올려놓기만 하면 된다.

가을 9월 9일이나 19일에 (술을 빚을 때 사용할) 물을 긷도록 한다.

만약 봄에 만든다면 정월 15일이나 그믐 혹은 2월 초이틀에 물을 긷도록 한다. 당일에 그 물로 누룩을 담근다. 이 4일¹⁴⁸이 (물을 길을 때) 가장 좋은 시기이며 나머지 날은 누룩을 만들 수

皆得過夏. 然⁸⁹桑落時作者, 乃⁹⁰勝於春. 桑落時稍冷, 初浸麴, 與春同, 及下釀, 則茹甕, 止⁹¹取微暖. 勿太厚. 太厚則傷熱. 春則不須, 置甕於磚上.

秋以九月九日⁹²或十九日收水.

春以正月十五日, 或以晦日, 及二月二日收水. 當日即浸麴. 此四日

---

147 '여(茹)': 『제민요술』 중에서 독특하게 사용하는 단어로서, '감싸다[包]', '싸다[裹]'는 의미이지만, 사전에는 이 의미가 실려 있지 않다. 고유가 『여씨춘추(呂氏春秋)』 「공명(功名)」편에서 '여(茹)'를 주석하여 말하기를, "여(茹)는 배가 새는 것을 막는다는 '여(洳)'자로 읽는다."라고 한다. 글자 또한 '여(枒)'자로도 쓴다. 묘치위 교석본에 의하면, 『제민요술』 권9 「적법(炙法)」편의 '자돈법(炙㹠法)'에는 "띠를 배에 채워 넣어 가득하게 했다."라는 문장이 있는데, 이는 곧 가득 채운다는 의미이다. 이와 같이 채운다는 뜻에서 확대되어 외부를 감싼다고 된 것이 '여옹(茹甕)'인데, 베와 솜 같은 것들을 이용하여 항아리 밖을 싸서 보호하여 온도를 보존하고 온도를 높이게 하였다. 이는 술을 빚는 중에 항상 사용되는 보온조치라고 한다.

148 '사일(四日)'은 실제로 위 문장으로 볼 때 '오일(五日)'에 해당한다.

없는 것은 아니지만 오래가지 못한다.

물을 긷는 방법: 강물이 가장 좋다. 강이 멀리 떨어져 있으면 아주 단[149] 우물물을 사용하고 약간이라도 짠맛이 있는 물로는 좋은 술을 만들 수 없다.[150]

누룩을 담그는 방법[漬麴法]:[151] 봄철에는 10일

爲上時, 餘日非不
得作, 恐不耐久.

收水法. 河水
第一好. 遠河者
取極甘井水, 小
鹹則不佳.

漬麴法. 春十

---

149 '감(甘)': 단맛이다. 황하 유역 토양 속에는 나트륨과 마그네슘 등의 가용성 염류의 함량이 매우 높아 우물물의 맛이 항상 짜고 쓰기 때문에 일반적으로 '쓴물[苦水]'이라 불린다. 유속이 비교적 빠른 하천에서 용해되는 염류의 분량이 상대적으로 제일 적다. 다음으로 하천의 근원에 가깝거나 지하수의 수원이 비교적 큰 물이 가용성 염류의 함량이 비교적 적다. 스성한은 이러한 우물물의 맛은 하수(河水)와 같아서 '단물[甛水]'이라고 일컫고 있다.

150 수질이 술을 담그는 데에 미치는 영향은 아주 큰데, 이른바 "좋은 술에는 반드시 좋은 물이 있어야 한다.[名酒必有佳泉.]"라는 것을 말하며 일정한 과학적 근거가 있다. 묘치위 교석본을 참고하면, 만약 수중에 염화물이 적당히 함유되어 있다면, 미생물에게 하나의 양분이 되고 고두밥에 대해 자극적인 작용은 없으며 아울러 발효를 촉진한다. 하지만 미각감각이 짜고 쓴맛이 느껴질 때는 염화물이 너무 많은 것으로 미생물에 대해 억제작용이 있으며, 고두밥의 활성도 줄어들게 되어서 술을 담그는 데 극히 불리해진다. 황하유역의 지하수는 일반적으로 가용성 염료가 비교적 높게 함유되어 있기 때문에 우물물은 항상 짜고 쓴맛이 나서 양조하는 데 좋지 않다. 그러나 맑은 샘물이 나오는 우물물은 맛이 담백하고 깨끗하여 속칭 '단물[甛水]'이라고 일컬으며 술을 담글 수 있다고 하였다.

151 '지국법(漬麴法)': 각 본에서는 모두 '청국법(淸麴法)'이라고 쓰고 있는데, 이는 '지국법'의 형태상의 잘못으로 보인다. 묘치위에 의하면, 본 단에서 기록한 것은 전부 누룩을 담그는[漬麴] 방법으로서, 지국(漬麴)을 설명하고 있지 않은 구절이 하나도 없으므로, 명확히 '신국주(神麴酒)'를 담그는 순서를 서술한 것이다. 앞 문장은 단지 누룩을 부수고 햇볕에 말리는 처리과정과 물을 긷는 것을 이야기하였으며, 본 단락 다음에는 계속해서 어떻게 누룩을 담그고 양조하는 것을 말하였

에서 15일 정도에 하고, 가을철은 15일에서 20일 정도에 누룩을 담근다. 따라서 이와 같은 구별이 있는 까닭은 날씨가 차갑고 따뜻한 것이 빠르거나 늦을 수 있기 때문이다. 다만 누룩에서 향기가 나고 작은 기포가 생기게 되면 곧 고두밥[술밑]을 넣어야 한다. 너무 지체되면 누룩에 곰팡이가 피어[生衣]¹⁵² 이미 때를 놓치게 되며, 누룩의 때가 지나고 나서 빚어 만든 술은 진하고 텁텁해져서 더 이상 깔끔하거나 향기가 나지 않는다.

쌀은 반드시 곱고 부드럽게 찧고 30여 번 일어서 깨끗하게 해 주어야 한다. 만약 쌀을 깨끗하게 일지 않으면 술의 색깔이 혼탁해진다.¹⁵³

일반적으로 말하자면 한 말의 누룩은 봄철에는 여덟 말의 물을 사용해서 담그며 가을에는

日 **93** 或 十 五 日 , 秋 十 五 或 二 十 日 . 所 以 爾 者 , 寒 暖 有 早 晚 故 也 . 但 候 麴 香 沫 起 , 便 下 釀 . 過 久 麴 生 衣 , 則 爲 失 候 , 失 候 則 酒 重 鈍 , 不 復 輕 香 .

米 必 細 䈕 , 淨 淘 三 十 許 遍 . 若 淘 米 不 淨 , 則 酒 色 重 濁 . 大 率 麴 一 斗 , 春 用 水 八 斗 , 秋 用 水 七 斗 . 秋 殺 米

는데, 이렇게 술의 양조과정에 대한 설명을 연속적으로 서술함으로써 단계를 분명히 하고 있다고 한다. '청국(淸麴)'은 누룩의 이름이 아니고, 또한 술의 이름[중일교주본(中日校注本)에서는 '청주법(淸酒法)' 또는 '청국주법(淸麴酒法)'이라고 고쳐 쓰고 있다.]도 아니다. 황록삼(黃麓森) 교기에서 가장 먼저 지적하기를, "청(淸)은 담근다는 침(浸), 지(漬)와 음과 글자형태가 서로 유사하여 와전된 것이다."라고 하였는데, 이는 옳다. 반면 스성한의 금석본에서는 제목을 '청국법(淸麴法)'으로 쓰고 있는데, 스성한에 따르면 이 단락 전체에서 말하는 것은 누룩이 아니라 술이기 때문에 표제의 '청국법'은 의미가 없다고 한다.

152 '생의(生衣)': 세균이 자라나서 피막(皮膜)의 '곰팡이[衣]'를 만든다. 이때의 누룩은 이미 변질되어서 당화와 발효력이 감퇴되어 온전한 술이 양조되지 않는다.

153 찌꺼기의 불순물을 일어서 깨끗하게 하지 않으면 술이 탁해지고 맑지 않게 된다.

7말의 물을 사용한다. 가을은 3섬의 고두밥[米]
을 삭힐 수 있으며 봄에는 4섬을 삭힐 수 있다.
처음으로 고두밥을 빚어 넣을 때는 4말의 찰기
장밥[黍米]을 사용한다. 두 차례 뜸을 들여 아주
무르게 쪄서 반드시 고루 익혀야 하며,[154] 단단
하거나 설익었거나 지나치게 쪄서 쪼그라들거
나 퍼지게 해서는 안 된다.[155] 이 기장밥을 자리
위에 펴서 완전히 식힌다. 누룩 즙을 떠내어[貯
出][156] 동이 속에서 기장밥과 섞는데, (큰 밥 덩어
리는) 손으로 쥐고 부수어 큰 덩어리가 없을 때
항아리 속에 부어 넣는다. 봄에는 두 겹의 베로
주둥이를 덥고 가을에는 베 위에 융단을 흰 층
더 덮어 준다. 만약 날씨가 아주 한랭해지면 또
다시 풀을 한 층 덮어 줘도 된다. 하룻밤 혹은

三石, 舂殺米四
石. 初下釀, 用黍
米四斗. 再餾弱
炊, 必令均熟, 勿
使堅剛生減[94]也.
於席上攤黍飯[95]
令極冷. 貯出麴
汁, 於盆中調和,
以手搦破之, 無
塊, 然後內甕中.
春以兩重布覆, 秋
於布上加氈. 若
値天寒, 亦可加
草. 一宿, 再宿,

---

154 '유(餾)': 물을 부어서 다시 찌는 것으로, '재류(再餾)'는 다시 찐다는 의미이다. 주
준성(朱駿聲)의 『설문통훈정성(說文通訓定聲)』에서는 "쌀을 한 번 찌는 것을 분
(饙)이라 하고, 두 번 찌는 것을 유(餾)라 한다."라고 하였다. '약취(弱炊)'는 무르
게 밥을 한다는 의미이다. '균숙(均熟)'은 두 번 쪘어서 쌀을 부드럽게 하여, 생숙
(生熟)이 고르고, 찰기가 아주 잘 미쳐서 완전하게 익게 되는 것이다.

155 '견강(堅剛)': 지나치게 단단하다는 의미이다. '생(生)'은 퍼지거나 불어난다는 의
미이며, 약하게 끓여 골고루 익지 않은 기장밥은 다시 물을 넣으면 수분을 흡수하
여 팽창하면서 용적이 늘어난다[生]. '감(減)'은 『광아(廣雅)』「석고이(釋詁二)」편
에서 "열(劣)은 줄이는[減] 것이다."라고 하였다. 너무 익으면 곰팡이의 털이 생겨
마찬가지로 술의 양이 줄어든다.

156 '저출(貯出)': '퍼내다[抒出]'라는 의미이다. 다음 문장에 "貯汁於盆中"이라는 구절
이 있고, 권3 「잡설(雜說)」에는 "和熱抒出"이라는 구절이 있으며, 권9 「예락(醴
酪)」에는 "抒卻水"라는 구절이 있다.

이틀 밤이 지나 쌀이 삭으면 다시 6말을 넣어
준다. 세 번째 넣을 때는 고두밥을 간혹 7-8말
을 넣는다. 네 번째, 다섯 번째, 여섯 번째에 얼
마 정도의 고두밥을 넣을 것인가는 모두 누룩의
세력을 보고 늘리거나 줄이며, 일정한 법칙은
없다. 혹은 이틀 밤에 한 번을 넣거나 삼일 밤에
한 번을 넣는 것 또한 일정한 기준이 없다. 단지
먼저 넣은 고두밥을 보고 모두 삭았으면 이내
넣는다.

　매번 고두밥을 넣을 때는 모두 항아리 속의
발효된 즙을 떠서서 고두밥과 섞는데, 다만 찰기
장밥의 덩어리를 고르게 부수면 되고 모든 발효
즙을 떠낼 필요는 없다. 매번 고두밥을 넣을 때
는 술 주걱으로 항아리 속을 반드시 고르게 저은
후에 비로소 항아리 뚜껑을 닫아 둔다.

　비록 봄, 가을 두 시기에 고두밥 3섬과 4섬
을 삭힐 수 있다고 말할지라도, 누룩의 세력을
잘 살펴서 누룩의 역량이 아직 다하지 않았다면
고두밥을 여전히 삭힐 수가 있으니 다시 약간의
밥을 넣어 주는데, 밥은 많이 넣는 것이 좋다. 세
상 사람들이 이르길 "밥이 너무 많으면 술이 달
다."라고 하는데, 이것은 그 방법[法候]157을 알지
못하기 때문이다. 술이 더 이상 열을 내지 않고
더 이상 괴지 않으면 고두밥이 삭지 않게 되어

候米消, 　更酘六
斗. 　第三酘用米
或七八斗. 　第四
第五第六酘, 　用
米96多少, 皆候麴
勢強弱加減之, 亦
無定法. 　或再宿
一酘, 　三宿一酘,
無定準. 　惟須消
化乃酘之. 　每酘
皆漉取甕中汁調
和之, 僅得和黍破
塊而已, 　不盡貯
出. 　每酘即以酒
杷遍攪令均調,97
然後蓋甕.

　雖言春秋二時
殺米三石四石, 然
要98須善99候麴
勢, 麴勢未窮, 米
猶消化者, 便加米,
唯多爲良. 世人云,
米過酒甜. 此乃不
解法候. 酒冷沸止,
米100有不消者, 　便

누룩의 역량이 다하게 된다.

만약 빚은 술이 익으면 눌러서 청주를 따르고 가라앉힌다.[158] 여름철에는 오직 한 겹의 베로 항아리 주둥이를 덮어 주고 왕골을 베어서 그 베 위에 덮어 준다. 절대 항아리 주둥이를 진흙으로 봉해서는 안 되며, 항아리의 주둥이를 교차해서 봉하면 술이 초醋로 변한다.[159]

是麴勢盡.

酒若熟矣, 押出, 清澄. 竟夏直以單布覆甕口, 斬席蓋布上. 慎勿甕泥, 甕泥封交即酢壞.

---

157 '법후(法候)': 발효할 때는 징후를 살펴야만 고두밥을 넣을 적합한 분량과 적합한 시기를 파악할 수가 있는데, 이는 '징후를 잃은 것[失候]'과 상대적인 개념이다. '법후(法候)'는 접속사로서, 두 글자를 분리시켜서 위아래의 구절에 속하게 해선 안 된다. 『북산주경』 권하(下) '투유(投醹)'에서는 『제민요술』을 인용하여 '체후(體候)'라고 쓰고 있는데 이것이 명확한 증거이다. 쌀이 많으면 술이 달아서 술지게미가 나오는 비율이 증가한다. 쌀이 적으면 술이 싱거워지는데 순도가 부족한 것은 모두 그 '징후를 이해하지 못한 것'이다.

158 "押出, 清澄": '압출(押出)'은 술을 짜는 것을 가리키지만, 어떤 압착법인지는 설명하고 있지 않다. 권8 「초 만드는 법[作酢法]」에서는 "술을 짜는 것과 같이 포대에 넣고 짜낸다."라는 것이 제시되어 있는데, 아울러 "지게미를 짜서 아주 마른 것"이라는 것은 압착 기술이 상당히 진보하여, 적어도 간단한 압착기구가 있었음을 의미한다. '청징(清澄)'은 술액을 압착한 이후에 반드시 여과하는 과정을 거쳐야 하는데, 그렇지 않으면 술의 질에 영향을 주고 여름을 나기가 곤란해진다. 오늘날에는 술을 걸러서 맑게 한 후에 계속적으로 술을 달이는데, 그 목적은 술 중의 잡균을 죽이는 것이다. 아울러 단백질이 섞여 있는 물질을 응집시키면, 맑은 술을 오래 둘 수 있다. 그러나 『제민요술』에는 술 달이는 것이 보이지 않는데, 아마 당시에는 이런 방법이 없었을 것이다. 다만 여과해서 맑게 하면 저장하기에 편리하다. 『북산주경』 권하(下)의 '수주(收酒)'에서는 "대저 술을 여과하여 맑게 하면, 가득 담아서 비록 끓이지 않는다 하더라도 여름에도 남겨서 저장할 수 있다."라고 하였으며, 『제민요술』 또한 여과하여 맑게 하면 "모두 여름을 날 수 있다."라고 하였다.

159 "慎勿甕泥, 甕泥封交即酢壞": 스성한의 금석본에서는 이 구절을 옮겨 쓸 때 순서

겨울에도 술을 빚을 수 있지만, 봄과 가을보다는 좋지 않다. 겨울에 술을 빚을 때는 반드시 풀로 항아리를 두껍게 감싸고 다시 두껍게 덮어 주어야 한다. 처음 넣는 고두밥은 기장밥을 약간 따뜻하게 해서 넣어 준다. 발효가 시작된 이후에 두 번째 고두밥을 넣는데 이전처럼 기장밥을 퍼서 완전히 식혀야 한다. 술이 발효된 이후에는 열이 아주 많이 나기 때문에, 다시 넣을 때 여전히 따뜻한 기장밥을 사용하면 술이 반드시 초가 된다.[160]

큰 항아리로 많은 술을 빚을 때는 이러한 비율에 따라서 배로 늘린다. 술을 빚고 남는 찌꺼

冬亦得釀,　但不及春秋耳.　冬釀者,　必[而]須厚茹甕覆蓋.　初下釀,　則黍小暖下之.　一發之後,　重酘時,　還攤黍使冷酒發極暖,　重釀暖黍,　亦酢矣.

其大甕多釀者,　依法倍加之.　其

를 바꿔 쓰는 착오를 범한 것으로 보았다. 즉 "慎勿泥甕, 泥甕, 到夏卽酢壞"이 맞는데, '니옹(泥甕)' 두 글자가 앞뒤로 바뀌었으며 '봉교(封交)'는 '도하(到夏)'를 잘못 베껴 쓴 듯하다고 하였다. 묘치위는 교석본에서, '봉교'가 '도하'의 잘못이라는 견해에 대해 다음과 같이 해석하였다. 항아리에 진흙을 바르기 전에는 반드시 항아리 주둥이를 대나무 잎[箬葉]이나 갈대 잎[蘆葉] 같은 것으로 틀어막은 연후에 비로소 진흙으로 단단히 바른다. 권8 「생선젓갈 만들기[作魚鮓]」에서는, "대나무 잎으로 윗부분을 교차되게 깔아 준다."라고 하였는데, 이것이 곧 '봉교(封交)'로서, 원문은 잘못되지 않았다고 지적하였다.

160 '역초의(亦酢矣)': 스성한의 금석본에서는 '역'자를 '필(必)'자가 잘못된 것으로 보고 있다. 묘치위 교석본에 의하면, 양조에 있어서 첫 며칠간은 주로 발효단계로서, 발효가 왕성하고 주정의 함량이 대폭 증가하는데 이것을 거친 후에는 후발효 단계로 들어가서 장기간 순도가 증가하면서 속도가 다소 느려진다. 그러나 발효 온도가 지나치게 높으면, 효모균보다 높은 온도에서 생장하는 산패균(酸敗菌)이 침입하게 되어서 술이 시게 된다. 따라서 술의 온도가 매우 높을 때 다시 따뜻한 밥을 넣어 주면 뜨거운 열에 열이 더해져서 반드시 시게 된다고 하였다.

기와 짜낸 즙[潘] 등은 잡다하게 사용할 수 있는데 어떤 것도 꺼리는 바는 없다.[161]

하동河東 신국 양조법:[162] 7월 초에 밀을 손질하여 초이렛날에 누룩을 만든다. 초이레에 아직 만들지 못한 것은 7월 20일 이전의 어떤 날에 만들어도 좋다.

밀 한 섬은 누렇게 볶은 밀 6말과 찐 밀 3말, 날것 1말을 갈아서 고운 가루로 만든다. 뽕잎 5푼, 도꼬마리 잎[蒼耳] 1푼, 황해쑥[艾] 1푼, 산수유 잎[茱萸] 1푼[163]을 함께 삶아서 즙을 만드는데 만

糠潘雜用, 一切無忌.▣

河東神麴方. 七月初治麥, 七日作麴. 七日未得作者, 七月二十日前亦得. 麥一石者, 六斗炒, 三斗蒸, 一斗生, 細磨之. 桑葉五分, 蒼耳一

---

161 "其糠潘雜用, 一切無忌": '강(糠)'은 쌀을 찧을 때 생기는 쌀겨이며, '심(潘)'은 밥을 지을 때 남는 쌀뜨물이다. 본서에 기록된 양조법에서는 술을 빚을 때 생기는 쌀겨와 쌀뜨물 및 밥은 사람들 또는 가축들이 먹어서는 안 된다는 '금기'를 특별히 언급하였다. 그런데 이 단락에서는 오히려 "어떤 것도 꺼리는 바가 없다."라고 하니, 이러한 금기들을 신경 쓰지 않아도 된다는 의미이다. 본장에서 재삼 강조한 것처럼 인일(寅日)을 사용한다거나 동향으로 창을 낸다거나 공이질을 천 번한다거나 소년들에게 누룩을 빚도록 한다거나 주포(酒脯)로 국왕(麴王)에게 제사를 지내는 등의 유심론적인 미신에 대한 금기는 '반드시 그렇게 할 필요가 없는 것'과 같다.

162 하동(河東)은 군의 이름으로 지금의 산서성 서남쪽의 귀퉁이에 있다. 북위 때의 군 치소는 지금의 산서성 영제(永濟)시 동남쪽에 있다. 이것은 하동에서 전래되어 온 양조법으로 '하동신국(河東神麴)'에 대해 스성한은 식물성 약재료를 누룩[麴] 속(일부 미생물의 방해로 알코올의 발효가 잘못되어 안 좋은 냄새가 날 수도 있는 등의 사항은 약재를 사용하여 사전에 방지할 수 있다.)에 첨가했다는 최초의 기록이라고 하였다.

163 이 하동의 '약국(藥麴)'에서 1푼의 분량은 어느 정도였는지 가늠할 수 없다. 묘치위 교석본을 보면 누룩 속에 이용된 '약(藥)'은 오늘날 몇십 가지의 맛을 지녔으며 모두 정량이 없지만, 너무 지나치게 많아서도 안 된다. 왜냐하면 약초는 당화

약 산수유가 없다면 야생의 여뀌로 대신 사용할
수 있다. 섞어 끓여서 즙을 내는데, 즙의 색깔은
(암갈색의) 일반적인 술과 같다. 찌꺼기를 걸러서
식힌 후에 밀가루와 섞어서 누룩을 만드는데 너
무 축축하게 해서는 안 된다. 절구에 여러 번 찧
어서 보통의 누룩덩이처럼 만드는데, 각진 모양
으로 찍어 덩어리로 만든다.

와국(臥麴)[164]을 만드는 방법: 먼저 밀짚[麥䅗]을
땅에 깔고,[165] 그런 후에 누룩을 그 위에 둔다. 그

分, 艾一分, 茱萸
一分, 若無茱萸,
野蓼亦得用. 合煮
取汁, 令如酒色.
漉去[⑩]滓, 待冷,
以和麴, 勿令太
澤. 擣千杵, 餅如
凡餅, 方範作之.

卧麴法. 先以
麥䅗布地, 然後

나 발효 균류의 번식을 돕지만 무익하거나 심지어 방해요인이 될 수 있기 때문이
다. 본 절에서 기록하고 있는 것은 허점이 많으며, 대개 그 방법은 하동으로부터
전래된 것으로서 이는 원래의 방법에서 간단하게 초록하였을 것으로 보인다.

[164] '와(臥)'는 '덮는다[罨]'는 의미이다. 와국(臥麴)은 누룩덩이를 밀폐된 누룩방 속에
배열하고 온도를 유지하여 곰팡이를 배양하는 것으로서, 민간에서는 '엄국(罯
麴)'이라고 일컫는다. 『제민요술』에서는 각종 누룩은 모두 '와(臥)'를 거치지만
이 부분에서야 비로소 이 글자가 출현하였다. 묘치위 교석본에 따르면 『제민요
술』에 등장하는 아홉 종류의 누룩은 모두 '엄국(罯麴)'이다. '엄(罯: 누룩방에서
누룩을 띄우기)'은 쉬우나, '풍(風: 외부에서 누룩을 띄우기)'은 어렵다. 『북산주
경(北山酒經)』에는 엄국 외에 '풍국(風麴)'이 있는데, 그 제조방법은 누룩방을 이
용하지 않고 식물 잎으로 싸서 종이 포대 속에 담아 바람이 통하고 햇볕이 보이
지 않는 곳에 걸어서 바람에 말리는 것이다. 또한 '포국(醱麴)'이 있는데, 바람에
말리고 또 누룩방에서 말리는 것을 겸용하는 것으로서, 대개 누룩방에 있는 시기
는 짧고 바람에 말리는 시기는 길다고 한다.

[165] '준(䅗)': 짚으로서, 『제민요술』에서는 오직 밀짚으로만 사용한다. 『제민요술』
중에 이 누룩 이하부터 다섯 종류의 누룩은 짚과 풀로 깔고 덮어서 땅 위에 직접
놓아두지 않는다. 스셩한의 금석본에 의하면, '준(䅗)'자는 송대 이전의 책에는
'견(稆)'으로 표기되어 있다. 맥견(麥稆)은 맥할(麥䵉)·맥갈(麥秸)·맥경(麥

것이 끝나면 또 밀짚을 덮는다. 많이 만들 때는 누에 선반과 잠박[箔槌]을 사용하는데 이는 누에 치는 방법과 같다.[166] 덮는 것이 끝나면 문을 닫는다.

첫 번째 7일이 지나면 누룩을 뒤집어 주고 또한 밀짚을 덮어 준다. 두 번째 7일이 지나면 누룩을 모아서 쌓아 두고 또한 이전처럼 그 위를 덮어 준다. 세 번째 7일이 지나면 항아리에 담는다. 이후[167] 다시 7일이 지나면 재차 꺼내서 햇볕에 말린다.

술 담그는 방법: 기장쌀을 사용할 때는 누룩 한 말이 고두밥 한 섬을 삭힐 수 있다.[168] 차조쌀 [秫米]은 술이 연하고 싱거워서[169] 사용하기에 적

著麴. 訖, 又以麥䴷覆之. 多作者, 可用箔槌, 如養蠶法. 覆訖, 閉戶. 七日, 翻麴, 還以麥䴷覆之. 二七日, 聚麴, 亦還覆之. 三七日, 甕盛. 後經七日, 然後出曝之.

造酒法. 用黍米, 麴一斗, 殺米一石. 秫米令酒薄,

莖)·맥개(麥稭)·맥간(麥稈)이라고 한다.

166 '박(箔)', '추(槌)': 잠박과 기둥을 구성하여 누에선반을 만든다. '여양잠법(如養蠶法)': 누룩덩어리를 층으로 만들어서 누에 잠박 위에 배열한 것으로, 누에 기르는 법과 흡사하다.

167 '후(後)'는 해석할 수 있지만, 또한 '복(復)'자의 형태상의 잘못일 가능성이 있다.

168 '살미일석(殺米一石)': 각 본에서는 서로 동일하지만, 누룩 및 고두밥[밑술]과는 부합되지는 않으니 마땅히 잘못인 듯하다. 묘치위에 의하면, '신국(神麴)'의 양조 효율은 매우 높아서 다음 문장에서 처음에 고두밥을 넣어 양조할 때는 "고두밥 한 섬을 사용하고" 그다음에는 고두밥 8말을 넣고, 그다음엔 7말을 넣어 6-7차례 에서 8-9차례에 이르는데, 한 말의 누룩으로 술을 만드는 지표는 한 섬의 고두밥 을 훨씬 넘어선다. 심지어는 3섬의 고두밥 이상에 달하기에, '한 섬'은 확실히 숫 자가 잘못된 듯하다고 하였다.

169 『제민요술』의 본문에서는 '출미(秫米)'를 말할 때는 대개 차조를 가리키고, 찹쌀 을 가리키지는 않는다. 순전히 찹쌀을 익혀서 담근 술의 질은 기장쌀과 비교해서

합하지 않다. 누룩을 손질할 때는 반드시 누룩의 표면과 안쪽, 네 모퉁이와 구멍의 안쪽을[170] 모두 깎아서 깨끗하게 한 후에 다시 잘게 부수어서 마치 대추나 밤과 같은 크기의 작은 덩어리를 만든다. 햇볕에 쬐어 잘 말린다. 누룩 한 말[斗]은 한 말 5되[升]의 물을 사용한다.[171]

　10월에 뽕잎이 떨어지고 첫 얼음이 얼 때 곧 물을 길어서 술을 담글 준비를 하는데, (이때가) 가장 좋은 시기이다. 봄술을 담그기에는 정월 말일에 물을 길어 술을 담그는 것이 그다음 시기이다.[172] 봄술은, 하남河南 지역에서는 기후

不任事. 治麴必使表裏四畔孔內, 悉皆淨削, 然後細剉, 令如棗栗. 曝使極乾. 一斗麴, 用水二斗五升.

　十月桑落初凍則收水釀者爲上時. 春酒正月晦日收水爲中時. 春酒, 河南地暖,

차이가 없지만, 차조는 기장쌀에 미치지 못한다.

170 '표리(表裏)': 위아래의 양면을 가리킨다. '사반(四畔)': 네 모퉁이 가이다. '공내(孔內)': 구멍 속의 더러운 곳인데, 이 누룩은 구멍을 뚫는 것이 언급되지 않았으므로, 응당 문장이 빠진 것이다. 그러나 이 방법은 하동으로부터 전해졌으며, 아마도 원문도 이와 같을 것이나, 오류가 적지 않다. 본권 「분국과 술[笨麴幷酒]」의 '침약주법(浸藥酒法)' 항목의 '치국법(治麴法)'에서는 모름지기 사방의 주변과 네 모서리와 아래위의 양면을 깎아야 한다고 적고 있다.

171 금택초본에서는 '二斗五升'이라고 쓰고 있어서, 사용하는 물의 양이 너무 적고, 명초본과 호상본에서는 '一斗五升'이라고 쓰고 있어서 더욱 적다. 이렇게 적은 누룩 즙으로 한 섬의 기장고두밥을 섞고 밥 덩어리를 손으로 이겨서 분산시키며 항아리에 넣은 후에 술국자로 젓는 것은 매우 어렵기 때문에 '이두(二斗)'는 잘못이다.

172 '춘주(春酒)'는 봄에 담근 술을 가리킨다. 『시경』 「빈풍·칠월」편에는 "10월에 벼를 수확하여 이것으로써 봄술[春酒]을 담근다."라고 하였다. 묘치위 교석본에 의하면, 주대의 역법[周曆]에서는 자월[음력 11월]을 정월로 하였기 때문에, 11월이되면 한 해가 다하여 10월에 양조하는 것을 일컬어 '춘주'라고 일컬었다. 한대 이후에는 하대(夏代)와 같이 고쳐서 인월[음력 정월]을 세수(歲首)로 하였는데, 이

가 따뜻하여 2월에 술을 담그고, 하북河北¹⁷³은 기후가 한랭하여 3월에 술을 담그는데, 대개 모두 청명절을 전후한 시기를 이용한다. 첫 얼음이 얼고 난 이후부터 연말에 이르는 시기는 물의 흐름이 이미 안정되기에¹⁷⁴ 물을 길어 오면 즉각 양조용으로 사용할 수 있다.¹⁷⁵ 봄술을 담

二月作, 河北地寒, 三月作. 大率用清明節前後耳. 初凍後, 盡年暮, 水脈既定, 收取則用. 其春酒

는 곧 지금의 음력으로 예컨대 10월에 양조한 것을 '춘주'라고 한 것과는 부합되지 않는다. 따라서 『사민월령』에서 정월에 담근 술을 일컬어서 '춘주'라고 하고, 10월에 담근 술을 '동주(冬酒)'라고 하였다. 오늘날에도 이와 같다. 『제민요술』의 춘주는 10월에 뽕잎이 떨어질 때의 술과 대응되며, "첫 얼음이 얼고 난 이후부터 연말에 이르는 시기"에 담근 술과 상칭된다. 이는 곧 '동주'와도 대칭되는 것이다. 때문에 본서에서는 '상시(上時)'와 '중시(中時)'로 문단을 나누었으며, "10월에 뽕잎이 떨어지고 처음에 얼음이 얼게 되면, 곧 물을 길어서 술을 담그는 것이 봄술을 담그는 가장 상시가 되며, 정월 그믐날에 물을 길어서 봄술을 담그는 것은 중간시기에 해당된다."라고 읽지는 않았다.

173 '하남(河南)', '하북(河北)': 황하 이남과 황하 이북을 가리키며, 도(道), 노(路), 성(省)과 같은 구역명은 아니다.

174 '수맥기정(水脈既定)': '맥'은 '팽창되었다가 축소된다'는 뜻이다. 스성한의 금석본에 따르면, 황하 유역 지역에서는 지면의 물의 흐름이 여름과 초가을에 강수량의 영향으로 변화가 매우 큰데, '맥박'의 형상과 아주 흡사해서 '수맥'이라 부른다. 물이 어는 계절이 되면 우기는 이미 끝나고 지면 물의 흐름에 그다지 변화가 없어서 '수맥이 안정'되는 상황에 이른다. 물은 일종의 매우 좋은 용매로서, 술을 만드는 데 있어 당화의 속도, 발효 정도, 술맛에 큰 영향을 미친다. 『제민요술』에서는 겨울에 생수를 사용하는데, 이 또한 겨울 물은 수질이 비교적 안정되어 변질이 잘 되지 않은 특징이 있기 때문이다. 봄이 되면 날씨가 따뜻하게 변하고, 여름이 들어서면 더욱 무더워지며, 동시에 물이 불어나 범람하게 되고, 물속에 불순물도 많아지기에 양조용의 물로 사용할 때는 반드시 끓여서 멸균 처리하여, 술의 질이 변하는 것을 방지해야 한다고 하였다.

175 '수취즉용(收取則用)': 여기의 '즉'자는 '즉(即)'으로 써야 한다.

글 때나 나머지 달에 술을 담글 때는 모두 물을 (다섯 차례) 끓여서 '오비탕五沸湯'을 만들고 탕이 식으면 누룩을 담근다. 그렇지 않으면 술이 쉬게 된다[動].[176] 10월에 갓 얼음이 얼 때 날씨가 여전히 따뜻하면 양조용 항아리[177]를 반드시 풀로 감싸 줄 필요가 없다. 11월과 12월에는 기장 짚으로 감싸 주어야 한다.

　누룩을 담글 때는 겨울에는 10일간 담가 두고, 봄에는 7일간 담가 둔다. 누룩이 발효되면 술 냄새가 나고 또한 거품이 일어나게 되는데, 이때 바로 고두밥(술밑)을 넣어서 술을 담근다. 한겨울이 되어서 비록 날마다 항아리를 감싼다 할지라도 누룩 즙은 여전히 얼게 되는데, 수시로 고두밥을 넣을 때는 마땅히 윗부분의 얼음[凌][178]을 걸러 내어 솥에서 녹인다. (얼음덩이가) 물이 될 정도만 하고 뜨거워지게 해서는 안 된다. 건져 낸 얼음이 모두 녹아서 액체가 되면 다시 항

及餘月，皆須煮
水爲五沸湯，待
冷浸麴．不然則
動．十月初凍尚
暖，未須茹甕．十
一月十二月，須
黍穰茹之．

浸麴，冬十日，
春七日．候麴發，
氣香沫起，便釀．
隆冬寒厲，雖日
茹甕，麴汁猶凍，
臨下釀時，宜漉
出凍凌，於釜中
融之．取液而已，
不得令熱．凌液
盡，還瀉著甕中，

---

176 '동(動)': 변동 혹은 변질되는 것이다. 양조의 각 편에서 항상 사용하는 용어이다.
177 '옹(甕)': 이것은 누룩을 담그는 항아리를 가리킨다. 반드시 주의해야 할 것은 『제민요술』에서 누룩을 담그는 항아리는 곧 양조용 항아리인 점이다. 누룩과 물, 고두밥[米] 3가지는 일정한 배합률이 있어서, 일정량의 누룩을 일정량의 물에 넣고 몇 차례 나누어서 일정량의 고두밥을 투입하는데, 모두 같은 항아리 안에서 한다.
178 '능(凌)': 스성한의 금석본에서는, 수면 위에 맺힌 얼음을 '능'이라 한다고 하였으나, 묘치위 교석본에 의하면 북방인들은 대롱에서 얼린 얼음[管氷]을 '능(凌)'이라 부른다고 하여 해석의 차이를 보인다.

아리 속에 넣고 그 후에 다시 기장밥을 넣는다. 그렇지 않으면 너무 차가워 좋지 않다.

가령 사용하는 술항아리에 5섬의 쌀을 넣을 수 있다면 첫 번째 고두밥을 넣어 양조할 때는 단지 한 섬의 기장고두밥만 사용한다. 기장쌀을 일 때는 모름지기 아주 깨끗하게 하여, 물이 맑아질 때까지 인다.[179] 반쯤 익은 밥(고두밥)을 지어서 빈 항아리 속에 부어 넣고 솥 안에 밥을 지을 때의 끓는 물을 열기가 있을 때 따라 부어서 고두밥의 윗면이 한 치 깊이 정도 잠기도록 하면 족하다. 동이를 항아리머리에 씌워서 시간이 지난 이후에 물이 완전히 흡수되면 기장고두밥은 아주 잘 익고 부드러워지게 되는데 이를 자리 위에 펴서 식힌다. 누룩 즙을 동이에서 퍼내어 (누룩밥에 붓고) 기장밥의 멍울을 손으로 이기어 푼후에 항아리 속에 부어 넣고 다시 술 주걱으로 고루 젓는다. 매번 고두밥을 넣을 때는 이와 같이 한다. 다만 11월과 12월 날씨가 추워서 얼음이 얼 때에는 기장밥을 사람의 체온과 같이 따뜻

然後下黍. 不爾
則傷冷.

假令甕受五石
米者, 初下釀, 止
用米一石. 淘米
須極淨, 水清乃
止. 炊爲饋, 下著
空甕中, 以釜中炊
湯, 及熱沃之, 令
饋上水深一寸[104]
餘便止. 以盆合
頭, 良久水盡, 饋
極熟軟, 便於席上
攤之使冷.[105] 貯汁
於盆中, 搦黍令
破,[106] 瀉著甕中,
復以酒杷攪之.
每酘皆然. 唯十
一月十二月天寒

---

[179] '수청내지(水清乃止)': 『제민요술』에서는 쌀을 일 때 많을 때는 50-60차례에 이르고, 물이 맑아지면 그만둔다. 『북산주경』 권하(下)에서는 '도미(淘米)': "다만 먼저 쌀을 기울여서 광주리에 부어 약간의 물을 넣고, 긁개를 이용해서 광주리 가에서부터 힘을 아래로 가하여 손을 멈추지 않고 돌려서, 물로 쌀을 휘저어 자연스럽게 고르게 씻어 내면 비로소 깨끗해진다. 이와 같이 하면 쌀은 깨끗해져서 묵은 불순물이 없어진다."라고 한다.

하게 하여 붓는다. 뽕나무 잎이 떨어질 때 만드
는 봄술에는 모두 차가운 밥을 넣을 수 있다. 처
음에 넣은 고두밥이 차가운 것이면 다음에 넣는
것 또한 차가워야 하고, 처음에 넣은 고두밥이
따뜻한 것이면 다음에 넣는 것 또한 따뜻해야 한
다. 차갑고 뜨거운 것을 번갈아 넣거나 서로 섞
어서는 안 된다. 두 번째는 8말의 고두밥을 넣고
다시 7말을 넣는데, 모두 누룩[180] 세력의 강약을
보고 가감하되 결코 정해진 수량이 있는 것은 아
니다.

대개 매번 (준비해 둔 쌀은) 똑같이 이등분하
여 절반은 먼저 반쯤 익힌 고두밥에 뜨거운 물을
부어서 만들고 나머지 반은 넣을 때 다시 쪄서
찰기장밥을 만든다. 순수하게 뜨거운 물을 부어
서 익힌 밥[沃餾]은 술이 혼탁하나 (또는 텁텁하나)
다시 찐 밥은 술이 깔끔하고 향기롭다.[181] 이 때

水凍, 黍須人體暖
下之. 桑落春酒,
悉皆冷下. 初冷
下者, 酘亦冷, 初
暖下者, 酘亦暖.
不得迴易冷熱相
雜. 次酘八斗, 次
酘七斗, 皆須候麴
蘗█强弱增減耳,
亦無定數.

大率中分米,
半前作沃餾, 半
後作再餾黍. 純
作沃餾, 酒便鈍,
再餾黍, 酒便輕
香. 是以須中半

---

180 '얼(蘗)': 일종의 누룩이다. '국얼(麴蘗)'은 곧 누룩을 가리킨다. 『천공개물』 「국얼
(麴蘗)」편에는 "고래(古來)로 누룩으로는 술을 빚고, 얼로는 단술을 만든다."라
고 하였다.

181 '옥분(沃餾)': 뜨거운 물에 담그면 문드러지고 여러 차례 뒤섞은 후엔 쉽게 끈적
끈적해져 곰팡이가 번식하기에 좋지 않다. 또한 압착하는 데 장애가 되어 술이
혼탁해지고 술지게미도 많아지기 때문에, 순전히 '뜨거운 물에 고두밥을 담그는
것[沃餾]'을 삼가야 한다. 이어 등장하는 '주편경향(酒便輕香)'은 찰기는 좋으나
문드러지지는 않는다는 의미로, 섞은 후에도 쉽게 곰팡이의 털이 생겨 일어나지
는 않는다. 이로 인하여 당화와 주화가 완전하게 이루어져 술 또한 비교적 맑아
지고 향도 진해지며, 술이 만들어지는 비율도 비교적 높다.

문에 반씩 나누어야 한다.

겨울에 술을 담글 때는 6-7차례 고두밥을 넣고 봄에 술을 담글 때는 8-9차례 넣는다. 겨울에는 따뜻하게[182] 해 주어야 하고 봄에는 시원하게 해 주어야 한다. 한 번 넣는 고두밥이 너무 많으면 (발열량이 너무 커서) 열에 상하게 되어서 오랫동안 보관할 수 없다.(따라서 봄에는 대개 몇 차례 나누어서 넣어 준다.) 봄에는 홑겹의 베로 술항아리의 주둥이를 덮고 겨울에는 거적으로 덮어 준다. 겨울에 처음으로 고두밥을 넣어서 술을 담글 때는 타는 숯불을 항아리 속에 던져 넣어 소독한다. 칼을 뽑아서 항아리 위에 가로로 놓아 둔다. 술이 익은 후에 치운다. 겨울에 담그는 것은 15일이 되면 익고 봄에 담근 술은 10일이면 익는다.

5월이 되면 매 술항아리 속에서 한 사발을 떠내어[183] 햇볕을 쪼인다. 좋은 술은 색깔이 변하지 않고 좋지 않은 술은 변한다. 색깔이 변한 것은 먼저 마시고 좋은 술은 남겨서 여름을 지낸다. 그러나 술지게미째로 두었다가[須臾][184] 사용할 때 걸러 내는데, 이렇게 하면 '뽕

耳.

冬⑩釀六七酘,
春作八九⑩酘.
冬欲溫暖,⑩　春
欲清涼.⑪　酘米
太多則傷熱, 不能
久.　春以單布覆
甕,　冬用薦蓋之.
冬, 初下釀時, 以
炭火擲著甕中.
拔刀⑫橫於甕上.
酒熟乃去之.　冬
釀十五日熟, 春釀
十日熟.

至五月中, 甕別
椀盛,　於日中炙
之. 好者不動, 惡
者色變.　色變者
宜先飲,⑬　好者留
過夏. 但合醅停

---

182 『제민요술』에서 '난(暖)', '난(煖)'이 모두 보이는데, 묘치위 교석본에서는 통일하여 '난(暖)'으로 쓰고 있다.

183 '별(別)': '별도로'의 의미로서, 매 항아리에서 각각 한 사발의 술을 담아 햇볕을 쬐는 것을 가리킨다.

잎이 떨어질 때의 술'과 더불어 서로 이어질 수 있다.

땅속 구덩이에 술을 저장하면 술에 흙냄새가 밴다. 오직 처마가 달린 초가집 안에 두는 것이 좋다. 기와집 역시 열에 의해서 손상되기가 쉽다. 누룩을 만들고, 누룩을 물에 담그고, 밥을 지어 뜸을 들이고, 고두밥을 넣어 술을 담글 때 사용하는 모든 물은 모두 흐르는 물[河水]을 사용한다. 인력이 부족한 집에서는[185] 소금기가 없는 우물물(단 우물)을 사용해도 좋다.

『회남만필술淮南萬畢術』에 이르기를, "술이 옅어서(싱거워서) 신하게 만들려고 하면 왕골이나 부들[莞蒲][186]에 담가 둔다."라고 한다. 부들을 잘라서 술 속에 담가 일정한 시간이 지난 후에 꺼내면 술맛이 진

須臾便押出, 還得與桑落時相接.

地窖著酒, 令酒土氣. 唯連簷草屋中居之爲佳. 瓦屋亦熱.[114] 作麴浸麴炊釀, 一切悉用河水. 無手力之家, 乃用甘井水耳.

淮南萬畢術曰, 酒薄復厚, 漬以莞蒲. 斷蒲[115]漬酒中, 有頃出之, 酒則厚

---

184 '수유(須臾)'는 일반적으로 '짧은 시간'으로 풀이된다. 여기에서는 정상적인 의미로 해석할 방법이 없다. 스성한의 금석본에 따르면, '수용(須用)' 또는 '수음(須飮)'일 것으로 생각되며, 혹은 옮겨 쓸 때 아래의 '편(便)'자를 '갱(更)'자로 잘못봐서 '갱'자를 하나 더 쓴 다음에 다시 옮겨 쓰면서 '수갱(須更)'이 해석이 안 되자 '수유'로 바꾼 듯하다.

185 '무수력지가(無手力之家)': 흐르는 강물이 비교적 멀면, 단 우물물[甘井水]만 사용할 수 있다는 것을 말한다. 『천공개물』「단국(丹麴)」편에서는, "반드시 산과 강의 흐르는 물을 사용하고, 큰 강의 것은 사용할 수 없다."라고 하였다.

186 '완포(莞蒲)': 그 잎으로 부들자리를 만들 수 있기 때문에 얻은 이름으로, 실제로는 향포(香蒲; *Typha orientalis*; 부들)이며 간단하게 '포(蒲)'라고 일컫는데, 민간에서는 '포초(蒲草)'라고 이른다. 잎자루를 감싸는 것이 둥근 막대기 모양을 이루고 있다. 흙 속에서는 백색이며, 물속에는 연두색이고, 땅속의 연한 줄기는 백색이기 때문에 '백포(白蒲)'라고 한다.

해진다.

무릇 겨울에 술을 담글 때, 술이 냉기로 인해서 발효가 잘 되지 않으면 항아리에 뜨거운 물을 담고 주둥이를 단단히 막은 후 솥의 끓는 물 속에 넣고 병을 삶아서 아주 뜨겁게 하여 건져 낸다. (이것을) 술항아리 속에 넣으면 아주 빠르게 발효가 된다.[187]

矣.[116]

凡冬月釀酒,
中冷不發者, 以
瓦瓶盛熱湯, 堅
塞口, 又於釜湯
中煮瓶, 令極熱,
引出. 著酒甕中,
須臾即發.

● 그림 4
고두밥[酘米]

● 그림 5
신국(神麴)

● 그림 6
부들[香蒲]과 부들의 내부

---

[187] 『북산주경』 권하(下)에서는 '도미(酘米)'에서는 술을 담근 후에 온도를 높이고 발효시키는 방법으로 "1-2되 들이의 작은 병에 뜨거운 물을 담고 입구를 잘 막아 항아리 바닥에 두어서, 발효의 기미가 있으면 곧 건져 낸다. 이것을 일러 '추혼(追魂)'이라고 한다."라고 하였는데, 그 방법은 『제민요술』과 같다.

교기

44 '병(并)': 원각본에 '병(并)'자가 '병(餅)'으로 잘못 표기되어 있다. 본문 속의 '국병(麴餅)'이란 단어 때문에 잘못 고친 듯하다. '병(并)'자가 연결어[介系詞]로 쓰인 것을 모른 것이다. 현재 명초본, 금택초본과 명청 기타 각본에 따라 '병(并)'으로 한다.

45 스성한의 금석본에서는 '주(酒)' 뒤에 '등(等)'자를 덧붙였다. 스성한에 따르면, 비책휘함 계통의 각 판본과 학진본, 점서본에도 모두 이 '등'자가 누락되어 있는데, '등(等)'과 '제(第)' 두 글자가 자형이 유사해서 누락한 듯하므로, 명초본과 금택초본에 따라 보충한다고 하였다.

46 "女麴第卷九藏瓜中": 스성한의 금석본에서는 '여국(女麴)'을 '안국(安麴)'으로 쓰고 있다. 금택초본과 명초본에서는 "安麴在藏瓜卷中九"라고 쓰고 있는데, 호상본에서는 "安麴在藏瓜卷中"이라고 쓰고 있다. 권9 「채소절임과 생채 저장법[作葅藏生菜法]」에서는 『음차(飮次)』를 인용하여 '여국(女麴)'을 썼는데, '안(安)'은 '여(女)'자의 잘못이며, '卷九藏瓜中'은 또 '藏瓜卷中九'라고 뒤집어서 잘못 쓰고 있다. 비책휘함 계통 각본에는 '구(九)'자가 없다. 이 '구'자는 일견 의미가 없는 것처럼 보이나, 권9 「채소절임과 생채 저장법[作葅藏生菜法]」의 '장과법(藏瓜法)' 단락에 '여국(女麴)'법이 있는데 여국 역시 누룩의 일종으로, 표제의 주에 틀린 글자가 있는 것 외에도 권9에서 해답을 찾도록 이 '구'자가 힌트를 주고 있다.

47 '작삼곡맥국법(作三斛麥麴法)': 명청 각본과 비책휘함 계통의 각본과 학진본, 점서본에 이 표제는 위에 모두 '범(凡)' 한 글자가 더 있고, 아래는 바로 본문과 이어지며 따로 줄을 바꾸지 않았다. 아래의 다른 표제인 '축국문(祝麴文)'의 표기법과 비교했을 때 명초본과 금택초본에서는 한 줄로 별도로 썼음을 알 수 있는데, 본서가 가장 정식적인 방법이다. 권6 「거위와 오리 기르기[養鵝鴨]」의 '작원자법(作杬子法)'과 권9의 여러 작은 표제 역시 이렇게 썼다. '범'자는 본래 실수로 들어간 것이므로 명초본과 금택초본에 따라 삭제한다.

48 '마흘(磨訖)': '흘'자는 명청 각본에 모두 '건(乾)'으로 잘못 표기되어 있

다. 명초본과 금택초본에 따라 바로잡는다.

49 '중인일(中寅日)': 명초본과 명청 각본은 모두 '갑인일(甲寅日)'이다. 금택초본에는 '중인일(中寅日)'로 되어 있다. 간지 주기에는 갑인일이 하나밖에 없는데, 7월 중에 갑인일이 반드시 돌아온다는 법이 없다. '중인'이 만약 중순에 인(寅)의 날을 만나는 것을 말한다면 반드시 만나지는 못할지라도 50/60 즉 83%의 가능성이 있으며, 1/60인 '갑인'보다 기회가 훨씬 많다. 만약 '두 번째 인일(寅日)'을 가리킨다면 반드시 [중(中)자가] 있어야 한다. 아래에 "칠월 상인일에 이것을 만든다.[七月上寅日作之.]"란 말이 있는 것으로 보아 '중인(中寅)'이 마땅하다. 그러므로 금택초본에 따라 '중인'으로 한다.

50 '일미출(日未出)': 금택초본에 '일목출(日木出)'이라고 되었는데 잘못 쓴 것이다.

51 '수장적가사각(水長赤可瀉却)': 스성한의 금석본에서는 '사(瀉)'를 '사(寫)'로 표기하였다. 스성한에 따르면 '수(水)'자는 명청 각본에 '인(人)'으로 잘못 표기되어 있는데, 아마 '수(水)'자가 뭉개진 형상인 듯하다. 명초본과 금택초본에 따라 '수(水)'로 바로잡는다. 윗 구절의 '勿令人潑水'의 '발'은 금택초본에 '발(發)'로 잘못 표기되어 있다. "水長, 亦可瀉却" 구절의 '사(瀉)'로 보건대 '발(潑)'이 맞는 듯하다. '발'은 아래에서 위로 멀리 던지는 것으로, 물 역시 '포물선'을 그리며 공중에서 운동을 하는 것이다. '사(瀉)'는 위에서 아래로 기울여 쏟는 것으로, 물은 직선 또는 사선으로 흘러내린다. '발(潑)'이 되어야 비로소 '사(瀉)'와 서로 대응될 수 있다.

52 '오(汚)': 스성한의 금석본에서는 '오(汗)'로 쓰고 있다. 스성한에 따르면, 명청 각본에 '행(行)'으로 잘못 표기되어 있으며, 자형이 다소 유사하기 때문에 잘못 본 것인 듯하다.

53 '영인실근(令人室近)': '인(人)'자는 명청 각본에 '입(入)'으로 되어 있다.

54 '물사와옥(勿使瓦屋)': 명청 각본에는 '사(使)'자 아래에 '용(用)'자가 더 있다. 이 '용'자는 아마 어떤 독자가 주를 달아 '사(使)'자를 풀이한 것이었는데 훗날 오해로 인해 본문이 된 듯하다. 기와 지붕의 집은 보온효과가 초가집만 못하다.

55 '포흘(布訖)': 이 '포'자는 명초본과 명청 각본에 다 없는데, 금택초본에 따라 보충해서 넣는다.

56 '완(椀)': 명청 각본에 '완(椀)'자가 하나밖에 없다. 명초본과 금택초본에 따라 보충해서 넣는다. '완(椀)'은 현재 통용되는 '완(碗)'자이다.

57 '환령니호(還令泥戶)': '환'자는 명초본과 명청 각본에 모두 '천(遷)'으로 잘못 표기되어 있다. 금택초본에 따라 바로잡는다.

58 '일중폭(日中曝)': 명청 각본에 '중(中)'자가 없으며, 명초본과 금택초본에 따라 보충한다.

59 '국병(麴餅)': 명청 각본에 모두 '병국(餅麴)'으로 되어 있다. 명초본과 금택초본에 따라 바로잡는다.

60 '조일(朝日)': '조'는 명초본과 명청 각본에 '삭(朔)'으로 되어 있으며, 금택초본에 '조(朝)'로 되어 있다. 위에서 언급한 '칠월중인(七月中寅)' 또는 '갑인(甲寅)'에서, '갑인'이 반드시 '삭(초하루)은 아니며, 더욱이 '중인'이 '삭'일 수는 없다. 윗 구절의 '모월일(某月日)'이 이미 날짜를 정확히 밝히고 있으므로 여기에서 다시 '삭'으로 날을 가리킬 필요가 없다. '조'와 '신(辰)'이 이어져 시각을 가리킨다고 보는 것이 더 적합하다. 아래의 '일(日)'자는 불필요한 글자가 들어간 듯하다.

61 '충류(蟲類)': 명청 각본에 '출류(出類)'로 잘못 표기되어 있다. 명초본과 금택초본에 따라 고친다. 다만 '충'자 역시 원문의 본래 모습이 아니며 '서(鼠)'자가 맞는 듯하다. 아래 구절의 '혈충잠영(穴蟲潛影)'의 '충'자와 글자만 중복되는 것이 아니라 의미 역시 헷갈리기 때문이다.

62 '훈초(薰椒)': 명초본에 '초훈(椒薰)'으로 되어 있으며, 명청 각본에 '초훈(椒熏)'으로, 금택초본에 '훈초(薰椒)'로 되어 있다. '훈(熏)'자는 '훈(薰)'자를 잘못 쓴 것으로, 더 이상 설명할 필요가 없다. 다음 구절의 '味超和鼎'과 비교해 보면 '화'는 동사이고 '정'은 명사이므로 동사로 쓰인 '훈(薰: 산초[椒]의 향기로 그을리다.)'을 세 번째 자리에, 명사로 쓰인 '초(椒)'를 네 번째 자리에 두어야 '화정'과 대칭이 된다.

63 '위(違)': 명청 각본에 '위(爲)'로 되어 있는데 명초본과 금택초본에 따라 바로잡는다.

64 '쇄(曬)': 명청 각본에 '광(曠)'으로 되어 있다. 아마 여(麗)자가 뭉개져

서 제대로 보이지 않아 잘못 쓴 듯하다. 점서본은 명초본 및 금택초본
과 같이 '쇄(曬)'로 되어 있다.

⑥⑤ '좌(剉)': 명청 각본에 '쇄(刷)'로 잘못되어 있다.

⑥⑥ '구(臼)': 명초본에 '구(臼)'로, 금택초본에 '일(日)'로 잘못되어 있다. 명
청 각본에 따라 바로잡는다.

⑥⑦ '도(擣)': 명청 각본에 '수(受)'로 잘못되어 있으며, 명초본과 금택초본
에 따라 고친다.

⑥⑧ '하수(河水)': 명청 각본에 '차수(此水)'로 잘못되어 있다.

⑥⑨ '분(饙)': 여기서 모든 '분'자는 명청 각본에 모두 '궤(饋)'로 잘못 표기되
어 있다. 금택초본에는 모두 '분(饙)'으로 되어 있다. 이 한 글자는 명초
본에도 '궤(饋)'로 잘못 표기되어 있는데 금택초본에 따라 바로잡는다.

⑦⓪ '편(便)': 명청 각본에 '사(使)'로 잘못 표기되어 있는데, 명초본과 금택
초본에 따라 바로잡는다.

⑦① '초(炒)': 명청 각본에 '취(炊)'로 잘못되어 있다. 명초본과 금택초본에
따라 교정한다.

⑦② '이익자(以杙刺)': 명초본 등에서는 이 글자와 같은데, 금택초본과 명청
각본에 '익(杖)'으로 잘못되어 있다.['익(杙)'자의 해석은 권5 「뽕나무·
산뽕나무재배[種桑柘]」 '구익(鉤弋)' 각주 참조.] '자(刺)'는 명초본에서
는 '날(刺)'로 잘못 쓰고 있다. 금택초본과 호상본에서는 '과(杈)'로 잘
못 쓰고 있다.

⑦③ '소(掃)': 명청 각본에 '췌(揣)'로 잘못되어 있는데 명초본과 금택초본에
따라 바로잡는다.

⑦④ '각(閣)': 명청 각본에 '합(閤)'으로 잘못 쓰어 있는데 명초본과 금택초본
에 따라 고친다.

⑦⑤ '장(腸)': 명청 각본에 '복(腹)'으로 잘못 쓰어 있는데 명초본과 금택초본
에 따라 바로잡는다.

⑦⑥ '자(者)': 명청 각본에 이 '자'자가 빠져 있다. 명초본과 금택초본에 따라
보충한다.

⑦⑦ '승(勝)': 명청 각본에 '양(暘)'자로 잘못 표기되어 있는데, 명초본과 금
택초본에 따라 고친다.

78 '계(雞)': 명청 각본에 '저(豬)'로 되어 있다. 뒤의 '또 다른 신국을 만드는 법[又神麴法]'조와 대조해 보면 명초본과 금택초본의 '계'자가 옳다는 것을 알 수 있다.

79 '간(看)': 명초본에 '간'으로 되어 있고, 금택초본에 '춘(春)'으로, 명청 각본에 '자(者)'로 되어 있다. '간'자가 정확하다. 묘치위는 이에 덧붙여서 금택초본에서는 '용(舂)'자인 듯한데, 분명하지 않다고 지적하였다.

80 '미(米)': 명청 각본에 누락되어 있는데, 명초본과 금택초본에 따라 보충한다.

81 '제(第)': 명청 각본에 누락되어 있어, 명초본과 금택초본에 따라 적어 두었다.

82 '양석사두(兩石四斗)': 명청 각본에 '양'이 '이(二)'로 되어 있으며 명초본과 금택초본에는 모두 '양'자로 되어 있다.

83 '여(濾)': 명청 각본에 '여'자 아래에 '지(之)'자가 한 글자 더 있다.

84 '호엽(胡葉)': 청대 정병형(丁秉衡)은 이를 '호시(胡葈)'라고 보고 있으나 명초본과 금택초본에 근거하여 '호엽'으로 본다.

85 '十字通阡陌使': 명청 각본에 '통'자는 '사'자의 아래에 있다. 점서본은 이미 황요포초본(黃蕘圃鈔本)에 따라 고치고 교감했으며, 명초본 및 금택초본과 마찬가지로 '통'자는 '천'자 위에 있다.

86 '포(布)': 명청 각본에 '시(市)'로 잘못 표기되어 있다. 명초본과 금택초본에 따라 바로잡는다.

87 "反斧背椎破, 令": 명초본, 금택초본과 명청 각본에 '반(反)'이 모두 '급(及)'으로 되어 있으나, 다만 점서본에 '반'으로 되어 있는데 '반'이 정확하다. '반부배'는 망치질하는 데 쓰이는 도구이며, 권4 「대추 재배[種棗]」 '가조(嫁棗)'조 아래에 이미 등장했다. 능금[林檎]을 두드리는 데도 권4 「사과·능금[柰林檎]」의 '번부(轓斧)'를 쓴다. '배'자는 명초본에 '개(皆)'로 잘못되어 있으며, 금택초본과 명청 각본에 따라 '배(背)'로 해야 한다. 다음 구절의 시작하는 부분의 '영(令)'자는 명청 각본에는 빠져 있다. 점서본과 명초본, 금택초본에는 있다.

88 '인(刃)': 명청 각본에 '도(刀)'로 잘못되어 있다.

89 '연(然)': 명청 각본에는 '열(熱)'로 적혀 있다.

90 '내(乃)': 비책휘함 계통본에 '급(及)'으로 되어 있고, 학진본에는 '반(反)'으로 되어 있다. 명초본과 금택초본에 따라 '내(乃)'로 한다.

91 '지(止)': 금택초본과 명각본 등에서는 이 글자와 같고 남송본 등에서는 '상(上)'으로 적고 있는데 이는 잘못이다.

92 '구월구일(九月九日)': 명청 각본에 '구일' 두 글자가 누락되어 있는데 명초본과 금택초본에 따라 보충한다.

93 '춘십일(春十日)': 명청 각본에 '십'자의 아래에 '일(一)'자가 들어가 있는데, 들어가서는 안 된다. 명초본과 금택초본에 따라 삭제한다.

94 '생감(生減)': '감'자는 금택초본에만 있으며, 명초본과 명청 각본, 남송본과 호상본에는 한 칸이 비어 있고, 원각본에서만 '핍(逼)'자를 보충해 넣었는데 근거를 설명하지는 않았다. 금택초본에 따라 '감'자로 쓴다.

95 '서반(黍飯)': 명청 각본에 '반'자가 빠져 있는데, 명초본과 금택초본에 따라 보충한다.

96 '용미(用米)': 명초본과 호상본에서는 이 문장과 같으나 금택초본에서는 '용수(用水)'로 잘못 쓰고 있다.

97 '균조(均調)': 명청 각본에 조자 뒤에 '화(和)'자가 한 글자 잘못 추가되었다.

98 '요(要)': 명청 각본에 '요'자가 빠져 있는데, 명초본과 금택초본에 따라 보충한다.

99 '선(善)': 명청 각본에 '개(蓋)'자로 잘못되어 있는데, 명초본과 금택초본에 따라 바로잡는다.

100 '미(米)'는 명초본과 호상본에서는 이 글자와 같으나, 금택초본에서는 '미(末)'자로 잘못 쓰고 있다.

101 '필(必)': 명청 각본에 '말(末)'자로 잘못되어 있는데, 명초본과 금택초본에 따라 바로잡는다.

102 '기(忌)': 명청 각본에 '이(已)'자로 잘못되어 있고 점서본에서는 '기(忌)'로 바꾸었다. 지금 명초본과 금택초본에 따라 '기'로 한다.

103 '거(去)': 명청 각본에 '출(出)'로 잘못 표기되어 있다. 명초본과 금택초본에 따라 바로잡는다.

104 '饋上水深一寸': 명청 각본에 '수(水)'자가 중복되어 있는데 명초본과 금

택초본에 따라 하나를 삭제한다.

⑩ '냉(冷)': 명청 각본에 '영(令)'으로 잘못되어 있다. 명초본과 금택초본에 따라 고친다.

⑩ '영파(令破)': 명청 각본에 '영'자는 공백이며 '파'자는 '파(頗)'로 잘못되어 있다. 명초본과 금택초본에 따라 보충하고 바로잡는다.

⑩ '얼(蘗)': 명초본, 금택초본에 '얼'로 되어 있으며, 명청 각본에 '약(藥)'으로 잘못되어 있다. 스성한의 금석본에서는 앞뒤의 각 절과 비교해 볼 때 '얼'자 역시 적합하지 않으며 '세(勢)'자가 적합하다고 보았다.

⑩ '동(冬)': 명청 각본에 '각(各)'으로 잘못되어 있다.

⑩ '팔구(八九)': 명청 각본에 '칠팔(七八)'로 잘못되어 있다. 명초본과 금택초본에 따라 고친다.

⑩ '온난(溫暖)': 스성한의 금석본에서는 '난(暖)'을 '난(煖)'으로 쓰고 있다. 스성한에 의하면, 명초본에 '온난(溫煖)'으로, 금택초본과 대다수 명청 각본에 '주난(酒煖)'으로, 점서본에는 '주온난(酒溫煖)'으로 되어 있다. 아래 구절과 대비로 보아 '온난(溫煖)'이 적합하다고 보았다.

⑪ '청량(清凉)': 명초본과 금택초본에 같이 '청량'으로 되어 있다. 명청 각본에 '주냉(酒冷)'으로, 점서본에 '주청렬(酒清冽)'로 되어 있는데 '열'은 매우 차갑다는 뜻이므로 적합하지 않다.

⑫ '발도(拔刀)': 명청 각본에 '투도(投刀)'로 잘못 표기되어 있다.

⑬ '선음(先飲)': 명청 각본에 '음'자 아래에 '지(之)'자가 있는데 명초본과 금택초본에 따라 삭제한다.

⑭ '와옥역열(瓦屋亦熱)': 명청 각본에 '열'자가 '숙(熟)'자로 잘못 표기되어 있다. 명초본과 금택초본에 따라 바로잡는다.

⑮ '포(蒲)': 명초본과 명청 각본에 '만(滿)'으로 되어 있다. 금택초본과 학진본에 따라 '포'로 한다.

⑯ "有頃出之, 酒則厚矣": 명초본과 명청 각본이 같다. 금택초본에는 '지(之)'자가 없으며 '의(矣)'는 '야(也)'로 되어 있는데, 기타 나머지 각본보다 좋지 않다.

제65장

백료국 白醪麴第六十五

● 白醪麴[⑰]第六十五: 皇甫吏部家法.[188] 황보이부 가문에서 사용하는 방법.

백료국白醪麴[189] 만드는 방법: 3섬의 밀을 사용할 때는 볶은[熬][190] 밀 한 섬, 찐 밀 한 섬, 생밀 한	作白醪麴法. 取小麥三石, 一石熬

---

188 '황보이부가법(皇甫吏部家法)': 삼국 위나라 시대부터 이부를 설치하여 이부상서가 이끌도록 하였으며, 진과 남북조 역시 이 관서를 유지하고 있었다. 북위의 이부는 '이부(吏部)', '고공(考功)', '주작(主爵)' 등 3개의 조(曹)를 총괄하였다. 스성한 금석본에 따르면 여기에서 말하는 '황보이부'란 아마 황보 성을 가진 이부상서를 가리키는 듯하며, '이(吏)' 또는 '승(丞)'일 리가 없다. 이렇듯 작은 관직을 '이부'라는 한마디 말로 부르지는 않을 것이며, 자신의 집에서 대규모로 술을 빚는 물질적 조건이 갖춰져 있을 리 없었을 것으로 추측하였다. 그런데 묘치위는 교석본에서 황보이부(皇甫吏部)는 황보창(皇甫瑒)인 듯하다고 한다. 황보창은 남제(南齊) 사람으로 숙부 황보광(皇甫光)을 따라서 북위(北魏)로 들어가 이부랑(吏部郞)에 임명되었으며 북위 황족(皇族) 고양왕(高陽王) 원옹(元雍)의 사위이다. 태창(太昌) 원년(532)에 죽었다.(『위서』「배숙업전(裴叔業傳)」 참고.)

189 '백료국(白醪麴)': 백료국은 찹쌀 단술을 만드는 누룩이다. 일반적으로 찹쌀로 만드는 술은 숙성이 빨라서 2, 3일이면 곧 먹을 수 있다.(기온이 비교적 낮을 때는 4-5일이 걸린다.) 대부분 봄, 가을과 여름철에 양조하는데, 술이 백색을 띠기 때문에 '백료(白醪)'라고 부르며 술의 맛은 담백하고 단맛을 띠어서 술지게미조차도 먹을 수 있다. 따라서 빠르게 양조하여서 지게미째로 먹는 일종의 '감미주'이다. 묘치위 교석본에 따르면, 본편 백료주의 특징은 산장(酸漿)술을 양조의 중요한 재료로 삼는다는 점이라고 한다.

섬을 사용한다. 세 종류를 혼합하여 곱게 갈아서
가루를 만든다.

호엽胡葉을 삶아 즙을 내고 하룻밤을 식혔다
가 밀가루와 섞고 찧어서 부드럽게 한 후 밟아서
덩어리를 만든다. 원형의 쇠틀로 눌러서 덩어리
마다 직경 5치, 두께 한 치 정도가 되게 한다. 선
반 위에 잠박을 두고 잠박 위에 대자리[薄籧]를 펴
서, 자리 위에 2치 두께의 뽕나무 가지를 태운 재
를 놓아 둔다.

(그 밖에) 호엽을 끓여 탕[胡葉湯]을 만들고, 작
은 대바구니 속에 5-6개의 누룩덩이를 담아 끓는
호엽탕에 넣는다. 일마 후에 꺼내어 재 속에 눕
혀서 (보온한다.) 생호엽을 그 위에 덮어 하룻밤
을 보낸다. (목적은 단지) 이슬에 의해 축축해지
는 것을 막기 위함이므로,[191] 단지[192] 얇게 한 층

之, 一石蒸之, 一
石生. 三等合和,
細磨作屑. 煮胡
葉[118]湯, 經宿使冷,
和麥屑,　擣令熟,
踏作餠. 圓鐵作範,
徑五寸, 厚一寸餘.
牀上置箔,　箔上安
薄籧,[119]　薄籧上置
桑薪灰,　厚二寸.
作胡葉湯令沸, 籠
子中盛麴五六餠
許,　著湯中.　少時
出, 卧置灰中, 用
生胡葉覆上,　以經

---

190 ‘오(熬)’: 『설문해자』에서는 오(熬)를 ‘건전(乾煎)’이라고 풀이하였으며 글자는
‘오(鏖)’를 쓰기도 한다. 즉 보리 쌀알을 솥에 넣고 구워 말리는[烤乾, 焙乾, 煹乾]
것이다. 묘치위 교석본에 의하면, ‘오(熬)’는 여기서는 볶다[炒]의 의미이다. 『제
민요술』에서는 『식경』의 문장을 인용하여 대부분 ‘오(熬)’를 ‘초(炒)’로 하고 있으
며, 이는 곡물을 볶는 것뿐만 아니라 채소를 볶는 것도 가리킨다. 『제민요술』의
본문에서는 이와 비견할 만한 용례가 없는데 이것은 황보가법(皇甫家法)의 원래
의 용어라고 한다. 스성한의 금석본에 의하면, 이 ‘오(熬)’는 기름을 넣고 살짝 볶
는 것으로, 물을 넣고 ‘탕을 끓이는’ ‘오(爊)’가 아니라고 한다.

191 이것은 하루 전에 따서 이미 하룻밤을 지난 이슬이 맺히지 않은 ‘호엽(胡葉)’으로
서, 누룩덩이를 실외에 두어 밤을 보내는 것을 가리키지는 않는다. 실제로 이것
은 주석의 문장인데, 왜냐하면 한 줄의 작은 글자로 쓰였으나 잘못하여 본문이

덮어 줄 뿐이다. 7일이 되면 다시 한 번 뒤집어 주고, 두 번째 7일이 되면 모아서 쌓아 두고, 세 번째 7일이 되면 거두어 밖으로 내어 햇볕에 말린다.

누룩을 만드는 방은 진흙으로 문을 단단히 봉하여 바람이 들어가지 않도록 한다. 만약 선반의 공간이 적으면 많은 누룩을 넣을 수 없기에 선반의 네 모퉁이에 기둥을 세워서 여러 층의 선반을 올려 가로로 서까래를 걸치고, 그 위에 잠박을 펴서 누에 치는 것과 같이 한다. 7월에 술을 담근다.

백료白醪를 담그는 방법: 찹쌀[糯米] 한 섬을 취하여, 냉수에 깨끗하게 인다. 걸러 내어 항아리 속에 넣고 물고기 눈알처럼 기포가 이는 뜨거운 물을 만들어 붓는다. 하룻밤 재우면 쌀이 쉬려고 하는데[193] 뜸 들여 밥을 짓고[194] 펴서 식힌다. 물

宿. 勿令露濕, 特覆麯薄遍而已. 七日翻, 二七日聚, 三七日收, 曝令乾.

作麯屋, 密泥[120]戶, 勿令風入. 若以牀小, 不得多著麯者, 可四角頭竪槌, 重置椽箔[121]如養蠶法. 七月作之.

釀白醪法. 取糯米一石, 冷水[122]淨淘. 漉出著甕中, 作魚眼沸湯浸之. 經一宿, 米欲絶酢,

된 것이기 때문이다. 그러므로 '이경숙(以經宿)'은 위의 문장에 이어서 "생호엽을 그 위에 덮어서 밤을 지낸다."라고 읽을 수는 없다.

192 '특(特)': 오늘날 '단지[只]'의 뜻이다.

193 '미욕절초(米欲絶酢)': '황보가법'에서 고두밥을 담그는 것은 쌀 알갱이를 쉽게 숙성시킬 뿐만 아니라 미질(米質)을 산화시키고 산장수를 얻어서 양조의 중요한 배료로 삼는 데 그 목적이 있다. 그리고 산장(酸漿)으로 술을 빚는 것은 세 가지의 예가 있는데, 모두 외부에서 유입된 것이며 『제민요술』 본문에는 없다. 본편에서 예로 든 백료주는 마땅히 남제 사람인 황보창의 집에서 유래된 것이고, 나머지 2가지는 『식경(食經)』에서 유래되었는데, 『식경』은 남조사람의 작품일 가능성이 크다. 북송시대 항주 지역의 『북산주경(北山酒經)』에도 끓인 산장을 술

고기 눈알 같이 기포가 이는 뜨거운 물을 쌀뜨물 2말에 부은 후에[195] 6되로 졸여 항아리 속에 담고 대솥로 치면서[196] 마치 차茶 속에 거품을 일으키는 것처럼 한다.[197] 다시 물 6되를 취해서 촘촘한

炊作一餾飯, 攤令
絶冷. 取魚眼湯沃
浸米泔二斗, 煎取
六升, 著⑫甕中,

에 넣었다. 묘치위 교석본에 의하면, 오늘날 소흥주[紹興酒: 같은 계통의 방소주(仿紹酒)도 포괄]의 '탄반주(攤飯酒)'도 쌀을 산장에 담가 항아리에 넣을 때 섞는다. 무석(無錫)의 '노오황주(老廒黃酒)'도 산장을 먼저 충분히 끓인 후에 다시 술에 넣었으며, 황보가의 방법도 이와 유사하다.

194 '일류반(一餾飯)': 푹 익히지 않은 찐 밥이다. 이 쌀은 이미 사전에 '생선눈알처럼 거품이 이는 것'을 하룻밤 담가서 이미 부풀렸기 때문에, 단지 한 번 찌면 '고루 익게' 되어 더 이상 뜸 들일 필요가 없다.

195 이것은 생선 눈알 같은 기포가 니도록 하룻밤 담근 원래의 뜨물 2말을 취하는 것을 의미한다. 즉 원래 쌀을 담근 산장수(酸漿水) 2말을 가리키며, 이것은 바로 다음 문장에서 명백히 지적하는 배료의 비율인 '6되의 쌀을 담글 장[六升浸米漿: 2말을 농축하여 '6되로 조린 것']이다. 이것이 바로 이 술이 산장의 배합원료가 되는 중요한 관건인 것이다. 이는 곧 한 구절로 "밥을 지어 뜸을 들여 펴서 식히고 물고기 눈알처럼 끓어오르는 뜨거운 탕을 만든다."라고 나누어 읽을 수는 없고, "물고기 눈처럼 보글보글하는 탕을 취해서 끓는 쌀뜨물 2되에 넣는다."라고 읽을 수 있다. 묘치위의 교석본에는 이것이 이 술이 '미욕절초(米欲絶酢)'에서 원래 쌀을 담근 산장을 중요한 재료로 삼은 양조의 특징을 소홀히 한 것이라고 한다.

196 '以竹掃衝之': 스성한의 금석본에 따르면, '충(衝)'자는 '용(舂)'자와 동음이라 잘못 쓴 듯하다. 대나무 줄기 여러 개를 하나로 묶은 '비[帚]'['명추(糗帚)'는 주석 참조]는 쌀을 터는 것과 마찬가지로 위에서 아래로 두드린다.['용(舂)'자는 본권 「신국과 술 만들기[造神麴并酒]」 주석 참조.]

197 '명발(茗渤)': '발'자는 이전에는 '발(浡)'자와 통용되었다. '발(浡)'은 수면의 '거품[泡沫]'이다. 스성한의 금석본에 의하면, 글자 자체로만 보면 새로 끓인 차 위의 거품으로 해석될 수 있을 듯하다. 예를 들어, 소식의 사(詞) 중 "눈 거품과 우유 꽃이 오후의 찻잔에 떠 있다.[雪沫乳花浮午盞.]"에서 묘사한 것을 '명발(茗渤)'이라 부를 수 있다. 그러나 이러한 차 마시는 방법은 당송 시대의 습관이다. 남북조 시대에 이미 차를 마셨다고는 하는데, 당시의 차를 어떻게 '달이고[烹]', '끓이는

비단 체에 체를 친 누룩가루 한 말을 더하고 동시에 (뜨물에 찐)밥과 섞어 항아리 속에 담아[198] 휘저어 밥알이 흐트러지게 한다. 융단과 같은 따뜻한 것으로 항아리를 덮고 항아리 주둥이도 덮어 준다.

하룻밤이 지나 밥이 삭으면 깨끗하고 거친 베[生疏布][199]로 술지게미를 걸러 낸다. 별도로 찹쌀 한 말로 밥을 지어 열이 있을 때 술 속에 넣어서 '뜨게[汎]'[200] 한다.

以竹掃衝之, 如茗渤. 復取水六斗, 細羅麴末一斗, 合飯一時內甕中, 和攪令飯散. 以氈物裹甕, 幷口覆之. 經宿米消, 取生疏布漉出糟. 別炊好糯米一斗作飯, 熱

[點]'지에 관해서는 짐작할 길이 없으나 그렇다고 당송 시대의 방법을 썼다고 할 수는 없다. 그러므로 당시에 '명발'이라는 명사가 있었는지는 따져 볼 필요가 있다. 더 중요한 것은 당시 차는 강남지역에서만 생산되었고 남조의 사람들만이 차를 마시는 습관이 있었다는 것이다. 북조 사람들은 남조 사람들의 차 마시는 행위를 비웃으며 '수액(水厄)'이라 불렀고, 일반 사대부들은 차를 마시지 않았다. 백료주를 만드는 '황보이부'는 조정의 명사로, 설사 차 마시는 기호가 있었다고 해도 자신이 쓴 글에서 이를 공개하여 사람들의 비웃음거리가 되려고 하지는 않았을 것이다. 그러므로 이 두 글자는 음이 같은 '면발(糆勃)'을 송대에 베껴 새길 때 잘못한 것인 듯하다.

198 '합반(合飯)'은 6말의 물과 한 말의 누룩가루를 가리키며, 술고두밥과 함께 항아리에 넣는데 누룩가루와 밥을 섞는 것은 아니다.

199 '생소포(生疏布)': '생'은 신선하고 사용되지 않은 것이며 '소'는 굵고 듬성한 것이다.

200 '범(汎)'은 술밑(고두밥)이 뜨는 것으로, 어떤 작용이 있음을 말하며, 이것은 마땅히 '신(汛)'의 형태상의 잘못이다. 묘치위에 의하면, '신(汛)'은 '신후(汛候)'로서 '신호[信]'와 의미가 동일하다. 『북산주경』 권하(下) '술밑[酘米]'은 처음에 고두밥을 넣을 때 발효작용의 기미를 살피는 물을 '신수(信水)'라고 하는데,『천공개물』에서는 접종제(接種劑)를 일컬어 '신(信)'이라고 한다. 모두 일종의 징후를 표시하는 재료로서 징조를 진단하는 데 쓰인다. 여기서는 한 말의 고두밥을 탁주의

홑베로 항아리를 덮고 하룻밤 묵혀 뜬 쌀이 삭게 되면 술맛이 난다.

만약 날씨가 차가우면 3-5일 기다리면 더욱 좋다.

매번 술을 담글 때, 10말의 고두밥에 한 말의 누룩가루, 6말의 물, 6되의 (농축하여 만든) 뜨물을 사용한다.[201] 만약 술을 많이 담그려 한다면 이러한 비례에 비추어서 별도의 항아리 속에 담그며, 모두 합하여 큰 항아리에 담가서는 안 된다.

4, 5, 6, 7월에는 모두 담글 수 있다. 사용할 누룩은 미리[202] 3일 전에 깨끗이 씻어 말려서 다시 사용한다.

著酒中爲汎. 以單布覆甕, 經一宿, 汎米消[124]散, 酒味備矣. 若天冷, 停三五日彌善.

一釀一斛米, 一斗麴末, 六斗水, 六升浸米漿. 若欲多釀, 依法別甕中作, 不得併[125]在一甕中. 四月五月六月七月皆得作之. 其麴預三日以水洗令淨, 曝乾用之.

액 속에 넣어서 술맛의 기미가 좋은지 나쁜지를 정하는 일종의 신후제(汎候劑) 역할을 하기에 글자는 마땅히 '신(汎)'자로 써야 한다고 하였다. 다음 문장에 '범(汎)'자가 다시 나오는데 각본에서는 모두 이와 동일하다.

201 '육승침미장(六升浸米漿)'은 앞문장의 2말의 신 뜨물[酸漿]을 농축하여 '6되'로 만드는 것을 가리킨다. 명초본 등에서는 이 문장과 같은데 금택초본에서는 '육두(六斗)'라고 잘못 쓰고 있으며, '육두수(六斗水)'는 금택초본에서 또 '육승(六升)'이라고 잘못 쓰고 있는데 명초본에서는 잘못되지 않았다.

202 '예(預)'는 본래는 '미리 앞서', '사전에' 등의 뜻이 있으며, 예컨대 미리 그것을 하기 위해서 계획한다는 것으로, 본권 「법주(法酒)」편에는 "예좌국(預剉麴)"이 있는데 용례는 서로 동일하다. 다른 곳에서는 대부분 '예전(預前)'을 쓰고 있다.

⑪⑰ '백료국(白醪麴)': 스성한의 금석본에서는 '백료주(白醪酒)'로 적고 있다. 스성한은 명초본에 '백료국(白醪麴)'으로 되어 있는데 권 첫머리의 목록으로 표제를 삼았다고 한다.

⑪⑱ '호엽(胡葉)': 스성한의 금석본은 '엽(葉)'을 시(葈)로 쓰고 있다. 스성한에 따르면, 명초본과 금택초본, 명청 각종 각본에서는 모두 '호엽(胡葉)'으로 쓰고 있으며, 학진본과 점서본에 '호시(胡葈)'로 되어 있다. 호시는 식물의 이름으로, 호시가 호엽보다 적합하다. 다만 '호시엽(胡葈葉)'의 세 글자일 가능성이 더 크다고 한다.

⑪⑲ '거제(蘧蒢)': 금택초본에 '제'자가 자형이 유사한 '음(蔭)'으로 되어 있다. 『시경』「패풍(邶風)·신대(新臺)」와 『이아(爾雅)』「석훈(釋訓)」, 『방언』(및 곽주)에 모두 죽머리[竹]의 '거제'로 되어 있다. 거제는 본래 거친 대나무 자리[남방에서 말하는 '멸접(篾摺)'ㅡ과거에는 '절(籧)'로 썼다.ㅡ'멸점(篾簟)'이다.]이기에 죽머리를 따르는 것이 적합하다.

⑫⑳ "麴屋, 密泥": 학진본을 포함하여 명청 각본에 "麴密屋泥"로 잘못되어 있어서 해석이 되지 않는다. 명초본과 금택초본에 따라 바로잡는다.

⑫㉑ "豎槌, 重置椽箔": '수'자는 학진본을 포함하여 명청 각 각본에 모두 '견(堅)'자로 잘못되어 있다. '추'자는 명초본과 금택초본에 '추(搥)'로 잘못 표기되어 있다. '연'은 명청 각본에 '연(掾)'으로 잘못되어 있다. 권5「뽕나무·산뽕나무 재배[種桑柘]」의 '양잠법(養蠶法)'의 표기법을 참조하여 '수(豎)', '추(槌)', '연(椽)'으로 결정한다.

⑫㉒ '냉수(冷水)': 명청 각본에 '영수(令水)'로 잘못되어 있는데, 명초본과 금택초본에 따라 바로잡는다.

⑫㉓ '저(箸)': 명청 각본에 '자(者)'로 잘못되어 있는데, 명초본과 금택초본에 따라 고친다.

⑫㉔ '미소(米消)': 명청 각본에 '미소(未消)'로 잘못되어 있는데, 명초본과 금택초본에 따라 바로잡는다.

⑫㉕ '병(併)': 명청 각본에 '작(作)'으로 잘못되어 있는데, 명초본과 금택초본에 따라 수정하였다.

진주秦州²⁰⁴의 춘주국春酒麴 만드는 방법: 7월에 만드는데, 절기가 **빠른** 것은 15일[望]²⁰⁵ 이전에 만들고, 절기가 늦으면 15일 이후에 만든다. 벌레가 먹지 않은 밀을 큰 가마솥에 넣어 볶는다.

作秦州春酒麴法. 七月作之, 節氣早者, 望前作, 節氣晚者, 望後作. 用小麥不蟲

---

203 분국(笨麴): 거친 누룩을 말하는 것 같다. 권9 「자교(煮膠)」에는 '분교(笨膠)'가 있는데, 뜻은 '거친 아교'이다. 묘치위 교석본에 의하면, 분국의 양조효율은 신국(神麴)에 훨씬 미치지 못한다. 또한 누룩의 형태가 특히 크고 재료배합이 단순하므로, '조분(粗笨)'의 의미 또한 있다. 본편에서는 '분국(笨麴)'으로 편명을 삼았으나, 오직 분국의 명칭만 있을 뿐 분국을 만드는 법은 없다. 실제 이는 일종의 누룩의 정식 이름이며, 편중에 진주(秦州)지역의 춘주국(春酒麴)과 이국(頤麴)은 모두 분국류이다. 이국은 모두 '칠월 칠일에 만든 초맥국[七月七日焦麥麴]'을 일컫는다고 하였다.

204 '진주(秦州)': 삼국시대의 위나라 때 설치하였으며, 지금의 감숙성 천수(天水), 농서(隴西) 등지에 해당한다. 북위 때에는 주의 치소가 상봉(上封)에 있었는데, 오늘날의 복건성 수남(水南)이다. 이것은 서북지역의 양조법이 동남으로 흘러든 하나의 증거가 된다.

205 '망(望)': 망은 매달 15번째 날이다.

볶는 방법으로는 큰 말뚝을 박아서 끈으로 손잡이가 긴 주걱에 느슨하게 매어[緩縛] 말뚝 위에 묶고 매단다.[206] 은근한 불로 볶는다. 주걱은 노를 젓는 것같이[207] 연속하여 신속하게 뒤적거리며, 조금이라도 멈춰서는 안 된다. 일단 손이 멈추면 익는 정도가 고르지 않게 된다. 밀을 볶아 향기가 나고 노르스름하게 변하게 되면 솥에서 꺼낸다. 너무 볶아서도 안 된다. 솥에서 꺼낸 후 키질을 하여 가려 내고 깨끗하게 손질한다. 너무 곱게 갈아서는 안 된다. 입자가 너무 고우면 술을 여과하기가 쉽지 않으며,[208] 너무 거칠면 단단해져 술을 짜기가 곤란해진다.

者, 於大鑊釜中炒之. 炒法, 釘大橛, 以繩緩縛長柄匕匙█著橛上. 緩火微炒. 其匕匙如挽棹法,█ 連疾攪之, 不得暫停. 停則生熟不均. 候麥香黃便出. 不用過焦. 然後簸擇, 治令淨. 磨不求細. 細者酒不斷麤, 剛強難押.

---

206 '정대궐(釘大橛)': 땅 위에 나무말뚝을 박는 것이다. '완박(緩縛)': 끈으로 둥글고 느슨하게 묶어 나무말뚝에 끼워서 회전이 원활하도록 한 것이다. '장병비시(長柄匕匙)': 손잡이가 긴 밥주걱이다.

207 '여만도법(如挽棹法)': 볶을 때 밥주걱을 움직이는 것이 마치 노를 젓는 것과 같은 양상을 나타내는 말이다.

208 '細者酒不斷麤': 분리하는 것을 '단(斷)'이라고 한다. 술이 '단(斷)'하지 않는 것은 청주와 술지게미가 잘 분리되지 않는 것이다. 각 본에서는 이 문장과 동일하게 쓰고 있다. 묘치위에 의하면, 누룩원료를 부순 가루가 너무 고우면 주화(酒化)가 지나치게 빨라서, 시간이 갈수록 철저하게 삭히지 못하여 밑술이 여전히 남아 있고 짜기에 좋지 않다고 한다. '추(麤)'는 거칠고 혼탁한 것을 뜻하는데, 아래 구절에 속하게 되면 '부단(不斷)'은 말이 되지 않으니 원래 '조(糟)'자인 듯하고, 훼손되어 '조(粗)'로 잘못 쓰인 것 같으며, 후에 또 고쳐서 '추(麤)'로 하였다. '단추(斷麤)'는 술 찌끼와 술액을 분리하는 것을 가리키고, '강강(剛強)'은 술지게미가 남아서 삭히지 못한 것을 뜻한다.

며칠 전에 미리 황해쑥[艾]을 베어 와서 쑥 가운데의 잡초는 모두 가려 내고, 햇볕에 쬐어서 말려 수분을 제거한다. 누룩을 반죽할 때는 단단해지므로, 물을 뿌려 고르게 해 줘야 한다. 갓 섞기 시작할 때는 손으로 주물러[搦]²⁰⁹ 들러붙지 않게 하는 것이 좋다. 섞는 것이 끝나면 쌓아 두고 하룻밤을 재웠다가 이튿날 아침에 다시 부드럽게 찧는다.

나무틀을 둘러서 덩어리마다 사방 1자, 두께 2치로 만드는데, 힘 있는 젊은이를 시켜 위에서 밟게 한다. 누룩덩이를 만든 후에는 (중앙에) 구멍을 뚫어 준다. 막대를 수직으로 세우고 횡으로 그 위에 서까래를 설치하여 황해쑥[艾]을 펴고,²¹⁰ 누룩덩이를 황해쑥 위에 놓고 다시 황해쑥으로 덮어 준다. 대개 밑에 까는 황해쑥을 약간 두껍게 하고, 위에 덮는 것은 다소 얇게 해 준다.

창과 문을 꽉 닫는다. 21일이 지나면 누룩이

預前數日刈艾, 擇去雜草, 曝之令萎, 勿使有水露氣. 溲麴欲剛,▨ 灑水欲均. 初溲時, 手搦不相著者佳. 溲訖, 聚置經宿, 來晨熟擣.

作木範之, 令餅方一尺, 厚二寸, 使壯士熟踏之. 餅成, 刺作孔. 竪槌, 布艾椽上, 臥麴餅艾上, 以艾覆之. 大率下艾欲厚, 上艾稍薄. 密閉窗戶. 三七日麴成. 打

---

209 '익(搦)': 『설문해자』에는 '안(按)'으로 풀이되어 있다. 즉 손으로 꼭 누르고 주무르는 것이다.

210 '포애연상(布艾椽上)': '황해쑥[艾]'은 서까래 위에 펼 방법이 없고, 단지 잠박 위에 펼 수는 있다. 본권 「백료국(白醪麴)」에서는 "기둥을 세워서 여러 층의 선반을 올려 가로로 서까래를 걸치고, 그 위에 잠박을 편다.[竪槌重置椽箔.]"라고 하였으므로, 응당 "황해쑥을 서까래와 잠박 위에 편다.[布艾椽箔上.]"라고 써야 하지만, 여기서는 '박(箔)'자가 빠져 있다. 각본에서는 이와 동일하다.

완성된다. 쪼개서 누룩덩이 속이 건조하고 또한 오색의 곰팡이[五色衣]²¹¹가 피어 있으면, (누룩방에서 밖으로 꺼내) 햇볕에 말린다.

　만약 누룩 속이 잘 마르지 않고, 오색의 곰팡이가 아직 피지 않았으면 다시 3-5일을 내버려 둔 연후에 꺼낸다. 뒤집어서 햇볕에 말려 아주 건조하게 한 연후에 높은 선반 위에 쌓아 둔다. 한 말의 누룩으로 고두밥 7말을 삭힐 수 있다.

　봄술[春酒] 만드는 방법: 누룩을 깨끗하게 손질하고, 잘게 부수어서 햇볕에 말린다. 정월 그믐이 되면 흐르는 물을 많이 떠와 저장한다. 우물물이 짜면 쌀을 씻을 수 없으며, 또한 고두밥을 지어서 넣을 수도 없다.

　일반적인 비율에 의거하면, 누룩 한 말은 고두밥 7말을 삭힐 수 있으며 물 4말이 소요되는데, 이 같은 비례에 의거하여 (비축해 둔 물을) 가감한다. 17섬들이 항아리에는 단지 10섬의 쌀[米]을 이용하여 술을 담글 수 있다. 고두밥이 너무 많으면 넘치게 된다. 만든 항아리의 크기에 맞게 하되,²¹² 비율에 따라서 (쓸 고두밥의 양을) 가감한

破, 看餅內乾燥, 五色衣成, 便出曝之. 如餅中未燥, 五色衣未成, 更停三五日, 然後出. 反覆日曬, 令極乾, 然後高廚上積之. 此麴一斗, 殺米七斗.

作春酒法. 治麴欲淨, 剉麴欲細, 曝麴欲乾.¹³¹ 以正月晦日, 多收河水. 井水若鹹,¹³² 不堪淘米, 下饙亦不得.

大率一斗麴, 殺米七斗, 用水四斗, 率以此加減之. 十七石甕, 惟得釀十石米. 多則溢出. 作甕隨大小, 依法加

---

211 ‘오색의(五色衣)’: 누룩 속의 곰팡이 균사체와 포자낭의 혼합물이 나타내는 색깔이다.

다. 누룩을 담가서 7-8일이 지나 발효가 시작되면 고두밥을 넣어 술을 만들 수 있다. 가령 하나의 항아리에 10섬의 고두밥을 넣을 수 있는 것이라면, 처음 2섬의 기장쌀로 두 번 뜸들여 밥[黍]을 지어, 밥이 익으면 깨끗한 자리 위에 얇게 펴서 식힌다. 큰 덩어리가 생기면 손으로 흩뜨린 후에 넣어 준다. 밥이 수액에 잠기게 되면 더 이상 젓지 말아야 한다.[213]

이튿날 새벽에 술 주걱으로 다시 저어 주면[214] 자연스럽게 흐트러진다. 만약 갓 고두밥을 넣은 후에 바로 손으로 밥덩이를 쥐어 흩트

減. 浸麴七八日, 始發, 便下釀. 假令甕受十石米者, 初下以炊米兩石爲再餾黍, 黍熟, 以淨席 薄攤令冷. 塊大者擘破, 然後下之. 沒水而已, 勿更撓勞. 待至明旦, 以酒杷攪之, 自然解

---

212 '작옹수대소(作甕隨大小)': 이 두 구절은 순서가 바뀐 것으로 보이는데, 아마 "항아리의 크기에 따라 더하거나 뺀다.[隨甕大小, 依法作加減.]"일 것이다.

213 '요로(撓勞)': '요(撓)'는 어지러이 움직이는 것이다.(권4「나무 옮겨심기[栽樹]」참조.) 스성한의 금석본에서는 '노(勞)'는 '평평하게 갈다'로 해석하였으나, 묘치위 교석본에서 주준성(朱駿聲)의 『설문통훈정성(說文通訓定聲)』에 근거하여 '노'를 '움직인다[動]'는 뜻으로 보았다.

214 '파교지(杷攪之)': 술 주걱으로 젓는다는 의미이다. 저으면 밥 덩어리를 흩뜨릴 뿐만 아니라 발효된 막걸리의 온도를 낮추고, 또한 상하온도를 균일하게 해 준다. 다른 방면에서는 밥의 아래에 쌓여 있는 대량의 이산화탄소를 배출시키고, 동시에 새로운 공기를 주입함으로써 유익한 곰팡이의 번식을 촉진하고, 기타 잡균의 번식을 억제한다. 묘치위 교석본을 보면, 주걱으로 젓는 것은 황주 양조의 발효단계에서 아주 중요한 관건이 되는 기술이라고 한다. 여러 번 저어 주어야만 곧바로 술 찌꺼기가 아래로 가라앉아서 후발효단계에 진입하게 된다. 『제민요술』에서는 여러 차례 나누어 고두밥을 넣어 준다고 했는데, 매번 "모두 처음 넣는 법과 같이 한다."라는 것은 매번 밥을 넣을 때 모두 주걱으로써 한 차례 저어 준다는 것을 말한다. 이때 시간은 제시하고 있지 않은데, 이것은 적당한 시기에 계속 젓는 것을 뜻한다고 한다.

리게 되면 술이 진하고 혼탁해지기 쉽다.²¹⁵ 밥을 넣는 것이 끝나면 자리로 항아리 위를 덮어 준다.

이후에는 하루 간격으로 번번이 다시 고두밥을 넣는데, 모두 첫 번째 하는 방식과 같다. 두 번째 고두밥을 넣을 때는 17말의 고두밥을 사용하고, 세 번째는 14말의 고두밥을 사용하며, 네 번째는 11말의 고두밥을 사용하고, 다섯 번째는 10말의 고두밥을 사용한다. 그리고 여섯 번째와 일곱 번째는 모두 9말의 고두밥을 넣는다. 모두 9섬의 고두밥을 채워 넣고, 3-5일 멈췄다가 살펴보아²¹⁶ 향기가 물씬 나면 (넣는 것을) 그만둔다. 만약 고두밥이 여전히 너무 적으면, 다시 3-4말을 넣어 준다. 며칠이 지나서 다시 살펴 여전히 충분하지 않다면, 다시 2-3

散也. 初下即搦者, 酒喜厚濁. 下黍訖, 以席蓋之.

以後, 間一日輒更酘, 皆如初下法. 第二酘用米一石七斗, 第三酘用米一石四斗, 第四酘用米一石一斗, 第五酘用米一石. 第六酘第七酘各用米九斗.¹³³ 計滿九石, 作三¹³⁴五日停, 嘗看之,¹³⁵ 氣味足者乃罷. 若猶少味¹³⁶者,

---

215 '익(搦)': 손으로 주물러서 밥 덩어리를 흩뜨리는 것이다. 고두밥을 갓 항아리에 넣고 바로 손으로 주무르게 되면, 찐득찐득해져 이후에는 술이 쉽게 혼탁해지기 쉽다. '희(喜)': 용이하다는 의미이다.

216 '상간지(嘗看之)': 술맛을 보고서 누룩의 세력을 살피는 것이다. 똑같은 맥국이라도 미생물의 성능이 자꾸 변하기 때문에 술 빚는 효과가 같지 않다. 따라서 사용하는 쌀의 양이 항상 일정한 것은 아니니 감으로만 파악을 해야 한다. 묘치위 교석본에 의하면, 현재의 명주(名酒)의 양조는 예컨대 소흥주(紹興酒)의 경우 세 번째, 네 번째 술 주걱으로 저을 때 온도의 변화가 이미 완화되기 때문에 단순히 온도를 측정하여 주걱으로 젓는 시기를 결정하는 것은 술의 풍미를 보증할 수가 없으며, 반드시 경험 있는 기술자가 술 맛을 보고서 적당한 시기에 주걱으로 젓는 것을 주된 시점으로 삼는다고 한다.

말을 넣어 준다. 며칠이 지나 다시 살펴서, 누룩의 세력이 여전히 왕성하고 술 또한 쓴맛을 띠면 고두밥을 넣어 주는데 10섬을 넘길 수 있다. 다만 맛이 들면 그만두는데, 반드시 10섬에 맞출 필요는 없다. 그렇지 않으면 항상 수시로 살펴서 고두밥의 양이 넘치지 않게 해야 하며, 양이 넘치면 술이 달아 좋지 않다. 일곱 번째 고두밥을 넣기 전, 매번 고두밥을 넣어야 할 때, 술의 '농도가 짙지 않은 것[霍霍]'²¹⁷은 누룩의 세력이 왕성함을 보여 주는 것이기에 약간 고두밥을 더해 주는데, 앞에 넣었던 것과 서로 같게[次前]²¹⁸ 넣어 준다. 비록 세력이 왕성할지라도 이미 넣은 것은 한 말을 초과하여 넣어서는 안 된다.

更酘三四斗. 數日復嘗, 仍未足者, 更酘三二斗. 數日復嘗, 麴盛壯, 酒乃苦者, 亦可過十石米. 但取味足而已, 不必要止十石. 𝟭𝟯𝟳 然必須看候, 勿使米過, 過則酒甜. 其七酘以前, 每欲酘時, 酒薄霍霍者, 𝟭𝟯𝟴 是麴勢盛也, 酘時宜加米, 與次前酘等. 雖勢極盛, 亦

---

217 '곽곽(霍霍)': 이처럼 단어가 이중으로 등장하는 것에 대해 이전부터 논쟁이 있었다. 혹자는 '신속(迅速)'을 묘사하는 것이라고 주장했고, 혹자는 칼날의 섬광을 묘사하는 것이라고 했다. 남북조시기의 민요인 「목란시(木蘭詩)」에는 "칼을 갈아 번뜩 돼지와 양을 향한다.[磨刀霍霍向豬羊]"라는 구절이 있다. 이 두 해석은 모두 의미가 통한다. 여기에서는 '번쩍번쩍한 것[閃閃]', '물체가 반짝반짝거림[亮晶晶]'을 말하는 것 같으며, '술이 옅음[酒薄]'을 형용하는 것이다. 묘치위 교석본을 보면, 술이 옅다는 것은 당화와 발효작용이 왕성함을 가리키는데, 이는 곧 빠른 액화가 신속하여 술을 생산하는 양이 비교적 많아지고, 실제로 발효도 좋아져서 막걸리가 발효되는 것이 묽어지게 된 것이지 술의 맛이 담백한 것을 이르는 것은 아니다. 아래 문장의 '세약주후(勢弱酒厚)'는 '곽곽'의 반대 상황으로, 이는 곧 막걸리가 짙고 그 액이 적어져서 고두밥을 줄여야 하는데, 그렇지 않으면 발효세력이 약해지고, 술이 달고 지게미가 많아서 삭지 않게 된다는 것이다.

218 '차전(次前)': 해당 차례의 앞에 바로 붙어 있는 것을 의미한다.

누룩의 세력이 약하여 술이 진해진 것은 모름지기 고두밥을 3말씩 줄여야 한다.

누룩의 세력이 왕성할 때 넣는 고두밥을 증가시키지 않으면 '넣어야 할 시기'를 놓치게 된다. 세력이 약할 때 줄이지 않으면 딱딱한 밥이 완전히 다 삭지 않은 채로 남게 된다. 고두밥을 가감하는 시점은 반드시 유념해야 한다.

만약 술밑[고두밥]을 많이 만들어서 전체가 다섯 항아리 이상이 되면, 매번 (넣어야 할) 밥을 지어서 즉시 지은 기장밥을 고루 나누어서 여러 항아리에 나누어 넣는다. 만약 단지 한 개의 항아리에만 밥을 가득 채우면 나머지 항아리는 기장밥을 짓는 것을 모두 기다리게 되니, 이미 넣는 시기를 잃게 된다[失酘].²¹⁹

고두밥을 넣는 것은 대개 한식寒食절 이전에 두 번째 고두밥을 넣는 것이 좋다.²²⁰ 한식이 지

不得過次前一酘斛斗也. 勢弱酒厚者, 須減米三斗. 勢盛不加, 便爲失候. 勢弱不減, 剛强不消.⁴³⁹ 加減之間, 必須存意.

若多作五甕以上者, 每炊熟, 即須均分熟黍, 令諸甕遍得. 若偏⁴⁴⁰酘一甕令足, 則餘甕比候黍熟, 已失酘矣.

酘, 常令⁴⁴¹寒食前得再酘乃

---

219 '실두(失酘)': 늦추어서 발효가 왕성한 시기를 놓치게 되면, 다시 고두밥을 넣더라도 완전하게 삭지 않고, 대부분은 쉬게 된다. 『북산주경(北山酒經)』 권하(下) '투유(投醹)'조에는 "발효가 지나쳐서 누룩의 힘이 없으면 유독 술맛이 옅고 향기롭지 못할 뿐 아니라, 누룩가루가 적어서(주된 발효가 지나서 누룩의 세력이 이미 약해진 것을 가리킨다.) 달콤한 죽['미(糜)'자를 가차한 것은 다시 고두밥을 넣는 것을 의미한다.]을 씹는 것만 못하여, 처음과 끝(최초로 처음으로 넣은 것을 발[脚]이라 하고, 재차 넣은 것을 머리[頭]라고 한다.)이 서로 부응하지 못해 대부분 신맛이 나게 된다."라고 하였다.

나면 점차 조금씩 늦어지므로 좋지 않다. 만약 일찍 술을 담글 수 없는 상황을 만나게 되면[邂逅],[221] 봄철에 흐르는 물이 비록 냄새가 날지라도 사용할 수 있다.[222]

쌀을 씻을 때는 반드시 깨끗하게 씻어야 한다. 항상 먼저 손을 깨끗하게 씻고 손톱을 잘라내며 손에 소금기가 없도록 해야 한다. (손에 소금기가 있으면) 술은 곧 변질되어 쉽게 되니[223] 여름을 날 수 없게 된다.

이국頤麴을 만드는 방법: 밀과 황해쑥[艾]을 나누고 배치하는 것은 모두 춘주국春酒麴을 담그는 것과 같지만 9월에 담근다.

일반적으로 누룩을 만들 때는 7월이 가장

佳. 過此便稍晚. 若邂逅不得早釀者, 春水雖臭, 仍自中用.

淘米必須極淨. 常洗手剔甲, 勿令手有鹹氣. 則令酒動, 不得過夏.

作頤[142]麴法. 斷理麥艾布置法, 悉與春酒麴同, 然以九月中作之. 大凡

---

220 '한식절 이전에 두 번째 고두밥을 넣어야[寒食前得再酘]한다'는 점에 의거하여 추산해 볼 때 이 술은 가장 늦어도 청명절 12-13일 전에 누룩을 담그기 시작했을 것이며, 7-8일 이후에는 누룩이 발효되면 처음으로 고두밥을 넣고, 셋째 날이 되어다시 두 번째 고두밥을 넣으면 이미 한식절에 가까워진다.

221 '해후(邂逅)': '기약 없이 우연히 만나다'이며, 예상하지 못했는데 만난다는 뜻이다.

222 『제민요술』에서는 겨울을 제외하고 나머지 각 달의 양조용 물은 모두 끓여서 사용하는데, 이는 합리적이다. 그런데 정월 말일에 길어 온 '춘수(春水)'는 비록 냄새가 날지라도 여전히 사용할 수 있다고 하지만, 끓인다 할지라도 아마 비위생적일 것이다.

223 '즉령주동(則令酒動)': 윗부분의 중복되는 '유함기(有鹹氣)'가 생략되었으며, '즉(則)' 앞에 '불(不)' 혹은 '불이(不爾)'와 같은 유의 글자가 생략되어 있다. 권9 「소식(素食)」'해백증(薤白蒸)'에서는 『식차(食次)』를 인용하여 "그렇게 하면, (식고) 기름이 빠져나간다."라고 하였는데, 역시 이와 같은 유의 글자가 생략되어 있다.

좋다. 그러나 7월은 한창 바쁜 시기로 누룩을 만들 틈이 없기에 이국을 만들 때까지 기다린다. 왜냐하면 이국은 9월에 만들어도[224] 괜찮기 때문이다.

만약 춘주국을 만들지 못하면 자연스럽게 7월에 만들 수 있다.[225] 오늘날 민간에서는 모두 7월 초이렛날에 누룩을 만든다. 최식이 또한 이르길[226] "6월 초엿새, 7월 초이레에 누룩을 만들 수 있다."라고 하였다.

(이국이) 삭힐 수 있는 고두밥의 양은 춘주국

作麴, 七月最良.
然七月多忙, 無暇
及此, 且頤麴. 然此
麴九月作, 亦自無
嫌. 若不營春酒麴
者, 自可七月中作
之. 俗人多以七月
七日作之. 崔寔亦
曰, 六月六日, 七月
七日,[143] 可作麴.

其[144]殺米多少,

---

224 "且頤麴然": 각본에서는 이와 서로 동일한데 해석할 수 없으며 마땅히 글자가 빠지거나 잘못된 듯하다. 스성한의 금석본의 주석에서는 '차(且)' 다음에 '작(作)'자를 추가하고 있으며 '연(然)'을 '개(蓋)'자로 고쳐서 "且作頤麴, 蓋且麴"이라고 쓰고 있는데 문장이 순조롭게 해석된다. 묘치위 교석본에 따르면, 『고금도서집성(古今圖書集成)』에서는 『제민요술』을 채용하여 '차이국(且頤麴)'이라는 세 글자를 아예 없애 버리고 있는데 비록 해석은 될지라도 합당하지는 않다고 한다.

225 "自可七月中作之": 이 문장은 다소 의심스러운 부분이 있다. 묘치위에 의하면, 이국(頤麴)은 춘주국(春酒麴)과는 달리 약간 미루어 9월 중에 만들어도 된다. 이 누룩의 성질은 다소 다른 점이 있는데 예컨대 쉽게 변질되기 때문에 춘주를 만들수 없다고 한다. 오늘날 이국은 7월에도 만들 수 있어서 자연스럽게 만들 수 있는 날이 많으며, 춘주국을 만드는 것과 동일하다. 또한 습관상 대부분은 7월 초이렛날에 만드는데, 만약 전년의 절기가 빠르다면 춘주국을 만드는 날짜와 서로 동일하게 된다. 이처럼 7월 중에 만든 것은 7월 7일에 만든 이국과 더불어 모두 춘주국과 같으며 이미 9월에 만든 것과 상이한 성질을 지닐 수 없기 때문에 이국이라고 할 수 없다.

226 『옥촉보전』에서는 최식의 『사민월령』을 인용하였으나, '6월 초엿새[六月六日]'에 누룩을 담근다는 말이 없다.

과 같다. 그러나 봄술을 양조하는 데는 적합하지 않은데, 잘 변질되기 때문이다.

춘주국으로 이주頤酒를 만들면 도리어 더욱 좋아진다.

이주頤酒를 만드는 방법: 8월과 9월 중에 만든 것은 물이 일정하지 않아서[227] 적당한 온도를 조절하기가 어렵다. 마땅히 물을 3-4차례 끓여서 식기를 기다린 후에 누룩을 담그는데, 이와 같이 하면 술이 좋지 않을 수 없다. 일반적으로 말해서 사용하는 물의 양과 매번 넣는 고두밥의 양은 대체적으로 봄술[春酒]과 같지만, 줄이고 늘리는 것[消息][228]에 유념해야 한다. 10월이 되어서 뽕잎이 떨어질 때 만든 것은 술의 맛과 향기가 자못 춘주와 흡사하다.

하동河東의 이백주頤白酒를 담그는 방법: 6월과 7월 사이에 담근다. 분국을 사용하는데 묵어서 오래될수록 더욱 좋다.

누룩 층을 잘 깎아서[剗治][229] 잘게 부순다. 누

與春酒麴同. 但不中爲春酒, 喜動. 以春酒麴作頤酒, 彌佳也.

作頤酒法. 八月九月中作者, 水未定, 難調適. 宜煎湯三四沸, 待冷然後浸麴, 酒無不佳. 大率用水多少, 酘米之節, 略準春酒, 而須以意消息之. 十月桑落時者, 酒氣味頗類春酒.

河東頤白酒法. 六月七月作. 用笨麴, 陳者彌佳. 剗治, 細剉. 麴一

---

227 '수미정(水未定)': 각본에서는 모두 '수정(水定)'이라고 쓰고 있는데 '미(未)'자가 빠져 있어서 물을 사용하는 규칙에서 위배된다.(본권 「신국과 술 만들기[造神麴幷酒]」 하동신국 양조법 참조.)

228 '소식(消息)': '소'는 얼음이 녹아 물이 되는 것처럼 점점 줄어드는 것이다. '식'(권1 「종자 거두기[收種]」 참조)은 누적된 것이 점차 늘어나는 것이다. 여기에서 사용된 '소식'의 본뜻은 점차 늘거나 점차 줄어드는 것으로서, '상황'으로 해석되는 '소식'이 아니다.

룩 한 말에 끓인 물 3말, 기장밥 7말을 사용한다. 그런데 누룩이 어느 정도의 기장밥을 삭힐 수 있느냐는 각각 그 가문의 법에 따른다. 보통 항아리에 담그는데[230] 적합한 항아리가 없다면 종전에 담근 적이 있는 큰 항아리를 사용하여 깨끗이 씻고 햇볕에 잘 말려서 땅에 항아리를 눕힌 채로 담근다.

새벽에 일어나서 단물을 끓이는데 정오가 되어 물이 흰색이 될 때까지 끓인다. 3말의 고두밥을 가늠하여 동이 속에 넣는다. 태양이 서쪽으로 기울면 4말의 쌀을 일어서 깨끗하게 씻고 물속에 즉시 담근다[即浸].[231] 한밤중에 담근 쌀로 밥에 뜸을 두 번 들여서 밥이 사경(四更: 새벽 1시-3시) 무렵에 익도록 한다. 이 기장밥을 자리 위에 부어서 얇게 펴고 아주 차게 식힌다. 기장밥이 갓 익을 때 누룩을 (낮에 끓인) 물속에 담근다.

날이 밝아져서 태양이 아직 나오지 않을 때 술을 담근다. 손으로 밥덩이를 흩뜨려서 펴고 깔

斗, 熟水三斗, 黍米七斗. 麴殺多少, 各隨門法. 常於甕中釀, 無好甕者, 用先釀酒大甕, 淨洗曝乾, 側甕著地作之.

旦起, 煮甘水, 至日午, 令湯色白乃止. 量取三斗, 著盆中. 日西, 淘米四斗, 使淨, 即浸. 夜半[145]炊作再餾飯, 令四更中熟. 下黍飯席上, 薄攤, 令極冷. 於黍飯初熟時浸麴. 向曉昧旦日未出時, 下釀. 以手搦破塊, 仰置

---

229 '잔치(剗治)'는 누룩의 바깥층의 더러운 부분을 깨끗하게 깎는 것이다.

230 '옹중양(甕中釀)'은 『제민요술』에서는 당연한 일이다. 따라서 '소옹(小甕)'으로 써야 한다든가, '소(小)'자가 빠졌다는 지적을 할 필요가 없다.

231 '즉침(即浸)': 물에 쌀을 담그는 것을 말한다. 원래는 먼저 동이 속에 가늠해 놓은 끓인 물 3말이 누룩을 담그는 데 사용되는 것이다.

되 덮어서는 안 된다. 태양이 서쪽으로 기울면 다시 3말의 쌀을 씻어서 담그고 밥을 지어 (어제 한 것과 같이) 사경 무렵에 익히고[232] 펴서 아주 차게 식힌다. 태양이 아직 떠오르기 전을 틈타 고두밥을 넣는다. 또한 밥덩이를 주물러서 흩뜨린다. (하루가 지나고) 이튿날이 되면 술이 익는데, 짜면 향기가 좋으며 뽕나무 잎이 떨어질 때 만든 것보다 더욱 좋다.

6월 중에는 한 섬의 고두밥으로 술을 담가서 3-5일밖에 놓아둘 수 없다. 7월 중순 이후에는 조금씩 더 많이 만들 수 있다. 가장 좋은 것은 문이 북쪽으로 향한 큰 집에서 만드는 것이다. 만약 북향의 문이 없는 집이라면 서늘한 곳도 좋다.

그러나 중요한 것은 해가 아직 나오기 전에 서늘할 때 기장밥을 넣어야 하는 것이다. 해가 나오면 더워서 잘되지 않는다.[233]

勿蓋. 日西更淘三
斗米, 浸, 炊還令
四更中稍熟, 攤極
冷. 日未出前酘
之. 亦捣塊破. 明
日便熟, 押出之,
酒氣香美, 乃勝桑
落時作者.

六月中, 唯得
作一石米, 酒停
得三五日. 七月
半後, 稍稍多作.
於北向戶大屋中
作之第一. 如無
北向戶屋, 於清涼
處亦得. 然要須
日未出前清涼時

---

232 '초숙(稍熟)': 묘치위 교석본에 따르면, 완전히 익히지 않으면 술을 담글 수 없으며, 앞 문장에는 '令四更中熟'이 있는데 '초(稍)'자는 아래 문장의 '초초(稍稍)'를 잘못 보고 여기서 여러 번 쓴 듯하다고 하였다. 그러나 '초숙(稍熟)'은 밥을 지을 때 뜸을 들여서 완전히 익히지 않은 상태인데 그렇게 해야만 고두밥을 넣을 때 손으로 비벼서 흩뜨릴 수가 있다. 만약 완전히 익히면 밥이 떡처럼 되어서 비벼서 흩뜨릴 수 없게 된다. 그런 측면에서 묘치위의 "완전히 익히지 않으면 술을 담글 수가 없다."라는 말은 다소 이해하기 힘들다.

233 '즉불성(即不成)': 이 술은 무더운 여름에 만들어 빨리 양조한 것으로, 양조할 때

만약 고두밥 한 섬으로 술을 만들면 첫 번째는 5말반을 지어서 밥을 넣고, 두 번째는 4말반을 지어서 밥을 넣는다.

분국笨麴으로 상락주桑落酒 담그는 방법: 사전에 미리 누룩덩이 표면을 깎아 내고 잘게 부수어 햇볕에 말린다. '술구덩이[釀池]'를 파서[234] (잎이 없는) 짚으로 항아리 바깥을 감싸 준다. 감싸 주지 않으면 술이 달게 되고, 잎이 달린 기장 짚으로 감싸 주면 너무 따뜻해진다(술이 변질된다).[235] 기

下黍. 日出以後熱, 即不成. 一石米者, 前炊五斗半, 後炊四斗半.

笨麴桑落酒法. 預前淨剗麴, 細剉, 曝乾. 作釀池, 以⁧藁茹甕. 不茹甕則酒甜, 用穰則太熱. 黍米淘須極

는 북쪽으로 문이 달린 큰방이나 그늘지고 서늘한 곳에서 한다. 밥은 퍼서 아주 차갑게 식혀 해가 뜨기 전에 술을 담그고, 항아리 뚜껑은 덮지 않아야 하며 곳곳 모두 열을 피하고 서늘하게 해야 한다. 일출 후에 날씨가 무더워지면 열기 때문에 술이 변질되기 쉽다. 『북산주경』 권하(下) '도미(酴米)'에 이르길, "넣을 때는 동쪽이 아직 밝지 않아야 하는데 만약 해가 나오면 술은 적합하지 않게 된다."라고 하였다. 또 권상(上)에서 이르길 "북위의 가사협 또한 한밤중에 밥을 쪄서 동틀 무렵에 술을 담갔다."라고 하였다. 이것은 온도와 관련된 것이며 미신은 아니다.

[234] '작양지(作釀池)': '양지'가 무엇을 가리키는지 알 수 없으나, 아마 지면에 얕은 구덩이를 파서 여러 개의 술단지를 구덩이에 배열한 후 위에 볏짚을 덮은 것을 '양지'라고 하는 듯하다. 이 구절에 실수로 아마 '사양시(乍釀時)', '작주전(作酒前)', '하양전(下釀前)' 등이 누락된 것 같다.

[235] '고(藁)'는 매끈한 줄기를 가리키며 '양(穰)'은 잎이 달린 기장줄기를 가리키므로, 이 두 가지는 같지 않고, 이후에는 혼동하여 줄기[稿稈]를 가리킨다. 『한서』 권25 「교사지(郊祀志)」에서는 "자리를 만들 때 삼대를 사용한다."라고 하였는데, 안사고는 응소(應劭)의 주를 인용하여, "줄기[稭]는 호본(蒿本)으로서 껍질을 벗겨 자리를 만든다."라고 하였다. 『집운(集韻)』에서 이르기를, "개(藍), … 음은 개(皆)로서 화본줄기의 껍질과 이삭을 떼어 낸 것이다. 간혹 '개(稭)'로도 쓴다."라고 하였다. 단옥재는 『설문해자주(說文解字注)』의 '개(稭)'자에 주석하여 이르기를,

장쌀을 씻어서 아주 깨끗하게 한다. 9월 초아흐레 날에 태양이 아직 뜨기 전에 9말의 물을 떠서 9말의 누룩을 담근다. 당일에 (9월 초아흐레 날) 9말의 쌀로 고두밥을 지어 항아리 속에 넣는다. 원래 솥에서 밥을 지을 때 끓인 물을 뜨거울 때 따라 붓는다. 고두밥의 윗면[游水]²³⁶이 한 치 깊이 정도로 잠기게 하면 된다. 동이로 항아리 주둥이를 덮는다. 약간의 시간이 지나 물이 (고두밥에) 스며들면 고두밥이 익어서 아주 연해진다. 그것을 자리에 쏟아 잘 펴서 식힌다. 위에 뜬 맑은 누룩 즙을 떠내어[挹]²³⁷ (동이 속에 부어서) 손으로 기장밥을 주물러서 흩트려²³⁸ 항아리 속에

淨. 以九月九日日未出前, 收水九斗, 浸麴九斗. 當日即炊米九斗爲饙, 下饙著空甕中. 以釜內炊湯及熱沃之. 令饙上游水^⑭深一寸餘便止. 以盆合頭. 良久水盡, 饙熟極軟. 瀉著席上, 攤之令冷. 挹取麴汁, 於甕中搦黍令

<hr>

"화본줄기를 베어서 위로 이삭을 잘라 내고, 밖의 껍질을 벗겨서 줄기를 깨끗하게 한 상태를 일러 '개'라 한다."라고 하였다. 『제민요술』의 '고(藁)'는 곧 '개(秸)'를 가리키며, 이는 곧 잎을 떼어 낸 깨끗한 줄기이다. '양(穰)'은 잎이 달린 기장 줄기로서, 단옥재의 『설문해자주』에서는, "양이라 일컫는 것은 줄기의 껍질 속에 속이 있는 것이다."라고 하였다. 묘치위 교석본에 의하면, 『제민요술』의 '양'은 바로 '피'가 줄기를 감싼 잎이 달려 있는 줄기로서, 간혹 '서양(黍穰)'이라고 연칭하고 있지만, 절대로 '화양(禾穰)', '맥양(麥穰)'과 같은 말은 없다. 단지 '곡늑(穀秷)', '맥늑(麥秷)', '맥준(麥䅵)', '도간(稻稈)' 등의 말이 있다. 보온성은 '고(藁)'는 나쁘고, '양(穰)'은 좋기 때문에, '고'로 하는 것이 적합하며, '양'으로 하면 너무 덥다고 하였다.

236 '유수(游水)': 남아 있는 것이 뜨고 가라앉은 채 돌아다닐 수 있는 물이다. 즉 현재의 '유리(游離)'란 단어의 근원이다.

237 '읍(挹)': 국자 같은 도구로 '유수(游水)'를 퍼내는 것이다.

238 이 항아리(스성한의 금석본에서는 이것을 '항아리[甕]'가 아닌 '동이[盆]'로 보고 있다.)는 누룩즙을 떠내어 기장밥과 서로 섞은 다른 항아리이다. 이 같은 경우는

붓고[239] 다시 술 주걱으로 저어 준다. 매번 고두밥을 넣을 때는 모두 이와 같이 한다. 항아리 주둥이는 두 겹의 베로 덮어 준다. 7일이 지날 때마다 고두밥을 한 차례 넣어 주는데, 매번 9말의 고두밥을 사용한다. 항아리 크기에 따라서 항아리를 가득 채운다. 만약 고두밥을 6번 넣을 경우, 앞의 3번의 고두밥은 뜨거운 물에 익힌 연한 고두밥을 쓰고, 뒤의 3번은 두 번 뜸 들인 기장밥을 사용한다. 만약 고두밥을 7번 넣을 경우에는 앞의 4번은 뜨거운 물에 익힌 고두밥을 쓰고 뒤의 3번은 2번 뜸 들인 기장밥을 사용한다. 항아리에 가득 찬 술이 익으면 술을 짠다. 술의 향기, 맛과 도수가 모두 일반적인 술보다 배나 좋다.

분국笨麴으로 백료주白醪酒를 담그는 방법: 누룩을 깨끗하게 깎고 잘 다듬어서 햇볕에 말린다. 누룩을 담글 때는 반드시 누룩덩이를 층층이 쌓아서[240] 물속에 담그며, 물에 누룩이 잠길 때까지

破, 瀉甕中, 復以酒杷攪之. 每釀皆然. 兩重布蓋甕口. 七日一釀, 每釀皆用米九斗. 隨甕大小, 以滿爲限. 假令六釀, 半前三釀, 皆用沃饙, 半後三釀, 作再餾黍. 其七釀者, 四炊沃饙, 三炊黍飯. 甕滿好熟, 然後押出. 香美勢力, 倍勝常酒.

笨麴白醪酒法. 淨削治麴, 曝令燥. 漬麴[148]必須累餅置水中, 以水沒餅爲

본권 「신국과 술 만들기」편의 '신국주방(神麴酒方)' 등에서는 동이를 사용하는데, 본 예는 다음 문장의 두 종류의 전국술에서는 모두 별도의 다른 "항아리 속에서 섞는다.[甕中和.]"라고 하였다.

239 '사옹중(瀉甕中)': 이 구절은 앞의 '於甕中搦黍令破'와 중복 모순된다. 만약 여기에서 실수로 추가된 것이 아니라면 윗 구절의 '옹'자는 '분(盆)'자 같은 글자를 잘못 썼음이 분명하다. 위 구절은 '분'자일 가능성이 큰데, '옹(甕)'자와 유사하여 베껴 쓸 때 '옹'자로 썼다가 다시 '옹(甕)'으로 옮겨 썼을 것이다.

한다. 7일을 전후하여 누룩을 손으로 문질러 흩뜨리고 누룩의 찌꺼기를 걸러 낸다.[241] 찰기장으로 찰기장밥을 지어[242] 펴서 식힌 후 임의대로 고두밥을 넣는다.[243] 마시면서 고두밥을 넣는데 넣을 때마다 다 마셔 본다. 또한 멥쌀[秔[244]米]로 밥을 지어도 된다. 만들 때는 반드시 한식寒食절 이전에 고두밥을 한차례 넣는다.

촉나라 사람이 도주醵酒[245]를 만드는 방법:[246]

候. 七日許, 捔令破, 漉去滓. [149] 炊糯米爲黍, 攤令極冷, 以意醆之. 且飮且醆, 乃至盡. 秔米亦得作. 作時必須寒食前令得一醆之也.

蜀人作醵酒法.

---

240 '누(累)': 한 층 한 층 퇴적된 것을 '누'라고 하는데, '유(糅)' 또는 '누(坐)'[현재의 '유(糶)'또는 '누(曡)']로 써야 한다. 현재 사용되는 '누적(累積)'이라는 단어는 본래 이 의미이다.

241 류제의 논문에 따르면『제민요술』에 보이는 여과의 방식은 '녹(漉)'과 '여(濾)'가 있는데 방식과 목적은 서로 다르다. 두 가지 방법의 공통점은 모종의 장치로서 불순물을 제거하고 고체를 없애고 여과 후에 액체를 남기는 것이다. 그러나 (양자의 차이점으로) '녹'은 또한 액체를 걸러서 고체를 취하는 것을 가리키고, '여'는 액체만 남기고 고체는 필요하지 않다는 점에서는 다르다고 한다.

242 '서(黍)': 여기서는 '밥[飯]'을 대신하는 명사로서, 중국 속담인 "닭을 잡아서 밥을 짓는다.[殺雞爲黍.]"의 '서(黍)'와 같은 의미이다.

243 '이의두지(以意醆之)': 자기가 바라는 바에 따라서 얼마의 고두밥을 지어서 넣는데, 정해진 분량은 없다. 이것은 신속하게 막걸리를 빚는 것으로서 술지게미째로 먹으며, 누룩의 세력에 따라 넣고 삭혀서 먹게 되니 더 이상 삭힐 게 없으면 먹을 것도 없게 된다.

244 '갱(秔)'은 각본에는 모두 '강(秔)'으로 쓰여 있는데, 잘못되었다. 『집운』「평성・십일당(十日唐)」의 '강(秔)'은 '강(糠)'과 같으며, 지금은 고쳐서 '갱(秔)'으로 쓰고 있는데, 이는 곧 멥쌀[粳米]이다.

245 '도주(醵酒)': 이는 도미주(醵釀酒)로서 곧 중양주(重釀酒)이며, 양조기간이 비교적 긴 것을 가리킨다. 청대의 도정(陶珽)은 120권의『설부(說郛)』를 증집했는데,

12월 초하루 아침²⁴⁷에 5말의 흐르는 물을 길어 소맥국小麥麴 2근²⁴⁸을 담그고, 진흙으로 잘 봉해 준다. 정월이나 2월이 되어 얼음이 풀리면 봉한 것을 열어서[發]²⁴⁹ 찌꺼기를 걸러 내고 다만 3말의 맑은 즙을 취한다. 이것으로 고두밥 3말을 삭힐 수 있다. 밥을 지을 때는 되거나 진 정도를 조

十二月朝, 取流水五斗, 漬小麥麴二斤, 密泥封. 至正月二月凍釋, 發, 漉去滓, 但取汁三斗. 殺米三斗. 炊

권91에서 당대(唐代)에 이름이 누락된『연하세시기(輦下歲時記)』를 저록하면서, "간혹 재신(宰臣) 이하의 사람들에게 도미주를 하사했는데, 이것이 곧 중양주이다."라고 하였다.

246 '도음도(酴音塗)': 본서의 음주의 관례에 따르면, 이 주는 마땅히 표제의 '도(酴)'자 아래에 '음도(音塗)'라는 두 개의 작은 글자를 첨가해야 한다.

247 '십이월조(十二月朝)': 12월 초하루의 아침이라고 해석할 수 있다. 유향은『홍범오행전(洪範五行傳)』에서, "상순은 달의 아침이 된다."라고 하였는데, 이것은 12월 상순의 아침을 가리킨다고 볼 수 있다.

248 '소맥국(小麥麴)': 촉나라 사람이 만드는 누룩은 고두밥을 삭히는 비율이 낮은데, 그 때문에『제민요술』에서는 본편에 나열하고 있다. '2근(二斤)'은『제민요술』의 단위가 아니며,『제민요술』에서는 되[升]와 말[斗]을 단위로 사용하고 있다. 근(斤)을 사용하는 것은 이 예를 제외하고는, 오히려 조조(曹操)의 구온법(九醞法)과『식경』의 각 예에 등장하는데, 모두 외부에서 들어온 것이다.

249 '발(發)': '발'자는 두 개의 해석이 가능하다. 첫 번째는 본 편에서 자주 보이는 '국향말기(麴香沫起)', 본권 「신국과 술 만들기[造神麴幷酒]」의 '여어안탕(如魚眼湯)' 또는 본권 「법주(法酒)」의 '세포기(細泡起)' 등으로 누룩 속 미생물의 생명활동이 왕성한 모습이다. 두 번째는 '개발(開發)', '열다'인데, 권1「밭갈이[耕田]」에서 인용한『예기』「월령」에 "11월[仲冬]에는 … 삼가 이미 잘 덮어 둔 땅을 뒤집어서는 안 된다. 이미 닫혀 있는 크고 작은 방을 열어서도 안 되는데, 이것은 곧 천지의 '밀방[房; 密房]'이다."라는 말이 있다. 여기에서는 잠정적으로 두 번째 풀이를 채택하며, 위 문장의 "진흙으로 밀봉한다.[密泥封.]"와 아래 문장의 "다시 밀봉한다.[復密封.]"와 호응이 되도록 하였다고 한다. 묘치위도 두 번째 견해를 따르고 있다.

절하여 누룩 즙을 넣고 고루 잘 섞어서 다시 단단하게 봉해 준다. 수십 일이 지나면 바로 익게 된다. 찌꺼기까지도 함께 먹는데, 맛은 달고 매우며 부드러운 것이 마치 감주[甜酒]와 같으나 사람을 취하게 하지는 않는다. 많이 마셔도 은근하게 따뜻한 기운을 느끼게 되어 얼굴에 열이 날 따름이다.

(분국을 이용하여) 고량주를 만드는 방법: 모든 고량으로 만들 수 있으며, 붉고 흰 고량으로 담그면 더욱 좋다. 봄, 여름, 가을, 겨울 네 계절에 모두 술을 담글 수 있다.[250] 앞에서 제시한 방법에 따라 술을 담글 누룩을 깨끗하게 정리한다. 한 말의 분국은 고두밥 6말을 삭힐 수 있다. 신국은 삭히는 힘이 더욱 크므로, 신국을 사용할 때는 삭히는 힘이 어느 정도인지를 살펴 고두밥의 양을 증감한다. 봄, 가을과 뽕나무 잎이 떨어질 때 누룩을 잘게 부수어야 하며, 겨울이 되면 누룩을 찧어서 가루로 만들고 비단체[筛]로 체질

作飯, 調強軟, 合和, 復密封. 數十日便熟. 合滓餐之, 甘辛滑如甜酒味, 不能醉人.🔲 多啖, 溫溫小暖而面熱也.

粱米酒法. 凡粱米皆得用, 赤粱白粱者佳. 春秋冬夏, 四時皆得作. 淨治麴如上法. 笨麴一斗, 殺米六斗. 神麴彌勝, 用神麴, 量殺多少, 以意消息. 春秋桑葉落時, 麴皆細剉, 冬則擣末, 下

---

[250] '四時皆得作': 계절의 제한을 받지 않는 것이 이 술이 가지는 특징이다. 묘치위 교석본에 의하면, 오늘날 북방 예컨대, 산동성의 난릉(蘭陵)의 미주(美酒)는 곧 메기장으로 담근 황주로서, 춘하추동 사계절 모두 술을 빚을 수 있다. 남방은 기온이 높아 여름에는 양조하여 관리하기가 곤란하다. 옛날에는 '춘추(春秋)'를 사계절의 대표로 삼았는데, 가령 사계절에서 모두 때를 일컬을 때 항상 '춘추' 후에 '동하(冬夏)'를 연결하여 '춘추동하(春秋冬夏)'라고 일컫고, '춘하추동(春夏秋冬)'이라고 일컫지는 않았다.

해 둔다.²⁵¹ 일반적으로 한 섬의 고두밥에는 물 3
말을 사용한다. 봄, 가을과 뽕나무 잎이 떨어질
때의 이 세 시기에는²⁵² 냉수에 누룩을 담그되,
누룩이 발효를 하기 시작하면 찌꺼기는 걸러 낸
다. 겨울에는 먼저 항아리를 뜨겁게 데워 밀짚으
로 감싸 준다. 사용할 물에 약간의 고량 쌀을 섞
어 멀겋게 죽을 쑤고 펼쳐서 따뜻해지면 여기에
누룩을 담근다. 하룻밤이 지나면 누룩이 발효하
기 시작하는데, (발효하기 시작하면) 곧 밥을 지어
서 고두밥을 넣고 술을 담그나 누룩의 찌꺼기는
거르지 않는다.

　담그는 술의 정도를 보고 고르게 3등분하
여 한 번에 그 3분의 1 정도로 밥을 짓는다. 먼
저 깨끗하게 씻어서 약하게 두 번 뜸들인 밥을
지어 퍼는데, 사람의 체온보다 약간 따뜻해지면
고두밥을 넣고 술 주걱으로 저어 준다. 항아리
주둥이를 덮어 진흙으로 잘 밀봉한다. 여름에는

絹篩.¹³¹ 大率一石
米, 用水三斗. 春
秋桑落三時, 冷水
浸麴, 麴發, 漉去
滓.　冬即蒸甕使
熱, 穰¹³²茹之. 以
所量水, 煮少許粱
米薄粥, 攤待溫溫
以浸麴.　一宿麴
發, 便炊, 下釀, 不
去滓.

　看釀多少,　皆
平分米作三分,
一分一炊. 淨淘,
弱炊爲再餾,　攤
令溫溫暖於人體,
便下, 以杷攪之.

---

²⁵¹ '사(篩)'는 '체[篩]'와 같다. 『제민요술』에서는 봄, 가을에 작은 누룩덩어리를 사용
하고, 겨울에는 곱게 친 누룩을 사용하는데, 그 작용은 발효온도가 아주 높아지
는 것을 막는 데 있으며, 더울 때는 작은 덩어리를 만들고, 추울 때는 가루로 만
들었다.

²⁵² '춘추상낙삼시(春秋桑落三時)': 뽕나무 잎이 떨어지는 때는 초겨울이지만, 다음
구절의 '동즉(冬則) …' 때문에 가을은 음력 7월 중에서 9월 중까지이며 뽕나무가
떨어지는 것은 9월에서 10월까지로 봐야 한다. 10월 이후가 '추운 겨울[寒冬]'인
셈이다. 스셩한의 금석본에서는 '상(桑)'옆에 '엽(葉)'자를 추가하여 쓰고 있다.

하룻밤을 지내고, 봄, 가을에는 이틀 밤을 지내며, 겨울에는 삼일 밤을 지내게 하여, 고두밥이 이미 잘 삭았는지를 보고, 다시 (3분의 1의) 고두밥을 지어서 넣고, 또한 진흙으로 위를 잘 봉해준다. 세 번째 고두밥을 넣는 것 또한 이와 마찬가지로 한다. 세 번 고두밥을 넣는 것을 마친 후 10일이 지나면 이미 술이 잘 익게 된다. 익으면 술을 짠다. 술의 색깔은 은빛과 같은 빛을 띠게 된다.[253] (술의 맛은) 생강의 매운맛, 계피의 얼얼한 맛, 꿀의 달콤한 맛, 쓸개의 쓴맛이 모두 그 속에 담겨 있다. 또한 향기는 진하고 강렬하며 산뜻하고, 도수는 높고 상쾌하여 여타한 술과 같지 않으며, 찰기장술과 차조술과는 비교할 바가 아니다.

메기장으로 술을 담는[酎][254] 방법: 앞에서 말한

盆合, 泥封. 夏一宿, 春秋再宿, 冬三宿, 看米好消, 更炊酘之, 還泥封. 第三酘, 亦如之. 三酘畢, 後十日, 便好熟. 押出. 酒色漂漂與銀光一體. 薑辛桂辣蜜甜膽苦, 悉在其中. 芬芳酷烈, 輕儁遒爽, 超然獨異, 非黍秫之儔也.

穄米酎法. 酎

---

253 '표표(漂漂)': '표'의 본 뜻은 수면 위에 떠 있는 것으로, 바람결에 떠다니는 '표(飄)'와 유사하다. '표표'는 움직이며 빛을 발하는 것의 의미로, 오늘날 입말 속의 '아름답다[漂亮]'의 '표'와 같다. 단옥재(段玉裁)의 『설문해자주(說文解字注)』에 따르면 '표량(漂亮)'은 실의 광택을 가리키는 것으로, 실이 물속으로 가라앉았을 때의 상황과 유사하며, 본서의 다음 구절인 "은빛과 같은 빛을 띠게 된다.[與銀光一體.]"와 부합된다.

254 '주(酎)': 『좌전』「양공이십이년(襄公二十二年)」에 '見于嘗酎與執燔'이라는 구절이 있는데, '주'에 대해 "술이 새로 익어 진한 것을 주(酎)라고 한다."라고 했으며, '중(重)'자는 곧 '농후(濃厚)'를 뜻한다. 『설문해자』에서는 '삼중순주(三重醇酒)'라고 하며, 『광운(廣韻)』에서는 '삼중양주(三重釀酒)'라고 해석하고 있다. 단옥재의 『설문해자주』에서는 이것이 술을 물로 삼아 중양주를 빚은 다음, 다시 중양주

방식에 따라서 누룩을 깨끗하게 정리한다. 한 말의 분국笨麴으로 고두밥 6말을 삭힐 수 있다. 신국의 역량은 이보다 크다. 신국을 사용할 때는 누룩이 삭힐 수 있는 힘이 어느 정도인가에 따라서 계획을 잡아 증감한다. 누룩을 찧어서 가루를 내고 비단체로 체질해 둔다. 전체적으로 6말의 고두밥에는 물 한 말을 사용하며, 술을 어느 정도 담그는가에 따라 모두 이러한 비례에 의거하여 증감한다.

쌀은 반드시 찧어야 하며, 깨끗하게 씻는데 물이 깨끗해질 때까지 인다. 즉시 물속에 담가 하룻밤을 보낸다. 이튿날 새벽에 디딜방아로 찧어 가루를 내고, 얼마간 키로 체질을 하여 떡가루[餻粉]²⁵⁵처럼 부드러운 가루를 취한다.

音宙. 淨治麴如上法. 笨麴一斗, 殺米六斗. 神麴彌勝. 用神麴者, 隨麴殺多少, 以意消息. 麴, 擣作末, 下絹篩. 計六斗米, 用水一斗, 從釀多少, 率以此加之.

米必須舿, 淨淘, 水清圖乃止. 即經宿浸置. 明旦, 碓擣作粉, 稍稍箕簸, 取細者如餻粉法. 粉訖圖

를 물을 부어 양조한 것으로서, 바로 삼중양주라고 보았다. 그리고 금단(金壇: 단옥재의 고향)의 우(于)씨가 명(明) 말에 이 방법으로 술을 만들었다고 한다[金壇于酒].『사기(史記)』권10「효문제본기(孝文帝本紀)」의 '고묘주(高廟酎)'에 대해 장안(張晏)은 "정월에 술을 빚어 8월에 완성되는 것을 주(酎)라고 한다. 주는 순(純)을 말한다."라고 풀이했는데, 본 단락에서 말하는 것과 완전히 부합한다. 술로 물을 대신하여 양주하는 것이 술 속의 알코올 농도를 그다지 높일 수는 없다. 묘치위의 교석본과 스성한의 금석본은 장안의 해석이 더욱 합리적이라고 보고 있다.

²⁵⁵ '고(餻)': 지금의 '고(糕)'자이며 식(食)변의 '고(餻)'를 쓰기도 한다. 권4의 「자두재배[種李]」에서 『광지(廣志)』를 인용하여 "고리(餻李)가 있는데, 떡[餻]처럼 기름지고 끈적거린다."라고 하였다.

가루를 만든 후에는 사용할 물에 소량의 메기장 가루를 끓여 멀건 죽을 쑨다. 나머지 가루는 모두 시루 속에서 고들고들할 정도로 찐다. 김이 왕성하게 서리도록 뜸을 들인 후 꺼내어 펴서 식힌다. 누룩가루를 넣고 아주 고르게 섞어 준다.[256] 쌀가루 죽이 식어 체온과 거의 같아지면,[257] 다시 항아리 속에 부어서 찐 가루와 섞고 힘껏 저어서 고르고 부드럽게 하여, 서로 들러붙도록 한다. 또한 나무방망이로 마치 누룩덩이를 칠 때와 같이 두드린다. (삶은) 가루덩이를 부수어서 누룩항아리 속에 넣는다.

항아리 주둥이를 동이로 덮고 진흙으로 잘

以所量水, 煮少
許穄粉作薄粥.
自餘粉悉於甑中
乾蒸. 令氣好餾,
下之, 攤令冷. 以
麴末和之. 極令
調均, 粥溫溫如
人體時, 於甑中
和粉,^⑱ 痛抨使
均柔, 令相著. 亦
可椎打, 如椎麴
法. 擘破塊, 內著
甑中. 盆合, 泥

---

256 '以麴末和之': 이것은 명확하게 누룩가루와 고두밥을 섞는 것으로서, 오늘날 일반적인 양조법과 동일하다. 『북산주경』 권하(下) '용국(用麴)'조에서는 '고법(古法)'에는 고두밥을 누룩에 넣었지만, "오늘날에는 그렇지 않고 밥을 쪄서 식혀 누룩과 함께 섞어서 항아리에 넣는다."라고 하였다. 『제민요술』에서는 대부분 전자의 방법을 채용하였고 후자의 방법은 일반화되지 않았다.

257 이 구절은 시간상으로 다소 모순이 된다. 묘치위에 의하면, 멀건 죽을 끓이는 것은 메기장가루를 찌기 이전으로, 메기장가루를 쪄서 익힌 후 넣어 식히며, 또 누룩가루와 섞는 시간의 경과가 비교적 길어지면 이때 멀건 죽은 이미 식어 버려 사람의 체온보다 낮아진다. 또 "항아리 속에 넣어서 섞는다.[於甑中和之.]"라는 것은 당연히 이미 누룩가루를 섞어 익힌 메기장가루는 다른 빈 항아리에 멀건 죽과 섞여 있다. 그 섞는 방법은 '힘으로 반죽하는 것[痛抨]' 이외에 또한 '방망이로 때려 반죽하는[椎打]' 법이 있는데, 이는 마치 누룩을 두드리는 것과 같은 것이지만 방망이로 두드리는 것은 매우 곤란하고, 단지 동이를 이용해야만 가능한데, 이것은 다소 어울리지 않다고 하였다.

봉한다. 진흙이 갈라지면 새로운 진흙으로 바
꾸어 주어 바람이 새지 않도록 한다.

정월에 만들어 두었다가 5월에 큰비가 내린
후에 야간에 잠시 열어 보고 맑은 술이 나와 있
으면 먹어 보고 또한 진흙으로 봉한다. 7월이 되
면 비로소 술이 잘 되어 익게 된다. 다만 떠내어
서[接]²⁵⁸ 마시되 짜서는 안 된다. 3년간 두어도 변
질되지 않는다.²⁵⁹

한 섬의 고두밥은 (술을 양조하게 되면) 한 말
의 지게미밖에 남게 되지 않는다.²⁶⁰ 모두 항아리
바닥에 들러붙게 되며 술을 다 퍼내고 나면 지게
미가 마치 얼음과 같이 단단하고 미끈거리는[糟
脆]²⁶¹ 것이 석회와 아주 흡사하다. 청주清酒의 색

封. 裂則更泥, 勿
令漏氣.

正月作, 至五月
大雨後, 夜暫開看,
有清中飲, 還泥封.
至七月, 好熟. 接
飲, 不押. 三年停
之, 亦不動.

一石米, 不過
一斗糟. 悉著甕
底, 酒盡出時, 冰
硬糟脆, [157] 欲似
石灰. [158] 酒色似

---

258 '접(接)': 항아리 속에 있는 맑은 술의 윗부분을 취하는 것으로, 『제민요술』에서
는 '접(接)'이라고 부르고 있으며, 이는 곧 "청주를 떠낸다.[接取清.]"라는 것이다.

259 '삼년정지(三年停之)': 『제민요술』 중의 각종 술은 약물을 배합하여 만든 술 두
종류를 계산하지 않은 것을 제외하고 양조주는 모두 39종으로, 동일하게 모두 끓
이거나 삶는 멸균처리를 하지 않는데, 이 술은 묵혀서 저장해도 3년간이나 변질
되지 않는다. 『북산주경』에는 이미 '자주(煮酒)'가 기재되어 있는데, 이것은 세계
최초의 일이다. 이 책에는 북송 정화(政和) 7년(1117) 이보(李保)의 서문이 있는
데, 1117년 이전에 책이 편찬되었다고 언급되어 있다.

260 "한 섬의 고두밥은 (술을 양조하게 되면) 한 말의 지게미밖에 남지 않는다.[一石
米, 不過一斗糟.]"라는 것은 지게미가 생기는 비율을 명확히 제시한 것으로서, 용
량으로 계산해 볼 때 겨우 고두밥 양의 10%를 점하여 매우 낮다. 묘치위 교석본
에 의하면, 오늘날 황주에 지게미가 생기는 비율은 무게로 계산할 때 대략 지게
미양의 20-40%에 달한다. 일반적으로 양조기간이 길면 길수록 지게미가 더욱 적
게 나온다고 하였다.

깔은 삼씨기름과 같다. 아주 독하여서[釅]²⁶² 평상시에 한 말을 충분히 마실 수 있는 사람도 이 술은 단지 반 되밖에 마실 수 없다. 3되를 마시면 크게 취한다. 3되를 마시되 물을 '타지' 않으면 반드시 취해서 죽게 된다.

무릇 사람이 크게 취하게 되면 정신이 혼미하여 인사불성이 되어 신체에 불처럼 열이 나게 된다. (이때는) 뜨거운 물을 끓이고 찬물로 식혀서 생숙탕을 만드는데, 탕이 어느 정도[均均]²⁶³ 식어서 손을 담글 수 있을 정도가 되면[得通]²⁶⁴ 취한 사람에게 뿌린다. 생숙탕을 뿌린 부분은 곧 식기 때문에 단지 몇 섬[斛]의 생숙당이 필요하며 (취한 사람을) 뒤집어엎어서 머리와 얼굴에 많은 물을 뿌려 주면 잠시 후에는 (정신이 들어서) 앉을 수 있게 된다. 이와 같은 술을 다른 사람에게 줄 때는 먼저 그에게 어느 정도 마실 수

麻油. 甚釅,⑮ 先能飮好酒一斗者, 唯禁得升半. 飮三升, 大醉. 三升不澆, 必死.

凡人大醉, 酩酊無知, 身體壯熱如火者. 作熱湯, 以冷水解⠀⑯名曰生熟湯, 湯令均均小熱, 得通人手, 以澆醉人. 湯淋處即冷, 不過數斛湯, 迴轉翻覆, 通頭面痛淋, 須臾起坐. 與人此酒, 先

---

261 '조(糟)'는 각본에서는 동일한데 해석할 도리가 없다. 『집운』에서는 "조(膌)는 무르고 매끄럽다[脆]."라고 하였다. 글자는 마땅히 '조취(膌脆)'라고 써야 하는데, 음이 같고 형태가 유사하기 때문에 '조(糟)'로 쓰는 것은 잘못이다.

262 '엄(釅)'은 본래 급박하다는 뜻이나, 여기서는 술이나 초 혹은 액체가 농후한 것을 가리킨다.

263 '균균(均均)': 균일하게 조절됨을 가리킨다. 대개 당시의 구어로서 '온온(溫溫)' 등의 품사와 같다. 금택초본에서는 이 문장과 같은데, 다른 본에서는 '균(均)'자가 하나만 있다.

264 '득통(得通)': 여기에서는 '통과할 수 있다'의 의미로 봐야 한다. 즉 따뜻하되 지나치게 뜨겁지 않아서 손을 넣어도 뜨겁다고 느끼지 않는 것이다.

있는지를 물어본 후에 양을 줄여서[265] 준다. 만약 이와 같은 방식을 말해 주지 않는다면 단지 맛이 좋다고 여겨 스스로를 절제하지 못하고 취해서 죽게 된다.[266] 한 말의 술로도 20명이 취할 수 있는데 이 술을 구하면 친척과 친구들이 모두 돌려가며 맛을 보고[傳餉][267] 즐거움을 느낄 수 있다.

찰기장 술을 담그는 방법: 정월에 담그면 7월에는 익게 된다. (술을 담글) 누룩을 깨끗하게 손질하고 찧어서 가루를 내어 비단체로 체질해 주는 것은 앞에서 말한 방법과 같다. 분국 한 말은 고두밥 6말을 삭힐 수 있다. 신국을 사용하면 더욱 좋다. 또한 누룩이 어느 정도로 삭힐 수 있는가에 따라서 (고두밥의 양을) 가감한다. 기장쌀을 잘 찧어서 깨끗하게 일고 씻어서 약하게 두 번 뜸을 들여 짓는다. 기장밥을 퍼서 식히고 항아리

問飲多少, 裁量與之. 若不語其法, 口美不能自節, 無不死矣. 一斗酒, 醉二十人, 得者無不傳餉親知以爲樂. 161

黍米酎法. 亦以正月作, 七月熟. 淨治麴, 擣末, 絹篩, 如上法. 笨麴一斗, 殺米六斗. 用神麴彌佳. 亦隨麴殺多少, 以意消息. 米細舂, 淨淘, 弱炊再餾黍. 攤令,

---

265 '재량(裁量)': '재'는 적게 자른다는 것으로 이는 곧 줄인다는 의미이다. '양'은 '분량'의 의미로 쓰였다. '재량'은 분량을 줄인다는 것이다.

266 묘치위 교석본에 의하면, 『주례(周禮)』 「천관(天官)·주정(酒正)」편에서 가공언(賈公彦)이 『위도부(魏都賦)』를 인용하여 주소하기를, "중산에서 마신 진한 술에 천일 간 빠져 있네."라고 하였다. 중산(中山)은 군의 이름이며, 군 치소는 지금의 하북성 정현(定顯)에 있다. 그 술은 겨울에 담그며 여름이 시작되면서 숙성을 하는데, 일종의 농도가 진한 술이다. 이른바 '침면천일(沈湎千日)'은 『박물지』 권5에서 찾아볼 수 있는데, 유원석(劉元石)이 중산에서 즐겨 마신 '천일주(千日酒: 3년간 묵힌 술)'는 죽어서도 부활한다는 고사가 있다.

267 '전향(傳餉)': '전'은 '전달하다[傳遞]'이다. '향'은 동사로 쓰여 '식량을 보내다'이다.

속에서 누룩가루와 섞어 손으로 비비면서 고루 섞는다. 밥 덩어리를 손으로 흩뜨려서 항아리 속에 넣는다. 동이로 항아리 주둥이를 덮어 진흙으로 잘 밀봉하고 5월 중에 잠시 열어 보는데, 모두 메기장으로 술을 담그는 것과 같이 한다. (만든 술은) 향기롭고 맛이 좋으며 진한 것이 모두 기장쌀 술과 흡사하다.

(메기장과 찰기장술과 같은) 이 두 가지의 술을 담글 때는 일반적으로 모두 신중해야 하는데 많이 먹으면 사람이 죽기 쉽기 때문이다. 그러나 마시는 양이 적으면 취해서 죽는다고 말할 수 없고 나만[正]²⁶⁸ 독약에 의해서 해를 입은 것으로 의심한다. 더욱이 음주량을 조절해야지 가볍게 여겨 마음대로 마셔서는 안 된다.

좁쌀술을 담그는 방법: 단지 정월에 담그며 나머지 달은 담그지 않는다. 오직 분국을 사용하고 신국을 사용하지 않는다.

좁쌀은 모두 술을 담글 수 있지만 청곡미靑穀米가 가장 좋다. 누룩을 손질하고 쌀을 씻는 것은 반드시 정성들여 깨끗하게 해야 한다.

정월 초하루에 해가 아직 뜨지 않았을 때 물

以麴末於甕中和之, 按令調均. 擘破塊, 著甕中. 盆合, 泥封, 五月暫開, 悉同穄酎法. 芬香美釅,██[182] 皆亦相似.

釀此二醅, 常宜謹愼, 多, 喜殺人. 以飮少, 不言醉死, 正疑藥殺. 尤須簡量, 勿輕飮之.

粟米酒法. 唯正月得作, 餘月悉不成. 用笨麴, 不用神麴. 粟米皆得作酒, 然青穀米最佳. 治麴淘米, 必須細淨.

以正月一日日未

---

268 '정(正)': 여기서는 부사로 쓰였으며 '마침', '단지'의 뜻이다.

을 긴도록 한다. 해가 뜨면 누룩을 햇볕에 말린다. 정월 보름이 되면 누룩을 찧어 가루로 만들어서 물에 담근다.

일반적인 비율은 누룩가루 고봉 한 말과 물 8말이면 고두밥 깎은 한 섬을 삭힐 수 있다. 항아리 크기에 따라서 이 비율을 증가시키는데 가득 찰 때까지 담근다. 쌀의 양에 따라서 고루 4등분한다.

처음부터 술이 익을 때까지 단지 네 차례 고두밥을 지어 넣을 따름이다.

하루 앞서 좁쌀을 하룻밤 담가서 좁쌀에 물이 완전히 스며들게[269] 한다. 정월 그믐날에 날이 어두워질 무렵에 술에 넣을 밥을 짓는다. 단지[正][270] 고두밥을 지으면 두 번 뜸들인 밥을 지을 필요가 없다. 밥이 익을 무렵에 미리 먼저 진흙을 반죽하여 술항아리 곁에 두고 고두밥을 찌고 나서 즉시 시루째 들고 항아리에 붓는다.[271]

出前取水. 日出, 即曬麴. 至正月十五日, 擣麴作末, 即浸之. 大率麴末一斗, 堆量之, 水八斗, 殺米一石, 米, 平量之. 隨甕大小, 率以此加, 以向滿爲度. 隨米多少, 皆平分爲四分. 從初至熟, 四炊而已.

預前經宿浸米令液. 以正月晦日向暮炊釀. 正作饋耳, 不爲再餾. 飯欲熟時, 預前作泥置甕邊, 饋熟即舉甑, 就

---

269 '액(液)': 불어서 스며든다는 의미이다.
270 이 문장의 '정(正)' 역시 '단지'의 의미이다.
271 '취옹지하(就甕之下)': 원래 누룩즙이 담긴 술항아리에 넣는 것을 가리킨다. 묘치위 교석본에 따르면, 이 술은 끓인 물을 '고두밥에 부을[沃饋]' 필요가 없는데, 그 쌀은 이미 하룻밤 담가서 한 번 뜸 들여 익힌 것이므로 힘들여 다시 물을 부을 필요가 없는 것이다. 그런데 이것은 좁쌀이므로 기장쌀이나 찹쌀처럼 쉽게 지어지지 않기 때문에, 여전히 고두밥이 열기가 있을 때 누룩항아리 속에 넣어서 술을

이어서 빠르게 술 주걱으로 재빨리 항아리 속을 2-3차례 저어 준다. 그리고 동이로 항아리 주둥이를 덮어 주고 진흙으로 잘 봉하여 공기가 새지 않도록 하되, 봉한 진흙이 갈라지게 되면 다시[更] 진흙을 바꾸어 봉해 준다. 7일마다 한 차례 고두밥을 넣는 것은 모두 앞의 방법과 동일하다. 4번 고두밥을 넣는 것이 끝나고 다시 사칠[四七]일 즉 28일이 지나면 곧 술이 익게 된다.

이 같은 술은 만들 때는 반드시 야간을 이용해야지 대낮에 하면 안 된다. 네 번 고두밥을 넣는 시기는 첫 번째 술을 짜는 시기에 이르는데, 이때는 모두 몸을 돌려 불빛을 가리고[272] 불빛이 항아리 속에 비치게 해서는 안 된다. 술이 익으면 곧 마실 수 있다. 만약 급히 사용할 것이 아니라면 봉하여 둔 채 4, 5월이 되어 술을 짜면 더욱 좋다. 짜는 것이 끝나면 다시 진흙으로 봉해 준다. 모름지기 필요할 때를 기다려서 다시 와서 짜는데, 그늘진 방에 저장해 두면[273] 여름

甕之下.

速以酒杷就甕
攪作三兩遍. 即
以盆合甕口, 泥密
封, 勿令漏氣, 看
有裂處, 更泥封.
七日一酘, 皆如初
法. 四酘畢, 四七
二十八日, 酒熟.

此酒要須用夜,
不得白日. 四度
酘者, 及初押酒
時, 皆迴身映火,
勿使燭明及甕.[169]
酒熟, 便堪飲. 未
急待, 且封置, 至
四五月押之彌佳.
押訖, 還泥封. 須
便擇取蔭屋貯置,

담근다고 한다.

272 '회신영화(迴身映火)': 몸을 돌려 등으로 '불[燭]'빛을 가린다는 의미이다. '영(映)'
은 빛을 가리며[反影], 몸으로써 빛을 막는다는 의미이다.

273 '須便擇取蔭屋貯置': 거른 생술[生酒]을 가라앉혀 맑게 하고, 별도로 항아리에 따라 부은 후에, 진흙으로 봉하여 즉시 그늘진 곳에 옮겨 저장했다. 이 술은 20일이 지나 술이 익은 후에 다시 몇십 일이 지나도록 계속해서 술을 빚어 주정의 농도

을 넘길 수 있다. 술이 향기롭고 맛이 좋아 기장
쌀 술과 비교하여도 큰 차이가 없다. 가난한 민
간에서는 이와 같은 좁쌀 술을 담갔는데 왜냐하
면 기장쌀은 매우 비싸서 구하기가 어려웠기 때
문이다.

또 다른 좁쌀 술을 담그는 방법: 미리 누룩덩
이를 잘게 부수어 햇볕에 말려서 찧어 가루로 낸
다.

정월 그믐날에 해가 뜨기 전에 물을 길어 누
룩을 물에 담근다. 한 말의 누룩에 물 7말을 사
용한다. 누룩이 발효가 되면 곧 술을 담그는데,
날 수에 상관없이 고두밥을 충분히 넣게 되면 멈
추는 것이 다른 점이다.

나머지 방법과 용도는 모두 앞에서 제시한
것과 동일하다.

좁쌀로 노주爐酒[274]를 만드는 방법: 5월, 6월, 7

亦得度夏. 氣味
香美, 不減黍米
酒. 貧薄之家, 所
宜用之, 黍米貴
而難得故也.

又造粟米酒
法. 預前細剉麴,
曝令乾, 末之. 正
月晦日日未出時,
收水浸麴. 一斗
麴, 用水七斗.[164]
麴發便下釀, 不
限日數, 米足便
休[165]爲異耳. 自餘
法用, 一與前同.

作粟米爐酒法.

가 아주 약해지면, 에스테르화 성분이 점차 누적되면서 그로 인해 술맛과 향기가
좋아진다. 묘치위 교석본에 의하면, 오늘날 막걸리가 익은 후의 양조과정은 눌러
짜고, 가라앉혀 맑게 하고, 술을 졸이고, 항아리에 붓고, 진흙으로 봉하여, 진하
고 향긋한 술[陳釀]을 만드는데, 『제민요술』과 비교하면 단지 생술[生酒]을 달이
는 공정 하나가 적다. 생술을 가라앉혀 맑게 하지 않으면 여름을 넘기기가 곤란
해지는데, 이 술은 이미 여름을 지났으므로 마땅히 가라앉혀 맑게 했을 것이지만
이 부분은 생략되었다고 한다. 스성한의 금석본에서는 '택(擇)'을 자형이 다소 유
사한 '압(押)'자 혹은 '읍(挹)'자를 잘못 옮겨 쓴 것으로 추측하였다.

274 '노주(爐酒)': 스성한의 금석본에서는 노주가 무엇인지 확실히 설명을 하지 못하
였다. 다만 호시(胡侍)의 『진주선(珍珠船)』에 "옛날에 노주라고 한 것은 갈대 대

월 중에 담그면 배로 좋다. 용량이 2섬들이 이하의 항아리에 자갈돌 2-3되를 바닥에 깐다.

저녁에 좁쌀 밥을 지어 밥을 펴서 식힌다. 밤에는 이슬을 맞게 한다. 새벽에 닭이 울면 누룩을 넣어 섞는다.

일반적인 비율로 한 섬의 고두밥은 한 말의 누룩가루로 삭혀야 한다.[275] 춘주春酒 한 말의 술지게미 가루는 5말의 좁쌀 밥을 삭힐 수 있다.[276]

五月六月七月中作之倍美. 受二石以下甕子, 以石子二三升蔽甕底. 夜炊粟米飯, 即攤之令冷. 夜得露氣. 雞鳴乃和之. 大率米一石, 殺, 麴末█一

롱으로 빨아들였기 때문에 이름 붙은 것이라고 한다. 반면 묘치위 교석본에 의하면, 노(爐)는 '노(盧)'와 통하며, 작은 항아리이다. 술은 작은 항아리 속에 담그기 때문에 '노주(盧酒)'라고 하였다. 안사고는 『금취편』 권3에서 '증(甑)'과 '노(盧)'에 대하여 주석하여 말하기를, "노(盧)는 작은 항아리이며, 오늘날에 노주를 만든다는 것은 여기에서 이름을 취한 것이다."라고 하였다. 그런데 『제민요술』에서는 단지 작은 항아리에 담는 술이라고 하였으므로 반드시 '노주(盧酒)'는 아니다.

275 "殺, 麴末一斗": 이 구절에 틀리거나 빠진 부분이 있어 해석이 매우 곤란하다. 스성한의 금석본에 따르면, 본권의 여러 주국에 관한 서술로 보면, 누룩만이 쌀을 죽이지, 쌀이 누룩을 삭힌다는 말은 없다. 그러므로 이 구절은 윗 구절의 쌀 한 섬, 즉 "한 섬의 누룩가루로 삭혀야 한다."라는 의미를 설명하는 것으로 가정할 수밖에 없다. 아래의 '春酒糟末一斗' 역시 매우 의심스럽다고 한다. 이것을 술을 만들 때 사용하는 구성요소로 가정하면, 더 이상 효소 분해할 수 없는 찌꺼기를 이용하여 고체 모양의 부유물로 만들어 국균을 부착시켜 활동을 가속화하는 데 그 의의가 있다. 그다음 아래의 '粟米飯五石'은 어떤 역할을 하는지, 어떤 용법인지 설명하기 어렵다는 것이다.

276 이 문장은 잘 이해되지 않으며 뒤섞어 있는 듯하다. 일반적인 예로는 누룩으로 고두밥을 삭히는데, 지금의 이 문장은 도치되어 있으나, 고두밥이 누룩에 의해서 '삭히고[殺]' 있어서 문제는 크지 않다. 묘치위 교석본을 참고하면, 본래 분국 한 말은 단지 고두밥 6-7말을 삭힐 수 있었는데, 지금은 다시 '춘주 지게미 가루 한 말'을 배합하여 동일한 작용을 일으켜서, 그 고두밥을 삭히는 지표가 한 섬에 달하고 있다. 이처럼 억지로 해석할 수도 있지만 나머지 '좁쌀 밥 5말[粟米飯五斗]'

만약 누룩의 삭히는 힘이 적다면 계산하여 밥의 양을 줄여야 한다.

고두밥을 섞고 담그는 방법: 힘으로 문지르고 비벼 혼합한다. 항아리가 가득 차면 그만둔다. 종이로 항아리 주둥이를 덮고 종이 위를 벽돌로 눌러 준다. 진흙을 봉해서는 안 된다. 진흙으로 봉하면 열에 의해 상하게 되기 때문이다. 5, 6일이 지나면 손을 항아리 속에 넣어서 살펴본다. 만약 차가워서 열기가 없으면 술이 익은 것이다. 이와 같은 술은 20여 일을 둘 수 있다. (마실 때는 항아리에) 찬물을 넣어²⁷⁷ 대롱을 이용하여 빨아들이며 마신다. 만약 걸러서[醨]²⁷⁸ 마시면 향기가

斗. 春酒糟末一斗,
粟米飯五斗. 麴殺
若少,[167] 計須減飯.
　和法. 痛按令相
雜. 塡滿甕爲限.
以紙蓋口. 磚[168]押
上. 勿泥之. 泥則
傷熱[169] 五六日後,
以手內甕中. 看冷[170]
無熱氣, 便熟矣. 酒
停亦得二十許日.
以冷水澆, 筒飮之.
醨[171]出者, 歇而不

은 어쨌든 적합하지 않다. 만약 처음에 넣은 고두밥을 가리킨다면 두 번째 넣은 것을 설명하지도 않고, 술을 담가서 동이에 가득 채우므로 5말의 고두밥 또한 채워도 가득 차지 않으니, 이 구절은 쓸데없는지 아닌지 여전히 의문이 남는다고 하였다. 스성한의 금석본에서는 '미일석살(米一石殺)'은 쌀 한 섬 전체를 쓸 필요가 없다고 풀이한다.

277 '냉수요(冷水澆)': 스성한은 "찬물을 끼얹다."로 해석하지만 냉수를 항아리 밖에 뿌리는지 아니면 술 속에 뿌리는지 명확하지 않다. 묘치위에 따르면, 술의 발효가 끝나면 이미 "차가워서 열기가 없어지기[冷無熱氣]" 때문에 항아리 밖에 냉수를 뿌릴 필요가 없다. 또한 이 술이 항아리의 구멍 속에서 흘러나오면 기가 빠져나가서 '맛이 없으므로[不美]', 술 속에 냉수를 넣을 수 없다. 『진주선(眞珠船)』에서 노주(蘆酒)는 끓는 물을 넣어 마시지만 냉수를 넣을 수는 없다고 설명하였다.

278 '견출자(醨出者)': 『옥편(玉篇)』에서는 '견(醨)'을 "구멍을 통해서 술을 마신다.[以孔下酒也.]"라고 하였다. 이는 곧 항아리 어깨나 아랫부분에 뚫려 있는 술을 빨아 마시는 구멍이다. 권8 「초 만드는 법[作酢法]」, 권9 「당포(餳餔)」에는 모두 '견옹

날아가서[歇]²⁷⁹ 맛이 좋지 않게 된다.

위 무제魏武帝: 조조가 황제에게 구온법九醖法을 상주하여 이르기를, "제가 있던 현의 이전의 현령이²⁸⁰ 구온춘주九醖春酒를 빚는 방법에 누룩 30근, 흐르는 물 5섬을 사용하였습니다. 12월 초이틀에 누룩을 담급니다. 정월이 되어 해동을 하게 되면 좋은 볍쌀을 사용하여²⁸¹ … 누룩을 걸러낸 후에 곧 술을 담갔습니다. 그 방법을 인용하여 이르기를, '비유컨대 모든 벌레는 오래되면

美.

魏武帝上九醖
法, 奏曰, 臣縣故
令九醖春酒法, 用
麴三十斤, 流水五
石. 臘月二日漬
麴. 🔢 正月凍解,
用好稻米, … 漉
去麴滓便釀. 法引

(醋甕)'이 있는데, 모두 "술항아리에 구멍이 있어서 그곳으로 마신다.[醋孔子下之.]"라는 문장이 있으며, 이는 곧 술항아리의 구멍을 통해서 술이 나오는 것이다. 스성한의 금석본에서는, '견출자(醋出者)'를 "술을 걸러서 마신다."라는 의미로 해석하고 있다.

279 '헐(歇)': 『광아(廣雅)』「석고(釋詁)」에서는 '기가 빠지다'로 해석하였다. 안연년(顏延年)이 사령운(謝靈運)의 시 '방복헐란약(芳馥歇蘭若)'에 "헐은 기가 더욱 빠지는 것이다."라고 주를 달았다.

280 '신현고령(臣縣故令)': '고'자는 '과거'(권1「조의 파종[種穀]」참조)이다. 『북당서초』권148에서 인용한 바에 따르면 이 구절 아래에 '남양곽지(南陽郭芝)' 네 글자한 구와 '유(有)'자가 한 글자 더 있어서 이 현령의 관적과 성명을 설명하고 다음구절인 '구온(九醖) …'을 이끌어 내는 말이 되었다.

281 '용호도미(用好稻米)': 이 구절의 본문은 끝이 났지만 의미는 끝나지 않았다. 첫째는 분량을 설명하지 않았고, 둘째는 쌀을 어떻게 처리하는지 설명하지 않았기 때문이다. 스성한의 금석본에 의하면, 위아래 문장에 따라 이 아래에 "一斛, 炊熟, 攤冷"과 같은 보충 설명이 있어야 하는데 왜 누락되었는지 알 수 없다고 하였다. 묘치위 교석본에 따르면, 다음 문장의 '작심주법(作榟酒法)'의 '炊五斗米'와 '가이주법(柯㯟酒法)'의 '乃炊秫米飯'은 모두 '항(缸)'자가 생략되거나 빠져 있는데, 모두 『식경』에서 문장을 생략한 용례이지만 가사협은 이러한 서술방법은 없다고 하였다.

완성된다.'²⁸²라고 하였는데, 3일에 한 번 술밑을 넣어 양조하고, 9섬의 쌀이 차면 멈추게 됩니다.²⁸³ 신은 그 방법을 알고 이와 같이 술을 담그니 항상 아주 좋았습니다. 위에는 맑은 것이 있고 찌꺼기 또한 먹을 수 있습니다. 만약 아홉 번 담근 술이 써서 먹기 어렵다면 더하여 열 번을 담그면 (비교적 달콤하여) 마시기에 좋으며,²⁸⁴ 문

曰, 譬諸蟲, 雖久
多完, 三日一釀,
滿九石米止. 臣得
法, 釀之常善. 其
上清, 滓亦可飮.
若以九醞苦, 難
飮, 增爲十釀, 易

---

282 "法引曰, 譬諸蟲, 雖久多完": 이 문장들은 해석하기 곤란하다. 스성한의 금석본을 참고하면, '법인왈'은 글자대로 보자면 '이 방법[法]의 인용하여[引] 말한 "譬諸蟲, 雖久多完"이 만약 틀리거나 누락된 것이 없다면 당시 이 '법인'을 만든 사람(또는 이 방법을 '상주[奏]'한 조조)이 곤충에 복잡한 완전변태가 있어서 반드시 '오래 두어야[久]'만이 비로소 '완전해짐[完]'을 알고 있었다고 가정할 수밖에 없으나, 이러한 가정은 역사적 사실에 부합하지 않는다. 엄가균(嚴可均)이 모은 '전상고삼대진한육조문(全上古三代秦漢六朝文)' 중에 위나라 무제의 글에서 인용한 '법음왈(法飮曰)'은 더욱 설명할 길이 없다.

283 '지(止)': 스성한의 금석본에서는 '정(正)'으로 표기하였다. 이 '정'자가 '완정(完整)'의 '정'자를 줄여 쓴 것으로 아홉 섬의 쌀을 전부 썼다는 의미라고 보는 견해도 있으나, '정(正)'자로 '정(整)'자를 대체하여 수량사 뒤에 붙인 것은 아주 훗날의 일이다. 삼국시대와 남북조 시대에 이러한 용법이 있었다는 사실을 증명하기 전에는 이 가설을 믿을 수 없다. 엄가균이 모은 위나라 무제의 글에 인용하기를 이 구절은 "쌀이 9섬이 되면 멈춘다.[滿九斛米, 止.]"이며, 『문선(文選)』「남도부(南都賦)」의 '구온감례(九醞甘醴)' 구절의 주에는 『위무집(魏武集)』「상구온주주(上九醞酒奏)」를 인용하여 "삼일에 한 번 빚으며 쌀이 구곡이 되면 멈춘다."라고 했다. 이 모두는 가설과 부합한다. 게다가 '석(石)'을 '곡(斛)'으로 한 것도 아래 문장 "九斛 … 十斛"과 대응한다.

284 '증위십양(增爲十釀)': 『북당서초(北堂書鈔)』에 인용하기를 이 구절 아래에 '차감(差甘: 비교적 달다)'이라는 구절이 더 있다. 그리고 '역음불병(易飮不病: 자주 마시면 병에 걸리지 않는다.)' 아래에 '근상헌(謹上獻)' 구절을 끝으로 전편이 끝난다. 스성한의 금석본에 의하면, 아래의 구온에 대한 문장은 조조가 올린 원문이

제도 없게 됩니다."라고 하였다.

구온九醞은 9섬[斛]의 고두밥을 사용하고, 십온十醞은 10섬의 고두밥을 사용하는데, 모두 누룩 30근을 사용하므로 (결국) 고두밥의 양이 얼마인가에 달려 있다.

누룩을 다듬고 쌀을 씻는 모든 방법은 봄술 담그는 법과 동일하다.

약술 담그는 방법:285 이 같은 술에 오가피[五茄木皮]286와 온갖 약을 담그면 모두 유익하며, 효험은 신묘하다. 춘주국春酒麴과 분국笨麴287을 사용하고,288 신국은 사용하지 않는다. (쌀을 찧고 남은) 겨와 (쌀을 일고 남은) 즙은 모두 보관해 두고, 가축에게 먹여서는 안 된다. 술누룩을 다듬는 방법으로는 누룩 덩어리 네 변과 네 모퉁이, 아래 위의 두 면은 모두 3분의 1을 깎아 내고 구멍 속도 도려낸다. 그런 연후에 다시 부수어 햇

飲不病.

九醞用米九斛, 十醞[173]用米十斛, 俱用麴三十斤, 但米有[174]多少耳. 治麴淘米, 一如 春酒法.

浸藥酒法. 以此 酒浸五茄[175]木皮, 及一切藥, 皆有益, 神效. 用春酒麴及 笨麴, 不用神麴. 糠[176]潘埋藏之, 勿 使六畜食. 治麴法, 須斫去四緣四角 上下兩面, 皆三分

아니라 가사협이 보충 설명한 것이라고 한다.

285 '침약주법(浸藥酒法)': 아래의 첫 구절로 보면 이러한 술을 전문적으로 약을 담그기 위해 제조했음을 알 수 있다. 그러므로 약을 제조하기 위해 담근 술이지, 약을 제조해서 술을 담근 것은 아니다.

286 '오가목피(五茄木皮)': '오가피(五茄皮)'라고 한다. 오가(五茄; *Acanthopanax gracilistylus*)는 오가과로서 뿌리껍질을 약으로 쓰고, 술을 담그기도 한다.

287 '분국(笨麴)': 이것은 당연히 이국(頤麴)을 가리킨다. 춘주국과 이국은 모두 방형의 누룩으로 '사각(四角)'을 띠고 있다.

288 '급분국(及笨麴)': 춘주국은 모두 분국이다. 이 세 글자는 소주가 본문으로 잘못 표기된 듯하다. 그리고 '급'자는 '즉(卽)'자여야 한다.

볕에 말리고 찧어 가루를 낸다.

일반적인 비율은 누룩가루 한 말[斗], 물 한 말 반을 사용하는데, 많이 만들면 이 비례에 의거하여 더해 준다. 기장쌀로 술을 담글 때는 반드시 정성들여 찧으며 아주 깨끗하게 일고 씻어 물이 맑아질 때 비로소 그만둔다. 고두밥을 넣을 때도 일정한 방식이 없고, 누룩 세력의 강약에 의거해 정한다.

그런데 사용하려고 하는 고두밥은 모두 평균 7등분을 하여, 날마다 한 등분씩 한 차례 넣어 주고, 하루라도 빠뜨리면 안 된다. 빠지면 누룩의 세력이 꺾이게 된다. 일곱 차례 넣는 것이 모두 끝난 이후에는 멈춘다. 익게 되면 술을 짜낸다. 춘하추동 사계절에 모두 만들 수 있다.

술 항아리 밖을 감싸는 두껍고 얇은 정도는 모두 봄술을 담그는 정황과 같다. 하지만 기장밥은 펴서 식히고, 겨울에는 두꺼운 물건으로 항아리를 덮어 준다. 잘라 낸 누룩조각은 발효의 효능이 있으니 버리지 않고 다른 용도로 사용한다.

『박물지博物志』에 실린 '후추술[胡椒酒]' 담그는 법:289 5되의 좋은 술에 마른 생강[乾薑]290 1냥, 후추 70알을 모두 찧어서 가루로 내고 좋은 안석류安石榴 5개로 즙을 짠다. 생강·후추 가루와 안

去一, 孔中亦剜去. 然後細剉, 燥曝, 末之. 大率麴末一斗, 用水一斗半, 多作依⑰此加之. 釀用黍, 必須細師, 淘欲極淨, 水淸乃止. 用米亦無定方, 準量麴勢強弱. 然其米要須均分爲七分, 一日一酘, 莫令空闕. 闕即折麴勢力. 七酘畢, 便止. 熟即押出之. 春秋冬夏皆得作. 茹甕厚薄之宜, 一與春酒同. 但黍飯攤使極冷, 冬即須物覆甕. 其斫去之麴, 猶有力, 不廢餘用耳.

博物志, 胡椒酒法. 以好春酒五升, 乾薑一兩, 胡椒七十枚, 皆擣末, 好

석류의 즙을 모두 술 속에 넣고 불로 따뜻하게 데운다. 차게 마실 수도 있고 따뜻하게 마실 수도 있다. 이 같은 술은 속을 따뜻하게 해 주고 기를 내려 준다. 만약 술병이 들어서 고통스러워하여 신체가 편안하지 않게 되면 이를 마신다. 술을 많이 마실 수 있는 사람은 4-5되를 마실 수 있고, 많이 마실 수 없는 사람은 2-3되를 마실 수 있으니 자기의 주량에 따른다.

생강과 후추의 양을 증가시켜도 좋으며, 많은 것을 싫어하면 다소 줄여도 좋다. 많이 만들려고 한다면 이러한 비율에 따라 조합한다.

만약 한 번에 다 마시지 못하면 며칠을 두어도 좋다. 이것이 호인胡人들이 말하는 '필발주蓽撥291酒'이다.

美安石榴五枚, 押取汁. 皆以[178]薑椒末, 及安石榴汁, 悉內著酒中, 火暖取溫. 亦可冷飮, 亦可熱飮之. 溫中[179]下氣. 若病酒, 苦覺體中不調, 飮之. 能者四五升, 不能者可二三升從意. 若欲增薑椒亦可, 若嫌多, 欲減亦可. 欲多作者, 當以此爲率. 若飮不盡, 可停數日. 此胡人

---

289 지금 전해지는 『박물지』는 『사고전서총목제요(四庫全書總目提要)』에 의거하여 송대 이후 흩어져 유실된 부분을 모으고 다른 책에서 잡다하게 채록하여 만들었는데, 이 조항은 금본에는 보이지 않는다. 묘치위 교석본에 따르면, 『예문유취』 권89 '초(椒)'는 이 조항을 인용하여 아주 간략하게 '압취즙(押取汁)'을 '관수계(管收計)'라고 적고 있는데, 이는 '착취즙(笮取汁)'의 형태상의 잘못이라고 한다.

290 '건강(乾薑)': 생강을 말린 것이다. 『본초도경(本草圖經)』에서는, "생강은 … 가을에 뿌리를 캐어[根莖], 흐르는 물에 오랫동안 씻고 햇볕에 말려 마른 생강을 만든다."라고 하는데, 오늘날에도 온돌에서 여러 차례 말려 만든다.

291 '필발(蓽撥)': Piper longum의 옛 중국 명칭이며, 『남방초목상(南方椒目狀)』에도 있다. 다만 이 약주의 처방 중에 필발은 없다. 그러므로 "이것이 호인들이 말하는 필발주이다."라는 구절은 자료를 제공하는 셈으로, 고대 중아시아의 민족이

所謂蓽撥酒也.

食經作白醪酒
法. 生秫米一石,
方麴二斤, 細剉.
以泉水漬麴, 密蓋.
再宿, 麴浮, 起. 炊
米三斗酘之, 使和

『식경食經』 중의 백료주白醪酒 만드는 법:292 생차조쌀[秫米] 한 섬[石], 방국方麴293 2근斤을 잘게 부수어 사용한다. 샘물에 누룩을 담가 잘 덮어 둔다. 이틀 밤이 지나 누룩이 떠오르면 발효된다[起].294 이때 3말의 고두밥을 지어 밑술로 넣어 주고295 고르게 섞는다. 잘 덮어 준 후 5일이 지나

Piper라는 명칭을 써서 후추 및 같은 부류의 필발을 일컬었음을 설명해 준다.

292 이 조항부터 이편의 마지막 조항에 이르기까지는『식경(食經)』의 문장이다. 각 조항 중에는 '방국(方麴)'이라 일컫고 '분국(笨麴)'이라고 하지 않으며, 누룩의 양을 계산할 때는 근(斤)을 사용하고 되와 말을 사용하지 않는다. 특정한 어구를 사용하는 것이 적지 않게 있는데, 지게미가 생기는 것을 '제(濟)'라 하고, 누룩이 발효되는 것을 '기(起)'라 부르며, 누룩을 넣는 것은 '두(酘)'라고 부르는 것 등이 있다. 묘치위 교석본에 의하면, 만드는 과정이『제민요술』처럼 상세하지 않으며, 어떤 부분에서는 '당연하다[想當然]'라고 하는데, 그것은 모두『제민요술』의 본문은 아니고,『식경』의 문장이다. 또 '여름에 계명주를 만드는 방법[作夏雞鳴酒法]'의 '출미이두(秫米二斗)'에 대해서 유수증(劉壽曾)이 교기하여 "『식경』에서는 이(二)를 삼(三)으로 쓰고 있다."라고 하였으며, '수오두(水五斗)'는 유씨가 교기하기를, "『식경』에서는 말[斗]로 되[升]로 쓰고 있다."라고 하였는데, 이러한 설명은『식경』의 문장이라고 하였다.

293 '방국(方麴)'은『식경』의 용어이다.『제민요술』에서는 '방형국(方型麴)'이 있으나 누룩의 형태로 이름을 붙이진 않았다.

294 '기(起)'는『식경』에서 사용하는 용어인데, 즉 발효되어 떠오르는 것을 말하며, 다음 문장의 '유학주법(兪瘧酒法)'에 "위에 흰 거품이 떠오른다. 이것이 곧 발효가 시작되는 것이다.[上生白末. 起]"라는 구절이 있는데 이와 같은 것이다.『제민요술』본문에서는 '발(發)'로 부르고 있다.

295 '炊米三斗酘之': 원래 한 섬[石]의 쌀을 써야 하나 여기에서는 3말[斗]만을 썼으며 나머지 7말은 언제 어떻게 담그는지 설명이 없는 것으로 보아 누락된 구절이 있음이 분명하다. 이 단락의 말은 "即凡三酘, 濟, 又炊一斗酘之"와 같은 구절이 있

면 익는데 술은 마치 우유와 같이 달다. 9월 중순 이후에 만들 수 있다.

백료주를 만드는 법: 방국方麴 5근斤을 잘게 부순다. 흐르는 물 3말[斗] 5되[升]를 떠와 담가서 이틀 밤을 보낸다. 4말의 기장밥을 지어서 차게 식혀 밑술로 넣으면, 전체의 양조한 술즙은 7말의 분량이 된다.[296] 모두 세 차례 고두밥을 넣고, 넣는 것이 끝나면 맑아지기를 기다려서[297] 다시 한 말의 고두밥을 지어 밑술로 넣는다. 고두밥을 잘 저어 섞으면서 분산시킨다. (그런 후에) 단단하

調. 蓋滿五日, 乃好, 酒甘如乳. 九月半後可作也.[180]

作白醪酒法. 用方麴五斤, 細剉. 以流水三斗五升, 漬之再宿. 炊米四斗, 冷, 酘之, 令得七斗汁. 凡三酘, 濟令淸,[181] 又炊一斗米酘酒中. 攪令

었을 것으로 의심된다. 이렇게 되면 3×3×1이 되어 한 섬의 쌀을 다 담근 것이 된다. 두 종류 모두 백료주이나, '백료주 만드는 법'에서 5근(斤)의 누룩을 쓴 것에 비해 여기에서는 2근만을 사용했는데 '국살(麴殺)'이 다르기 때문에 '백료주 만드는 법'에서 사용한 쌀이 좀 더 많다.

296 '令得七斗汁': 처음으로 술이 나오는 양을 제시한 것이지만 최후에 술이 얼마나 나오는지 확실하지 않고, 여전히 술이 나오는 비율은 계산할 방법이 없다.

297 '제령청(濟令淸)': 이는 지게미를 걸러서 청주를 취하는 것을 말한다. 묘치위 교석본에 따르면, '제(濟)'는 고문에서는 '제(泲)'로 쓰였다. 권8 「초 만드는 법[作酢法]」에서는 『식경』의 '수고주법(水苦酒法)'에 '제취즙(泲取汁)'이 있는 것을 인용하여 바로 '제(泲)'를 쓰고 있는데, '제령청(濟令淸)'은 '제취즙(泲取汁)'의 의미이다. 또 이 술을 만드는 법은 앞의 편의 '양백료법(釀白醪法)'과 유사한데, 앞편의 '漉出糟'는 여기서의 '濟令淸'이다. '제(泲)'는 또 '축(縮)'이라고도 일컫는다. 『예기』 「교특생(郊特牲)」에서는, "술을 거를 때는 띠풀을 사용하면 맑은 술이 된다."라고 하였다. 이것은 지게미와 술째로 띠풀을 사용하여 술지게미를 걸러 청주를 만들어 마신다는 것이다. 따라서 공영달은 직접 해석하여 이르기를, "'축(縮)'은 '제(泲)'다. … '제(泲)'는 거른다는 의미이다."라고 하였다. '제(濟)', '제(泲)'는 모두 『식경』에서 고유하게 사용하는 단어라고 한다.

게 봉해 준다. 4-5일이 지나면 밥이 항아리 위로 떠오르는데[298] 윗부분이 푸른색을 띠게 되면[299] 바로 마실 수 있다.

겨울에 미명주米明酒를 담그는 방법:[300] 9월에 잘 찧은 쌀[稻米] 한 말을 물에 담갔다가 잘게 빻아서 가루를 만들어 한 섬의 끓는 물을 붓는다[죽처럼 만든다]. 한 근의 누룩을 찧어서 가루로 만들어 잘 섞어 준다. 3일이 지나 시큼한 냄새[酢]가 나면[301] 3말의 양조용 좁쌀로 밥을 지어 섞는데[302] 냄새가 코를 찌르면 바로 발효가 잘된 것이

和解. 封. 四五日, 黍浮, 縹色上, 便可飲矣.

冬米明酒法. 九月, 漬精稻米[182]一斗, 擣令碎[183]末, 沸湯一石澆之. 麴一斤, 末, 攪和. 三日極酢, 合三斗[184]釀米炊之, 氣刺人

---

298 '서부(黍浮)': 기장밥의 찌꺼기가 항아리 윗면에 떠오르는 것이다.

299 표색(縹色): '표'는 『설문해자』에 '백청백색(帛青白色)'으로 풀이되어 있다. 즉 백색의 비단이 푸른색 광택을 띠는 것이다. 조식(曹植)의 『칠계(七啓)』에 "춘청표주(春青縹酒)가 있다."라는 구절이 있는데, 바로 이러한 '죽엽청(竹葉青)'색의 술이다.

300 '동미명주법(冬米明酒法)': 이 술의 양조법은 대부분 『북산주경』과 같으며 남방의 술의 형태에 속하는데, 가장 큰 특징은 쌀에 거품이 일 때 산장(酸漿)과 술을 담그는 것이다. 묘치위 교석본에 의하면, 옛날에는 최상의 물건을 일컬어 '명(明)'이라고 하여 명수(明水), 명촉(明燭), 명자(明粢) 등이라고 하였지만 '명주(明酒)'는 아직 신에게 제사지내는 술은 아닌 듯하며, 그 의미는 분명하지 않다. 또한 겨울의 쌀 혹은 여름의 쌀을 가리키는지의 여부는 분명하지 않다고 하였다.

301 '삼일극초(三日極酢)': 스성한의 금석본에서는 본 단락은 이 부분부터 아래로 배열의 착오가 있다고 하면서, 아래의 '여름에 이명주 담그는 법'과 비교해 본 후에, "三日極酢, 氣刺人鼻, 便爲大發. 再炊米三斗, 用方麴十五斤, 水四斗, 合和釀之, 攪. 殺之, 米三斗, 成."의 순서가 합당하다고 보았다.

302 '합삼두양미취지(合三斗釀米炊之)': 3말의 쌀과 이미 누룩가루를 넣어서 매우 시큼한 신물을 섞고 지은 밥이다. 이것은 『북산주경』의 '증초미(蒸醋米; 通米)'로서, 원료가 되는 쌀에 신물을 섞어서 쪄서 지은 신 밥이다. 『북산주경』의 '증(蒸)'은 『식경』에서는

다.[303] (이들을 모두) 휘저어 섞어 주면 된다.[304] 방국方麴 15근[305]을 넣고 밑술에 넣을 3말의 고두밥, 4말의 물을 합하여 양조한다.

여름에 미명주米明酒를 담그는 방법: 차조쌀 한 섬, 누룩 3근을 3말의 물에 담근다. 3말의 기장쌀로 밥을 지어 넣는데 모두 세 차례 넣어 준다. 다 넣고 난 이후에는 다시 한 말의 기장밥을 지어 밑술로 넣는다.

이틀 밤이 지나 기장밥이 떠오르게 되면 바로 마실 수 있다.

낭릉郎陵 하공何公 집안에서 여름철에 항아리에 청주를 담그는 방법[306]: 누룩을 마치 참새머리

鼻, 便爲大發. 攪
成. 用方麴十五斤
酘之, 米三斗, 水
四斗, 合和釀之也.

夏米明酒法. 秫
米一石, 麴三斤, 水
三斗漬之. 炊三斗
米酘之, 凡三. 濟
出, 炊一斗, 酘酒
中. 再宿, 黍浮,[185]
便可飲之.

朗陵何公夏封
清酒法. 細剉麴如

단지 '자(煮)'라고 하는데, 이는 곧 지금 말하는 '자미(煮米)'이다. 왜냐하면 쌀 한 말을 한 섬의 끓는 물에 넣는 것이기 때문에, 비록 쌀 3말을 넣어서 섞더라도 찔 수는 없고 단지 끓이기만 할 뿐이다.

303 '대발(大發)': 실질적으로 쌀을 끓이면 3일 후에는 발효되어 아주 시게 되는데, "냄새가 코를 찌르면 바로 발효가 잘된 것이다."라는 것은 마땅히 "3일 만에 초가 된다."의 다음에 오는 것이 더욱 적합하다.

304 '교성(攪成)'은 삶은 쉰밥을 저어서 문드러지게 하여 '죽'을 만드는 것이다.

305 '用方麴十五斤': 이는 너무 많은 것 같으며, 기타 각 조항에는 이와 같은 배합비율이 없어서 잘못된 듯하다.

306 '낭릉(朗陵)': 한대(漢代)에 지금의 하남성 확산현(碻山縣) 경내에 설치한 현의 이름이다. '낭릉하공하봉청주(朗陵何公夏封清酒)'라는 술은 다음 문장의 계명주(雞鳴酒)와 더불어 모두 일종의 항아리에 술을 담그며, 일정량의 물을 술항아리에 넣어 봉하여 담그는데, 만드는 법이 아주 간단하고 숙성(발효)이 빠르나 저장하기는 쉽지 않다고 한다.

[雀頭]307 크기로 작게 부수어서 항아리 바닥에 넣는다. 매번 한 말의 찰기장밥을 넣고 순차적으로 [次第] 5되의 물을 붓는다.308 진흙으로 봉하여 햇볕에 놓아두면 7일이 지나 술이 익는다.

유학주愈瘧酒 담그는 방법: 4월 초 여드레 날에 만든다. 한 말의 좁쌀,309 한 근의 누룩을 빻아서 가루로 만들어 모두 물속에 넣는다. 술이 시게 되면[須酢] 졸여서 한 섬을 7말이 되도록 달인다. 다시 누룩 4근을 넣는데 졸인 물이 식기를 기다려서 누룩을 넣는다. 하룻밤이 지나면 위에 흰 거품이 떠오른다. (이것이 곧) 발효가 시작되는 것이다. 다시 한 섬의 차조쌀로 밥을 짓고, 밥이 식으면 넣으며 3일이 지나면 술이 된다.

영주酃酒를 담그는 방법310: 9월에 한 섬 6말

雀頭, 先布甕底. 以黍一斗, 次第間 水186五升澆之. 泥 著日中,187 七日熟.

愈瘧酒法. 四月 八日作. 用米一石, 麴一斤, 擣作末, 俱酘水中. 須酢188 煎一石, 取七斗. 以麴四斤, 須漿冷, 酘麴. 一宿, 上生 白沫. 起. 炊秫一 石, 冷, 酘中, 三日 酒成.

作酃盧丁反189酒

---

307 '작두(雀頭)': 『제민요술』의 '대추와 밤크기만 하게 자른다는 것[大如棗栗]'과 같지만 누룩 사용량은 언급하지 않았고, 여름철에는 작은 누룩을 사용했다는 점은 『제민요술』의 본문과 동일하다.

308 '차제(次第)'가 만약 앞 문장의 '이서일두(以黍一斗)'에 이어진다고 하면 다음의 '서(黍)'는 일두(一斗)에 그치지 않고 물 또한 5되에 머무르지 않는다. 그러나 묘치위 교석본에 따르면, 이것은 동이를 이용하여 술을 담그는 것으로, 또한 모두 기장밥 한 말을 넣는다고 해석할 수 있으며, 일정한 간격을 두었다가 이 술을 나누어 모두 5되의 물을 붓는다고 하였다.

309 '용미(用米)': 스성한의 금석본에서는 '용수(用水)'로 쓰고 있다. 아래의 '구두수중(俱酘水中)'의 '구'자를 근거로, 이 '수'자는 '미(米)'자인 것으로 보았다.

310 '작령주법(作酃酒法)': '영'은 원래 지명이다. 한대의 '영현(酃縣)'은 지금의 호남

의 차조쌀을 구해서 밥을 짓는다. 하룻밤 전[宿]³¹¹에 한 섬의 물에 7근의 누룩을 담가 둔다. 지은 밥이 차게 식으면 누룩즙에 넣는다. 항아리 뚜껑을 덮는데 연잎과 대껍질[荷箬]³¹²을 사용하면 술에 향기가 나며, 잎이 마르면 바꿔 준다.

화주和酒 만드는 방법: 술 한 말, 후추 60알, 마른 생강 한 푼, 계설향雞舌香³¹³ 한 푼, 필발³¹⁴ 6

法. 以九月中, 取秫米一石六斗, 炊作飯. 以水一石, 宿漬麯七斤. 炊飯令冷, 酘麯汁中. 覆甕多用荷箬, 令酒香, 燥復易之.

作和酒法. 酒一斗, 胡椒六十

성 형양현(衡陽縣) 동남쪽이다. 현재 상서성 영상현(寧岡縣)과 인접한 호남성 농부의 마을을 여전히 '영현'으로 부르고 있다. 『북당서초』권148 '상동영수(湘東酃水)'조에서는 원래 장발(張勃)의 『오록(吳錄)』을 인용하여 "상(湘)의 동쪽 영현에 영수가 있는데, 그 물로 술을 만든다."라고 했으며, '계양녹계(桂陽淥溪)'조는 성홍지(盛弘之)의 『형주기(荊州記)』를 인용하여 "계양군 동쪽 경계의 협공산(俠公山) 아래에 녹계(淥溪)의 수원이 있는데 관리들이 자주 이 물을 가져다 술을 담갔다."라고 했다. 영현이 바로 계양군의 현 중의 하나이다. 스성한의 금석본에 따르면, 예부터 내려오는 명주의 하나인 '영녹(酃淥)'은 '영주'라고도 부르는데, 상동 지역의 영수(酃水)와 녹수(淥水)로 만든 술을 가리킨다고 한다.

311 '숙(宿)': '숙'앞에 '격(隔)'자 혹은 '전(前)'자가 탈락한 듯하다. '숙(宿)'은 격숙(隔宿)의 줄임말로 하룻밤을 지낸다는 의미이다.

312 '약(箬)': '약(蒻)'으로도 쓰며, 『본초강목』에서는 약엽을 '요엽(遼葉)'이라고 하고 있다.

313 '계설향(雞舌香)': 『초학기』「직관」에 의하면 향료의 한가지로 정향(丁香)나무의 꽃봉오리를 말린 것이다. 치통에도 쓰이며, 상서랑(尙書郞)이 임금께 아뢸 때 이것으로 입을 뿜고 나서 말했다고 한다.(네이버『한시어사전』참조.)

314 '필발(蓽撥)': 이는 '필발'과 '후추[胡椒]'를 가리킬 수 있다. 만약 이 구절에 착오가 없다면 필발이 후추가 아니라 Piper longum이라고 단정적으로 말할 수 있다. 앞에 언급된 『박물지』에 실린 후추술 담그는 법 중에서 소위 '호인이 말하는 필발

개를 체로 쳐서[下篩]³¹⁵ 비단포대에 담아 술 속에 넣는다.

하룻밤이 지나 한 되의 꿀을 더하여 잘 섞어 준다.

여름철에 계명주 담그는 방법: 차조쌀 2말을 끓여서 죽을 만들고³¹⁶ 누룩 2근³¹⁷을 찧어서 가루로 만들어 밥에 넣고 고르게 섞는다. 물 5말에 담그고³¹⁸ 항아리 주둥이를 봉한다.

枚, 乾薑一分, 雞
舌香一分, 蓽撥
六枚, 下篩, 絹囊
盛, 內酒中. 一
宿, 蜜一升和之.

作夏雞鳴酒
法. 秫米二斗, 煮
作糜, 麴二斤, 擣,
合米和, 令調. 以

주'의 필발과 유사하나 다르다.

315 '하사(下篩)': 찧은 가루를 거르는 조작방법이다. 『식경』의 문장에도 간략하게 되어 있다.

316 '자작미(煮作糜)': 끓여서 익힌 고두밥을 민간에서는 '미(糜)'라고 칭하는데 이것 때문에 찐 밥을 '자미(煮糜)'라고도 부른다. 묘치위 교석본에 따르면, 현재 산동성 즉묵(卽墨) 등지에서는 여전히 이러한 명칭이 있는데 찐 밥과 다른 점은 끊임없이 반죽을 하고 쳐서 풀과 같은 밥을 만든다는 점으로, 『북산주경』에서는 "'비(篦)'로 쳐서 쌀의 껍질을 부수고 속을 깨뜨려서 안팎을 찧어 문드러지게 하여 죽을 만든다."라고 하였다. 그것 또한 죽의 형상으로 앞의 문장의 겨울철 미명주의 죽이며 이는 곧 죽의 형상인데 심지어는 타서 문드러진 밥일 수도 있다고 하였다.

317 명초본과 호상본 등에는 '이근(二斤)'으로 쓰고 있는데, 금택초본에는 '이두(二斗)'로 잘못 적고 있다.

318 '以水五斗漬之': 두 말의 차조쌀에 5말의 물을 사용하면 물의 양은 곡물 양의 2배 이상을 초과한다. 묘치위의 교석본을 보면, 이 '묽은 술[水酒]'은 한나라 때 2섬[斛]의 쌀로 양조하는 것이 6섬 6말의 극박주(極薄酒)가 된 것과 다소 비슷하다. [『한서』 권24 「식화지하(食貨志下)」에 보인다.] 따라서 우정국(于定國)은 "술을 마시는 것이 수 섬[石]에 이를지라도 문란하지 않았다."라고 하였다.[『한서』 권71 「우정국전(于定國傳)」에 보인다.] 그러나 유수증(劉壽曾)의 교기에 "『식경』에서는 두(斗)를 승(升)으로 쓴다."라고 하고 있어, 이 또한 '5승'의 잘못임을 알 수 있

오늘 만들면 내일 닭이 울 때쯤에 술이 익게 된다.

심주穮酒를 담그는 방법: 4월에 심穮[319]나무의 잎을 꽃째로 따서 가져와 재빨리 술항아리 속에 눌러 재워 둔다. 6-7일이 지난 이후면 모두 검은 색을 띠면서 숙성된다.

햇볕에 말리고 3-4차례 끓이고 찌꺼기를 걸러 내어 항아리 속에 넣어 둔다. 누룩을 넣고 좁쌀 5말로 밥을 지어서 밑술로 넣고 햇볕[日中][320]을 쪼인다. (물기 없는) 손으로 문질러서

水五斗漬之, 封
頭. 今日作, 明旦
雞鳴便熟.🔳

作穮酒法. 四
月取穮葉, 合花
采之, 還, 即急抑
著甕中. 六七日,
悉使烏熟. 曝之,
煮三四沸, 去滓,
內甕中. 下麴, 炊
五斗米, 日中可

다고 하였다.

319 '심(穮)': 이 글자는 식물의 이름임이 분명하다. 다만 어떤 식물인지는 지금의 자료로는 쉽게 확정할 수 없다. 『광운(廣韻)』 권47의 침(寢)에서 『산해경(山海經)』을 인용하여 "그 즙을 끓이는데 맛이 달고 술이 될 수 있다."라고 하였고, 본 단락에는 "6, 7일에 검게 익는다."라고 하였으며, 『북당서초(北堂書鈔)』 권148의 촉초주에서는 복식경(服食經)을 인용하여 "남촉초를 채취하여 그 즙을 끓인다."라고 하였는데, 스성한의 금석본에서는 이들 사료를 근거로 하여 '심'이 남촉(南燭)일 것으로 추측하였다. 또한 『광운』 「상성·사십칠침(四十七寢)」에서 "심(穮)은 나무 이름이며, 『산해경』에서 이르기를 그 즙을 끓이면 맛이 달고 술을 만들 수 있다."라고 하였으나, 금본의 『산해경』에는 이러한 기록이 없다.

320 '일중(日中)': 스성한의 금석본에 의하면, 이곳의 '일중'과 다음 단락의 '일중'은 같은 용법인 듯하다. 아래 단락의 '日中曝之'는 그나마 이해가 쉬운데, 이곳의 '일중'은 설명할 길이 없다. 아마 위에는 '두지(酘之)' 두 글자와 아래에는 '폭(曝)' 혹은 '폭지(曝之)'가 있었는데 누락된 듯하다. 이 부분에 대해서 스성한은 "5말의 좁쌀로 밥을 지어서 밑술로 넣고 햇볕을 쪼인다."라고 해석하였는데 혹자는 "5말의 쌀로써 밥을 지어 햇볕에 말린다."라고 해석하고 있다. 다음 문장의 전개상황으로 볼 때 스성한의 해석이 보다 합리적일 듯하다. 묘치위 교석본에 의하면, "日中

떠오른 것을 한두 번 눌러 준다. 하룻밤 지나
서 다시 5말의 쌀로 지은 밥을 넣어 주면 곧 익
게 된다.

    가이[321]주柯柂酒 담그는 방법: 2월 초이틀에 물
을 긷고 3월 초 3일에 길어 온 물을 졸인다. 먼저
누룩을 물속에 넣어 섞는다.[322] 하룻밤 지나서 차
조쌀로 밥을 지어서 넣는다.[323] 햇볕을 쬐게 하면
술이 곧 익게 된다.

燥. 手一兩抑之.
一宿, 復炊五斗
米酘之, 便熟.

    柯柂良知反[191]酒
法. 二月二日取水,
三月三日煎之. 先
攪麴中水. 一宿,
乃炊秫[192]米飯. 日
中曝之, 酒成也.

교 기

[126] '분부본절(笨符本切)': 명청 각본에는 음주(音注)는 표제의 말미에 있으

可燥"는 마땅히 "曝之日中, 可燥"로 써야 한다. 이는 심목(橬木)의 꽃과 잎을 햇
볕에 말리는 것을 가리키며, '가조(可燥)'는 '호조(好燥)'와 같다고 할 수 있다. 권
4「밤 재배[種栗]」의 '장생률법(藏生栗法)'에는 "햇볕에 말린 고운 모래"라는 것이
있는데, 이 또한 『식경』의 문장으로 용법이 서로 동일하다고 한다.

321 '가이(柯柂)': '가이'가 무엇인지 설명할 길이 없다. 최표(崔豹)의 『고금주(古今注)』
에 보면 작약(勺藥)의 한 이름으로 '가리(可離)'라는 말이 있는데, 스성한의 금석
본에서는 이를 근거로 하여 '가이'가 '가리'의 동음자일 것으로 추측하였다. 작약
의 뿌리는 약으로 쓰인다. 니시야마 역주본에서는 '구기(枸杞)'의 잘못일 것이라
고 생각하고 있으나, 양조과정 중에는 구기(枸杞)가 제시되지 않았다.

322 '선교국중수(先攪麴中水)': '중수' 두 글자가 앞뒤로 바뀐 듯하다.

323 '출미반(秫米飯)' 아래에 '두지(酘之)' 혹은 '하지(下之)' 등의 글자가 누락된 듯
하다.

며, 명초본과 금택초본은 분(笨)자의 아래에 있다. 점서본(황요포가 송본을 초사하고 교정하여 보관한 것에 의거함)과 명초본, 금택초본은 같다.

⑫ '병(幷)': 명청 각본에는 '병(餠)'으로 잘못되어 있다.

⑫ '비시(匕匙)': 명청 각본에 '비'자는 '착(着)'으로 되어 있는데 이해할 수 없다. 명초본과 금택초본에 따라 바로잡는다.

⑫ '법(法)': 명청 각 각본에 '상(上)'으로 잘못되어 있는데, 명초본과 금택초본에 따라 바로잡는다.

⑬ '수국욕강(溲麴欲剛)': 학진본을 포함한 명청 각본에 모두 '국(麴)'자가 한 글자 빠져 있다. 명초본과 금택초본, 점서본에 따라 보충한다. 아래의 '灑水欲均'의 문장 형식과 비교해 봤을 때도 이 '국'자가 없어서는 안 된다는 것을 알 수 있다.

⑬ '욕건(欲乾)': 명청 각본에 '건'자 다음에 '기법(其法)'이라는 두 글자가 더 있다. 명초본과 금택초본에 따라 삭제한다.

⑬ '정수약함(井水若鹹)': 스성한의 금석본에서는 '약(若)'을 '고(苦)'로 쓰고 있다. 스성한에 따르면, '고'자는 명초본과 금택초본에 '약(若)'으로 되어 있고, 명청 각본에는 '고(苦)'로 되어 있다. 비책휘함본의 '고'자는 '약'자를 바꿔 쓴 것임을 알 수 있다. 위아래 문장을 여러 차례 살펴본 결과 '고'자가 '약'자보다 훨씬 더 나은 듯하다. '우물물이 만약 짜다면[井水若鹹]'은 불확실하며, '약(若)'이라고 하면 윗 문장의 '하수를 취한다.[收河水.]'라는 그 절반이 무의미한 요구가 되어 버린다. 우물물이 짜서 고민스럽거나 또는 우물물이 쓰고 짜야만 하수를 취할 필요가 있는 것이다. 짠물은 술을 빚는 물로 쓸 수 없는데, 본 단락의 끝부분에서 이를 설명하고 있다. 즉 이러한 설명 때문에 '고(苦)'자를 '쓴맛[苦味]'으로 해석하지 않고 '꺼리다[苦於]'로 풀이해야 한다고 보았다. 묘치위에 의하면, '약(若)'으로 쓴 것은 잘못되지 않았으며, 쓸데없이 '고(苦)'자로 고칠 필요가 없다고 하여 스성한과 다른 견해를 제시하였다.

⑬ '용미구두(用米九斗)': 명초본과 명청 각본에 '용'자의 위에 '각(各)'자가 한 글자 더 있다. 금택초본에 따라 삭제한다.

⑬ '삼(三)': '삼'자는 금택초본에 '이(二)'로 되어 있는데, 명초본과 명청 각

본에 따라 '삼'자로 한다.

135 "停, 嘗看之": 명청 각본에 "停著嘗之"로 되어 있다. 아래 문장의 "必須看候"로 볼 때 명초본과 금택초본의 '상간(嘗看)'이 더 적합하므로 명초본과 금택초본에 따른다.

136 '소미(少味)': 스성한의 금석본에서는 '미(味)'를 '미(米)'로 쓰고 있다. 스성한에 따르면 명청 각본에 '소미(少味)'로, 명초본과 금택초본에 '소미(少米)'로 되어 있다. 두 글자 모두 해석 가능하나 잠정적으로 명초본과 금택초본에 따른다.

137 "亦可過十石米. 但取味足而已, 不必要止十石": 명초본과 금택초본이 모두 이와 같다. 명청 여러 각본에 "米但 … 十石" 이 열세 글자가 빠져 있다. 다음 줄의 두 '십석'을 잘못 보고 베낄 때 누락하였음이 분명하다.

138 '곽곽자(霍霍者)': 명청 여러 각본에 '자(者)'자가 빠져 있는데, 명초본과 금택초본에 따라 보충한다.

139 '소(消)': 명초본과 금택초본은 '소'자이다. 소는 쌀이 발효되어 소화되는 것이다. 명청 여러 각본에는 '삭(削)'으로 잘못되어 있다.

140 '편(偏)': 명청 각본에 '편(徧)'으로 잘못되어 있다. 명초본과 금택초본에 따라 바로잡는다.

141 '상령(常令)': 스성한의 금석본에는 '영(令)'이 '당(當)'으로 되어 있다. 스성한에 따르면 명초본과 금택초본에 '상령(常令)'으로 되어 있으며 물론 해석이 가능하지만 '분국으로 백료주 담그는 법[笨麴白醪酒法]'에 언급된 "必須寒食前令得一酘之也"와 비교해 볼 때 명청 각본의 '당령(當令)'의 당이 '필수' 이 두 글자에 더욱 잘 부합된다고 한다.

142 '이(頤)': 스성한의 금석본에서는 '이(顋)'로 쓰고 있다. 스성한에 따르면, 이 글자는 명초본과 명청 각본에 모두 '이(頤)'로 되어 있다. 금택초본에는 '이(顋)'로 되어 있다. 송대의 사본 각본 중에 '이(𦜕)'자는 '뇌(𦜜)'자 편방의 간필로, 정규적인 사법에 따르면 금택초본의 '이(顋)'는 '이(顋)'가 되어야 한다. '이(顋)'자는 자의를 보면 두뇌[𦜜; 𦜑]의 뇌(腦)를 가리킨다. 여기에 사용되어서는 '이(頤)'자 또는 자형이 이(頤)와 아주 흡사한 '이(頥)'자보다 더 풀이가 쉬운 것 같지는 않다. 다만 그 독음

이 '노(臑)', '누(粰)' 등의 글자와 유사하며, '후주(厚酒: 즉 농주)'로 해
석될 수 있는 '유(酼)'와 그 근원이 비슷하다고 할 수 있다. 그러므로 잠
정적으로 이 글자를 선정했다. 자형이 다소 근사한 '와(臥)'자도 고려했
다. '와'자는 본서에서 보온을 대체하는 말로 쓰인 '욱(燠)'이다.[324]

143 '칠월칠일(七月七日)': 명청 각본에 '七月初七日'로 되어 있다. 아래에서
최식이 7월 초이레에 누룩을 만들 수 있다[七月七日 可作麴]고 한 바와
비교했을 때 '초'자는 불필요하게 들어간 것이 분명하므로 명초본과 금
택초본에 따라 삭제한다.

144 "麴其": 명청 각본에 '기국'으로 순서가 바뀌어 있는데, 명초본과 금택
초본에 따라 바로잡는다.

145 '야반(夜半)': 명청 각본에는 '야월(夜月)'로 잘못되어 있다. 명초본과 금
택초본에 따라 고친다.

146 '이(以)': 명청 각본에 '이'자가 누락되어 있는데 명초본과 금택초본에
따라 바로잡는다.

147 '유수(游水)': 명청 각본에 '자수(者水)'로 잘못되어 있다. 명초본과 금
택초본에 따라 수정한다.

148 '지국(漬麴)': 명청 각본에 '청국(淸麴)'으로 잘못되어 있다. 명초본과
금택초본에 의거하여 고쳐 적었다.

149 '녹거재(漉去滓)': 명청 각본에 '녹출재(漉出滓)'로 되어 있다. 명초본과
금택초본에 따라 바로잡는다.

150 '불능취인(不能醉人)': 명청 각본에 '인(人)'자가 중복 출현하는데 명초
본과 금택초본에 따라 삭제한다.

151 '견사(絹篩)': 비책휘함에 초머리[艸]가 있는 '사(蓰)'로 잘못되어 있다.
학진본과 점서본에 의거하여 바로잡았다.

152 '양(穰)': 명청 각본에 '농(穠)'으로 잘못되어 있다. 명초본과 금택초본
에 따라 바로잡는다.

153 '주(酎)': 명초본에 '감(酣)'으로 잘못되어 있다.

---

324 '와'자와 '욱'자의 관계를 설명하는 동사가 없어서 해석이 잘 되지 않는다.

᠍154 '수청(水淸)': 명초본과 명청 각본에 모두 '미청(米淸)'으로 잘못되어 있다. 금택초본에 따라 바로잡는다.

᠍155 '분흘(粉訖)': 명청 각본과 금택초본에 '분(粉)'자가 없는데, 명초본에는 있다. '분'자가 있어야 문법적으로 완벽해지므로 보충해야 한다.

᠍156 '화분(和粉)': 명청 각본에 '화'자가 누락되어 있는데, 명초본과 금택초본에 따라 보충한다.

᠍157 '빙경조취(冰硬糟脆)': 스성한의 금석본에서는 '취'를 '취(脆)'로 쓰고 있다. 스성한에 따르면, 명청 각본에 '수경조비(水硬糟肥)'로 잘못되어 있다. 명초본과 금택초본에 따라 바로잡는다.

᠍158 '석회(石灰)': 명청 각 각본에 '회석(灰石)'으로 잘못되어 있다. 명초본과 금택초본에 따라 고친다.

᠍159 '엄(醃)': 명청 각 각본에 '양(釀)'으로 잘못되어 있는데, 명초본과 금택초본에 따라 바로잡는다.

᠍160 '이냉수해(以冷水解)': 명청 각본에 '수'자가 빠져 있는데, 명초본과 금택초본에 따라 보충한다.

᠍161 '이위락(以爲樂)': 명청 각본에 '낙'자가 '공(恭)'자로, 금택초본에는 '폭(暴)'자로 되어 있다. 명초본에 따라 '낙'으로 한다.

᠍162 '엄(醃)': 명청 각본에 '양(釀)'으로 잘못되어 있다. 명초본과 금택초본에 따라 고친다.

᠍163 '옹(甕)': 명청 각본에 '도(度)'로 잘못되어 있다. 명초본과 금택초본에 따라 바로잡는다.

᠍164 "收水浸麴. 一斗麴, 用水七斗": 명청 각 각본에 '수(收)'자 아래에 수(水)자가 누락되어 있으며, '일두(一斗)' 아래는 공백이거나 묵정(墨釘) 세 개가 있다. 지금 명초본과 금택초본에 따라 보충하여 교정한다.

᠍165 '휴(休)': 명청 각 각본에서 '체(體)'자의 간체인 '체(体)'로 잘못 보아 '체(體)'로 바꿔 썼는데 의미가 통하지 않는다. 명초본과 금택초본에 따라 바로잡는다.

᠍166 '말(末)': 명청 각본에 '미(米)'로 잘못되어 있고, 금택초본에는 '미(未)'로 되어 있다. 명초본에 따라 바로잡는다.

᠍167 '국살약소(麴殺若少)': 명청 각 각본에 '살'자 아래에 '다(多)'자가 잘못

추가되어 있는데 명초본과 금택초본에 따라 삭제한다.

168 '전(磚)': 스성한의 금석본에서는 '전(塼)'으로 쓰고 있다. 스성한에 따르면 명초본과 금택초본에 '전(塼)'으로 되어 있으며, 명청 각본에는 자형이 유사한 '박(搏)'자로 되어 있다. 학진본에서는 '단(摶)'으로 고쳤고, 점서본에서는 '전(磚)'으로 고쳤으나 내력은 밝히지 않았다. 정병형(丁秉衡) 교주에서는 호시(胡侍)의 『진주선(珍珠船)』에 따라 인용하여 '전(磚)'으로 표기했다. 『옥편』에 수록한 전와(甎瓦)의 '전'자는 와(瓦)자가 부수인데, '전(塼)'은 당대의 표기법이며 명대에는 '단(團)'으로 읽는 '전(磚)'자를 빌려 썼다.

169 '니즉상열(泥則傷熱)': 명청 각본에 '공대상열(恐大傷熱)'로 되어 있는데 명초본과 금택초본에 따라 고친다.

170 '냉(冷)': 명청 각본에 '영(令)'으로 잘못되어 있는데 명초본과 금택초본에 따라 바로잡는다.

171 '견(酳)': 명초본과 금택초본에 '인(酳)'으로 되어 있으며, 명청 각본에는 '견(酳)'으로 되어 있다. '견'자는 『설문해자』에 '역(釃: 瀝으로 읽는다.)', 즉 여과라고 풀이되어 있으며, '인'자는 『설문해자』[초(酢)자로 되어 있다.]에 '조금 마시다'로 풀이되어 있다. 『주례(周禮)』「사혼례(士婚禮)」의 주해에 '입을 헹구다(漱口)'로 풀이되어 있는데, 여기의 문장 뜻과는 부합하지 않으며 명청 각본에 따라 '견(酳)'이 되어야 한다.

172 '지국(漬麴)': 명초본과 명청 각본에 모두 '청국(淸麴)'으로 잘못되어 있다. 금택초본에 따라 '지'로 고친다. 묘치위 교석본에서는 본권 「신국과 술 만들기[造神麴幷酒]」편 '지국법'도 '청국법(淸麴法)'이라고 오인하고 있는 것과 서로 동일하다고 보고 있다.

173 '온(醖)': 명청 각본에 '양(釀)'으로 되어 있다. 명초본과 금택초본에 따라 '온'으로 한다.

174 '유(有)': 명청 각본에 '유'자가 누락되어 있다. 명초본과 금택초본에 따라 보충한다.

175 '가(茄)': 명청 각본에 모두 '가(加)'로 되어 있다. 명초본과 금택초본은 모두 '가(茄)'자이다.

176 '강(糠)': 명청 각본에 '당(糖)'으로 잘못되어 있다. 명초본과 금택초본

에 따라 바로잡는다.

177 '의(依)': 명청 각본에 '이(以)'로 잘못되어 있다. 명초본과 금택초본에 따라 바로잡는다.

178 '개이(皆以)'는 금택초본과 명초본에서는 이 문장과 같은데 호상본 등에서는 '개이진(皆以盡)'이라고 쓰고 있으며, 관상려총서(觀象廬叢書) 본에서는 '개령진(皆令盡)'으로 쓰고 있어서, 모두 앞 구절에 속한다. 묘치위 교석본에서는 '개(皆)'자가 앞 문장에 이어서 '개도말(皆擣末)'에 덧붙여진 것으로 의심하였다.

179 '온중(溫中)': 명청 각본에 '온'자가 빠져 있는데 명초본과 금택초본에 따라 보충한다.

180 '가작야(可作也)': 명청 각본에 '가작야'로, 명초본과 금택초본에 '불작야(不作也)'라고 되어 있는데 완전히 상반된다. 묘치위 교석본에 의하면, 금택초본과 명초본에서는 '부작(不作)'이라고 쓰여 있는데, 호상본 등에서는 '가작(可作)'이라 쓰여 있어 서로 아주 상반된다. 스성한의 금석본에서도 이와 같이 '가작야(可作也)'로 해석하고 있다.

181 '제령청(濟令清)': 명청 각본에 '제냉청(濟冷清)'으로 되어 있다. 명초본과 금택초본에 따라 '영청(令清)'으로 고친다. 다만 '청'자가 '소(消)'자를 잘못 쓴 것이 아닌가 여전히 의심스럽다.

182 '정도미(精稻米)': 명청 각본에 '청도미(淸稻米)'로 잘못되어 있다. 명초본과 금택초본에 따라 바로잡는다.

183 '쇄(碎)': 명청 각본에 '세(細)'로 되어 있는데, 명초본과 금택초본에 따라 바로잡는다.

184 '삼두(三斗)': 명청 각본에 '이두(二斗)'로 되어 있는데, 명초본과 금택초본에 따라 바로잡는다.

185 '서부(黍浮)': 명초본과 호상본에서는 '서부(黍浮)'라고 쓰고 있는데 금택초본에서는 '서쟁(黍淨)'으로 쓰고 있다.

186 '간수(間水)': 명청 각본에 '용수(用水)'라고 되어 있다. 명초본과 금택초본에 따라 바로잡는다. '간'은 거성으로 읽으며, 쌀과 물을 조금 더 첨가하되 번갈아가며 주기적으로 첨가하는 것이다.

187 '중(中)': 명청 각본에 대부분 이 글자가 비워져 있는데, 명명초본과 금택

초본에 따라 보충한다.

188 '수초(須酢)': 스성한의 금석본에서는 '주초(酒酢)'로 쓰고 있으나, 묘치위 교석본에서는 '수초'를 쓰고 있다. 묘치위 교석본을 보면, 각본에서는 모두 '주초(酒酢)'라고 쓰고 있는데 뜻이 통하지 않고 형태상의 오류인 듯하다고 하여 스성한과 견해를 달리하였다. '수(須)'는 '대(待)'로 써서 해석해야 한다. 반드시 주의해야 할 것은 이것은 신물을 사용하여 양조하는 점으로, 이 물은 아래 문장의 '수장랭(須漿冷)'의 장(漿)이며 필수(必須)의 의미는 '수(須)'자이다. 니시야마 역주본에서는 고쳐서 '수(須)'자로 쓰고 있고 『본초강목』에서는 『제민요술』을 고쳐서 대(待)자로 쓰고 있는데 모두 정확하다. 따라서 '주초(酒酢)'로 표기하는 것은 합당하지 않다고 하였다.

189 '노정반(盧丁反)': 명초본과 금택초본에는 '반(反)'자가 없다. 명청 각본의 주를 보면 법자 아래에 '영노정반(酈盧丁反)'이라고 되어 있다. 지금 잠정적으로 점서본에 따라 반(反)자를 보충한다.

190 '숙(熟)': 원각본에 '열(熱)'로 잘못되어 있다.

191 이곳의 음절 소주는 명초본과 금택초본, 점서본에는 '이(杝)'자의 아래에 있다. 명청 기타 각본에는 법자의 아래에 있고 위에는 '이(杝)'자 한 글자가 더 있다.

192 '출(秫)': 명청 각본에 '서(黍)'로 되어 있는데, 명초본과 금택초본에 따라 고친다.

● 法酒第六十七: 釀法酒, 皆用春酒麴. 其米糠瀋汁饙飯, 皆不用人及狗鼠食之. [183] 법주
모두 춘주국을 쓴다. 술을 담글 때 사용하는 쌀, 겨 및 쌀즙과 고두밥은 모두 사람
과 개, 쥐가 먹어서는 안 된다.

기장쌀 법주 담그는 방법: 먼저 술 만들 누룩을 쪼개어 햇볕에 말리되 바싹 말린다. 3월 초 3일에 누룩을 3근斤 3냥兩을 달아서 물 3말	黍米法酒. 預剉麴, 曝之令極燥. 三月三日, 秤麴三

---

325 '법주(法酒)': 일정한 배합법에 따라 양조하는 술을 '관법주(官法酒)'라고 하며, 줄여 '법주'라고 일컫는다. 본편에 수록된 아홉 단락 중, 실제 내용이 본편의 표제인 '법주'에 부합하는 것은 앞의 여섯 단락뿐이다. 일곱 번째 단락인 '치주초법(治酒酢法)'과 여덟 번째 단락인 '대주백타국방병법(大州白墮麴方餅法)'은 법주와 전혀 관계가 없고, 아홉 번째 단락의 '작상낙주법(作桑落酒法)' 역시 진정한 법주가 아니다. 본권의 중요한 주제는 누룩을 만들고 술을 빚는 방법이다. 대체적으로 일정한 배열 원칙이 있는데, 신국(神麴), 백료국(白醪麴), 분국(笨麴) 등으로 빚은 술 또한 법주가 한 종류이다. '치주초법'은 세 종류의 술에 다 적용될 수 있어서 최후에 배치하였다. 스성한의 금석본에 따르면, 가사협은 대략 책이 완성된 후에 방국(方麴: 본권 「신국과 술 만들기[造神麴并酒]」에서 백료주를 만드는 데 사용됨)이 수록되지 않은 것을 발견하고, 본권 끝부분 즉 '시어진 술을 되살리는 방법[治酒酢法]' 뒤에 추가했다. 그리고 '여국(女麴)'인 신국류의 소국은 넣을 곳이 마땅하지 않아 권9의 '장과법(藏瓜法)' 안에 배치하였다. 본권 마지막의 상낙주법은 이후 다시 첨가한 것이다. 다만 자세히 분석해 보면, 이 '원칙'은 엄격하게 지켜지고 있지 않고 있다고 하였다.

[斗] 3되[가]를 길어 누룩을 담근다. 7일이 지나 누룩이 발효되면서 작은 거품이 일어난다. 이 때 3말 3되의 기장쌀을 깨끗하게 일고 씻는데 무릇 술을 담글 쌀은 모두 깨끗하게 일되, 맑아질 때까지 인다. 법주를 담글 때는 더욱 주의해야 한다. 쌀을 깨끗하게 일지 않으면 담그는 술이 검게 된다.

두 번 뜸들인 밥을 짓는다. 밥을 퍼서 식혀 누룩 즙 안에 넣는다. 기장밥을 비벼서 흩뜨린다. 두 겹의 베[布]로 항아리 주둥이를 덮어 준다. 고두밥이 다 삭기를 기다려 다시 4말반의 기장쌀로 밥을 시어 고두밥[밑술]을 넣어 준다. 매번 넣을 때마다 고두밥을 모두 손으로 문질러 흩뜨려 줘야 한다. 세 번째 고두밥을 넣을 때는 6말의 기장쌀로 밥을 짓는다. (이 세 번째 밑술을 넣은) 이후에 매번 밑술로 넣는 고두밥의 분량은

斤三兩, 取水三斗三升浸麴. 經七日, 麴發, 細泡起. 然後取黍米三斗三升, 淨淘, 凡酒米, 皆欲極淨, 水清乃止. 法酒尤宜存意. 淘米不得淨, 則酒黑. 炊作再餾飯. 攤使冷, 著麴汁中. 搦黍令散. 兩重布蓋甕口. 候米消盡, 更炊四斗半米酘之. 每酘皆搦令散. 第三酘, 炊米六斗. 自此以

이러한 복잡한 상황은 본서를 옮겨 쓰는 과정에서 순서가 전도되었거나 후대 사람들이 보충해 넣은 단락이 있었음을 보여 준다. 『제민요술』의 기록에 의하면 법주가 일반적인 술과 서로 다른 점은 ① 처음 양조할 때 밀, 누룩 및 고두밥 3가지의 수량이 서로 같다. ② 이후에 고두밥을 넣는 것은 비례하여 증가하는데, 기타 술이 모두 점차 감소하는 것과는 다르다. ③ 수량이나 날짜에 관계없이 모두 '3', '6', '9' 등의 수를 쓰거나, 간혹 짝수를 쓰거나 홀수를 쓴다. ②번에 대해서 말하면, 한 말[斗]의 누룩이 고두밥 7말을 삭히는 춘주국(春酒麴)의 정도를 훨씬 넘어선 것으로 '갱미법주(秔米法酒)'에선 마침내 고두밥 한 섬[石] 5말 이상을 삭히는 데 도달했다. 그 양조법의 '3', '6', '9' 등의 '술수(術數)'를 제외하고는 결코 어떤 특별한 것도 없는데, 이것이 하나의 의문이라고 하였다.

점차 늘려 준다.

항아리의 크고 작음에 상관없이 항상 항아리가 가득 찰 때까지 넣어 준다. 술맛이 진하고 좋아 지게미와 함께 마시기에 적당하다. 절반을 마시고, 이런 쌀로 밥을 지어 다시 넣을 때는 처음에 술을 담글 때와 같이 넣어 주되 물과 누룩은 넣지 않고 오직 고두밥만 넣어 주어 항아리가 차도록 한다. 여름 내내 마셔도 동나지 않는 것이 신기할 따름이다.

당량법주當梁法酒 담그는 방법: 들보 바로 아래에[327] 술 항아리를 놓아두기 때문에 '당량當梁'이라고 일컫는다.

3월 초삼일에 해가 뜨기 전에 3말 3되의 물을 긷고, 3말 3되의 마른 누룩가루를 준비한다. 3말 3되의 기장쌀로 '두 번 뜸 들인 밥'을 지어 펴서 식힌다. 물과 누룩 및 기장 고두밥을 함께 술항아리 속에 넣는다. 3월 6일에 6말의 기장쌀로 밥을 지어 밑술로 넣는다. 3월 9일에 또 9말의 쌀로 밥을 지어 밑술로 넣는다.

이후부터는 쌀의 양은 말[斗] 수에 관계없이 임의대로 밑술로 넣어 주며 항아리가 차면 그만둔다.

後, 每酘以漸加[194]米. 甕無大小, 以滿爲限. 酒味醇美, 宜合醅飮之. 飮半, 更炊米重酘如初, 不著水麴, 唯以漸加米, 還[195]得滿甕. 竟夏飮之, 不能窮盡, 所謂神異矣.

作當梁法酒. 當梁下置甕, 故曰, 當梁. 以三月三日日未出時, 取水三斗三升, 乾麴末三斗三升. 炊黍米三斗三升爲再餾黍, 攤使極冷. 水麴黍俱時下之. 三月六日, 炊米六斗酘之. 三月九日, 炊米九斗酘之. 自此以後, 米之多少, 無復斗

---

327 '당(當)': 바로 '해당한다'는 뜻이다.

만약 술을 가져가려 하는 자는 "술을 훔친다.[偸酒.]"라고 말하고, "술을 가지러 간다.[取酒.]"라고 말하지 않는다. 가령 한 섬의 (고두밥으로 지은) 술을 떠낸다면 다시 한 섬의 고두밥을 지어서[328] 밑술로 넣어 준다. 술항아리는 여전히 가득 차게 되어서 이 또한 신기하다.

모든 겨와 쌀을 씻은 물은 모두 구덩이 속에 부어 두고 개나 쥐가 먹게 해서는 안 된다.

멥쌀[秔米]로 법주 담그는 방법:[329] 찹쌀이 아주 좋다.[330] 3월 초삼일에 3말 3되의 '정화수'[331]를 길

數, 任意酘之, 滿甕便止. 若欲取者, 但言, 偸酒, 勿云取酒. 假[196]令出一石, 還炊一石米酘之. 甕還復滿, 亦爲神異. 其糠潘悉瀉坑中, 勿令狗鼠食之.

秔米法酒. 糯米大佳. 三月三日,

---

328 원문에는 "出一石, 還炊一石米"라고 되어 있다. 생각건대 앞의 '출일석(出一石)'의 '일석(一石)'은 양조한 술 한 섬[石]을 의미하는데, 만약 원문과 같이 '炊一石米'라고 한다면 한 섬의 기장쌀로 밥을 짓는다는 의미가 된다. '일석(一石)'의 기장쌀로 밥을 지으면 부피가 늘어나서 최소한 2배 이상이 되기 때문에 논리상 그다음의 "다시 가득 찬다.[還復滿.]"와 모순된다. 따라서 "炊一石米"를 "한 섬의 기장쌀로 밥을 짓는다."라는 것보다 "한 섬의 고두밥을 짓는다."라고 해석하는 것이 보다 합당할 듯하다.

329 묘치위에 의하면, 이 술은 농도가 '주주(酎酒)'를 넘어서며, 분국계통의 각 술 중에서 가장 진하다. 아울러 누룩 3말 3되를 사용하여 고두밥 4섬 9말 5되를 삭히는데, 한 말의 누룩이 고두밥 한 섬 5말을 삭히므로, 분국이 고두밥을 삭히는 지표를 훨씬 초과하여 일반적인 논리로 해석할 수 없다고 한다.

330 '나미대가(糯米大佳)': 스성한의 금석본에 의하면, 본 단락의 표제인 '갱미주법(秔米酒法)'과 '나미대가'는 상호 모순된다. '대'자는 '역(亦)'자인 듯하다. 한 예서의 '역(亦)'자('亦'라고 씀)는 진 예서(隸書)의 대(大)자와 서로 혼동하기 쉽다. 그래서 쓸 때 잘못 표기한 듯하다. 묘치위 교석본을 보면, '나미대가(糯米大佳)'는 각 본에서는 같은데, 만약 찹쌀로 멥쌀을 대신한다면 더욱 좋다는 것으로서 실제와도 부합된다고 하였다. 니시야마 역주본에서는 묘치위 교석본과 같이 '대(大)'를

어 오고, 비단체로 체질을 한 누룩가루 3말 3되, 멥쌀 3말 3되를 준비한다. 늦벼의 쌀이 좋은 데[332] 없다면 올벼쌀도 좋다.[333] 다시 두 번 뜸 들여서 무르게 밥을 짓고 펴서 약간 식힌다. 먼저 물과 누룩을 항아리에 부은 연후에 고두밥을 넣어 준다.

7일이 지나 6말 6되의 고두밥을 다시 한 번 넣어 준다. 두 번째 7일이 지나면 다시 한 섬 3말 2되의 고두밥을 밑술로 넣는다. 세 번째 7일이 지나서 다시 2섬 6말 4되의 고두밥을 넣어 주면 끝난다. 술의 양이 충분히 갖추어지면 그만둔다.

만약 술지게미째로 마신다면 더 이상 진흙으로 봉해 줄 필요는 없다. 만약 술을 맑게 하

取井花水三斗三升, 絹篩麴末三斗三升, 秔米三斗三升. 稻米佳, 無者, 旱稻米亦得充事. 再餾弱炊, 攤令小冷. 先下水麴, 然後酘飯.[197] 七日更酘, 用米六斗六升. 二七日更酘, 用米一石三斗二升. 三七[198]日更酘, 用米二石六斗四升, 乃止. 量酒備足, 便

쓰고 있다.

331 '정화수(井花水)': 새벽에 가장 먼저 길어 온 우물물이다. 『증류본초(證類本草)』 권5 '정화수(井華水)'에서는 "이 물은 우물 중에서 새벽에 제일 먼저 길어 온 것이다."라고 하였다.

332 스성한의 금석본에는 '도미가(稻米佳)' 앞에 '만(晚)'자가 누락된 듯하다고 한다.

333 금택초본에서는 '한도(旱稻)'라고 쓰고 있으며, 명초본과 호상본 등에서는 '조도(早稻)'로 쓰고 있다. 이에 대해 묘치위는 전자를, 스성한은 후자를 따르고 있다. 묘치위에 따르면 '도미가(稻米佳)'는 응당 논벼[水稻]를 말한다. 멥쌀은 논벼에 한정되지는 않으며 '밭벼[旱稻]'에도 있으므로, 이것은 이 술이 논벼의 멥쌀로 사용하는 것이 더욱 좋다는 것을 말함이다. 만약 없다면 밭벼의 멥쌀로 쓰는 것도 괜찮다는 것이다. 만약 '조도(早稻)'라고 한다면 멥쌀로 대체하기가 불가능하다. 그러므로 글자는 마땅히 '한도(旱稻)'로 써야 한다.

려고 한다면 동이를 항아리 주둥이에 덮고 진흙으로 밀봉한다.

7일이 지나면 곧 술이 맑아지니, 그 위에 뜬 청주를 떠낸 후에 다시 술을 짠다.

『식경』 중의 '7월 7일'에 법주를 담그는 방법: 한 섬의 누룩으로 '욱병煥餠'을 만든다. 항아리 바닥에 대나무를 짜서 (채반을 만들어) 누룩덩이를 채반 위에 올려놓고, 항아리 주둥이를 진흙으로 단단하게 봉한다. 14일이 지나면 누룩덩이를 꺼내서 햇볕에 말리고 다시 (이전처럼) 항아리 속에 넣어 둔다. 한 섬의 고두밥으로 3섬의 술을 빚을 수 있다.[334]

또[335] 다른 법주를 담그는 방법: 한 섬의 초맥국焦麥麴[336]가루를 햇볕에 말린다. 한 섬의 물을

止. 合醅飮者, 不復泥封. 令淸者, 以盆蓋, 密泥封之. 經七日, 便極淸澄, 接取淸者, 然後押之.

食經七月七日作法酒[199]方. 一石麴作煥[200]餅. 編竹甕下, 羅餅竹上, 密泥甕頭. 二七日出餅, 曝令燥, 還內甕中. 一石米, 合得三石酒也.

又法酒方. 焦麥麴末一石, 曝令乾.

---

334 "一石米, 合得三石酒也": 술이 되는 비율을 분명하게 제시한 예는 이 구절뿐이다. 묘치위 교석본에서, 오늘날에는 각종 황주의 출주율(出酒率)이 중량으로 가늠하면 대략 원료가 되는 밑술의 150% 내지 300% 정도 된다고 하였다.

335 '우(又)': '우'자의 의미는 분명하지 않은데, 스성한의 금석본에 의하면, 아마 『식경(食經)』에 이 용법이 있기 때문에 '우'자를 써서 『식경』이라는 출처를 밝힌 듯하다. 그 외에 위에서 이미 '법주방(法酒方)'을 하나 언급했는데 이것은 '새로운 종류'이기 때문에 '우'를 썼을 수도 있다. 다음 단락인 '삼구주법(三九酒法)' 조항의 출처 역시 『식경』이다.

336 '초맥국(焦麥麴)'은 본권 「신국과 술 만들기[造神麴并酒]」 '칠월칠일초맥국(七月七日焦麥麴)'에서 언급한 바 있으나 만드는 방법은 설명하지 않았다. 「분국과 술[笨麴并酒]」의 '진주춘주국(秦州春酒麴)'은 7월에 누렇게 볶은 밀로 만들었는데,

끓여 한 섬의 기장밥을 누룩과 함께 섞고 손으로 비벼 아주 질게 만든다. 2월 초이튿날에 물을 길어 먼저 물을 끓이고 그대로 식힌다(뒤에 고두밥과 누룩을 섞는다). 처음에 밑술을 넣을 때는 10일에 한 번 넣는다.[337] 개와 쥐가 접근하지 못하도록 해야 하며, 이후에는 조급할 필요가 없다. 간혹 8일 또는 6일 간격으로 한 번씩 넣는데 이때 짝수 날[偶日][338]에 넣고 홀수 날[隻日]에 넣지는 않는다. 2월 중에는 고두밥을 충분히 넣어야 한다.[339]

煎湯一石, 黍一石, 合糅,[201] 令甚熟. 以二月二日收水, 即預煎湯, 停之令冷. 初酘之時, 十日一酘. 不得使狗鼠近之, 於後無若,[202] 或八日六日一酘, 會以偶日酘之, 不得隻日.

바로 이 두 가지를 가리키는 것인 듯하다.

[337] '십일일두(十日一酘)': 이 말은 다음 줄에 있는 '於後無苦'의 뒤에 있어야 할 듯하다. 즉 이 절은 "처음 술을 빚을[酘] 때에는 개와 쥐가 가까이해서는 안 된다. 그 다음에는 거리낄 것이 없다. 십일 만에 한 번, 혹은 팔일 또는 육일에 한 번 술을 담근다[酘]."로 보는 것이 더 적합하다.

[338] '우일(偶日)': 짝수의 날을 가리킨다. '척일(隻日)', 즉 홀수[奇數]의 날과 대조된다.

[339] '이월중(二月中)': 이 부분에 대해 견해가 엇갈린다. 스성한의 금석본에 따르면, 위 문장의 "二月二日收水", "十日一酘", "八日, 六日日酘"에 따르면 두 번째 술 담그기[酘]는 최대한 이르면 2월 12일이며, 세 번째 술 담그기가 2월 20일, 네 번째는 2월 27일이다. 만약 네 번째 술 담그기가 끝나면 "2월 중에 술 담그는 것이 끝나게" 된다. 만약 다섯 번째 술 빚기를 하려면 아무리 일러도 2월 28일인데, 10일, 8일, 6일의 순서대로 줄어든다면 네 번째에서 다섯 번째 술 담글 때까지는 4일이 필요하니, 2월 중에 술 담그기가 끝나지 않게 된다. 그러므로 아래의 삼구주(三九酒)와 마찬가지로 "삼월 중에 술 담그는 것이 끝나게 된다."라고 하였다. 반면 묘치위 교석본에 의하면, '삼구주법(三九酒法)'의 예에 비추어 보면, 9말의 볶은 밀 누룩을 전후 4차례 모두 쌀 3섬 6말을 넣고, 3월 중에 넣기를 끝내는데, 한 말의 누룩이 고두밥 4말을 삭힐 수 있다. 이 예에서 같은 누룩을 사용해서 모두 한 섬을 사용한다면 마땅히 고두밥 4섬을 삭혀야 하며, 4번 나누어 넣는다면

항상 미리 물을 약간 끓여서 식혀 두고 밑술을 넣는 것이 끝나면 5되의 물로 손을 씻고 항아리를 헹군다. 고두밥의 양이 얼마인가 하는 것은 초맥국[焦麴]의 삭히는 힘에 따라 결정된다.[340]

삼구주三九酒 담그는 방법: 3월 초삼일에 9말의 물을 긷고, 9말의 고두밥, 먼저 햇볕에 말린 9말의 초맥국 가루[焦麴末]를 함께 잘 섞어 비벼서 아주 문드러지게 한다.

9일에 한 번 밑술을 넣는다. 5일이 지나면 또 한 번 밑술을 넣고, 3일이 지나 밑술을 다시 한 번 넣어 준다. 개와 쥐가 접근하시 못하게 한다. 항상 홀수 날에 넣어 주고 짝수 날에 넣어서는 안 된다. 3월 중에는 전부 넣어 주어야 한다.

항상 미리 물을 끓여서 항아리 속에 넣어 두

二月中即酘令足. 常預煎湯停之, 酘畢, 以五升洗手, 蕩甕[203] 其米多少, 依焦麴殺之.

三九酒法. 以三月三日, 收水九斗, 米九斗, 焦麴末九斗, 先曝乾之, 一時和之, 揉和令極熟. 九日一酘. 後五日一酘, 後三日一酘. 勿令狗鼠近之. 會以隻日酘, 不得以偶日也. 使三月中即令酘足.

매번 한 섬을 넣는데, 그 날짜는 2월 2일에 처음 넣고, 12일에 두 번째로 넣고, 20일이면 세 번째로 넣고, 26일이면 네 번째 넣을 수 있다. 원문의 '이월(二月)'은 고두밥을 넣기에 충분하고 시간도 여유가 있으니 '이월(二月)'은 '삼월(三月)'의 잘못이 아니므로 반드시 고칠 필요는 없다고 한다. 니시야마 역주본에서도 묘치위의 견해와 동일하다.

340 '依焦麴殺之': 이 말은 "초국의 힘에 따라 감소되다."의 의미로 해석될 수 있다. 그러나 스성한의 금석본에 따르면, 원래 옮겨 쓸 때 빠진 글자가 있을 가능성이 있다. 즉 원래 "倚焦麴麴殺定之"였는데, 중복되는 국자와 '지(之)'자와 유사한 '정(定)'자가 빠진 것이라고 한다.

어 식히고, 밑술을 넣는 것이 끝나면 식은 물을 5되를 따라 내어 손을 씻고 항아리를 헹군 후에 기울여 술항아리 속에 붓는다.[341]

시어진 술을 되살리는 방법: 만약 10섬의 고두밥으로 빚은 술이 있다면 밀 3되를 아주 검게 볶는다. 붉은 비단으로 두 겹의 주머니를 만들어서 볶은 밀을 그 속에 넣고 주변을 다져 돌처럼 단단하게 만들어서 항아리 바닥에 놓아 둔다. 14일이 지난 후에 마시면 맛이 원래대로 돌아온다.[342]

대주大州 백타白墮의 방병국方餅麴을 만드는 방법:[343] 3섬의 곡물 중에서 2섬은 찌고, 한 섬은 날

常預作湯, 甕中停之, 酘畢, 輒取五升洗手, 蕩甕, 傾於酒甕中也.

治酒酢法. 若十石米酒, 炒三升小麥, 令甚黑. 以絳帛再重爲袋, 用盛之, 周築令硬如石, 安在甕底. 經二七日後, 飮之, 即迴.[204]

大州白墮麴方餅法. 穀三石, 蒸

---

341 이 헹군 항아리는 다른 항아리로서 대개 밑술을 담는데 사용되며, 밥을 항아리에 넣은 후에 뜨거운 물로 그 속의 밥알을 씻어 낸다. 그런 연후에 술항아리 속에 부어 넣는다. 그러나 너무 간략하게 서술하여 혼란을 초래하였다. 묘치위 교석본의 해석에 따른다면, 물을 끓여 항아리 속에 넣어 두고, 거기서 5되의 물을 떠내 손을 씻는다고 하는 행위에서 등장하는 항아리와 밑술을 넣어 두는 항아리는 어떤 상관관계가 있는가의 설명이 결여되어 있다고 한다. 다만 항아리를 헹구어서 술항아리에 붓는 이유에 대해 밥항아리에 남아 있는 밥알을 헹궈서 술항아리에 붓기 위함임을 분명하게 설명하고 있다. 그러나 양자를 모두 충족시키려면 2개의 항아리가 아니라 3개의 항아리가 필요하게 된다.

342 '회(迴)': 신맛이 없어지고 좋은 맛을 회복한다는 의미이다.

343 '대주백타국방병(大州白墮麴方餅)': '대주'가 어느 지역인지에 대해 스성한은 사천의 지명이라고 하였으나 묘치위 교석본에서는 북위 효문제가 낙양으로 수도를 옮기고 낙양을 사주(司州)라고 하였으며, 혹자는 수도 소재지인 사주를 일컬어

것으로 하여 별도로 갈아서[磑]³⁴⁴ 부드럽게 한 후
에 섞는다. 뽕나무 잎, 도꼬마리 잎, 황해쑥[艾]을
각각 둘레 2자[尺], 길이 2자가 되도록 한 단씩 묶
고 이를 함께 삶아서 문드러지게 한다.

찌꺼기를 걸러 내고 즙을 받아서 냉수를 섞
는데, 술과 같은 색이 되면 누룩을 섞는다. 섞는
누룩이 건조하거나 축축한 것은 자기의 생각에
따라 결정한다.

햇볕이 내리쬘 때 3,600번의 공이질을 하고
찧는 것이 끝나면 누룩덩이를 만든다. 따뜻한 방
에 두는데, 평상 위에 먼저 2치 두께의 밀짚을 깔
고 그 위에 누룩덩이를 둔다. 누룩덩이 위에 다
시 2치 두께의 밀짚을 깐다.

兩石, 生一石, 別
磑之令細, 然後合
和之也. 桑葉胡葈
葉艾, 各二尺圍,
長二尺許, 合煮之
使爛. 去滓取汁,
以冷水和之, 如酒
色, 和麴. 燥濕以
意酌之. 日中擣三
千六百杵, 訖, 餅
之. 安置暖屋牀上,
先布麥稭厚二寸,
然後置麴. 上亦與

대주라고 한 것이 아닌가라고 언급하였다. 백타(白墮)는 인명으로서 이는 곧 유
백타(劉白墮)이다. 하동사람으로 백타주를 양조하는 것으로 명성을 얻었다. 북
위 양현지(楊衒之)의 『낙양가람기』권4 '법운사(法雲寺)'에는 하동군 사람인 유
백타가 술 담그기를 잘했는데, 향과 맛이 아주 독특하여 마셔서 깊이 취하면 깨
지가 않고 아울러 천리를 가져가도 상하지 않으니 당시 사람들은 이를 일러 '백
타주(白墮酒)'라고 하였다고 한다. 양현지의 기록에는 낙양에는 2개 '이(里)'의 주
민이 있었는데, 그들은 이 술을 모방하여 빚음으로 생업을 삼았다고 한다. 양현
지와 가사협은 동시대 사람이다. 가사협이 기록한 '백타주'와 '상락주법'은 바로
이 술을 모방한 방식이다. 그러나 백타누룩은 제조하는 시기도 없고 방형의 누룩
덩이의 크기도 없으니, 아마 원래 전해 온 비법 속에도 없을 것이다. 국방병은 원
래 '방병국(方餅麴)'이거나, 혹은 방병 두 글자가 작은 글자의 협주(夾注)였을 수
도 있다고 보았다.

344 '애(磑)': '마(磨)' 또는 '농(礱: 모두 갈돌에 가는 것을 뜻함)'과 같은 맷돌의 일종
이다.

문을 꼭 닫고 바람이나 햇볕이 들게 해서
는 안 된다. 7일이 지나면 냉수로 손을 적셔서
두루 만져 주고 바로 뒤집어 준다. 두 번째 7일
이 지나면 누룩덩이마다 옆으로 돌려 세워 준
다. 세 번째 7일이 지나면 쌓아 둔다[籠之].[345] 네
번째 7일이 되면 꺼내서 햇볕에 두고 쬐어서
말린다.

술을 만드는 법: 누룩을 깨끗하게 깎고 먼지
를 제거한다. 깨고 찧어서 가루로 만들어 건조시
킨다. 10근의 누룩으로 한 섬 5말의 고두밥을 삭
힐 수 있다.

상락주桑落酒[346] 담그는 방법: 누룩가루 한 말,
잘 여문 쌀 2말을 준비한다. 쌀을 아주 정성스럽
게 도정하고 물이 맑아질 때까지 깨끗하게 인다.
한 말의 뜨거운 물[347]을 이용하여 누룩을 담그는

楷二寸覆之. 閉戶,
勿使露見風日. 一
七日, 冷水濕手拭
之令遍, 即翻之.
至二七日, 一例側
之. 三七日, 籠之.
四七日, 出置日中,
曝令乾.

作酒之法. 淨削
刮去垢. 打碎, 末,
令乾燥. 十斤麴,
殺米一石五斗.

作桑落酒法.
麴末一斗, 熟米
二斗. 其米令精
細, 淨淘, 水淸爲

---

345 '농지(籠之)': 합해서 모아 둔다는 의미이다. 또한 이는 곧 『제민요술』 본문의 '취
지(聚之)'의 의미이다.

346 '상락주(桑落酒)': 백타주(白墮酒)는 뽕잎이 떨어질 때 술을 담그므로 상락주라고
도 한다. 『수경주』 권4 「하수(河水)」에 기재하기를, 하동군에서는 "백성 중에 성
이 유(劉)씨이고 이름이 타(墮)인 자가 있는데, 이전부터 술 담그는 것에 매진하
여, 강에 흐르는 물을 떠와 술을 담가 향긋한 술을 만들었다. … 뽕잎이 떨어지는
새벽에 개봉하였기 때문에 술이 그러한 이름을 얻었다. … 친구들을 서로 끌어
초청하는 것을 매번 '색랑(索郎)'이라 하는데, … 색랑의 반절음이 '상락(桑落)'이
다."라고 하였다. 여기서의 '상락주법(桑落酒法)'은 바로 유백타(劉白墮) 상락주
의 모방품이다.

데, 3번의 고두밥을 넣으면 끝이 난다.[348] 누룩이 발효될 때를 기다려 즉시 넣는데 시기를 놓쳐서는 안 된다. 어린아이와 개가 술을 빚을 찰기장 고두밥을 먹지 못하게 한다.

봄술[春酒]을 만들 때는 단지 찬물로 누룩을 담그고, 나머지는 모두 동주冬酒를 담그는 것과 같이 한다.[349]

度. 用熟水一斗, 限三酘便止. 漬麴, 候麴向發便酘, 不得失時. 勿令小兒人狗食黍.

作春酒, 以冷水漬麴, 餘各同冬酒.🔲

🔳 표제의 주는 명청 각본에 모두 큰 글자의 본문으로 되어 있는데, 세 번째 '주(酒)'자가 빠져 있다. 명초본과 금택초본에 두 줄의 작은 글자로 되어 있다.

🔳 '가(加)': 명청 각본에 '화(和)'로 잘못되어 있다. 명초본과 금택초본에 따라 수정한다.

347 '숙수(熟水)': 다음 절의 '냉수(冷水)'와 대조해 볼 때 이 '숙'자는 '열(熱)'자인 듯하다.

348 '限三酘便止': 스성한의 금석본에 의하면, 이 구절은 다음 줄인 '不得失時' 구절의 뒤에 있어야 할 것이다. "곧 … 한 말의 뜨거운 물을 이용하여 누룩을 담그며 누룩이 발효될 때를 기다려 즉시 고두밥을 넣는데, 이 시기를 놓쳐서는 안 된다[不得失時]. 세 번째 빚은 후에 곧 멈춘다[限三酘便止]."라고 해야만 이치에 맞다고 한다.

349 '작춘주(作春酒)': 백타주 또한 봄에 술을 빚을 수 있기 때문에 『낙양가람기』에도 또한 '백타춘료(白墮春醪)'의 기록이 있다. 동주(冬酒)는 즉 윗 조항의 '상락주(桑落酒)'를 가리킨다.

圝 '환(還)': 명청 각본에 '선(選)'으로 잘못되어 있다. 명초본과 금택초본에 따라 고친다.

圝 '가(假)': 명초본에 '두(毆)'로 되어 있는데 금택초본과 명청 각본에 따라 바로잡는다.

圝 '두반(酘飯)': 명초본과 금택초본에 '두반'으로 되어 있으며, 명청 각본에는 '두지(酘之)'로 되어 있다. '반'자가 되어야 구절이 자연스럽고 어울린다.

圝 "二七 … 三七 …": 명초본과 금택초본에 "二七 … 三七 …"로 되어 있으며, 명청 각본에는 "一七 … 二七 … "로 되어 있다. 위 문장에 이미 '칠일(七日)'이 있기 때문에 본서의 관례에 따라 응당 "二七 … 三七 …"이 맞다.

圝 '법주(法酒)': 명청 각본에 '주법'으로 순서가 바뀌어 있는데, 명초본과 금택초본에 따라 바로잡는다.

圝 '욱(燠)': 명청 각본에 '취(熰)'로 되어 있으며, 명초본과 금택초본에 따라 바로잡는다.

圝 '유(糅)': 스성한의 금석본에서는 '유(揉)'자를 쓰고 있다. 명초본과 금택초본 및 대다수 명청 각본에 '유(糅)'로 되어 있다. 점서본과 원각본에서는 비록 근거를 설명하지는 않았지만 아래의 '삼구주 담그는 방법[三九酒法]'과 대조해 볼 때 '유(揉)'로 쓰는 것이 더 적합하다고 하였다.

圝 '약(若)': 스성한의 금석본에는 '고(苦)'로 되어 있다. 스성한에 따르면, 명청 각본에 '약(若)'으로 잘못되어 있다. 명초본과 금택초본에 따라 바로잡는다. 묘치위 교석본에 따르면 '약(若)'은 '택(擇)'의 의미가 있는데, 『국어』 「진어이(晉語二)」에서, "만약 무릇 두 공자의 아들을 세운다."라는 내용은 두 공자 중에서 한 사람을 택해서 세운다는 의미이다. '무약(無若)'은 곧 10일에 한정할 필요가 없으며, 이후에는 8일이나 6일에 넣어도 좋다는 의미라고 하였다.

圝 '옹(甕)': 명청 각본에 누락되어 있는데 명초본과 금택초본에 따라 보충한다.

圝 '즉회(即迴)': 명청 각본에 '회즉(迴即)'으로 순서가 바뀌어 잘못된 것 외에 아래에 두 개의 빈 칸이 있다. 이에 명초본과 금택초본에 따라 바로

잡는다.

205 '각동동주(各同冬酒)': 명청 각본에 '각'자가 없다. 금택초본과 명초본에
따라 보충한다.

中文介绍

　　『齐民要术齐民要术』是中国现存最早的农业百科全书，于公元530-540年由后魏的贾思勰所著。本书也是中国最早具有完整形态的农书。这本书系统地地整理了六世纪之前黄河中下流地区农作物的栽培和畜牧经验，各种食品的加工和储存以及野生植物的利用方式等，而且按照季节和气候详细介绍了农作物和土壤的关系， 所以意义深远。本书的题目『齐民要术』正意味着所有百姓(齐民)必须要阅读和了解的内容(要术)。从这个角度来看，本书并非只是单纯的农书，而是可以被称为生活指导方针。因此，本书长期以来作为百姓们的必读之书，在后世成为了『农桑辑要』，『农政全书』等农书的典范，此外对包括韩国在内的东亚所有地区的农书编撰和农业发展形成了较深的影响。

　　贾思勰于北魏孝文帝时期出生于山东益都(现在的寿光一带)附近，曾任青州高阳太守， 离任后开始经营农牧业活动。贾思勰活动的时代正是全面推展北魏孝文帝汉化政策的时期，实行均田制，把无主荒地分给无地或少地农民耕种，规定种植五谷和瓜果蔬菜，植树造林。『齐民要术』的出现为提高农业生产提供了有利的条件。尤其是贾思勰在山东，河北， 河南等地历任官职期间直接或间接获取的农牧和生活经验直接反映到了这本书上。 如序文所述，他追求了'有利于国家和百姓'耿寿昌和桑弘羊等的经济政策，并为此重视观察和体验，也就是说主要关注了实用性的知识。

　　『齐民要术』分成10卷92篇。开头部分主要记录了水稻以及各种旱田作物的耕作方式和收种子方式。加上瓜果，蔬菜类，养蚕和牧畜等一共达到61篇。后半部主要介绍了以这些为材料的各种加工食品。

加工食品的比重虽然仅为25篇，但详细介绍了生活中需要的造曲，酿酒，做酱，造醋，做豆豉，做鱼，做脯腊，做乳酪的方法，列举食品，菜点品种越达到三百种。有趣的是，第10卷介绍了150多种引入到中国的五谷，蔬菜，果菽及野生植物等，其分量几乎达到整个书籍的四分之一。这说明本书的有关外来农作物植生的信息非常全面。

本书不仅介绍了农作物的播种，施肥，浇灌和中耕细作技术等的农耕方法，还详细介绍了多种园艺技术，树木的选种方法，家禽的饲养方法，兽医处方，利用微生物的农副产品发酵方式，储存方法等。尤其是经济林和木材用树木的介绍较多，这意味着当时土木，建筑材料的需求和木材手工艺品大幅增长。此外，通过本书的目录也可以得知，此书详细介绍了养蚕，养鱼和各种发酵食品，酒和饮料以及染色，书籍编辑，树木繁殖技术和各地区树木种类等。这些内容证明了六世纪前后以中原为中心四面八方的少数民族饮食习惯和烹饪技术相互融合创出了新的中国饮食文化。特别的是这些技术介绍了地方志，南方的异物志，本草书和『食经』等50多卷书。这也证实了南北之间进行了全面的经济和文化交流。实际上『齐民要术』中出现了很多南方地名或饮食习惯，因此可以证明六世纪中原饮食生活与邻近地区文化进行了积极的交流。如此，成为旱田农业技术典范的『齐民要术』经唐宋时代为水田农业发展做出了贡献，栽培和生产经验又再次转到了市场和流通。

从这一点来看，『齐民要术』正是作为唐宋这个中国秩序和价值的完成过程中出现的产物，提供"中国饮食文化的形成"，"东亚农业经济"之基础。于是，通过这一本书可以详细了解前近代中国百姓的生后中需要的是什么，用什么方式生产何物，用什么方式加工，他们所需要的是什么。从这个角度来看，本书虽然分类为农家类，但并非是单纯的农业技术书籍。通过『齐民要术』所记载的内容，除了农业以外还能了解中国古代和中世纪的日常生活文化。不仅如此，还能确认中原地区和南北方民族以及西域，东南亚等地区进行了多种文化及技术交流，因此可以看作是非常有价值的古典。

尤其，『齐民要术』详细记录了多种谷物和食材的栽培方法和烹饪方法，这说明当时已经将饮食视为是文化，而且作者具有记录下来传授给后代的意志。这可以看作是要共享文化的统一志向型表现。实际上，隋唐时期之前东西和南北之间存在长期的政治纠纷，但通过多方面的交流促使文化融合，继承『齐民要术』的农耕方式和饮食文化，从而形成了基本的农耕文化体系。

『齐民要术』还以多种方式说明了当时农业的科学成就。首先，为了解决华北旱田农业的最大难题-保存土壤水分的问题，发明了犁耙，耧车和锄头等的农具与耕，耙，耱，锄，压等技术巧妙相结合的保墒方法，抗旱田干旱，防止害虫，促使农作物健康成长。还介绍了储存雨水和雪来提高生产力的方法。此外，为了选择种子和培养种子的方法开发了特殊处理法，并介绍了轮耕，间作和混作法等的播种方法。不仅如此，为了进行有效的农业经营，说明了除草，病虫害预防和治疗方法以及动物安全越冬方法和动物饲养方法。还有通过观察确定的土壤环境关系和生物鉴别方法，遗传变异，利用微生物的酒精酶方法和发酵方法，利用蛋白质分解酶做酱，利用乳酸菌或淀粉酶制作麦芽糖的方法等是经科学得到证明的内容。这种『齐民要术』的科学化实事求是的态度为黄河流域旱田农业技术的发展做出了重大的贡献，成为后世农学的榜样，使用这项技术提高生产力，不仅应对了灾难，还创造了丰富的文化。从以上可以看出，『齐民要术』融合了古代中国多种领域的产业和生活文化，是一本名副其实的百科全书。

随着社会需求的增长，『齐民要术』的编撰次数逐渐增加，结果出现了不少版本。最古老的版本是北宋天圣年前(1023-1031)的崇文院刻本，但现在只剩下第5卷和第8卷。此外，北宋本有日本的金泽文库抄本。南宋本有将校本。此外，明清时代也出现了很多版本。

翻译本书的目的，在于了解随着农业技术的变迁和发展而形成的文明，并体系化地整理『齐民要术』所示的知识，为未来社会做出一点贡献。于是首先试图总结了中国和日本的多种围绕着『齐民要术』的农业史研究成果。并且强调逐渐被疏忽的农业问题并非是单纯生产粮食的第一产业形式，而是作为担保生命的生活中重要组成部分，当今也持续存在的事实。生命和环境问题是第四次产业革命时代重要的关键词，农业史融合了与此有关的多种学问。这也是超越时空译注确保农业核心价值的『齐民要术』并向全世界发表的背景。

本书的翻译坚持了直译原则。只对于意义不通等的部分添加脚注或意译。尤其是，本译注简介参考了近期出版的石声汉的『齐民要术今释』(1957-58)和缪启愉的『齐民要术校释』(1998)及日本西山武一的『校订译注齐民要术』。在本文的末端通过【校记】说明了所出版的每个版本之差。甚至在必要时还努力反映了韩中日的最近与『齐民要术』有关的主要研究成果。译注时积极参考了中国古典文学者的研究成果"齐民要术词汇研究"等。

为了帮助读者的理解，每一篇的末端插入了图版。之前的版本几乎没有出现照片，这也许是因为当时对农作物和生产工具的理解度比较高，所以不需要照片资料。但如今的韩国，随着农业比重和人口的剧减，年轻人对农业的关心和理解度比较低。不仅不理解生产工具或栽培方式，连农作物的名称也不是太了解。其实，他们在大量的信息中为未来做好准备而忙都忙不过来。并且，随着农业的机械化，已经不容易接触传统生产手段的运作方法，于是为了提高书的理解度而插入了照片。

如本书一样述有多种内容的古典，不容易用将过去的语言换成现在的语言。因为书里面融合了多种学问，于是需要很多相关研究者的帮助。连简单的植物名也不容易翻译。例如，『齐民要术』里面指称为'艾蒿'的汉字词有蓬，艾，蒿，莪，萝，萩等。如今其种类已增加为好几倍，但缺少有关过去分叉的研究，因此难以用我们的现代语言表达。为此，基本上需要研究韩国和中国的植物名称标记。虽然各种词典有从今日的观点研究的许多植物名和学名，但与历史中的植物相连接方面发现了不少问题。这种现象也是适用于出现在本书的其他谷物，果树，树木和动物等的现象。希望本书出版后，能以此为根据，在过去的物质资料和生活方式结合人文学因素后，全面进行融合学问的研究。还有，通过本书了解传统时代的农业和农村如何与自然合作进行耕作以及维持生活，也期待帮助解决今日的环境问题和生命产业所存在的问题。

本书内容丰富，主题也很多样化，于是翻译方面花费了不少时间，校对也用了相当于翻译的时间。最重要的是，本书对笔者的研究形成了最大的影响，也是笔者最想要翻译的书，于是更是感受颇深。在与"东亚农业史研究会"的成员每个星期整日阅读原书和进行讨论的过程中，笔者学会了不少知识，也得到了不少帮助。但因为没能充分涉猎，可能会有一些没有完美反映或应用不完善的部分。希望读者能对此进行指责和教导。

2018. 11. 27.

釜山大學校 歷史系 教授 崔德卿

찾아보기